国防工业出版社

"十二五"国家重点出版规划项目

《航天器和导弹制导、导航与控制》丛书

Spacecraft Guided Missile

国防科技图书出版基金

张洪华 著

复杂航天器高品质姿态控制

The High Performance Attitude Control for Complex Spacecraft

Introduction

Mathematical Models of Spacecraft Motion

State Determination of Spacecraft Motion

High Performance Attitude Control for Rigid Spacecraft

High Performance Attitude Control for Flexible Spacecraft

High Performance Attitude Control for Liquid-Filled Spacecraft

国防工业出版社
National Defense Industry Press

图书在版编目(CIP)数据

复杂航天器高品质姿态控制/张洪华著．—北京：
国防工业出版社,2018.4
(航天器和导弹制导、导航与控制丛书)
ISBN 978-7-118-11550-5

Ⅰ.①复… Ⅱ.①张… Ⅲ.①航天器—姿态飞行控制
Ⅳ.①V448.22

中国版本图书馆 CIP 数据核字(2018)第 118131 号

复杂航天器高品质姿态控制

著　　　者　张洪华
责 任 编 辑　肖姝
出 版 发 行　国防工业出版社(010-88540717　010-88540777)
地 址 邮 编　北京市海淀区紫竹院南路 23 号,100048
经　　　售　新华书店
印　　　刷　三河市腾飞印务有限公司
开　　　本　710×1000　1/16
印　　　张　15¾
印　　　数　1-2000 册
字　　　数　275 千字
版　印　次　2018 年 6 月第 1 版第 1 次印刷

定　　　价　78.00 元　　（本书如有印装错误，我社负责调换）

致读者

本书由中央军委装备发展部**国防科技图书出版基金**资助出版。

为了促进国防科技和武器装备发展，加强社会主义物质文明和精神文明建设，培养优秀科技人才，确保国防科技优秀图书的出版，原国防科工委于1988年初决定每年拨出专款，设立国防科技图书出版基金，成立评审委员会，扶持、审定出版国防科技优秀图书。这是一项具有深远意义的创举。

国防科技图书出版基金资助的对象是：

1. 在国防科学技术领域中，学术水平高，内容有创见，在学科上居领先地位的基础科学理论图书；在工程技术理论方面有突破的应用科学专著。

2. 学术思想新颖，内容具体、实用，对国防科技和武器装备发展具有较大推动作用的专著；密切结合国防现代化和武器装备现代化需要的高新技术内容的专著。

3. 有重要发展前景和有重大开拓使用价值，密切结合国防现代化和武器装备现代化需要的新工艺、新材料内容的专著。

4. 填补目前我国科技领域空白并具有军事应用前景的薄弱学科和边缘学科的科技图书。

国防科技图书出版基金评审委员会在中央军委装备发展部的领导下开展工作，负责掌握出版基金的使用方向，评审受理的图书选题，决定资助的图书选题和资助金额，以及决定中断或取消资助等。经评审给予资助的图书，由中央军委装备发展部国防工业出版社出版发行。

国防科技和武器装备发展已经取得了举世瞩目的成就，国防科技图书承担着记载和弘扬这些成就，积累和传播科技知识的使命。开展好评审工作，使有限的基金发挥出巨大的效能，需要不断摸索、认真总结和及时改进，更需要国防科技和武器装备建设战线广大科技工作者、专家、教授，以及社会各界朋友的热情支持。

让我们携起手来，为祖国昌盛、科技腾飞、出版繁荣而共同奋斗！

国防科技图书出版基金
评审委员会

国防科技图书出版基金
第七届评审委员会组成人员

主 任 委 员　潘银喜

副主任委员　吴有生　傅兴男　赵伯桥

秘　书　长　赵伯桥

副 秘 书 长　许西安　谢晓阳

委员（按姓氏笔画排序）

才鸿年	马伟明	王小谟	王群书	甘茂治
甘晓华	卢秉恒	巩水利	刘泽金	孙秀冬
芮筱亭	李言荣	李德仁	李德毅	杨　伟
肖志力	吴宏鑫	张文栋	张信威	陆　军
陈良惠	房建成	赵万生	赵凤起	郭云飞
唐志共	陶西平	韩祖南	傅惠民	魏炳波

《航天器和导弹制导、导航与控制》丛书编委会

注：人名有*者均为院士。

总　序

航天器(Spacecraft)是指在地球大气层以外的宇宙空间(太空),按照天体力学的规律运行,执行探索、开发或利用太空及天体等特定任务的飞行器,例如人造地球卫星、飞船、深空探测器等。导弹(Guided Missile)是指携带有效载荷,依靠自身动力装置推进,由制导和导航系统导引控制飞行航迹,导向目标的飞行器,如战略/战术导弹、运载火箭等。

航天器和导弹技术是现代科学技术中发展最快、最引人注目的高新技术之一。它们的出现使人类的活动领域从地球扩展到太空,无论是从军事还是从和平利用空间的角度都使人类的认识发生了极其重大的变化。

制导、导航与控制(Guidance,Navigation and Control,GNC)是实现航天器和导弹飞行性能的系统技术,是飞行器技术最复杂的核心技术之一,是集自动控制、计算机、精密机械、仪器仪表以及数学、力学、光学和电子学等多领域于一体的前沿交叉科学技术。

中国航天事业历经50多年的努力,在航天器和导弹的制导、导航与控制技术领域取得了辉煌的成就,达到了世界先进水平。这些成就不仅为增强国防实力和促进经济发展起了重大作用,而且也促进了相关领域科学技术的进步和发展。

1987年出版的《导弹与航天丛书》以工程应用为主,体现了工程的系统性和实用性,是我国航天科技队伍30年心血凝聚的精神和智慧成果,是多种专业技术工作者通力合作的产物。此后20余年,我国航天器和导弹的制导、导航与控制技术又有了突飞猛进的发展,取得了许多创新性成果,这些成果是航天器和导弹的制导、导航与控制领域的新理论、新方法和新技术的集中体现。为适应新形势的需要,我们决定组织撰写出版《航天器和导弹制导、导航与控制》丛书。本丛书以基础性、前瞻性和创新性研究成果为主,突出工程应用中的关键技术。这套丛书不仅是新理论、新方法、新技术的总结与提炼,而且希望推动这些理论、方法和技术在工程中推广应用,更希望通过"产、学、研、用"相结合的方式使我国制导、导航与控制技术研究取得更大进步。

本丛书分两个部分:第一部分是制导、导航与控制的理论和方法;第二部分是制导、导航与控制的系统和器部件技术。

本丛书的作者主要来自北京航空航天大学、哈尔滨工业大学、西北工业大学、国防科学技术大学、清华大学、北京理工大学、华中科技大学和南京航空航天大学等高等学校,中国航天科技集团公司和中国航天科工集团公司所属的研究院所,以及"宇航智能控制技术""空间智能控制技术""飞行控制一体化技术""惯性技术""航天飞行力学技术"等国家级重点实验室,而且大多为该领域的优秀中青年学术带头人及其创新团队的成员。他们根据丛书编委会总体设计要求,从不同角度将自己研究的创新成果,包括一批获国家和省部级发明奖与科技进步奖的成果撰写成书,每本书均具有鲜明的创新特色和前瞻性。本丛书既可为从事相关专业技术研究和应用领域的工程技术人员提供参考,也可作为相关专业的高年级本科生和研究生的教材及参考书。

为了撰写好本丛书,特别聘请了本领域德高望重的陆元九院士、屠善澄院士和梁思礼院士担任丛书编委会顾问。编委会由本领域各方面的知名专家和学者组成,编著人员在组织和技术工作上付出了很多心血。本丛书得到了中央军委装备发展部国防科技图书出版基金资助和国防工业出版社的大力支持。在此一并表示衷心感谢!

期望这套丛书能对我国航天器和导弹的制导、导航与控制技术的人才培养及创新性成果的工程应用发挥积极作用,进一步促进我国航天事业迈向新的更高的目标。

丛书编委会

2010 年 8 月

前　言

本书主要内容来源于作者从事的我国月球探测航天器（嫦娥一号卫星、嫦娥三号着陆器、嫦娥五号着陆上升器）一些工程实践，开展的一些相关复杂航天器控制理论与应用预先研究，以及持续响应国际上相关重要航天活动的跟踪研究。

全书重点论述复杂航天器运动数学模型、复杂航天器状态确定、刚性航天器高品质姿态控制、挠性航天器高品质控制、充液航天器高品质控制。在状态确定方面，提出了基于双层扩展卡尔曼滤波的在轨标定、混杂环境下的状态确定、惯性导航结合测距测速修正的高精度状态确定等一系列算法。这些算法在嫦娥三号着陆器上经过了飞行验证。在复杂刚性航天器高品质控制方面，抓住姿态运动学非线性、控制力矩受限、角速度受限等工程实际问题，提出了分区四元数姿态控制方法。该方法在控制轨迹的受控优化和完整刻画、四元数控制“展开”问题规避等方面显示了其工程适用性。这些方法部分结果在嫦娥三号着陆器上经过了飞行验证。在复杂挠性航天器高品质控制方面，围绕“挠性”“耦合”“不确定性”等挠性航天器姿态控制的困难问题，从控制理论结合工程实际角度出发推出基于在轨辨识的挠性航天器低阶姿态控制架构，从信息处理角度给出挠性航天器高品质姿态控制一些解决方法，包括：基于时间序列分析、不甚依赖于模型的模态分离估计与控制；利用角动量反馈的高精度高稳定度姿态控制；基于方波序列的姿态快速机动控制；基于振动抑制通道和姿态控制通道相结合的双通道控制；等。这些结果有些已在卫星控制中获得应用验证，有些正在显示工程实用潜力。在充液航天器高品质控制方面，结合月球着陆器动力下降过程的线运动和角运动控制，介绍自适应动力显式制导、避障轨迹规划制导、刚体模态与晃动模态分离控制、线运动调制最优控制等一系列先进方法。它们有的已经获得工程应用,有的将在近期工程获得应用。

全书成稿得益于长辈教诲、同事协力、学生帮助、亲人奉献,对此作者深表谢意。特别感谢吴宏鑫院士,他是作者导师,追随他的工作过程,作者学到了许多先进专业知识,还学到了许多做人道理。特别感谢叶培建院士,作者从事月球探测过程受益于他的言传身教,作者在工程实践方面的成长过程也正是他给予无私培养过程。作者要感谢关轶峰博士、黄翔宇博士、李骥博士、王鹏基博士、梁俊高级工程师、于萍博士、赵宇博士、胡锦昌博士、王志文工程师等诸多同事,作者与他(她)们一起从事嫦娥工程,得到了诸多帮助。

本书成稿过程中还得到了国防工业出版社编辑和审稿专家帮助。感谢国防科技图书出版基金的资助和国防工业出版社的大力支持。

最后,我还要衷心感谢我的妻子柯旗女士。她对我工作上无怨无悔的支持和生活上无微不至的关爱,是我人生路上不断砥砺前行的永恒动力。其实,本书也是我们一路走来、共沐风雨的结晶。

作者

2018 年 1 月

目　录
CONTENTS

第 1 章 绪 论

1.1 航天器姿态控制内涵

航天器姿态控制的最终目的是使得航天器本体姿态与航天器目标姿态一致[1]。这里的本体姿态是固联在航天器上单个矢量或多个矢量相对于参考坐标系的指向,而目标姿态则是根据航天器任务要求的航天器上单个矢量或多个矢量相对于参考坐标系的期望指向。例如,近圆轨道上的三轴稳定对地观测卫星一般要求本体三轴跟踪当地水平当地垂线的轨道坐标系,与此同时,本体上的太阳能电池阵列的法线方向还要跟踪太阳矢量方向;月球着陆器在动力下降段,本体的发动机推力方向要全程跟踪制导确定的期望推力方向,其中在主减速结束后的快速调整段,除了发动机推力要快速调整到变推力模式,还要实施快速姿态机动控制,使发动机推力方向迅速接近当地垂线方向[2-3]。

从数学上的信息处理角度观察,航天器姿态控制包括以下几个组成部分。目标姿态以及目标姿态角速度的设定,一般由航天器任务要求事先在地面规划过程确定或者由航天器在轨制导实时确定。本体姿态及角速度的确定,通常根据航天器携带的敏感器输出信号通过相应信息提取算法来确定;敏感器包括惯性测量敏感器,如陀螺、星敏感器,它们给出航天器相对惯性参考坐标系姿态信息,此外还有相对目标天体的测量敏感器,如红外地平仪、紫外月球敏感器，它们给出相对目标天体的姿态信息；信息提取算法一般采用卡尔曼(Kalman)滤波器或者扩展卡尔曼滤波器来抑制敏感器噪声，同时提取姿态信息。姿态控制规律的设计，这是姿态控制的核心，它依据航天器姿态动力学、根据本体姿态和目标姿态，生成关于控制力矩的控制规律，使得本体姿态以某种指标与目标姿态一致。姿态控制的执行是根据控制规律生成相应控制指令，驱动执行机构实现控制动作，这里典型的执行机构包括动量交换装置(飞轮、控制力矩陀螺)和质量喷出(喷气)反作用执行机构(推力器)。

从物理实现的角度观察，航天器姿态控制则包括了姿态测量敏感器、姿态控制器(控制计算机硬件及软件)、姿态控制执行机构几个部分。值得指出的是，完整的姿态控制系统的信息处理分散在其物理实现的各个部分，但一般而言信息处理的主要部分位于姿态控制器。

1.2 航天器姿态控制概述

航天器姿态控制发展到今天，已经取得巨大成就。例如：带有挠性附件和充液表面张力贮箱的大型航天器(如中国的“东方红”系列通信卫星)在轨道机动期间的姿态稳定控制；在中低轨道运行的各种对地、对天观察的多体复杂航天器的高稳定度控制(如美国的哈勃太空望远镜(Hubble Space Telescope, HST)、中国的资源系列卫星)；可以往返天地的中国、苏联载人飞船和美国航天飞机的大气进入的攻角、侧倾角、侧滑角快速机动与跟踪控制；月球着陆器的动力下降(如美国的“阿波罗”(Apollo)月球探测器、中国的嫦娥三号月球着陆器)；以及火星探测器的进入、下降、着陆的多模式姿态控制等。这些都是杰出实例。

截至目前，成功的航天器姿态控制经历了如下发展历程。姿态描述初始阶段多采用三轴欧拉角(滚动角、俯仰角、偏航角)，后来阶段多采用欧拉四元数(这是目前姿态描述的主流)。姿态运动学相应采用欧拉角变化率或四元数变化率与角速度之间关系描述，值得注意的是初始阶段大多采用线性化运动学，这适合于围绕目标姿态的小运动情况，后来阶段从参考文献[4]发表前后开始考虑非线性运动学。姿态动力学一般采用欧拉方程描述，对于挠性充液航天器则还要采用挠性变形和液体晃动模态坐标耦合动力学方程，由此形成混合坐标动力学方程。姿态确定算法一般采用融合陀螺测量信息和星敏感器

(和/或红外地球、紫外月球测量信息)的常系数卡尔曼滤波器,后来发展到利用卡尔曼或扩展卡尔曼滤波器(这是目前发展趋势,并且在嫦娥三号着陆器获得了在轨实现)。姿态控制规律则一般采用三轴各自独立的相平面控制或PID控制,前者具有姿态控制的快速性,而后者则可以克服各种干扰并获得姿态控制的高精度;对于存在挠性振动和液体晃动情况,则发展出精心设计的结构滤波器配合PID的姿态控制方法。

应当指出的是尽管航天器姿态控制取得巨大成就,却仍然有一些理论研究和工程实际中的热点问题。第一,关于姿态运动学的非线性问题。一方面,采用三元组状态变量存在运动学奇异问题,而采用四元数状态变量可以消除奇异问题,但却带来了姿态描述的不唯一性问题,进而带来"展开(Unwinding)"问题(就是实际姿态离目标姿态很近了,但却必须多转一圈才能收敛的问题)。这一问题在工程上有一些处理方法但缺少系统分析和描述。另一方面,考虑运动学非线性时,刚体航天器的PD控制和PID控制已经有一些满意控制结论,而当考虑控制力矩受限和角速度受限情况时则又产生一些新困难。第二,关于姿态确定的扩展卡尔曼滤波问题。目前在轨航天器姿态的确定一般将陀螺安装误差、刻度因子误差归并到常值漂移中进行估计,这种方法对某些航天器有其适用性,但对于着陆器等姿态变化频繁和不定的航天器有问题,不太适用于高精度导航需求。第三,关于高精度、高稳定度姿态控制问题。特别是一些挠性航天器,如哈勃太空望远镜,受一些空间环境影响容易诱发挠性振动,进而影响航天器姿态稳定度。这里强调在同等品质敏感器和执行机构条件下,如何采用系统辨识和自适应控制等非线性方法以及物理运动新机理等方面从动力学上提高控制品质。第四,关于线运动和角运动(位置和姿态)自主联合控制问题。典型代表是月球着陆器动力下降过程的自主软着陆,以及运载火箭第一级定点返回的软着陆。这里强调通过制导在线规划运动轨迹,进而通过姿态控制来实现线运动控制,也可以实现线运动与角运动各自独立控制,由此满足航天器使命要求。

1.3 航天器高品质姿态控制概念

综合考察嫦娥三号月球着陆器、"牵牛星"(Altair)月球探测器、土星探测卡西尼(Cassini)航天器等,可以归纳出典型航天器姿态控制品质,含有功能和性能两个方面[5-7]。姿态控制功能一般包括：姿态确定，目标姿态产生，无轨道控制情形的姿态机动和指向控制，有轨道控制情形的姿态维持控制，轨道控制发动机点火情形（着陆器动力下降或上升器动力上升）的姿态机动和跟踪控制。姿态控制性能一般包括：姿态知识精度（Attitude Knowledge Accuracy），无轨道控制情形的姿态机动快速性和姿态控制精度，无轨道控制情形的姿态控制稳定度，有轨道控制情形的姿态跟踪控制精度，轨道控制发动机点火情形的姿态机动快速性和姿态跟踪控制精度，轨道控制发动机点火情形的姿态跟踪控制稳定度，控制系统对不确定性的稳定裕度。

姿态知识精度定义为实际姿态与在轨估计姿态之间误差姿态大小的测度。姿态控制精度或姿态跟踪控制精度定义为实际姿态与目标姿态之间误差姿态大小的测度。姿态控制或姿态跟踪控制稳定度定义为在一定时间内实际姿态变化大小的测度，在轨道控制发动机点火期间也可以定义为实际角速度与目标角速度误差大小的测度。姿态机动快速性定义为从一个姿态变化到另一个姿态所花时间多少的测度，也可以定义为姿态机动过程最大角速度。稳定裕度定义为闭环控制系统能够维持其稳定性所能容忍的不确定性大小测度；当着闭环控制系统可以用线性定常系统描述时，可以采用增益裕度和相位裕度来描述稳定裕度。

误差姿态一般可以利用旋转矩阵或旋转矢量或误差四元数来描述；而当着误差很小时误差姿态可以分解为绕正交坐标系三个坐标轴误差角来描述。考虑单轴情况，姿态误差可以用关于误差角信号的随机过程$\{\phi(t), t\geqslant t_0\}$来具体描述。不失一般性，假设这是一个平稳随机过程并且具有各态历经性。姿态知识或控制精度可以用姿态误差均值和标准差来描述。设误差角信号均值为μ、标准差为σ，则当$\{\phi(t), t\geqslant t_0\}$服从正态分布时，$\mu-3\sigma\leqslant\phi(t)\leqslant\mu+3\sigma$的概率大于99%。同样道理，姿态控制稳定度可以利用相应时间窗口TW内误差信号标准差σ_{TW}来描述：

$$\mu_{TW}(t;TW)=\frac{1}{TW}\int_{t}^{t+TW}\phi(\tau)\,\mathrm{d}\tau \tag{1-1a}$$

$$\sigma_{TW}^{2}(t;TW)=\frac{1}{TW}\int_{t}^{t+TW}[\phi(\tau)-\mu_{TW}(t;TW)]^{2}\,\mathrm{d}\tau \tag{1-1b}$$

注意到当$\{\phi(t), t\geqslant t_0\}$时是平稳随机过程，并且具有各态历经性，其中$\sigma_{TW}^{2}(t;TW)$并不随时间$t$变化。

例如,卡西尼航天器在科学观测期间,要求利用星敏感器和陀螺进行姿态确定,利用飞轮进行姿态控制,使得本体坐标系 Y 轴惯性定向;实际飞行的控制系统品质描述如表1-1[8]所列。注意到 Y 轴知识误差和控制误差取决于绕 X 轴误差角和绕 Z 轴误差角,相应知识误差和控制误差平方是绕 X 轴误差角和绕 Z 轴误差角平方和。当绕 X 轴误差角和绕 Z 轴误差角服从正态分布时,Y 轴知识误差和控制误差服从瑞利分布;当绕 X 轴误差角与绕 Z 轴误差角无关时,Y 轴知识误差和控制误差小于其2.146倍标准差的概率大于99%;当绕 X 轴误差角与绕 Z 轴误差角相关时,Y 轴知识误差和控制误差小于其2.575倍标准差的概率大于99%;由此可以算出 Y 轴最好和最差知识精度以及控制精度。

表1-1 卡西尼航天器科学观测期间姿态控制系统品质

项目	飞行结果	设计需求
姿态知识精度		
绕 X 轴转角(3σ,10^{-3}rad)	0.405	
绕 Z 轴转角(3σ,10^{-3}rad)	0.611	1
Y 轴知识精度(99%概率,10^{-3}rad)		
绕 X 轴转角与绕 Z 轴转角相关时	0.629	
绕 X 轴转角与绕 Z 轴转角无关时	0.524	
姿态控制精度(3σ,10^{-3}rad)		
绕 X 轴转角	0.416	
绕 Z 轴转角	0.618	2
Y 轴控制精度(99%概率,10^{-3}rad)		
绕 X 轴转角与绕 Z 轴转角相关时	0.639	
绕 X 轴转角与绕 Z 轴转角无关时	0.533	
姿态控制稳定度(2σ,10^{-6}rad)		
100s时间窗口绕 X 轴转角	3.8	
100s时间窗口绕 Z 轴转角	5.0	
1200s时间窗口绕 X 轴转角	4.0	
1200s时间窗口绕 Z 轴转角	5.7	
稳定裕度		
增益裕度	10dB	
相位裕度	30°	

航天器高品质姿态控制，就是要根据航天器使命需求，实现姿态知识高精度、姿态控制高精度、姿态控制高稳定度以及与使命相匹配的姿态机动快速性和稳定裕度。天体观测航天器姿态控制在稳态阶段的高品质典型指标有：姿态知识精度优于 1×10^{-3}rad(3σ)，姿态控制精度优于 2×10^{-3}rad(3σ)，姿态控制稳定度达到 100s 内维持在 $1\times10^{-1}(3\sigma)$弧度量级[6]。发动机点火情形（如月球软着陆动力下降）的航天器姿态控制的高品质典型指标有：姿态知识精度优于 1×10^{-3}rad(3σ)，姿态控制精度优于 3×10^{-3}rad(3σ)，姿态控制稳定度达到 2.5×10^{-2}rad/s(3σ)量级[2]。

高品质姿态控制具有挑战性。第一，姿态知识精度取决于在轨估计器方差，敏感器自身存在的并且没有在估计器过程噪声和测量噪声中考虑的测量偏差，敏感器安装偏差和结构形变偏差，可动部件引出的振动和抖动等。姿态知识高精度要求航天器配置高精度星敏感器和高精度陀螺。目前高精度星敏感器光轴测量精度可以达到 1″(3σ)量级、横轴测量精度也能达到 20″(3σ)量级。因此在星敏感器可用情形，在星敏感器安装偏差和结构变形偏差得到补偿后，姿态精度可以满足应用需求。而当星敏感器不能使用时，如在轨道控制发动机点火期间易引出含有振动的混杂环境，这样星敏感器精度可能下降以至于难以应用，此时就只能利用陀螺外推姿态，于是陀螺模型偏差（包括零偏、刻度因子、安装误差）的标定，以及存在振动等混杂环境下的姿态外推就是必要的了。因此，开发一些实用高性能姿态确定算法十分必要。第二，姿态控制精度取决于姿态知识精度、执行机构产生控制力矩的颗粒度、姿态控制算法、控制算法中未曾考虑振动与晃动的残余影响等；而姿态控制稳定度除了取决于上述因素外，还特别需要考虑角速度的测量与反馈控制影响。对于利用喷气执行机构的姿态控制而言，姿态控制高精度和高稳定度要求喷气最小脉宽尽可能小；对于利用飞轮执行机构而言，姿态控制高精度和高稳定度要求考虑飞轮轴承摩擦力矩影响。此外，姿态控制高精度和高稳定度客观上需求高性能姿态控制算法：它应当具有稳定性，使得系统在可能初始条件下能够进入稳态，例如即使对于看似简单刚体航天器控制也必须小心应对“展开”问题；它应当能够抑制复杂航天器挠性振动和液体晃动，使得不必产生控制与结构相互作用引出的“不稳定”问题；它应当能够在有干扰情形保证稳态误差足够小，这就需要利用误差积分项或者采取干扰补偿等措施。因此开发一些实用高性能姿态控制算法十分必要。第三，姿态机动快速性取决于敏感器特性、执行机构最大控制力矩、姿态控制算法等,其中难点包括前述力矩受限和角速度受限、控制与结构相互作用问题等。这就要求除了配置和开发相应高品质敏感器和执行机构之外,还必须开发“频带隔离”“输入成形”“双通道控制”等新型姿态控制算法。

综上所述,航天器高品质姿态控制一方面要求配置高性能敏感器和高性能执行机构,另一方面更要求高性能姿态确定算法和姿态控制算法。为此,本书重点论述复杂航天器高品质控制在信息处理层面的姿态确定方法和姿态控制方法。

1.4 本书结构

本书面对航天器姿态控制中挑战性问题,主要论述作者通过多年的理论和工程实践,提炼出来的具有创新性和实用性的结果。

第 1 章,简要论述航天器姿态控制的历史、现状和发展,指出一些利用传统方法和手段难以解决的挑战性问题,概述复杂航天器的高品质姿态控制内涵,介绍本书的主要结构和内容。

第 2 章,航天器运动数学模型,包括线运动和角运动的运动学和动力学模型。尽管这是成熟领域,但通过深入剖析复杂运动体力学特征,尽可能做到推陈出新:从旋转矢量概念出发自然导出了姿态运动学;论述了根据工程实践总结出的包含刚体、挠性体、液体晃动等的复杂航天器动力学模型;还论述了适合于控制的数学模型。

第 3 章,航天器运动状态确定。本章主要结合星敏感器与陀螺组合的姿态确定一般情况,论述在轨标定双层滤波结构和考虑混杂工况下圆锥效应的高精度定姿算法,详细编排了基于扩展卡尔曼滤波算法。与此同时,本章推出了惯性导航结合相对位置和相对速度测量修正导航的一般框架结构,导出了考虑在轨点火混杂环境的划摇效应以及在轨实时修正的卡尔曼滤波算法。

第 4 章,刚体航天器高品质姿态控制。通过航天器姿态控制几十年的发展,绝大部分在理论和工程上的刚性航天器控制问题可以说已经得到解决;没有解决的或者说有待发展的是非线性情形相关问题,包括基于四元数描述控制的“展开”问题、角速度受限问题、控制力矩受限情形姿态控制问题等。本章特点在于系统介绍了具有普遍工程适用范围的分区四元数姿态控制方法。比较于 PID 控制、相平面控制等方法,分区四元数方法在非线性问题处理、复杂约束处理、控制轨迹的受控优化和完整刻画方面都有其特色。

第5章，挠性航天器高品质姿态控制。这一问题富有挑战性，主要体现在：第一，控制对象甚为复杂，包括挠性振动与控制系统相互作用、控制对象维数甚高、质量特性以及外部干扰不确定性等。第二，姿态控制品质要求很高，而有些控制品质的实现有时对于纯粹刚体航天器都是困难的。第三，控制规律和控制部件却要求尽可能简单。从控制理论结合工程实际角度出发，本章推出了基于在轨辨识的挠性航天器低阶姿态控制架构，详细介绍了挠性航天器高品质姿态控制的一些工程实用解决方法。

第6章，充液航天器高品质姿态控制。本章主要以月球着陆器动力下降过程为背景，考虑充液航天器平动、转动和液体晃动的联合控制。本章推出了一系列工程实用方法，包括：考虑控制参数和控制目标在线调整的自适应动力显式制导；基于模态分离和优化晃动滤波器姿态控制和液体晃动控制；利用输入成形调制的时间最优控制与 PID 控制相结合，实现线运动控制与液体晃动抑制；等。

参考文献

[1] Wertz J R. Spacecraft attitude determiniation and control[M]. Norwell: Kluwer, 1978.

[2] 张洪华, 关轶峰, 黄翔宇, 等. 嫦娥三号着陆器动力下降的制导导航与控制[J]. 中国科学: 技术科学, 2014,44(5):377-384.

[3] 张洪华, 梁俊, 黄翔宇, 等. 嫦娥三号自主避障软着陆控制技术[J]. 中国科学:技术科学, 2014,44(6):559-568.

[4] Wen J, Kreutz-Delgado K. The attitude control problem[J]. IEEE Transactions on Automatic Control, 1991,36(10): 1148-1162.

[5] Lee A, Ely T. Preliminary design of the guidance, navigation, and control system of the Altair lunar lander[C]. Toronto: AIAA Guidance, Navigation, and Control Conference, AIAA, 2010.

[6] Lee A, Hanover G. Cassini spacecraft attitude control system flight performance[C]. San Francisco: AIAA Guidance, Navigation, and Control Conference and Exhibit, AIAA, 2005.

[7] Lee A, Yu J. Space interferometry mission spacecraft pointing error budgets[J]. IEEE Transactions on Aerospace and Electronic Systems, 2002,38(2):502-514.

[8] Pilinski E, Lee A. Pointing stability performance of the Cassini spacecraft[J]. Journal of Spacecraft and Rockets, 2009, 46(5):1007-1015.

第 2 章 航天器运动数学模型

航天器的组成一般呈现刚体、挠性体、液体等多种形态。航天器运动则包括线运动、角运动以及挠性振动和液体晃动[1]。而航天器运动方程就是要研究这些运动的运动学（包括描述运动本身的状态变量选择、状态变量之间关系方程），以及这些运动的动力学（即建立运动学变量与外部激励之间的关系方程）。运动学方程、动力学方程总称运动方程，它们联合形成了航天器系统的数学模型[2]。

刚体模型是所有复杂航天器的基础模型。刚体运动包括线运动和角运动，而其难点在于角运动。本章深入探究姿态、角速度等基本概念，从描述姿态运动本质的旋转矢量过渡到目前广为使用的姿态四元数，建立了姿态运动学和误差姿态运动学[3-6]。而误差姿态运动学对于航天器的姿态控制是极其重要的。在此基础上，利用牛顿欧拉定理建立了刚体动力学方程。挠性体模型和液体模型对于一些复杂航天器是必须考虑的，尽管许多实际航天器用刚体近似就足够了。为此，仍然从物理意义明确的牛顿欧拉定理出发，建立基于小运动的挠性体动力学方程和带有液体晃动的航天器动力学方程[7-10]。

本章是全书的基础部分，相当一部分内容是广为所知的。而本章的特色之处在于：深入探究和自然引入刚体误差姿态运动学；将挠性体弹性变形看作为附着在未变形刚体上的运动，导出形式简单、实际可用的动力学方程；将液体晃动等效为两维单摆运动，并且考虑各种外力包括引力项影响，推出形式简单、物理意义鲜明的动力学方程。

2.1 坐标系

引入右手正交坐标系 $oxyz$：o 为坐标系原点即三个坐标轴 x 轴、y 轴、z 轴的交点，并且 x 轴、y 轴、z 轴的单位矢量 $\boldsymbol{i}$、$\boldsymbol{j}$、$\boldsymbol{k}$ 满足：

$$\boldsymbol{i}\cdot\boldsymbol{i}=\boldsymbol{j}\cdot\boldsymbol{j}=\boldsymbol{k}\cdot\boldsymbol{k}=1 \tag{2-1}$$

$$\boldsymbol{i}\cdot\boldsymbol{j}=\boldsymbol{i}\cdot\boldsymbol{k}=\boldsymbol{j}\cdot\boldsymbol{k}=0 \tag{2-2}$$

$$\boldsymbol{i}\times\boldsymbol{j}=\boldsymbol{k},\boldsymbol{j}\times\boldsymbol{k}=\boldsymbol{i},\boldsymbol{k}\times\boldsymbol{i}=\boldsymbol{j} \tag{2-3}$$

式中：$\{\cdot\}$、$\{\times\}$ 分别为矢量点乘、叉乘。于是任意矢量 $\boldsymbol{v}$ 都可以写为

$$\boldsymbol{v}=v_x\boldsymbol{i}+v_y\boldsymbol{j}+v_z\boldsymbol{k} \tag{2-4}$$

式中：$v_x=\boldsymbol{v}\cdot\boldsymbol{i}$、$v_y=\boldsymbol{v}\cdot\boldsymbol{j}$、$v_z=\boldsymbol{v}\cdot\boldsymbol{k}$；$\{\boldsymbol{i}\quad\boldsymbol{j}\quad\boldsymbol{k}\}$ 称为坐标系的矢量基，$\{v_x\quad v_y\quad v_z\}$ 称为矢量在该坐标系下的坐标；$[\boldsymbol{i}\quad\boldsymbol{j}\quad\boldsymbol{k}]^{\mathrm{T}}$ 称为坐标系的基向量；$\bar{\boldsymbol{v}}=[v_x\quad v_y\quad v_z]^{\mathrm{T}}$ 称为矢量在该坐标系对应的向量。除非特别说明，本书用 $\boldsymbol{v}$ 表示矢量、用 $\bar{\boldsymbol{v}}$ 表示矢量对应的向量。

以下描述均设坐标系为右手正交坐标系，并且原点、坐标轴、单位矢量如上符号表示，并且用下标区分不同坐标系的相关描述。

定义惯性坐标系 $o_ix_iy_iz_i$ 为牛顿第一定律成立的坐标系。在惯性坐标系中，牛顿力学总是成立的。事实上，绝对的惯性坐标系及其对应的惯性空间并不存在，但对于某坐标系而言，如果一定论域内的物体运动足够精确满足该定律，则该坐标系就在该论域内认为是惯性坐标系。例如，地球卫星运动描述通常选用地心惯性坐标系，月球航天器运动描述通常选用月心惯性坐标系，星际航行的航天器运动通常选用日心惯性坐标系。

定义本体坐标系 $o_sx_sy_sz_s$ 为固联于航天器的坐标系，其坐标原点、坐标轴均固定在（无挠性变形且无液体晃动）航天器上，通常取坐标系原点为航天器质心，坐标轴为航天器惯性主轴。显然，对于刚体航天器而言，其上任意点的指向在本体坐标系唯一确定，对于挠性或充液航天器而言，其标称构型上任意点的指向同样在本体坐标系唯一确定。因此，一旦本体坐标系相对于某参考坐标系的指向确定，则航天器标称指向就完全确定了。

定义目标坐标系 $o_tx_ty_tz_t$ 为航天器目标指向对应的坐标系，在理想状态，航

天器本体坐标系与该坐标系一致。例如,对地定向三轴稳定卫星,其目标姿态即当地垂线当地水平坐标系,月球着陆器在动力下降段,其目标姿态由制导确定的发动机推力指向和其他指向约束确定。

2.2 姿态描述

2.2.1 旋转矩阵

考虑坐标系 $o_Ax_Ay_Az_A$ 和坐标系 $o_Bx_By_Bz_B$。则坐标系基向量之间的转换关系可以写为

$$\begin{bmatrix} \boldsymbol{i}_B \\ \boldsymbol{j}_B \\ \boldsymbol{k}_B \end{bmatrix} = \begin{bmatrix} C_{11} & C_{12} & C_{13} \\ C_{21} & C_{22} & C_{23} \\ C_{31} & C_{32} & C_{33} \end{bmatrix} \begin{bmatrix} \boldsymbol{i}_A \\ \boldsymbol{j}_A \\ \boldsymbol{k}_A \end{bmatrix} \tag{2-5}$$

式中:C_{ij}为相应矢量的点乘或称方向余弦;矩阵 $\boldsymbol{C}=[C_{ij}]$称为方向余弦矩阵、姿态矩阵或旋转矩阵。对于任意矢量 $\boldsymbol{v}$,它在坐标系 $o_Bx_By_Bz_B$ 上的向量与在坐标系 $o_Ax_Ay_Az_A$ 上的向量满足关系:

$$\begin{bmatrix} v_{xB} \\ v_{yB} \\ v_{zB} \end{bmatrix} = \begin{bmatrix} C_{11} & C_{12} & C_{13} \\ C_{21} & C_{22} & C_{23} \\ C_{31} & C_{32} & C_{33} \end{bmatrix} \begin{bmatrix} v_{xA} \\ v_{yA} \\ v_{zA} \end{bmatrix} \tag{2-6}$$

显然,姿态可以用矩阵 $\boldsymbol{C}$ 完整描述。

记 $\boldsymbol{I}$ 为单位阵(除非特别说明,本书中均用 $\boldsymbol{I}$ 表示适当维数单位阵)。利用坐标系的正交性,即$[\boldsymbol{i}\ \ \boldsymbol{j}\ \ \boldsymbol{k}]^{\mathrm{T}}[\boldsymbol{i}\ \ \boldsymbol{j}\ \ \boldsymbol{k}]=\boldsymbol{I}$,由式(2-5)可导 $\boldsymbol{C}^{\mathrm{T}}\boldsymbol{C}=\boldsymbol{I}$;进而利用坐标系是右手正交系,即 $\boldsymbol{i}\times\boldsymbol{j}=\boldsymbol{k}$,由式(2-5)可以导得 $\det(\boldsymbol{C})\geqslant 0$,进而必有 $\det(\boldsymbol{C})=1$。事实上,旋转矩阵的集合构成数学上的特殊正交群 $SO(3)$:

$$SO(3)=\{\boldsymbol{C}\in\mathbf{R}^{3\times 3}\,|\,\boldsymbol{C}^{\mathrm{T}}\boldsymbol{C}=\boldsymbol{I},\det(\boldsymbol{C})=+1\} \tag{2-7}$$

式中:$\mathbf{R}$ 为实数域;$\mathbf{R}^{3\times 3}$是元素为实数的 3×3 矩阵集合。该群是满足 6 个约束的 9 个参量集合构成的 9 维参数空间。

2.2.2 旋转矢量

对于 $\boldsymbol{C}\in SO(3)$,可以验证:其特征值可以写为$\{+1\quad e^{\mathrm{j}\phi}\quad e^{-\mathrm{j}\phi}\}$(这里 $\mathrm{j}^2=-1$,$\phi(<\infty)$为实数),记特征值 $+1$ 对应的单位特征向量记为 $\bar{\boldsymbol{e}}$,则有

$$\bar{\boldsymbol{e}} = \frac{1}{2\sin\phi}\begin{bmatrix} C_{23} - C_{32} \\ C_{31} - C_{13} \\ C_{12} - C_{21} \end{bmatrix} \tag{2-8}$$

$$1 + 2\cos\phi = C_{11} + C_{22} + C_{33} \tag{2-9}$$

设坐标系 $o_{B'}x_{B'}y_{B'}z_{B'}$ 与坐标系 $o_Ax_Ay_Az_A$ 在 t_0 时刻重合，然后坐标系（静系、参考系）$o_Ax_Ay_Az_A$ 不动而坐标系（动系、本体坐标系）$o_{B'}x_{B'}y_{B'}z_{B'}$ 绕其上矢量 $\bar{\boldsymbol{e}}$ 按照右手法则旋转角度 ϕ，如图 2-1 所示。在静系上观察，动系上任意矢量 $\bar{\boldsymbol{v}}_A$ 从 $\bar{\boldsymbol{v}}_A(t_0)$ 转为 $\bar{\boldsymbol{v}}_A(t)$。

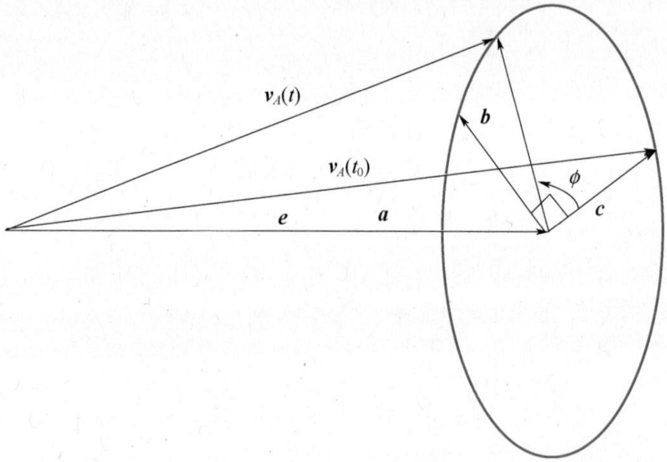

图 2-1　旋转几何

图 2-1 中相关矢量可以写为

$$\boldsymbol{a} = (\boldsymbol{v}_A(t_0) \cdot \boldsymbol{e})\boldsymbol{e}$$

$$\boldsymbol{b} = \boldsymbol{e} \times \boldsymbol{v}_A(t_0)$$

$$\boldsymbol{c} = \boldsymbol{b} \times \boldsymbol{e} = \boldsymbol{e} \times (\boldsymbol{v}_A(t_0) \times \boldsymbol{e})$$

于是有

$$\boldsymbol{v}_A(t) = \boldsymbol{a} + \boldsymbol{b}\sin\phi + \boldsymbol{c}\cos\phi$$

写成向量和矩阵形式，可有

$$\begin{aligned}\bar{\boldsymbol{v}}_A(t) &= (\bar{\boldsymbol{e}}\,\bar{\boldsymbol{e}}^{\mathrm{T}}(1-\cos\phi) + \boldsymbol{I}\cos\phi + [\bar{\boldsymbol{e}}^{\times}]\sin\phi)\bar{\boldsymbol{v}}_A(t_0) \\ &= (\bar{\boldsymbol{e}}\,\bar{\boldsymbol{e}}^{\mathrm{T}}(1-\cos\phi) + \boldsymbol{I}\cos\phi + [\bar{\boldsymbol{e}}^{\times}]\sin\phi)\bar{\boldsymbol{v}}_B(t_0) \\ &= (\bar{\boldsymbol{e}}\,\bar{\boldsymbol{e}}^{\mathrm{T}}(1-\cos\phi) + \boldsymbol{I}\cos\phi + [\bar{\boldsymbol{e}}^{\times}]\sin\phi)\bar{\boldsymbol{v}}_B(t)\end{aligned}$$

式中：推导利用了事实 $\bar{\boldsymbol{v}}_B(t_0)=\bar{\boldsymbol{v}}_B(t)$，即固联于动系 $o_{B'}x_{B'}y_{B'}z_{B'}$ 上矢量在动系 $o_{B'}x_{B'}y_{B'}z_{B'}$ 上表示恒不变。这里 $[\bar{\boldsymbol{e}}^{\times}]$ 为由相应向量生成的叉乘矩阵（书中都用相关向量类似符号表示该向量的叉乘矩阵）：

$$[\bar{\boldsymbol{e}}^{\times}]=\begin{bmatrix}0 & -e_3 & e_2\\ e_3 & 0 & -e_1\\ -e_2 & e_1 & 0\end{bmatrix} \tag{2-10}$$

注意到 $\bar{\boldsymbol{v}}_A$ 的任意性，可知：从动系 $o_{B'}x_{B'}y_{B'}z_{B'}$ 到静系 $o_Ax_Ay_Az_A$ 旋转矩阵为 $\bar{\boldsymbol{e}}\,\bar{\boldsymbol{e}}^{\mathrm{T}}(1-\cos\phi)+\boldsymbol{I}\cos\phi+[\bar{\boldsymbol{e}}^{\times}]\sin\phi$，或者从静系到动系旋转矩阵为 $\bar{\boldsymbol{e}}\,\bar{\boldsymbol{e}}^{\mathrm{T}}(1-\cos\phi)+\boldsymbol{I}\cos\phi-[\bar{\boldsymbol{e}}^{\times}]\sin\phi$。将式(2－8)和式(2－9)代入上述矩阵并通过代数运算可知恒有：

$$\bar{\boldsymbol{e}}\,\bar{\boldsymbol{e}}^{\mathrm{T}}(1-\cos\phi)+\boldsymbol{I}\cos\phi-[\bar{\boldsymbol{e}}^{\times}]\sin\phi=\boldsymbol{C} \tag{2-11}$$

于是 $o_{B'}x_{B'}y_{B'}z_{B'}=o_Bx_By_Bz_B$，这样就证明了著名的欧拉定理。它表明：从一个坐标系到另一个坐标系的旋转矩阵都可以通过绕某一矢量一次旋转有限角度来获得。

定义旋转矢量：

$$\boldsymbol{\phi}=\phi\boldsymbol{e} \tag{2-12}$$

则式(2－11)可以等价写成：

$$\boldsymbol{C}=\frac{\bar{\boldsymbol{\phi}}\,\bar{\boldsymbol{\phi}}^{\mathrm{T}}}{\phi^2}(1-\cos\phi)+\boldsymbol{I}\cos\phi-\frac{\sin\phi}{\phi}[\bar{\boldsymbol{\phi}}^{\times}] \tag{2-13a}$$

或

$$\boldsymbol{C}=\boldsymbol{I}-\frac{\sin\phi}{\phi}[\bar{\boldsymbol{\phi}}^{\times}]+\frac{1-\cos\phi}{\phi^2}[\bar{\boldsymbol{\phi}}^{\times}]^2 \tag{2-13b}$$

或

$$\boldsymbol{C}=\boldsymbol{I}-\frac{\sin\phi}{\phi}[\bar{\boldsymbol{\phi}}^{\times}]+\frac{1}{1+\cos\phi}\left(\frac{\sin\phi}{\phi}[\bar{\boldsymbol{\phi}}^{\times}]\right)^2 \tag{2-13c}$$

姿态描述的一种三维参数空间就是上述旋转矢量构成的空间 $\{\bar{\boldsymbol{\phi}}\}$。主要公式编排如下：

$$\bar{\boldsymbol{\phi}}=\phi\bar{\boldsymbol{e}} \tag{2-14a}$$

$$\bar{\boldsymbol{e}}=\frac{1}{2\sin\phi}\begin{bmatrix}C_{23}-C_{32}\\ C_{31}-C_{13}\\ C_{12}-C_{21}\end{bmatrix} \tag{2-14b}$$

$$1+2\cos\phi=C_{11}+C_{22}+C_{33} \tag{2-14c}$$

$$C = I - \frac{\sin\phi}{\phi}[\bar{\boldsymbol{\phi}}^{\times}] + \frac{1}{1+\cos\phi}\left(\frac{\sin\phi}{\phi}[\bar{\boldsymbol{\phi}}^{\times}]\right)^2 \tag{2-15}$$

式(2-14)用来从旋转矩阵求取旋转矢量公式;式(2-15)用来从旋转矢量求取旋转矩阵。

旋转矢量空间的姿态描述具有最少的姿态参量。考察从 $SO(3)$ 到 $\{\bar{\boldsymbol{\phi}}\}$ 之间的映射关系发现:映射的定义域是整个 $SO(3)$;如果不限制旋转矢量模的大小,映射的值域不唯一(它的姿态描述不是唯一的:同一姿态可以对应 ϕ、$\phi+2\pi$ 等多种模);若限制 $\phi\leqslant\pi$,映射是一一对应的,但对应点 $\phi=\pi$ 的姿态附近映射不连续($\bar{\boldsymbol{\phi}}$ 会有跳动);若限制 $\phi\leqslant 2\pi$,则映射的值域不唯一,但连续性可以通过编排获得,并且运动学将会有奇异。

下面引入旋转矢量"旋转和"定义。令:$\boldsymbol{\phi}_1$、$\boldsymbol{\phi}_2$ 是两个旋转矢量,则旋转矢量和 $\boldsymbol{\phi}=\boldsymbol{\phi}_1\circ\boldsymbol{\phi}_2$ 定义为

$$\boldsymbol{\phi}\frac{\sin(\phi/2)}{\phi/2} = \boldsymbol{\phi}_1\frac{\sin(\phi_1/2)}{\phi_1/2}\cos\left(\frac{\phi_2}{2}\right) + \boldsymbol{\phi}_2\frac{\sin(\phi_2/2)}{\phi_2/2}\cos\left(\frac{\phi_1}{2}\right) - \frac{1}{2}\boldsymbol{\phi}_1\times\boldsymbol{\phi}_2\frac{\sin(\phi_1/2)}{\phi_1/2}\frac{\sin(\phi_2/2)}{\phi_2/2} \tag{2-16a}$$

$$\cos\left(\frac{\phi}{2}\right) = \cos\left(\frac{\phi_1}{2}\right)\cos\left(\frac{\phi_2}{2}\right) - \frac{\boldsymbol{\phi}_1}{2}\cdot\frac{\boldsymbol{\phi}_2}{2}\frac{\sin(\phi_1/2)}{\phi_1/2}\frac{\sin(\phi_2/2)}{\phi_2/2} \tag{2-16b}$$

则有下列结论。

第一,若 $\bar{\boldsymbol{\phi}}_{ba}$ 为从 a 坐标系到 b 坐标系旋转矢量(在 b 坐标系表示),$\bar{\boldsymbol{\phi}}_{cb}$ 为从 b 坐标系到 c 坐标系旋转矢量(在 c 坐标系表示),$\bar{\boldsymbol{\phi}}_{ca}$ 为从 a 坐标系到 c 坐标系旋转矢量(在 c 坐标系表示)。则可以证明:

$$\bar{\boldsymbol{\phi}}_{ca} = \bar{\boldsymbol{\phi}}_{ba}\circ\bar{\boldsymbol{\phi}}_{cb} \tag{2-17}$$

第二,若 $C(\bar{\boldsymbol{\phi}}_{ba})$ 为由旋转矢量 $\boldsymbol{\phi}_{ba}$ 决定的从 a 坐标系到 b 坐标系旋转矩阵,$C(\bar{\boldsymbol{\phi}}_{cb})$ 为由旋转矢量 $\boldsymbol{\phi}_{cb}$ 决定的从 b 坐标系到 c 坐标系旋转矩阵,$C(\bar{\boldsymbol{\phi}}_{ca})$ 为由旋转矢量 $\boldsymbol{\phi}_{ca}$ 决定的从 a 坐标系到 c 坐标系旋转矩阵。则可以写出:

$$C(\bar{\boldsymbol{\phi}}_{ba}) = \frac{\bar{\boldsymbol{\phi}}_{ba}\bar{\boldsymbol{\phi}}_{ba}^{\mathrm{T}}}{\phi_{ba}^2}(1-\cos\phi_{ba}) + I\cos\phi_{ba} - \frac{\sin\phi_{ba}}{\phi_{ba}}[\bar{\boldsymbol{\phi}}_{ba}^{\times}] \tag{2-18a}$$

$$C(\bar{\boldsymbol{\phi}}_{cb}) = \frac{\bar{\boldsymbol{\phi}}_{cb}\bar{\boldsymbol{\phi}}_{cb}^{\mathrm{T}}}{\phi_{cb}^2}(1-\cos\phi_{cb}) + I\cos\phi_{cb} - \frac{\sin\phi_{cb}}{\phi_{cb}}[\bar{\boldsymbol{\phi}}_{cb}^{\times}] \tag{2-18b}$$

$$C(\bar{\boldsymbol{\phi}}_{ca}) = \frac{\bar{\boldsymbol{\phi}}_{ca}\bar{\boldsymbol{\phi}}_{ca}^{\mathrm{T}}}{\phi_{ca}^{2}}(1-\cos\phi_{ca}) + \boldsymbol{I}\cos\phi_{ca} - \frac{\sin\phi_{ca}}{\phi_{ca}}[\bar{\boldsymbol{\phi}}_{ca}^{\times}] \tag{2-18c}$$

并且有：

$$C(\bar{\boldsymbol{\phi}}_{ca}) = C(\bar{\boldsymbol{\phi}}_{cb})C(\bar{\boldsymbol{\phi}}_{ba}) \tag{2-19}$$

只需简要说明式(2-17)，由此容易导出式(2-19)。考虑旋转矢量 $\boldsymbol{A}$ 和 $\boldsymbol{B}$。设它们原点重合，记 $\boldsymbol{l} = (\boldsymbol{A}\times\boldsymbol{B})/\|\boldsymbol{A}\times\boldsymbol{B}\|$。则存在单位矢量 $\boldsymbol{l}_1$ 和单位矢量 $\boldsymbol{l}_2$ 使得：在 $\boldsymbol{A}$ 作用下 $\boldsymbol{l}_1$ 旋转得到 $\boldsymbol{l}$，在 $\boldsymbol{B}$ 作用下 $\boldsymbol{l}$ 旋转得到矢量 $\boldsymbol{l}_2$。定义旋转矢量“角度和”：

$$\boldsymbol{A}\overline{\oplus}\boldsymbol{B} = \boldsymbol{l}_1\times\boldsymbol{l}_2\,\|\boldsymbol{A}\overline{\oplus}\boldsymbol{B}\|$$

式中：$\|\boldsymbol{A}\overline{\oplus}\boldsymbol{B}\|$ 是从 $\boldsymbol{l}_1$ 到 $\boldsymbol{l}_2$ 的夹角。则利用该定义的几何意义可以写出：

$$\frac{\boldsymbol{A}\overline{\oplus}\boldsymbol{B}}{\mathrm{sinc}^{-1}\|\boldsymbol{A}\overline{\oplus}\boldsymbol{B}\|} = \frac{\boldsymbol{A}}{\mathrm{sinc}^{-1}(A)}\cos(B) + \frac{\boldsymbol{B}}{\mathrm{sinc}^{-1}(B)}\cos(A) - \frac{\boldsymbol{A}}{\mathrm{sinc}^{-1}(A)}\times\frac{\boldsymbol{B}}{\mathrm{sinc}^{-1}(B)}$$

$$\cos(\|\boldsymbol{A}\overline{\oplus}\boldsymbol{B}\|) = \cos(A)\cos(B) - \frac{\boldsymbol{A}}{\mathrm{sinc}^{-1}(A)}\cdot\frac{\boldsymbol{B}}{\mathrm{sinc}^{-1}(B)}$$

对于旋转矢量 $\boldsymbol{\phi}$ 而言，它总能写成 $\boldsymbol{\phi} = 2\boldsymbol{M}\times\boldsymbol{N}$，这里 $\boldsymbol{M}$、$\boldsymbol{N}$ 是垂直于 $\boldsymbol{\phi}$ 且同原点的单位矢量。容易验证：旋转矢量 $\boldsymbol{\phi}$ 将矢量 $\boldsymbol{M}$、$\boldsymbol{N}$ 旋转到一个新的指向；并且这个旋转等价于先绕 $\boldsymbol{M}$ 旋转 180°，再绕 $\boldsymbol{N}$ 旋转 180°。由此考察旋转矢量“旋转和”$\boldsymbol{A}\circ\boldsymbol{B}$。利用其几何意义和上述等价关系，可以证明：

$$\boldsymbol{A}\circ\boldsymbol{B} = 2\left(\frac{\boldsymbol{A}}{2}\overline{\oplus}\frac{\boldsymbol{B}}{2}\right)$$

并且显然有：

$$\left(\frac{\boldsymbol{A}}{2}\overline{\oplus}\frac{\boldsymbol{B}}{2}\right)\Big/\mathrm{sinc}^{-1}\left(\left\|\frac{\boldsymbol{A}}{2}\overline{\oplus}\frac{\boldsymbol{B}}{2}\right\|\right)$$

$$= \frac{\boldsymbol{A}/2}{\mathrm{sinc}^{-1}(A/2)}\cos(B/2) + \frac{\boldsymbol{B}/2}{\mathrm{sinc}^{-1}(B/2)}\cos(A/2) - \frac{\boldsymbol{A}/2}{\mathrm{sinc}^{-1}(A/2)}\times\frac{\boldsymbol{B}/2}{\mathrm{sinc}^{-1}(B/2)}$$

$$\cos\left(\left\|\frac{\boldsymbol{A}}{2}\overline{\oplus}\frac{\boldsymbol{B}}{2}\right\|\right) = \cos\left(\frac{A}{2}\right)\cos\left(\frac{B}{2}\right) - \frac{\boldsymbol{A}/2}{\mathrm{sinc}^{-1}(A/2)}\cdot\frac{\boldsymbol{B}/2}{\mathrm{sinc}^{-1}(B/2)}$$

若令 $\boldsymbol{A} = \boldsymbol{\phi}_{cb}$、$\boldsymbol{B} = \boldsymbol{\phi}_{ba}$，则上式形式意味着 $\boldsymbol{\phi}_{ca} = \boldsymbol{\phi}_{ba}\circ\boldsymbol{\phi}_{cb}$。

2.2.3　单位四元数

姿态描述的一种四维参数空间是单位四元数构成的空间。引入单位四元数：

$$\boldsymbol{q}=\begin{bmatrix}\bar{\boldsymbol{q}}\\q_4\end{bmatrix}=\begin{bmatrix}\bar{\boldsymbol{e}}\sin(\phi/2)\\\cos(\phi/2)\end{bmatrix}\tag{2-20}$$

式中：$\bar{\boldsymbol{q}}=[q_1\quad q_2\quad q_3]^{\mathrm{T}}$ 是四元数的矢量部分 $\boldsymbol{e}\sin(\phi/2)$ 的向量表示，并且 $q_1=e_1\sin(\phi/2)$，$q_2=e_2\sin(\phi/2)$，$q_3=e_3\sin(\phi/2)$；$q_4=\cos(\phi/2)$ 是四元数标量部分。它们满足：

$$|q_4|^2+\|\bar{\boldsymbol{q}}\|^2=1\tag{2-21}$$

注意到：

$$\sin\phi=2\sin(\phi/2)\cos(\phi/2),$$

$$\cos\phi=\cos^2(\phi/2)-\sin^2(\phi/2)=2\cos^2(\phi/2)-1=1-2\sin^2(\phi/2)$$

由式(2-8)和式(2-9)推导得出

$$q_4=\cos\frac{\phi}{2}=\pm(1+C_{11}+C_{22}+C_{33})^{\frac{1}{2}}/2\tag{2-22a}$$

$$\bar{\boldsymbol{q}}=\frac{1}{4q_4}\begin{bmatrix}C_{23}-C_{32}\\C_{31}-C_{13}\\C_{12}-C_{21}\end{bmatrix}\tag{2-22b}$$

由式(2-11)可以导出：

$$\boldsymbol{C}=(q_4^2-\bar{\boldsymbol{q}}^{\mathrm{T}}\bar{\boldsymbol{q}})I+2\,\overline{\boldsymbol{q}\boldsymbol{q}}^{\mathrm{T}}-2q_4[\bar{\boldsymbol{q}}^{\times}]\tag{2-23}$$

式(2-22)和式(2-23)描述了空间 $SO(3)$ 与四元数空间 $\{\boldsymbol{q}\}$ 的映射关系。

由此看出，从 $SO(3)$ 到四元数空间 $\{\boldsymbol{q}\}$ 映射的定义域是整个 $SO(3)$；如果不限制旋转矢量模的大小，映射的值域不唯一，$\pm q$ 对应同一旋转矩阵；若限制 $|\phi|\leqslant\pi$，则映射是一一对应的；若注意四元数正负号的编排，则当旋转矩阵连续变化时对应的四元数也是连续变化的。

事实上，利用 $SO(3)$ 的拓扑特性可以证明：若参数化空间是 3 维的，则不管何种形式的参数化，这种描述不可能同时具有唯一性和非奇异性；若参数化空间是 4 维的但有一个约束，则这种描述具有非奇异性但不具有唯一性；若参数化空间是 5 维的，则这种描述可以同时具有非奇异性和唯一性，但其运动学复杂。若参数化空间是 6 维的或 9 维的，则这种描述可以同时具有非奇异性和唯一性，但显然参数个数较多。因此，一方面，姿态的全局、非奇异参数化描述在理论上是一个没有完美结果的问题；另一方面，只要注意到存在的全局、奇异问题，利用适当参数化描述，都可以获得相应实际可用的效果。本书中，将主要考虑单位四元数的姿态描述，只在必要时才引入其他形式的姿态描述。

对于四元数向量 $\boldsymbol{q}=[q_1\quad q_2\quad q_3\quad q_4]^{\mathrm{T}}$、$\boldsymbol{q}'=[q'_1\quad q'_2\quad q'_3\quad q'_4]^{\mathrm{T}}$ 定义下列乘积运算：

$$\boldsymbol{q}'\otimes\boldsymbol{q}=[\boldsymbol{q}']\boldsymbol{q} \tag{2-24a}$$

且

$$[\boldsymbol{q}']=\begin{bmatrix} q'_4 & q'_3 & -q'_2 & q'_1 \\ -q'_3 & q'_4 & q'_1 & q'_2 \\ q'_2 & -q'_1 & q'_4 & q'_3 \\ -q'_1 & -q'_2 & -q'_3 & q'_4 \end{bmatrix} \tag{2-24b}$$

或者

$$\boldsymbol{q}'\otimes\boldsymbol{q}=\{\boldsymbol{q}\}\boldsymbol{q}' \tag{2-25a}$$

且

$$\{\boldsymbol{q}\}=\begin{bmatrix} q_4 & -q_3 & q_2 & q_1 \\ q_3 & q_4 & -q_1 & q_2 \\ -q_2 & q_1 & q_4 & q_3 \\ -q_1 & -q_2 & -q_3 & q_4 \end{bmatrix} \tag{2-25b}$$

根据式(2-18)和式(2-19)，若记四元数对应的旋转矩阵为

$$\boldsymbol{C}(\boldsymbol{q})=(q_4^2-\bar{\boldsymbol{q}}^{\mathrm{T}}\bar{\boldsymbol{q}})\boldsymbol{I}+2\,\overline{\boldsymbol{q}\boldsymbol{q}}^{\mathrm{T}}-2q_4[\bar{\boldsymbol{q}}^{\times}]$$

则可以验证：

$$\boldsymbol{C}(\boldsymbol{q}'\otimes\boldsymbol{q})=C(\boldsymbol{q}')C(\boldsymbol{q}) \tag{2-26}$$

该式的意义就是四元数乘积运算为一个新的四元数，它对应的旋转变换等价于按照两个四元数依次旋转变换。

2.3　角速度

姿态描述了一个坐标系（动系）相对另一个坐标系（参考系、静系）的指向，角速度则描述了姿态在时间轴上变化，也就是在参考系或静系上观察到的动系变化的大小和方向。

考虑坐标系 $o_Bx_By_Bz_B$ 相对坐标系 $o_Ax_Ay_Az_A$ 在时间轴上的转动，设$\{\boldsymbol{C}(t):t\geqslant t_0\}$是相应旋转矩阵，记从旋转矩阵 $\boldsymbol{C}(t)$ 到 $\boldsymbol{C}(t+\Delta t)$ 转动的旋转矢量为 $\boldsymbol{\phi}^{\omega}(t+\Delta t)=\phi^{\omega}(t+\Delta t)\boldsymbol{e}^{\omega}(t+\Delta t)$，则角速度定义为

$$\boldsymbol{\omega}(t)=\lim_{\Delta t\to 0}\frac{\boldsymbol{\phi}^{\omega}(t+\Delta t)}{\Delta t} \tag{2-27}$$

这里旋转矢量是时刻相邻无穷小的两个动系之间的旋转矢量。式(2－27)意味着:

$$\boldsymbol{\phi}^{\omega}(t+\mathrm{d}t)=\boldsymbol{\omega}(t)\mathrm{d}t \tag{2-28}$$

考虑固联在坐标系 $o_Bx_By_Bz_B$ 上的矢量 $\boldsymbol{v}$,它随动系相对静系 $o_Ax_Ay_Az_A$ 转动,转动角速度 $\boldsymbol{\omega}$。容易做下列推导:

$$\boldsymbol{v}(t+\Delta t)-\boldsymbol{v}(t)=\boldsymbol{C}^{\mathrm{T}}(\boldsymbol{\phi}^{\omega}(t+\Delta t))\boldsymbol{v}(t)-\boldsymbol{v}(t)=(\boldsymbol{\omega}\Delta t)\times\boldsymbol{v}(t)+\boldsymbol{o}(\Delta t)$$

这里 $\boldsymbol{o}(\Delta t)$是 Δt 的高阶无穷小,该式两边除以 Δt 并取极限得

$$\dot{\boldsymbol{v}}=\boldsymbol{\omega}\times\boldsymbol{v} \tag{2-29}$$

式(2－29)是常用矢量微分公式。由此利用式(2－5)可得

$$\begin{bmatrix}\dot{\boldsymbol{i}}_B\\ \dot{\boldsymbol{j}}_B\\ \dot{\boldsymbol{k}}_B\end{bmatrix}=\begin{bmatrix}\boldsymbol{\omega}\times\boldsymbol{i}_B\\ \boldsymbol{\omega}\times\boldsymbol{j}_B\\ \boldsymbol{\omega}\times\boldsymbol{k}_B\end{bmatrix}=\begin{bmatrix}\omega_3\boldsymbol{j}_B-\omega_2\boldsymbol{k}_B\\ \omega_1\boldsymbol{k}_B-\omega_3\boldsymbol{i}_B\\ \omega_2\boldsymbol{i}_B-\omega_1\boldsymbol{j}_B\end{bmatrix}=-[\overline{\boldsymbol{\omega}}\times]\begin{bmatrix}\boldsymbol{i}_B\\ \boldsymbol{j}_B\\ \boldsymbol{k}_B\end{bmatrix}=-[\overline{\boldsymbol{\omega}}\times]\boldsymbol{C}\begin{bmatrix}\boldsymbol{i}_A\\ \boldsymbol{j}_A\\ \boldsymbol{k}_A\end{bmatrix}=\dot{\boldsymbol{C}}\begin{bmatrix}\boldsymbol{i}_A\\ \boldsymbol{j}_A\\ \boldsymbol{k}_A\end{bmatrix}$$

于是有

$$\dot{\boldsymbol{C}}=-[\overline{\boldsymbol{\omega}}^{\times}]\boldsymbol{C} \tag{2-30}$$

另一方面由 $\boldsymbol{C}\boldsymbol{C}^{\mathrm{T}}=\boldsymbol{I}$ 可以导得

$$\dot{\boldsymbol{C}}=-(\dot{\boldsymbol{C}}\boldsymbol{C}^{\mathrm{T}})\boldsymbol{C} \tag{2-31}$$

比较式(2－30)和式(2－31)必有

$$[\overline{\boldsymbol{\omega}}^{\times}]=\dot{\boldsymbol{C}}\boldsymbol{C}^{\mathrm{T}} \tag{2-32}$$

事实上,式(2－32)是角速度另一种定义方法。

旋转矩阵的运动学如式(2－30),是姿态运动学的基础方程。从姿态确定角度来看,只要知道旋转矩阵初值并测得旋转角速度,就可以解算出时间轴上的所有姿态;然而正如前述,直接从旋转矩阵解算运动学在计算复杂度和计算稳定性上都存在困难。此外,从姿态控制角度来看,运动学式(2－30)具有全局、无奇异性质,因而具有普适性;但是它毕竟形式较为复杂,对于控制规律设计较为繁琐。为此,有必要推导与其等价的运动学描述形式。

2.4 航天器姿态运动学

2.4.1 利用旋转矢量的姿态运动学

记 t 时刻坐标系 $o_Bx_By_Bz_B$ 相对坐标系 $o_Ax_Ay_Az_A$ 转动的旋转矢量为 $\boldsymbol{\phi}(t)$。定义旋转矢量相对时间变化率为

$$\frac{\mathrm{d}\boldsymbol{\phi}}{\mathrm{d}t}=\lim_{\Delta t\to 0}\frac{\boldsymbol{\phi}(t+\Delta t)-\boldsymbol{\phi}(t)}{\Delta t} \tag{2-33}$$

于是有

$$\boldsymbol{\phi}(t+\mathrm{d}t)=\boldsymbol{\phi}(t)+\mathrm{d}\boldsymbol{\phi} \tag{2-34a}$$

或

$$\overline{\boldsymbol{\phi}}_A(t+\mathrm{d}t)=\overline{\boldsymbol{\phi}}_A(t)+\mathrm{d}\overline{\boldsymbol{\phi}}_A \tag{2-34b}$$

或

$$\overline{\boldsymbol{\phi}}_B(t+\mathrm{d}t)=\overline{\boldsymbol{\phi}}_B(t)+\mathrm{d}\overline{\boldsymbol{\phi}}_B \tag{2-34c}$$

式中:下标表示相应矢量在该坐标系中所对应的向量。

根据角速度定义和式(2-28)以及旋转和定义式(2-16)可以写出

$$\boldsymbol{\phi}(t+\mathrm{d}t)=\boldsymbol{\phi}(t)\circ\boldsymbol{\phi}^{\omega}(t+\mathrm{d}t)=\boldsymbol{\phi}(t)\circ(\boldsymbol{\omega}\mathrm{d}t) \tag{2-35}$$

于是有

$$\begin{aligned}\overline{\boldsymbol{\phi}}_A(t+\mathrm{d}t)&=\overline{\boldsymbol{\phi}}_A(t)\circ(\overline{\boldsymbol{\omega}}_A\mathrm{d}t)\\&=\overline{\boldsymbol{\phi}}_A(t)\circ(\overline{\boldsymbol{\omega}}_A\mathrm{d}t)\circ[-\overline{\boldsymbol{\phi}}_A(t)]\circ\overline{\boldsymbol{\phi}}_A(t)\\&=\{\overline{\boldsymbol{\phi}}_A(t)\circ(\overline{\boldsymbol{\omega}}_A\mathrm{d}t)\circ[-\overline{\boldsymbol{\phi}}_A(t)]\}\circ\overline{\boldsymbol{\phi}}_A(t)\\&=\overline{\boldsymbol{\omega}}_B\mathrm{d}t\circ\overline{\boldsymbol{\phi}}_A(t)\end{aligned} \tag{2-36}$$

式中推导用到了坐标变换:

$$\overline{\boldsymbol{\phi}}_A(t)\circ(\overline{\boldsymbol{\omega}}_A\mathrm{d}t)\circ[-\overline{\boldsymbol{\phi}}_A(t)]=\overline{\boldsymbol{\omega}}_B\mathrm{d}t \tag{2-37a}$$

$$-\overline{\boldsymbol{\phi}}_A(t)\circ(\overline{\boldsymbol{\omega}}_B\mathrm{d}t)\circ\overline{\boldsymbol{\phi}}_A(t)=\overline{\boldsymbol{\omega}}_A\mathrm{d}t \tag{2-37b}$$

和恒等式

$$-\overline{\boldsymbol{\phi}}(t)\circ\overline{\boldsymbol{\phi}}(t)=0 \tag{2-38}$$

式(2-38)是显然的,而式(2-37)可以利用如图2-2所示几何关系方便证明,图中各个矢量或向量满足下列关系:

$$\boldsymbol{\phi}=\phi\boldsymbol{e}$$

$$\bar{\boldsymbol{v}}_A = \boldsymbol{C}^{\mathrm{T}}\bar{\boldsymbol{v}}_B$$

$$\boldsymbol{C}^{\mathrm{T}} = \bar{\boldsymbol{e}}\bar{\boldsymbol{e}}^{\mathrm{T}}(1-\cos\phi) + \boldsymbol{I}\cos\phi + [\bar{\boldsymbol{e}}^{\times}]\sin\phi$$

$$\boldsymbol{v}_A = (-\boldsymbol{\phi})\circ\boldsymbol{v}_B\circ(\boldsymbol{\phi})$$

$$\bar{\boldsymbol{v}}_A = (-\bar{\boldsymbol{\phi}})\circ\bar{\boldsymbol{v}}_B\circ(\bar{\boldsymbol{\phi}})$$

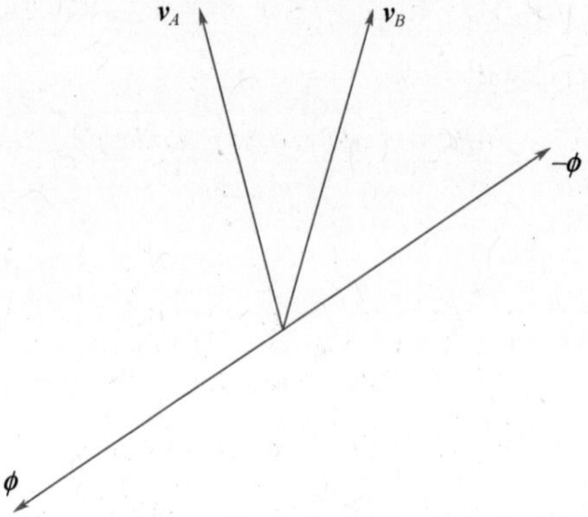

图 2-2　坐标变换

根据旋转矢量定义得 $\bar{\boldsymbol{\phi}}_A(t+\mathrm{d}t) = \bar{\boldsymbol{\phi}}_B(t+\mathrm{d}t)$，$\bar{\boldsymbol{\phi}}_A(t) = \bar{\boldsymbol{\phi}}_B(t)$，于是式(2-36)可以写为

$$\bar{\boldsymbol{\phi}}_B(t+\mathrm{d}t) = \bar{\boldsymbol{\omega}}_B\mathrm{d}t\circ\bar{\boldsymbol{\phi}}_B(t) \tag{2-39}$$

比较式(2-34c)和式(2-39)得

$$\bar{\boldsymbol{\omega}}_B\mathrm{d}t\circ\bar{\boldsymbol{\phi}}_B(t) = \bar{\boldsymbol{\phi}}_B(t) + \mathrm{d}\bar{\boldsymbol{\phi}}_B$$

于是

$$\bar{\boldsymbol{\omega}}_B\mathrm{d}t = [\bar{\boldsymbol{\phi}}_B(t) + \mathrm{d}\bar{\boldsymbol{\phi}}_B]\circ[-\bar{\boldsymbol{\phi}}_B(t)] \tag{2-40}$$

由此利用旋转矢量“旋转和”公式，经过复杂代数运算可以导得

$$\bar{\boldsymbol{\omega}}_B(t) = \mathring{\bar{\boldsymbol{\phi}}}_B(t) - f_1[\phi_B(t)][\bar{\boldsymbol{\phi}}_B(t)^{\times}]\mathring{\bar{\boldsymbol{\phi}}}_B(t) + f_2[\phi_B(t)][\bar{\boldsymbol{\phi}}_B(t)^{\times}]^2\mathring{\bar{\boldsymbol{\phi}}}_B(t) \tag{2-41a}$$

$$f_1[\phi_B(t)] = \frac{1}{\phi_B^2(t)}\{1-\cos[\phi_B(t)]\} \tag{2-41b}$$

$$f_2[\phi_B(t)] = \frac{1}{\phi_B^2(t)}\left\{1-\frac{\sin[\phi_B(t)]}{\phi_B(t)}\right\} \tag{2-41c}$$

式中：$\mathring{()}$为在本体坐标系(B 系)求导。将式(2-41)写成矢量形式：

$$\boldsymbol{\omega} = \overset{\circ}{\boldsymbol{\phi}} - f_1(\phi)\boldsymbol{\phi} \times \overset{\circ}{\boldsymbol{\phi}} + f_2(\phi)\boldsymbol{\phi} \times (\boldsymbol{\phi} \times \overset{\circ}{\boldsymbol{\phi}}) \tag{2-42a}$$

$$f_1(\phi) = \frac{1}{\phi^2}[1 - \cos(\phi)] \tag{2-42b}$$

$$f_2(\phi) = \frac{1}{\phi^2}\left\{1 - \frac{\sin(\phi)}{\phi}\right\} \tag{2-42c}$$

式(2－42)描述了旋转矢量的时间变化率与角速度之间关系。

式(2－42a)两端叉乘 $\boldsymbol{\phi}$ 得

$$\boldsymbol{\phi} \times \boldsymbol{\omega} = \boldsymbol{\phi} \times \overset{\circ}{\boldsymbol{\phi}} - f_1(\phi)\boldsymbol{\phi} \times (\boldsymbol{\phi} \times \overset{\circ}{\boldsymbol{\phi}}) + f_2(\phi)\boldsymbol{\phi} \times [\boldsymbol{\phi} \times (\boldsymbol{\phi} \times \overset{\circ}{\boldsymbol{\phi}})]$$

或

$$\boldsymbol{\phi} \times \boldsymbol{\omega} = [1 - f_2(\phi)\phi^2]\boldsymbol{\phi} \times \overset{\circ}{\boldsymbol{\phi}} - f_1(\phi)\boldsymbol{\phi} \times (\boldsymbol{\phi} \times \overset{\circ}{\boldsymbol{\phi}}) \tag{2-43}$$

再叉乘 $\boldsymbol{\phi}$ 得

$$\boldsymbol{\phi} \times (\boldsymbol{\phi} \times \boldsymbol{\omega}) = [1 - f_2(\phi)\phi^2]\boldsymbol{\phi} \times (\boldsymbol{\phi} \times \overset{\circ}{\boldsymbol{\phi}}) - f_1(\phi)\boldsymbol{\phi} \times [\boldsymbol{\phi} \times (\boldsymbol{\phi} \times \overset{\circ}{\boldsymbol{\phi}})]$$

或

$$\boldsymbol{\phi} \times (\boldsymbol{\phi} \times \boldsymbol{\omega}) = f_1(\phi)\phi^2(\boldsymbol{\phi} \times \overset{\circ}{\boldsymbol{\phi}}) + [1 - f_2(\phi)\phi^2]\boldsymbol{\phi} \times (\boldsymbol{\phi} \times \overset{\circ}{\boldsymbol{\phi}}) \tag{2-44}$$

联立式(2－43)和式(2－44)得

$$\boldsymbol{\phi} \times \overset{\circ}{\boldsymbol{\phi}} = \frac{1 - \phi^2 f_2(\phi)}{2f_1(\phi)}\boldsymbol{\phi} \times \boldsymbol{\omega} + \frac{1}{2}\boldsymbol{\phi} \times (\boldsymbol{\phi} \times \boldsymbol{\omega})$$

$$\boldsymbol{\phi} \times (\boldsymbol{\phi} \times \overset{\circ}{\boldsymbol{\phi}}) = -\frac{\phi^2}{2}\boldsymbol{\phi} \times \boldsymbol{\omega} + \frac{1 - \phi^2 f_2(\phi)}{2f_1(\phi)}\boldsymbol{\phi} \times (\boldsymbol{\phi} \times \boldsymbol{\omega})$$

代入式(2－42a)并整理得

$$\overset{\circ}{\boldsymbol{\phi}} = \boldsymbol{\omega} + \frac{1}{2}\boldsymbol{\phi} \times \boldsymbol{\omega} + \frac{1}{\phi^2}\left(1 - \frac{\phi\sin\phi}{2(1 - \cos\phi)}\right)\boldsymbol{\phi} \times (\boldsymbol{\phi} \times \boldsymbol{\omega}) \tag{2-45}$$

利用式$\dot{\boldsymbol{\phi}} = \overset{\circ}{\boldsymbol{\phi}} + \boldsymbol{\omega} \times \boldsymbol{\phi}$,这里$\dot{()}$为在参考系(A 系)求导,式(2－45)还可以写为

$$\dot{\boldsymbol{\phi}} = \boldsymbol{\omega} - \frac{1}{2}\boldsymbol{\phi} \times \boldsymbol{\omega} + \frac{1}{\phi^2}\left(1 - \frac{\phi\sin\phi}{2(1 - \cos\phi)}\right)\boldsymbol{\phi} \times (\boldsymbol{\phi} \times \boldsymbol{\omega}) \tag{2-46}$$

式(2－42)和式(2－46)就是经典的波兹(Bortz)方程,它完整描述了利用旋转矢量的姿态运动学。

2.4.2　利用单位四元数的姿态运动学

根据单位四元数定义式(2－20)以及旋转矢量运动学式(2－45)和式(2－46)容易导出:

$$\overset{\circ}{\boldsymbol{q}} = \frac{1}{2}(\boldsymbol{\omega}q_4 - \boldsymbol{\omega} \times \boldsymbol{q}) \tag{2-47a}$$

$$\mathring{q}_4 = -\frac{1}{2}\boldsymbol{\omega}\cdot\boldsymbol{q} \tag{2-47b}$$

或者
$$\dot{\boldsymbol{q}} = \frac{1}{2}(\boldsymbol{\omega}q_4 + \boldsymbol{\omega}\times\boldsymbol{q}) \tag{2-47c}$$

$$\dot{q}_4 = -\frac{1}{2}\boldsymbol{\omega}\cdot\boldsymbol{q} \tag{2-47d}$$

写成向量形式：

$$\dot{\bar{\boldsymbol{q}}}_B = \frac{1}{2}(\bar{\boldsymbol{\omega}}_B q_4 - [\bar{\boldsymbol{\omega}}_B\ ^\times]\bar{\boldsymbol{q}}_B) \tag{2-48a}$$

$$\dot{q}_4 = -\frac{1}{2}\bar{\boldsymbol{\omega}}_B^{\mathrm{T}}\bar{\boldsymbol{q}}_B \tag{2-48b}$$

或者
$$\dot{\bar{\boldsymbol{q}}}_A = \frac{1}{2}(\bar{\boldsymbol{\omega}}_A q_4 + [\bar{\boldsymbol{\omega}}_A\ ^\times]\bar{\boldsymbol{q}}_A) \tag{2-48c}$$

$$\dot{q}_4 = -\frac{1}{2}\bar{\boldsymbol{\omega}}_A^{\mathrm{T}}\bar{\boldsymbol{q}}_A \tag{2-48d}$$

同样，角速度也可以写成如下四元数变化率的函数：

$$\boldsymbol{\omega} = 2q_4\mathring{\boldsymbol{q}} - 2\boldsymbol{q}\times\mathring{\boldsymbol{q}} - 2\boldsymbol{q}\mathring{q}_4 \tag{2-49}$$

或写成向量形式：

$$\bar{\boldsymbol{\omega}}_B = 2(q_4\boldsymbol{I} - [\bar{\boldsymbol{q}}_B\ ^\times])\dot{\bar{\boldsymbol{q}}}_B - 2\bar{\boldsymbol{q}}_B\dot{q}_4 \tag{2-50}$$

式(2-47)~式(2-50)完整描述了利用单位四元数描述的姿态运动学。

2.5 航天器误差姿态运动学

设本体坐标系 $o_sx_sy_sz_s$ 相对惯性坐标系 $o_ix_iy_iz_i$ 的角速度为 $\boldsymbol{\omega}_s$，目标坐标系 $o_tx_ty_tz_t$ 相对惯性坐标系 $o_ix_iy_iz_i$ 的角速度为 $\boldsymbol{\omega}_t$。则可记本体坐标系 $o_sx_sy_sz_s$ 相对目标坐标系 $o_tx_ty_tz_t$ 的角速度为

$$\Delta\boldsymbol{\omega} = \boldsymbol{\omega}_s - \boldsymbol{\omega}_t \tag{2-51}$$

2.5.1 利用误差旋转矢量的误差姿态运动学

记从目标坐标系 $o_tx_ty_tz_t$ 到本体坐标系 $o_sx_sy_sz_s$ 的旋转矢量为 $\Delta\boldsymbol{\phi}$，则根据旋转矢量运动学式(2-45)和式(2-46)可以写出：

$$\Delta \overset{\circ}{\boldsymbol{\phi}} = \Delta\boldsymbol{\omega} + \frac{1}{2}\Delta\boldsymbol{\phi} \times \Delta\boldsymbol{\omega} + \frac{1}{\Delta\phi^2}\left(1 - \frac{\Delta\phi\sin\Delta\phi}{2(1 - \cos\Delta\phi)}\right)\Delta\boldsymbol{\phi} \times (\Delta\boldsymbol{\phi} \times \Delta\boldsymbol{\omega}) \tag{2-52a}$$

$$\Delta \overset{*}{\boldsymbol{\phi}} = \Delta\boldsymbol{\omega} - \frac{1}{2}\Delta\boldsymbol{\phi} \times \Delta\boldsymbol{\omega} + \frac{1}{\Delta\phi^2}\left(1 - \frac{\Delta\phi\sin\Delta\phi}{2(1 - \cos\Delta\phi)}\right)\Delta\boldsymbol{\phi} \times (\Delta\boldsymbol{\phi} \times \Delta\boldsymbol{\omega}) \tag{2-52b}$$

式中：$\overset{\circ}{(\ )}$为在本体坐标系求导；$\overset{*}{(\ )}$为在目标坐标系求导。

式(2－52)具有最少(三维)的姿态参量，物理意义明确，但运动学存在奇异。

2.5.2　利用单位误差四元数的误差姿态运动学

记从目标坐标系 $o_tx_ty_tz_t$ 到本体坐标系 $o_sx_sy_sz_s$ 的误差四元数为 $\Delta\boldsymbol{q}$，则根据单位四元数运动学式(2－47)和式(2－48)可以写出：

$$\begin{cases} \Delta\overset{\circ}{\boldsymbol{q}} = \dfrac{1}{2}(\Delta\boldsymbol{\omega}\Delta q_4 - \Delta\boldsymbol{\omega} \times \Delta\boldsymbol{q}) & (2-53a) \\ \Delta\dot{q}_4 = -\dfrac{1}{2}\Delta\boldsymbol{\omega} \cdot \Delta\boldsymbol{q} & (2-53b) \end{cases}$$

或者

$$\begin{cases} \Delta\overset{*}{\boldsymbol{q}} = \dfrac{1}{2}(\Delta\boldsymbol{\omega}\Delta q_4 + \Delta\boldsymbol{\omega} \times \Delta\boldsymbol{q}) & (2-54a) \\ \Delta\dot{q}_4 = -\dfrac{1}{2}\Delta\boldsymbol{\omega} \cdot \Delta\boldsymbol{q} & (2-54b) \end{cases}$$

写成向量形式：

$$\begin{cases} \Delta\dot{\bar{\boldsymbol{q}}}_s = \dfrac{1}{2}(\Delta\bar{\boldsymbol{\omega}}_s\Delta q_4 - [\Delta\bar{\boldsymbol{\omega}}_s^{\times}]\Delta\bar{\boldsymbol{q}}_A) & (2-55a) \\ \Delta\dot{q}_4 = -\dfrac{1}{2}\Delta\bar{\boldsymbol{\omega}}_s^T\Delta\bar{\boldsymbol{q}}_s & (2-55b) \end{cases}$$

或者

$$\begin{cases} \Delta\dot{\bar{\boldsymbol{q}}}_t = \dfrac{1}{2}(\Delta\bar{\boldsymbol{\omega}}_t\Delta q_4 + [\Delta\bar{\boldsymbol{\omega}}_t^{\times}]\Delta\bar{\boldsymbol{q}}_t) & (2-56a) \\ \Delta\dot{q}_4 = -\dfrac{1}{2}\Delta\bar{\boldsymbol{\omega}}_t^T\Delta\bar{\boldsymbol{q}}_t & (2-56b) \end{cases}$$

式中：$\Delta\overline{\boldsymbol{\omega}}_s$、$\Delta\overline{\boldsymbol{\omega}}_t$ 分别为误差角速度在本体坐标系、目标坐标系内的表示。

上述公式采用了四维参数描述，运动学无奇异，且微分方程形式简单，因而是姿态控制通常采用的运动学描述。但值得注意的是，四元数姿态描述具有不唯一问题，即一个姿态可以有两个不同描述。

2.6 刚性航天器姿态动力学

2.6.1 单刚体动力学方程

实际航天器一般包含了多种复杂运动体。从工程角度出发，考虑刚体（质量连续分布、质点之间位移恒定）、挠性体（质量连续分布、质点之间可以有弹性位移）、液体（质量分布取决于比力，高重力 g 下运动可以等效为质量弹簧或单摆运动）特征，结合具体航天器建立适当近似的航天器模型就足够充分了。显然，刚体模型是所有复杂模型的基础。

考虑图 2－3 所示单刚体航天器模型。其中，本体坐标系 $o_sx_sy_sz_s$ 固联于刚体，c 为刚体质心，$o_ix_iy_iz_i$ 为惯性坐标系。航天器运动包括 o_s 相对于惯性坐标系的线运动（平动）和本体坐标系 $o_sx_sy_sz_s$ 相对于惯性坐标系的角运动（转动）。

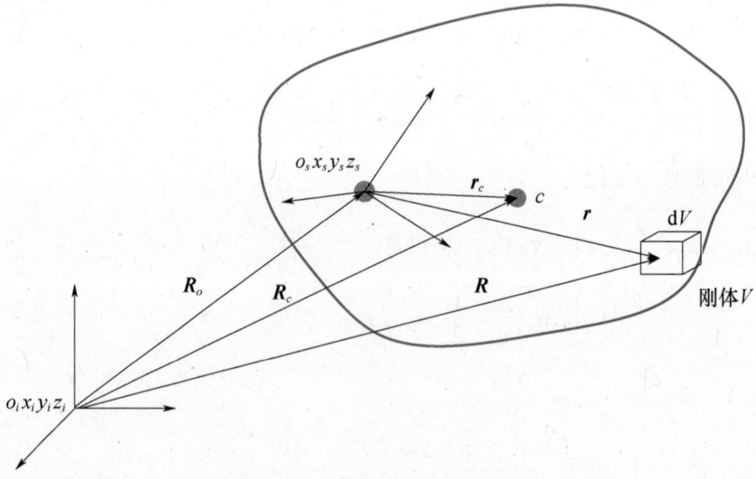

图 2－3　单刚体航天器模型

记刚体上 $\boldsymbol{r}$ 处体元 $\mathrm{d}V$ 的质量密度为 $\sigma(\boldsymbol{r})$，并设刚体相对惯性坐标系的转动角速度为 $\boldsymbol{\omega}$。容易导出，体元 $\mathrm{d}V$ 相对惯性坐标系的位移、速度、加速度如下：

$$\boldsymbol{R} = \boldsymbol{R}_o + \boldsymbol{r} \tag{2-57a}$$

$$\boldsymbol{v} = \dot{\boldsymbol{R}} = \dot{\boldsymbol{R}}_o + \dot{\boldsymbol{r}} = \dot{\boldsymbol{R}}_o + (\mathring{\boldsymbol{r}} + \boldsymbol{\omega} \times \boldsymbol{r}) = \dot{\boldsymbol{R}}_o + \boldsymbol{\omega} \times \boldsymbol{r} = \boldsymbol{v}_o + \boldsymbol{\omega} \times \boldsymbol{r} \tag{2-57b}$$

$$\boldsymbol{a} = \dot{\boldsymbol{v}} = \ddot{\boldsymbol{R}}_o + \dot{\boldsymbol{\omega}} \times \boldsymbol{r} + \boldsymbol{\omega} \times (\boldsymbol{\omega} \times \boldsymbol{r}) = \dot{\boldsymbol{v}}_0 + \dot{\boldsymbol{\omega}} \times \boldsymbol{r} + \boldsymbol{\omega} \times (\boldsymbol{\omega} \times \boldsymbol{r}) \tag{2-57c}$$

式中：$\dot{(\,)}$为在惯性坐标系相对时间求导；$\mathring{(\,)}$为在本体坐标系相对时间求导。

引入相对 o_s 的一阶、二阶惯性矩：

$$\boldsymbol{c} = \int_V \boldsymbol{r}\sigma(\boldsymbol{r})\,\mathrm{d}V \tag{2-58}$$

$$\boldsymbol{J} = \int_V (r^2\boldsymbol{I} - \boldsymbol{r}\boldsymbol{r})\sigma(\boldsymbol{r})\,\mathrm{d}V \tag{2-59}$$

式中：$\boldsymbol{I}$ 是单位张量；$\boldsymbol{rr}$ 是并矢，满足 $\boldsymbol{u}\cdot(\boldsymbol{vw}) = (\boldsymbol{u}\cdot\boldsymbol{v})\boldsymbol{w}$，$(\boldsymbol{vw})\cdot\boldsymbol{u} = \boldsymbol{v}(\boldsymbol{w}\cdot\boldsymbol{u})$；并且有 $\boldsymbol{c} = m\boldsymbol{r}_c$，$m = \int_V \sigma(\boldsymbol{r})\,\mathrm{d}V$。定义绝对动量和关于 o_s 绝对角动量：

$$\boldsymbol{p} = \int_V \boldsymbol{v}\sigma(\boldsymbol{r})\,\mathrm{d}V \tag{2-60}$$

$$\boldsymbol{h}_o = \int_V (\boldsymbol{r} \times \boldsymbol{v})\sigma(\boldsymbol{r})\,\mathrm{d}V \tag{2-61}$$

容易导出：

$$\boldsymbol{p} = m\boldsymbol{v}_0 + \boldsymbol{\omega} \times \boldsymbol{c} \tag{2-62}$$

$$\boldsymbol{h}_0 = \boldsymbol{c} \times \boldsymbol{v}_0 + \boldsymbol{J}\cdot\boldsymbol{\omega} \tag{2-63}$$

利用牛顿定律可以导出：

$$\dot{\boldsymbol{p}} = \boldsymbol{f} \tag{2-64}$$

$$\dot{\boldsymbol{h}}_o + \boldsymbol{v}_0 \times \boldsymbol{p} = \boldsymbol{\tau}_0 \tag{2-65}$$

式(2-64)描述了刚体平动，式(2-65)描述了刚体转动。方程右边的力和力矩均为外力、外力矩。这些外力包括：体力（如引力），设其单位体积单元上的力密度为 $\boldsymbol{f}_v(\boldsymbol{r})$；面力（如夹层智能材料产生的控制力），设其单位面积单元上的力密度为 $\boldsymbol{f}_s(\boldsymbol{r})$；离散力（如反作用喷气控制力）$\boldsymbol{f}_j(\boldsymbol{r}_j)$，它作用于刚体的离散点 $\boldsymbol{r}_j$ 上。而外力矩除了由这些外力产生外还包括纯力矩，同样包括：体力矩，设其单位体积单元上的力矩密度为 $\boldsymbol{\tau}_v(\boldsymbol{r})$；面力矩，设其单位面积单元上的

力矩密度为 $\boldsymbol{\tau}_s(\boldsymbol{r})$；离散力矩 $\boldsymbol{\tau}_j(\boldsymbol{r}_j)$，它作用于刚体的离散点 $\boldsymbol{r}_j$ 上。于是有：

$$\boldsymbol{f} = \int_V \boldsymbol{f}_v(\boldsymbol{r})\mathrm{d}V + \oint_S \boldsymbol{f}_s(\boldsymbol{r})\mathrm{d}V + \sum_j \boldsymbol{f}_j \tag{2-66}$$

$$\begin{aligned}\boldsymbol{\tau}_0 = & \int_V \boldsymbol{r}\times\boldsymbol{f}_v(\boldsymbol{r})\mathrm{d}V + \oint_S \boldsymbol{r}\times\boldsymbol{f}_s(\boldsymbol{r})\mathrm{d}V + \sum_j \boldsymbol{r}_j\times\boldsymbol{f}_j \\ & + \int_V \boldsymbol{\tau}_v(\boldsymbol{r})\mathrm{d}V + \oint_S \boldsymbol{\tau}_s(\boldsymbol{r})\mathrm{d}V + \sum_j \boldsymbol{\tau}_j\end{aligned} \tag{2-67}$$

2.6.2 带有飞轮的刚性航天器动力学

考虑图 2-3 所示刚体，设其配置了三个动量交换装置即控制用飞轮，如图 2-4 所示。

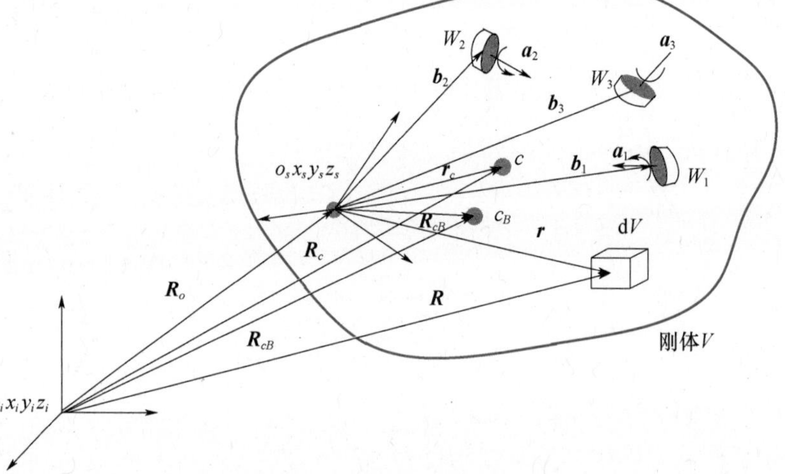

图 2-4　飞轮控制刚体模型

不失一般性：设飞轮 $W_i(i=1,2,3)$ 的质心位于 W_i 且固联于刚体上；刚体 o_s 点到飞轮固联点的位置矢量分别是 $\boldsymbol{b}_i(i=1,2,3)$，且其自旋轴 $\boldsymbol{a}_i(i=1,2,3)$ 依次平行于坐标系 $o_s x_s y_s z_s$ 的 x_s、y_s、z_s 轴；不考虑飞轮的刚体质心位于 c_B、对应位置矢量 $\boldsymbol{r}_{cB}$；考虑飞轮的系统质心位于 c、对应位置矢量 $\boldsymbol{r}_c$。

设系统质量为

$$m = m_b + \sum_{i=1}^{3} m_{W_i} \tag{2-68}$$

式中：m_b 为刚体质量；$m_{W_i}(i=1,2,3)$ 为相应飞轮质量。系统的相对 o_s 的一

阶、二阶惯性矩可以写为

$$
\begin{aligned}
\boldsymbol{c} &= \int_V \boldsymbol{r}\sigma(\boldsymbol{r})\mathrm{d}V + \sum_{i=1}^{3}\int_{W_i}\boldsymbol{r}\sigma_i(\boldsymbol{r})\mathrm{d}V \\
&= \int_V \boldsymbol{r}\sigma(\boldsymbol{r})\mathrm{d}V + \sum_{i=1}^{3}\int_{W_i}(\boldsymbol{b}_i+\boldsymbol{\rho}_i)\sigma_i(\boldsymbol{\rho}_i)\mathrm{d}V \\
&= \int_V \boldsymbol{r}\sigma(\boldsymbol{r})\mathrm{d}V + \sum_{i=1}^{3}\int_{W_i}\boldsymbol{b}_i\sigma_i(\boldsymbol{\rho}_i)\mathrm{d}V = \boldsymbol{c}_B + \sum_{i=1}^{3}\boldsymbol{b}_i m_{W_i}
\end{aligned}
\tag{2-69}
$$

$$
\begin{aligned}
\boldsymbol{J} &= \int_V (r^2\boldsymbol{I}-\boldsymbol{rr})\sigma(\boldsymbol{r})\mathrm{d}V + \sum_{i=1}^{3}\int_{W_i}(r^2\boldsymbol{I}-\boldsymbol{rr})\sigma_i(\boldsymbol{r})\mathrm{d}V \\
&= \int_V (r^2\boldsymbol{I}-\boldsymbol{rr})\sigma(\boldsymbol{r})\mathrm{d}V + \sum_{i=1}^{3}\int_{W_i}(\|\boldsymbol{b}_i+\boldsymbol{\rho}_i\|^2\boldsymbol{I}-(\boldsymbol{b}_i+\boldsymbol{\rho}_i) \\
&\quad (\boldsymbol{b}_i+\boldsymbol{\rho}_i))\sigma_i(\boldsymbol{\rho}_i)\mathrm{d}V \\
&= \int_V (r^2\boldsymbol{I}-\boldsymbol{rr})\sigma(\boldsymbol{r})\mathrm{d}V + \sum_{i=1}^{3}\int_{W_i}[(\|\boldsymbol{b}_i\|^2\boldsymbol{I}-\boldsymbol{b}_i\boldsymbol{b}_i)+(\|\boldsymbol{\rho}_i\|^2\boldsymbol{I}-\boldsymbol{\rho}_i\boldsymbol{\rho}_i) \\
&\quad +(2\boldsymbol{b}_i\cdot\boldsymbol{\rho}_i\boldsymbol{I}-2\boldsymbol{b}_i\boldsymbol{\rho}_i)]\sigma_i(\boldsymbol{\rho}_i)\mathrm{d}V \\
&= \int_V (r^2\boldsymbol{I}-\boldsymbol{rr})\sigma(\boldsymbol{r})\mathrm{d}V + \sum_{i=1}^{3}\int_{W_i}[(\|\boldsymbol{b}_i\|^2\boldsymbol{I}-\boldsymbol{b}_i\boldsymbol{b}_i)+(\|\boldsymbol{\rho}_i\|^2\boldsymbol{I}-\boldsymbol{\rho}_i\boldsymbol{\rho}_i)] \\
&\quad \sigma_i(\boldsymbol{\rho}_i)\mathrm{d}V \\
&= \int_V (r^2\boldsymbol{I}-\boldsymbol{rr})\sigma(\boldsymbol{r})\mathrm{d}V + \sum_{i=1}^{3}\Big[\int_{W_i}(\|\boldsymbol{b}_i\|^2\boldsymbol{I}-\boldsymbol{b}_i\boldsymbol{b}_i)\sigma_i(\boldsymbol{\rho}_i)\mathrm{d}V + \\
&\quad \int_{W_i}(\|\boldsymbol{\rho}_i\|^2\boldsymbol{I}-\boldsymbol{\rho}_i\boldsymbol{\rho}_i)\sigma_i(\boldsymbol{\rho}_i)\mathrm{d}V\Big] = \boldsymbol{J}_B + \sum_{i=1}^{3}[(\|\boldsymbol{b}_i\|^2\boldsymbol{I}-\boldsymbol{b}_i\boldsymbol{b}_i)m_{W_i}+\boldsymbol{J}_{W_i}]
\end{aligned}
\tag{2-70}
$$

式中：$\boldsymbol{J}_B$、$\boldsymbol{J}_{W_i}(i=1,2,3)$分别是刚体和飞轮相对于 o_s 点及飞轮质心的二阶惯性矩。由于飞轮轴对称性质，容易导出：

$$
\boldsymbol{J}_{W_i} = J_{ti}\boldsymbol{I} + (J_{si}-J_{ti})\boldsymbol{a}_i\boldsymbol{a}_i \tag{2-71}
$$

式中：$i=1,2,3$；J_{ti} 为飞轮相对于其任一横轴的二阶惯性矩；J_{si} 为飞轮相对于其自旋轴的二阶惯性矩。

设刚体相对惯性坐标系的角速度为 $\boldsymbol{\omega}$，飞轮 W_i 相对惯性坐标系的角速度为 $\boldsymbol{\omega}_{W_i}$、相对本体坐标系的角速度为 $\boldsymbol{a}_i\Omega_i$。考察系统的动量和角动量如下：

$$
\begin{aligned}
\boldsymbol{p} &= \int_V \boldsymbol{v}\sigma(\boldsymbol{r})\mathrm{d}V + \sum_{i=1}^{3}\int_{W_i}\boldsymbol{v}\sigma(\boldsymbol{r})\mathrm{d}V \\
&= \int_V (\boldsymbol{v}_0 + \boldsymbol{\omega}\times\boldsymbol{r})\sigma(\boldsymbol{r})\mathrm{d}V + \sum_{i=1}^{3}\int_{W_i}(\boldsymbol{v}_0 + \boldsymbol{\omega}\times\boldsymbol{b}_i + \boldsymbol{\omega}_{W_i}\times\boldsymbol{\rho}_i)\sigma(\boldsymbol{\rho}_i)\mathrm{d}V \\
&= (m_B\boldsymbol{v}_0 + \boldsymbol{\omega}\times\boldsymbol{c}_B) + \sum_{i=1}^{3}(m_{W_i}\boldsymbol{v}_0 + m_{W_i}\boldsymbol{\omega}\times\boldsymbol{b}_i) \\
&= \boldsymbol{p}_B + \sum_{i=1}^{3}\boldsymbol{p}_{Wi} = m\boldsymbol{v}_0 + \boldsymbol{\omega}\times\boldsymbol{c}
\end{aligned} \tag{2-72}
$$

$$
\begin{aligned}
\boldsymbol{h} &= \int_V (\boldsymbol{r}\times\boldsymbol{v})\sigma(\boldsymbol{r})\mathrm{d}V + \sum_{i=1}^{3}\int_{W_i}(\boldsymbol{r}\times\boldsymbol{v})\sigma(\boldsymbol{r})\mathrm{d}V \\
&= \int_V (\boldsymbol{r}\times\boldsymbol{v})\sigma(\boldsymbol{r})\mathrm{d}V + \sum_{i=1}^{3}\int_{W_i}[(\boldsymbol{b}_i + \boldsymbol{\rho}_i)\times\boldsymbol{v}]\sigma(\boldsymbol{\rho}_i)\mathrm{d}V \\
&= \int_V [\boldsymbol{r}\times(\boldsymbol{v}_0 + \boldsymbol{\omega}\times\boldsymbol{r})]\sigma(\boldsymbol{r})\mathrm{d}V + \sum_{i=1}^{3}\int_{W_i}[(\boldsymbol{b}_i + \boldsymbol{\rho}_i) \\
&\quad \times(\boldsymbol{v}_0 + \boldsymbol{\omega}\times\boldsymbol{b}_i + \boldsymbol{\omega}_{W_i}\times\boldsymbol{\rho}_i)]\sigma(\boldsymbol{\rho}_i)\mathrm{d}V \\
&= (\boldsymbol{c}_B\times\boldsymbol{v}_0 + \boldsymbol{J}_B\cdot\boldsymbol{\omega}) + \sum_{i=1}^{3}(\boldsymbol{b}_i\times\boldsymbol{p}_{W_i} + \boldsymbol{J}_{W_i}\cdot\boldsymbol{\omega}_{W_i}) \\
&= \boldsymbol{h}_B + \sum_{i=1}^{3}(\boldsymbol{b}_i\times\boldsymbol{p}_{W_i} + \boldsymbol{h}_{W_i}) \\
&= (\boldsymbol{c}_B\times\boldsymbol{v}_0 + \boldsymbol{J}_B\cdot\boldsymbol{\omega}) + \sum_{i=1}^{3}[\boldsymbol{b}_i\times(m_{W_i}\boldsymbol{v}_0 + m_{W_i}\boldsymbol{\omega}\times\boldsymbol{b}_i) + \boldsymbol{J}_{W_i}\cdot\boldsymbol{\omega}_{W_i}] \\
&= (\boldsymbol{c}_B\times\boldsymbol{v}_0 + \sum_{i=1}^{3}\boldsymbol{b}_i\times m_{W_i}\boldsymbol{v}_0) + \boldsymbol{J}_B\cdot\boldsymbol{\omega} + \sum_{i=1}^{3}[(\|\boldsymbol{b}_i\|^2\boldsymbol{I} - \boldsymbol{b}_i\boldsymbol{b}_i)m_{W_i} \\
&\quad \cdot\boldsymbol{\omega} + \boldsymbol{J}_{W_i}\cdot(\boldsymbol{\omega} + \boldsymbol{a}_i\Omega_i)] \\
&= (\boldsymbol{c}_B + \sum_{i=1}^{3}m_{W_i}\boldsymbol{b}_i)\times\boldsymbol{v}_0 + [\boldsymbol{J}_B + \sum_{i=1}^{3}(\|\boldsymbol{b}_i\|^2\boldsymbol{I} - \boldsymbol{b}_i\boldsymbol{b}_i)m_{W_i} + \boldsymbol{J}_{W_i}] \\
&\quad \cdot\boldsymbol{\omega} + \sum_{i=1}^{3}\boldsymbol{J}_{W_i}\cdot\boldsymbol{a}_i\Omega_i \\
&= \boldsymbol{c}\times\boldsymbol{v}_0 + \boldsymbol{J}\cdot\boldsymbol{\omega} + \sum_{i=1}^{3}\boldsymbol{J}_{W_i}\cdot\boldsymbol{a}_i\Omega_i \\
&= \boldsymbol{c}\times\boldsymbol{v}_0 + \boldsymbol{J}\cdot\boldsymbol{\omega} + \sum_{i=1}^{3}[J_{ti}\boldsymbol{I} + (J_{si} - J_{ti})\boldsymbol{a}_i\boldsymbol{a}_i]\cdot\boldsymbol{a}_i\Omega_i \\
&= \boldsymbol{c}\times\boldsymbol{v}_0 + \boldsymbol{J}\cdot\boldsymbol{\omega} + \sum_{i=1}^{3}J_{si}\Omega_i\boldsymbol{a}_i
\end{aligned} \tag{2-73}
$$

式中：$\boldsymbol{p}_B = m_B\boldsymbol{v}_0 + \boldsymbol{\omega}\times\boldsymbol{c}_B$、$\boldsymbol{p}_{W_i} = m_{W_i}\boldsymbol{v}_0 + m_{W_i}\boldsymbol{\omega}\times\boldsymbol{b}_i$ 分别为刚体、飞轮 W_i 的动量；$\boldsymbol{h}_B = \boldsymbol{c}_B\times\boldsymbol{v}_0 + \boldsymbol{J}_B\cdot\boldsymbol{\omega}$、$\boldsymbol{h}_{W_i} = \boldsymbol{J}_{W_i}\cdot\boldsymbol{\omega}_{W_i}$ 分别为刚体相对于 o_s 点、飞轮相对于其质心的角动量。

飞轮系统一般包含定子和转子，其转动通过施加电磁力矩得到控制。这个运动决定了刚体与飞轮之间的相互作用，包括力和力矩相互作用。设刚体作用于飞轮的力、力矩分别为 $\boldsymbol{f}_{BW_i}$（设其过飞轮质心）、$\boldsymbol{g}_{BW_i}$，则飞轮作用于刚体的力、力矩分别为 $-\boldsymbol{f}_{BW_i}$（设其过飞轮质心）、$-\boldsymbol{g}_{BW_i}$。

根据 2.6.1 节运动方程式（2－60）和式（2－61），分别考虑飞轮和刚体动力学，容易写出：

$$\dot{\boldsymbol{p}}_B = \boldsymbol{f} - \sum_{i=1}^{3}\boldsymbol{f}_{BW_i} \tag{2-74a}$$

$$\dot{\boldsymbol{p}}_{W_i} = \boldsymbol{f}_{BW_i} \tag{2-74b}$$

$$\dot{\boldsymbol{h}}_B + \boldsymbol{v}_0\times\boldsymbol{p}_B = \boldsymbol{\tau}_0 - \sum_{i=1}^{3}\boldsymbol{\tau}_{BW_i} \tag{2-74c}$$

$$\dot{\boldsymbol{h}}_{W_i} = \boldsymbol{\tau}_{BW_i} \tag{2-74d}$$

注意式（2－69）、式（2－70）、式（2－72）、式（2－73），整理式（2－74）可得

$$\dot{\boldsymbol{p}} = \boldsymbol{f} \tag{2-75a}$$

$$\dot{\boldsymbol{h}} + \boldsymbol{v}_0\times\boldsymbol{p} = \boldsymbol{\tau}_0 \tag{2-75b}$$

由此，将式（2－72）和式（2－73）代入式（2－75）容易写出刚体飞轮系统的动力学方程。

动力学方程式（2－75）不是完备的，或者说给定刚体和飞轮初始状态，不能够由此解算出时间轴上的后续状态。这是因为飞轮运动未受控制。事实上，对于利用飞轮作为执行机构的刚体飞轮控制系统，其目的是利用飞轮运动来控制整个系统的姿态运动。为此，尚需推导飞轮运动的控制方程。

注意到：

$$\begin{aligned}\boldsymbol{h}_{W_i} &= \boldsymbol{J}_{W_i}\cdot\boldsymbol{\omega}_{W_i} = \boldsymbol{J}_{W_i}\cdot(\boldsymbol{\omega} + \boldsymbol{a}_i\Omega_i)\\ &= [J_{ti}\boldsymbol{I} + (J_{si} - J_{ti})\boldsymbol{a}_i\boldsymbol{a}_i]\cdot(\boldsymbol{\omega} + \boldsymbol{a}_i\Omega_i) = J_{ti}(\boldsymbol{\omega} + \boldsymbol{a}_i\Omega_i) + (J_{si} - J_{ti})\\ &\quad [\boldsymbol{a}_i(\boldsymbol{a}_i\cdot\boldsymbol{\omega}) + \boldsymbol{a}_i\Omega_i]\\ &= J_{ti}[\boldsymbol{\omega} - \boldsymbol{a}_i(\boldsymbol{a}_i\cdot\boldsymbol{\omega})] + J_{si}\boldsymbol{a}_i(\boldsymbol{a}_i\cdot\boldsymbol{\omega} + \Omega_i)\end{aligned} \tag{2-76}$$

容易验证：

$$\tau_{ai}=\dot{\boldsymbol{h}}_{W_i}\cdot\boldsymbol{a}_i=\frac{\mathrm{d}}{\mathrm{d}t}(\boldsymbol{h}_{W_i}\cdot\boldsymbol{a}_i)=J_{si}(\boldsymbol{a}_i\cdot\dot{\boldsymbol{\omega}}+\dot{\Omega}_i) \tag{2-77}$$

而 τ_{ai} 就是飞轮 W_i 的轴向力矩（含控制力矩和摩擦力矩），τ_{ai} 可以由飞轮控制系统来实现。于是式(2-77)结合式(2-75)构成了完备动力学方程。

2.7 挠性航天器姿态动力学

2.7.1 空间连续方程

考虑挠性体模型如图2-5所示。它的质量连续分布、质点之间可以有弹性变形。本体坐标系 $o_sx_sy_sz_s$ 固联于未变形挠性体，c 是未变形挠性体质心，$o_ix_iy_iz_i$ 是惯性坐标系。航天器运动包括：o_s 相对于惯性坐标系的平动，本体坐标系 $o_sx_sy_sz_s$ 相对于惯性坐标系的转动，体元相对于本体坐标系 $o_sx_sy_sz_s$ 的平动。

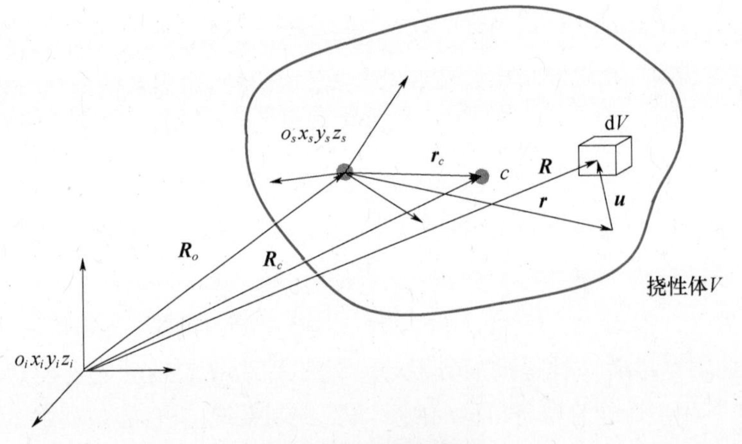

图2-5　挠性体模型

记未变形挠性体上 $\boldsymbol{r}$ 处体元 dV 的质量密度为 $\sigma(\boldsymbol{r})$，并设本体坐标系 $o_sx_sy_sz_s$ 相对惯性坐标系 $o_ix_iy_iz_i$ 转动角速度为 $\boldsymbol{\omega}$。容易导出，质量单元 dV 相对惯性坐标系的位移、速度、加速度如下：

$$\boldsymbol{R}=\boldsymbol{R}_o+\boldsymbol{r}+\boldsymbol{u} \tag{2-78a}$$

$$\boldsymbol{v}=\dot{\boldsymbol{R}}=\dot{\boldsymbol{R}}_o+\dot{\boldsymbol{r}}+\dot{\boldsymbol{u}}=\dot{\boldsymbol{R}}_o+(\mathring{\boldsymbol{r}}+\boldsymbol{\omega}\times\boldsymbol{r})+(\mathring{\boldsymbol{u}}+\boldsymbol{\omega}\times\boldsymbol{u})$$

$$= \dot{\boldsymbol{R}}_o + \boldsymbol{\omega} \times \boldsymbol{r} + (\mathring{\boldsymbol{u}} + \boldsymbol{\omega} \times \boldsymbol{u}) = \boldsymbol{v}_o + \boldsymbol{\omega} \times \boldsymbol{r} + (\mathring{\boldsymbol{u}} + \boldsymbol{\omega} \times \boldsymbol{u}) \tag{2-78b}$$

$$\boldsymbol{a} = \dot{\boldsymbol{v}}$$

$$= \boldsymbol{R}_o + \dot{\boldsymbol{\omega}} \times \boldsymbol{r} + \boldsymbol{\omega} \times (\boldsymbol{\omega} \times \boldsymbol{r}) + \mathring{\mathring{\boldsymbol{u}}} + 2\boldsymbol{\omega} \times \mathring{\boldsymbol{u}} + \dot{\boldsymbol{\omega}} \times \boldsymbol{u} + \boldsymbol{\omega} \times (\boldsymbol{\omega} \times \boldsymbol{u})$$

$$= \dot{\boldsymbol{v}}_0 + \dot{\boldsymbol{\omega}} \times \boldsymbol{r} + \boldsymbol{\omega} \times (\boldsymbol{\omega} \times \boldsymbol{r}) + \mathring{\mathring{\boldsymbol{u}}} + 2\boldsymbol{\omega} \times \mathring{\boldsymbol{u}} + \dot{\boldsymbol{\omega}} \times \boldsymbol{u} + \boldsymbol{\omega} \times (\boldsymbol{\omega} \times \boldsymbol{u}) \tag{2-78c}$$

式中:$\boldsymbol{u}(\boldsymbol{r})$为在未变形挠性体 $\boldsymbol{r}$ 处的弹性位移。

引入相对 o_s 的一阶、二阶惯性矩:

$$\boldsymbol{c} = \int_V \boldsymbol{r}\sigma(\boldsymbol{r})\,\mathrm{d}V \tag{2-79}$$

$$\boldsymbol{J} = \int_V (r^2\boldsymbol{I} - \boldsymbol{rr})\sigma(\boldsymbol{r})\,\mathrm{d}V \tag{2-80}$$

则有 $\boldsymbol{c} = m\boldsymbol{r}_c, m = \int_V \sigma(\boldsymbol{r})\,\mathrm{d}V$。定义绝对线动量和关于 o_s 绝对角动量:

$$\boldsymbol{p} = \int_V \boldsymbol{v}\sigma(\boldsymbol{r})\,\mathrm{d}V \tag{2-81}$$

$$\boldsymbol{h}_o = \int_V (\boldsymbol{r} \times \boldsymbol{v})\sigma(\boldsymbol{r})\,\mathrm{d}V \tag{2-82}$$

注意到这里的惯性矩针对未变形的挠性体定义,并且角动量的力臂矢量也是针对未变形的挠性体定义;它们具有与刚体情形一样的形式。综合式(2-78)~式(2-82)可以导出:

$$\boldsymbol{p} = m\boldsymbol{v}_0 + \boldsymbol{\omega} \times \boldsymbol{c} + \int_V (\mathring{\boldsymbol{u}} + \boldsymbol{\omega} \times \boldsymbol{u})\sigma(\boldsymbol{r})\,\mathrm{d}V \tag{2-83}$$

$$\boldsymbol{h}_0 = \boldsymbol{c} \times \boldsymbol{v}_0 + \boldsymbol{J} \cdot \boldsymbol{\omega} + \int_V [\boldsymbol{r} \times (\mathring{\boldsymbol{u}} + \boldsymbol{\omega} \times \boldsymbol{u})]\sigma(\boldsymbol{r})\,\mathrm{d}V \tag{2-84}$$

利用牛顿定律可以导出:

$$\dot{\boldsymbol{p}} = \boldsymbol{f} \tag{2-85}$$

$$\dot{\boldsymbol{h}}_o + \boldsymbol{v}_0 \times \boldsymbol{p} + \int_V (\mathring{\boldsymbol{u}} + \boldsymbol{\omega} \times \boldsymbol{u}) \times \boldsymbol{v}\sigma(\boldsymbol{r})\,\mathrm{d}V = \boldsymbol{\tau}_0 \tag{2-86}$$

将式(2-83)和式(2-84)分别代入式(2-85)和式(2-86)并整理可得

$$m\,\dot{\boldsymbol{v}}_0 + \dot{\boldsymbol{\omega}} \times \boldsymbol{c} + \boldsymbol{\omega} \times (\boldsymbol{\omega} \times \boldsymbol{c}) + \int_V [\mathring{\mathring{\boldsymbol{u}}} + \dot{\boldsymbol{\omega}} \times \boldsymbol{u} + \boldsymbol{\omega} \times \mathring{\boldsymbol{u}}]\sigma(\boldsymbol{r})\,\mathrm{d}V$$

$$+ \boldsymbol{\omega} \times \int_V (\mathring{\boldsymbol{u}} + \boldsymbol{\omega} \times \boldsymbol{u})\sigma(\boldsymbol{r})\,\mathrm{d}V = \boldsymbol{f} \tag{2-87}$$

$$\boldsymbol{c} \times \dot{\boldsymbol{v}}_0 + \boldsymbol{J} \cdot \dot{\boldsymbol{\omega}} + \boldsymbol{\omega} \times (\boldsymbol{J} \cdot \boldsymbol{\omega})$$

$$+\int_V[\boldsymbol{r}\times(\mathring{\mathring{\boldsymbol{u}}}+\dot{\boldsymbol{\omega}}\times\boldsymbol{u}+\boldsymbol{\omega}\times\mathring{\boldsymbol{u}})]\sigma(\boldsymbol{r})\mathrm{d}V+\boldsymbol{\omega}\times\int_V[\boldsymbol{r}\times(\mathring{\boldsymbol{u}}+\boldsymbol{\omega}\times\boldsymbol{u})]\sigma(\boldsymbol{r})\mathrm{d}V$$

$$+\int_V[(\mathring{\boldsymbol{u}}+\boldsymbol{\omega}\times\boldsymbol{u})\times(\boldsymbol{\omega}\times\boldsymbol{r})]\sigma(\boldsymbol{r})\mathrm{d}V=\boldsymbol{\tau}_0 \qquad (2-88)$$

式(2-85)或式(2-87)描述了挠性体的平动,式(2-86)或式(2-88)描述了挠性体的转动。其中方程右边的力和力矩均为外力、外力矩。值得注意的是,这里外力矩 $\boldsymbol{\tau}_0$ 的定义是变形前的力臂 $\boldsymbol{r}$(不是 $\boldsymbol{r}+\boldsymbol{u}$)与变形后的相应微元处所受外力叉乘的结果;因此,如果外力或者纯外力矩作用点处有弹性变形,必须施加补偿。

为了完整描述挠性体的运动,必须进一步考虑弹性变形运动。为此,利用结构力学、材料力学的相关结果,根据胡克定律可以设体元 $\mathrm{d}V$ 所受弹性力密度为 $-\boldsymbol{L}(\boldsymbol{u})$,这里 $\boldsymbol{L}$ 是相对空间变量的微分算子。于是考虑到该体元受到外力密度 $\hat{\boldsymbol{f}}(\boldsymbol{r})$,则利用牛顿定律可以写出:

$$\sigma(\boldsymbol{r})\dot{\boldsymbol{v}}(r)+\boldsymbol{L}[\boldsymbol{u}(\boldsymbol{r})]=\hat{\boldsymbol{f}}(\boldsymbol{r}) \qquad (2-89)$$

进而利用式(2-78c)可以写出挠性体弹性变形运动方程:

$$\sigma(\boldsymbol{r})[\dot{\boldsymbol{v}}_0+\dot{\boldsymbol{\omega}}\times\boldsymbol{r}+\boldsymbol{\omega}\times(\boldsymbol{\omega}\times\boldsymbol{r})+\mathring{\mathring{\boldsymbol{u}}}+\dot{\boldsymbol{\omega}}\times\boldsymbol{u}+2\boldsymbol{\omega}\times\mathring{\boldsymbol{u}}+\boldsymbol{\omega}\times(\boldsymbol{\omega}\times\boldsymbol{u})]$$

$$+\boldsymbol{L}(\boldsymbol{u})=\hat{\boldsymbol{f}}(\boldsymbol{r}) \qquad (2-90)$$

至此,式(2-85)、式(2-86)、式(2-89)或式(2-87)、式(2-88)、式(2-90)完整描述了挠性体运动。这组方程呈现空间连续运动方程、数学上是偏微分方程。为了方便计算和分析,有必要对其进行空间离散化。

2.7.2 空间离散化方程

一般的空间离散化方法是利用在附件模态(约束模态)上展开的离散化方法。此时假设:未变形挠性体在惯性空间固定,即有 $\boldsymbol{v}_o=0$、$\boldsymbol{\omega}=0$;弹性变形 $\boldsymbol{u}(0)=0$、$\nabla\times\boldsymbol{u}(0)=0$($\nabla=\frac{\mathrm{d}}{\mathrm{d}x}\boldsymbol{i}_s+\frac{\mathrm{d}}{\mathrm{d}y}\boldsymbol{j}_s+\frac{\mathrm{d}}{\mathrm{d}z}\boldsymbol{k}_s$ 是相对空间变量的微分算子矢量)。在此条件下考虑特征值问题:

$$\boldsymbol{L}[\boldsymbol{\Phi}_i(\boldsymbol{r})]=\sigma(\boldsymbol{r})\omega_i^2\boldsymbol{\Phi}_i(\boldsymbol{r}),\quad i=1,2,\cdots,n \qquad (2-91)$$

式中:$\boldsymbol{\Phi}_i(\boldsymbol{r})$ 为模态(特征)函数、满足相应约束条件;ω_i 为相应模态(特征)频率。通常挠性体结构决定的微分算子 $\boldsymbol{L}$ 的性质使得模态具有下列正交性：

$$\int_V \boldsymbol{\Phi}_i(\boldsymbol{r}) \cdot \boldsymbol{\Phi}_j(\boldsymbol{r})\sigma(\boldsymbol{r})\mathrm{d}V = \delta_{ij} \tag{2-92}$$

式中：$\delta_{ij} = \begin{cases} 1, 当\ i = j \\ 0, 当\ i \neq j \end{cases}$是克罗内克（Kronecker）$\delta$ 函数。通常模态函数集合$\{\boldsymbol{\Phi}_i(\boldsymbol{r}),$ $i=1,2,\cdots\}$构成挠性变形的基，于是利用展开定理可以写出：

$$\boldsymbol{u}(\boldsymbol{r},t) = \sum_{i=1}^{n} \boldsymbol{\Phi}_i(\boldsymbol{r})\eta_i(t) \tag{2-93}$$

式中：$\eta_i(t)$称为模态坐标；理论上 $n=\infty$。

引入模态动量系数 $\boldsymbol{P}_i$、$\boldsymbol{H}_i$，耦合二阶惯性矩 $\boldsymbol{J}_{i1}$、$\boldsymbol{J}_{i2}$，模态系数 $\boldsymbol{U}_{ij1}$、$\boldsymbol{U}_{ij2}$：

$$\boldsymbol{P}_i = \int_V \boldsymbol{\Phi}_i(\boldsymbol{r})\sigma(\boldsymbol{r})\mathrm{d}V \tag{2-94a}$$

$$\boldsymbol{H}_i = \int_V [\boldsymbol{r} \times \boldsymbol{\Phi}_i(\boldsymbol{r})]\sigma(\boldsymbol{r})\mathrm{d}V \tag{2-94b}$$

$$\boldsymbol{J}_{i1} = \int_V \{[\boldsymbol{r} \cdot \boldsymbol{\Phi}_i(\boldsymbol{r})]\boldsymbol{I} - \boldsymbol{r}\boldsymbol{\Phi}_i(\boldsymbol{r})\}\sigma(\boldsymbol{r})\mathrm{d}V \tag{2-94c}$$

$$\boldsymbol{J}_{i2} = \int_V \{[\boldsymbol{r} \cdot \boldsymbol{\Phi}_i(\boldsymbol{r})]\boldsymbol{I} - \boldsymbol{\Phi}_i(\boldsymbol{r})\boldsymbol{r}\}\sigma(\boldsymbol{r})\mathrm{d}V \tag{2-94d}$$

$$\boldsymbol{U}_{ij1} = \int_V \boldsymbol{\Phi}_i(\boldsymbol{r}) \times \boldsymbol{\Phi}_j(\boldsymbol{r})\sigma(\boldsymbol{r})\mathrm{d}V \tag{2-94e}$$

$$\boldsymbol{U}_{ij2} = \int_V \{[\boldsymbol{\Phi}_i(\boldsymbol{r}) \cdot \boldsymbol{\Phi}_j(\boldsymbol{r})]\boldsymbol{I} - \boldsymbol{\Phi}_i(\boldsymbol{r})\boldsymbol{\Phi}_j(\boldsymbol{r})\}\sigma(\boldsymbol{r})\mathrm{d}V \tag{2-94f}$$

式中：$i=1,2,\cdots,n;j=1,2,\cdots,n$。

将式（2-93）代入式（2-87）和式（2-88）并使用式（2-94）可以导得

$$\begin{aligned} & m\dot{\boldsymbol{v}}_0 + \dot{\boldsymbol{\omega}} \times \boldsymbol{c} + \boldsymbol{\omega} \times (\boldsymbol{\omega} \times \boldsymbol{c}) \\ & + \sum_{i=1}^{n} (\boldsymbol{P}_i\ddot{\eta}_i + \dot{\boldsymbol{\omega}} \times \boldsymbol{P}_i\eta_i + \boldsymbol{\omega} \times \boldsymbol{P}_i\dot{\eta}_i) + \boldsymbol{\omega} \times \sum_{i=1}^{n} (\boldsymbol{P}_i\dot{\eta}_i + \boldsymbol{\omega} \times \boldsymbol{P}_i\eta_i) = \boldsymbol{f} \end{aligned} \tag{2-95}$$

$$\begin{aligned} & \boldsymbol{c} \times \dot{\boldsymbol{v}}_0 + \boldsymbol{J} \cdot \dot{\boldsymbol{\omega}} + \boldsymbol{\omega} \times (\boldsymbol{J} \cdot \boldsymbol{\omega}) \\ & + \sum_{i=1}^{n} (\boldsymbol{H}_i\ddot{\eta}_i + \boldsymbol{J}_i \cdot \dot{\boldsymbol{\omega}}\eta_i + \boldsymbol{J}_i \cdot \boldsymbol{\omega}\dot{\eta}_i) + \boldsymbol{\omega} \times \sum_{i=1}^{n} (\boldsymbol{H}_i\dot{\eta}_i + \boldsymbol{J}_i \cdot \boldsymbol{\omega}\eta_i) \\ & + \sum_{i=1}^{n} [\boldsymbol{J}_{i2} \cdot \boldsymbol{\omega}\dot{\eta}_i + \boldsymbol{\omega} \times (\boldsymbol{J}_{i2} \cdot \boldsymbol{\omega})\eta_i] = \boldsymbol{\tau}_0 \end{aligned} \tag{2-96}$$

将式（2-93）代入式（2-90），并且对式（2-90）两端点乘 $\boldsymbol{\Phi}_i(\boldsymbol{r})$，进而在

空间域上的积分运算可得

$$\begin{aligned} &\boldsymbol{P}_i \cdot \dot{\boldsymbol{v}}_0 + \boldsymbol{H}_i \cdot \dot{\boldsymbol{\omega}} - (\boldsymbol{J}_{i2} \cdot \boldsymbol{\omega}) \cdot \boldsymbol{\omega} \\ &- 2\sum_{k=1}^{n} \boldsymbol{\omega} \cdot \boldsymbol{U}_{ik1} \dot{\eta}_k - \sum_{k=1}^{n} \dot{\boldsymbol{\omega}} \cdot \boldsymbol{U}_{ik1} \eta_k - \sum_{k=1}^{n} [\boldsymbol{\omega} \cdot (\boldsymbol{U}_{ik2} \cdot \boldsymbol{\omega}) \eta_k] \\ &+ \ddot{\eta}_i + \omega_i^2 \eta_i = f_i(\boldsymbol{r}) \end{aligned} \tag{2-97}$$

式中：$i = 1, 2, \cdots, n$；并且

$$f_i(\boldsymbol{r}) = \int_V [\boldsymbol{\Phi}_i(\boldsymbol{r}) \cdot \hat{f}(\boldsymbol{r})] \mathrm{d}V \tag{2-98}$$

尽管理论上 $n = \infty$，但工程上通常取 $n < \infty$，此时足以保证方程的近似性。式(2-95)~式(2-97)即空间离散化的挠性体动力学方程。

注意到，我们所讨论的挠性体看似单一挠性体，但这些基本方程可以推广到多个挠性体组合而成的空间结构情形。由于这个工作与具体结构相关且这种推广具有平凡性，因此这里不做讨论。

一般航天器总可以分解为一些简单空间结构，而这些空间结构的模态是可以分析或者通过有限元近似算出。因此上述动力学方程具有广泛适用性。

2.7.3 简化方程及其矢量表示

从动力学描述角度看，2.7.1 节和 2.7.2 节推导的方程是足够精确的，它们呈现非线性、分布参数或高维运动特征。从控制设计角度看，这些方程还是太过复杂了，因此仍需简化，以方便控制器的设计同时又不失去挠性体的本质特征。

为此，考虑到挠性变形一般为小变形（一般认为变形小于其空间跨度十分之一），并且姿态机动角速度一般为小角速度（姿态角速度达到 5°/s 通常就认为是较大角速度了）。因此，在式(2-83)~式(2-84)忽略 $\boldsymbol{\omega} \times \boldsymbol{u}$ 相关项，在式(2-90)忽略 $\boldsymbol{\omega} \times \boldsymbol{u}$ 相关项以及 $\boldsymbol{\omega} \times (\boldsymbol{\omega} \times \boldsymbol{r})$ 项，并且取坐标系原点为挠性体未变形质心，即有 $\boldsymbol{c} = 0$，可以通过平行于 2.7.2 节推导得到下列运动方程：

$$m\dot{\boldsymbol{v}}_0 + \sum_{i=1}^{n} (\boldsymbol{P}_i \ddot{\eta}_i) + \boldsymbol{\omega} \times \sum_{i=1}^{n} (\boldsymbol{P}_i \dot{\eta}_i) = \boldsymbol{f} \tag{2-99a}$$

$$\boldsymbol{J} \cdot \dot{\boldsymbol{\omega}} + \boldsymbol{\omega} \times (\boldsymbol{J} \cdot \boldsymbol{\omega}) + \sum_{i=1}^{n} (\boldsymbol{H}_i \ddot{\eta}_i) + \boldsymbol{\omega} \times \sum_{i=1}^{n} (\boldsymbol{H}_i \dot{\eta}_i) = \boldsymbol{\tau}_0 \tag{2-99b}$$

$$\boldsymbol{P}_i \cdot \dot{\boldsymbol{v}}_0 + \boldsymbol{H}_i \cdot \dot{\boldsymbol{\omega}} + \ddot{\eta}_i + \omega_i^2 \eta_i = f_i(\boldsymbol{r}) \tag{2-99c}$$

进一步忽略方程式(2-99)中 $\boldsymbol{\omega} \times \boldsymbol{u}$ 相关项,可以推得

$$\begin{cases} m\dot{\boldsymbol{v}}_0 + \sum_{i=1}^{n} (\boldsymbol{P}_i \ddot{\eta}_i) = \boldsymbol{f} & (2-100\text{a}) \\ \boldsymbol{J} \cdot \dot{\boldsymbol{\omega}} + \boldsymbol{\omega} \times (\boldsymbol{J} \cdot \boldsymbol{\omega}) + \sum_{i=1}^{n} (\boldsymbol{H}_i \ddot{\eta}_i) = \boldsymbol{\tau}_0 & (2-100\text{b}) \\ \boldsymbol{P}_i \cdot \dot{v}_0 + \boldsymbol{H}_i \cdot \dot{\boldsymbol{\omega}} + \ddot{\eta}_i + \omega_i^2 \eta_i = f_i(\boldsymbol{r}) & (2-100\text{c}) \end{cases}$$

再对方程式(2-100)线性化得到:

$$\begin{cases} m\dot{\boldsymbol{v}}_0 + \sum_{i=1}^{n} (\boldsymbol{P}_i \ddot{\eta}_i) = \boldsymbol{f} & (2-101\text{a}) \\ \boldsymbol{J} \cdot \dot{\boldsymbol{\omega}} + \sum_{i=1}^{n} (\boldsymbol{H}_i \ddot{\eta}_i) = \boldsymbol{\tau}_0 & (2-101\text{b}) \\ \boldsymbol{P}_i \cdot \dot{\boldsymbol{v}}_0 + \boldsymbol{H}_i \cdot \dot{\boldsymbol{\omega}} + \ddot{\eta}_i + \omega_i^2 \eta_i = f_i(\boldsymbol{r}) & (2-101\text{c}) \end{cases}$$

式(2-99)~式(2-101)是适合于控制的三个动力学方程:式(2-99)适用于较快速姿态机动情况的控制设计和分析,而式(2-100)和式(2-101)适用于姿态稳定情况的控制设计和分析。

2.7.4　简化方程向量表示

设 $\boldsymbol{v}_0$ 在惯性坐标系测量,$\boldsymbol{f}$、$\boldsymbol{\omega}$、$\boldsymbol{J}$、$\boldsymbol{J}_{i1}$、$\boldsymbol{J}_{i2}$、$\boldsymbol{H}_i$、$\boldsymbol{\tau}_0$、$\boldsymbol{r}_p$、$f_i(\boldsymbol{r})$、$\boldsymbol{u}$、$\boldsymbol{\Phi}_i(\boldsymbol{r})$ 均在本体坐标系测量。式(2-80)、式(2-93)、式(2-94)的向量表示为

$$\boldsymbol{J} = \int_V (\|\bar{\boldsymbol{r}}\|^2 \boldsymbol{I} - \bar{\boldsymbol{r}}\bar{\boldsymbol{r}}^T) \sigma(\bar{r}) \mathrm{d}V \tag{2-102}$$

$$\bar{\boldsymbol{u}}(\bar{\boldsymbol{r}}, t) = \sum_{i=1}^{n} \bar{\boldsymbol{\Phi}}_i(\bar{\boldsymbol{r}}) q_i(t) \tag{2-103}$$

$$\begin{cases} \boldsymbol{P}_i = \int_V \bar{\boldsymbol{\Phi}}_i(\bar{\boldsymbol{r}}) \sigma(\bar{\boldsymbol{r}}) \mathrm{d}V & (2-104\text{a}) \\ \boldsymbol{H}_i = \int_V \{[\bar{\boldsymbol{r}}^{\times}] \bar{\boldsymbol{\Phi}}_i(\bar{\boldsymbol{r}})\} \sigma(\bar{\boldsymbol{r}}) \mathrm{d}V & (2-104\text{b}) \\ \boldsymbol{J}_{i1} = \int_V \{[\bar{\boldsymbol{r}}^{\mathrm{T}} \bar{\boldsymbol{\Phi}}_i(\bar{\boldsymbol{r}})] \boldsymbol{I} - \bar{\boldsymbol{r}} \bar{\boldsymbol{\Phi}}_i^{\mathrm{T}}(\bar{\boldsymbol{r}})\} \sigma(\bar{\boldsymbol{r}}) \mathrm{d}V & (2-104\text{c}) \\ \boldsymbol{J}_{i2} = \int_V \{[\bar{\boldsymbol{r}}^{\mathrm{T}} \bar{\boldsymbol{\Phi}}_i(\bar{\boldsymbol{r}})] \boldsymbol{I} - \bar{\boldsymbol{\Phi}}_i(\bar{\boldsymbol{r}}) \bar{\boldsymbol{r}}^{\mathrm{T}}\} \sigma(\bar{\boldsymbol{r}}) \mathrm{d}V & (2-104\text{d}) \end{cases}$$

$$\boldsymbol{U}_{ij1} = \int_V [\overline{\boldsymbol{\Phi}}_i(\bar{\boldsymbol{r}})^{\times}]\overline{\boldsymbol{\Phi}}_j(\bar{\boldsymbol{r}})\sigma(\bar{\boldsymbol{r}})\mathrm{d}V \tag{2-104e}$$

$$\boldsymbol{U}_{ij2} = \int_V \{[\overline{\boldsymbol{\Phi}}_i^{\mathrm{T}}(\bar{\boldsymbol{r}}) \cdot \overline{\boldsymbol{\Phi}}_j(\bar{\boldsymbol{r}})]\boldsymbol{I} - \overline{\boldsymbol{\Phi}}_i(\bar{\boldsymbol{r}})\overline{\boldsymbol{\Phi}}_j^{\mathrm{T}}(\bar{\boldsymbol{r}})\}\sigma(\bar{\boldsymbol{r}})\mathrm{d}V \tag{2-104f}$$

式中:$i=1,2,\cdots,n;j=1,2,\cdots,n$。

相应地,式(2-99)、式(2-100)、式(2-101)向量表示可以写为

$$\begin{cases} m\boldsymbol{C}\dot{\bar{\boldsymbol{v}}}_0 + \sum_{i=1}^{n}(\boldsymbol{P}_i\ddot{\eta}_i) + [\bar{\boldsymbol{\omega}}^{\times}]\sum_{i=1}^{n}(\boldsymbol{P}_i\dot{\eta}_i) = \bar{\boldsymbol{f}} & (2-105\text{a}) \\ \boldsymbol{J}\dot{\bar{\boldsymbol{\omega}}} + [\bar{\boldsymbol{\omega}}^{\times}]\boldsymbol{J}\bar{\boldsymbol{\omega}} + \sum_{i=1}^{n}(\boldsymbol{H}_i\ddot{\eta}_i) + [\bar{\boldsymbol{\omega}}^{\times}]\sum_{i=1}^{n}(\boldsymbol{H}_i\dot{\eta}_i) = \bar{\boldsymbol{\tau}}_0 & (2-105\text{b}) \\ \boldsymbol{P}_i^{\mathrm{T}}\boldsymbol{C}\dot{\bar{\boldsymbol{v}}}_0 + \boldsymbol{H}_i^{\mathrm{T}}\dot{\bar{\boldsymbol{\omega}}} + \ddot{\eta}_i + \omega_i^2\eta_i = \bar{f}_i(\bar{\boldsymbol{r}}) & (2-105\text{c}) \end{cases}$$

以及

$$\begin{cases} m\boldsymbol{C}\dot{\bar{\boldsymbol{v}}}_0 + \sum_{i=1}^{n}(\boldsymbol{P}_i\ddot{\eta}_i) = \bar{\boldsymbol{f}} & (2-106\text{a}) \\ \boldsymbol{J}\dot{\bar{\boldsymbol{\omega}}} + [\bar{\boldsymbol{\omega}}^{\times}]\boldsymbol{J}\bar{\boldsymbol{\omega}} + \sum_{i=1}^{n}(\boldsymbol{H}_i\ddot{\eta}_i) = \bar{\boldsymbol{\tau}}_0 & (2-106\text{b}) \\ \boldsymbol{P}_i^{\mathrm{T}}\boldsymbol{C}\dot{\bar{\boldsymbol{v}}}_0 + \boldsymbol{H}_i^{\mathrm{T}}\dot{\bar{\boldsymbol{\omega}}} + \ddot{\eta}_i + \omega_i^2\eta_i = \bar{f}_i(\bar{\boldsymbol{r}}) & (2-106\text{c}) \end{cases}$$

又及

$$\begin{cases} m\boldsymbol{C}\dot{\bar{\boldsymbol{v}}}_0 + \sum_{i=1}^{n}(\boldsymbol{P}_i\ddot{\eta}_i) = \bar{\boldsymbol{f}} & (2-107\text{a}) \\ \boldsymbol{J}\dot{\bar{\boldsymbol{\omega}}} + \sum_{i=1}^{n}(\boldsymbol{H}_i\ddot{\eta}_i) = \bar{\boldsymbol{\tau}}_0 & (2-107\text{b}) \\ \boldsymbol{P}_i^{\mathrm{T}}\boldsymbol{C}\dot{\bar{\boldsymbol{v}}}_0 + \boldsymbol{H}_i^{\mathrm{T}}\dot{\bar{\boldsymbol{\omega}}} + \ddot{\eta}_i + \omega_i^2\eta_i = \bar{f}_i(\bar{\boldsymbol{r}}) & (2-107\text{c}) \end{cases}$$

2.8 充液航天器姿态动力学

复杂航天器一般包括属于推进系统的贮箱以及存储于其中的推进剂,而常用的化学推进剂一般呈现液体形态。如此航天器就是充液航天器。贮箱又可划分为有隔膜和无隔膜两种:前者将液体和供压气体隔离,此时液体运动等效于一个质量变化的刚体运动,相对简单;后者液体在表面张力、推力加速度、贮箱管理装置(PMD)的共同作用下运动,这种运动称为液体晃动。

液体晃动又可以进一步区分为高重力下(High - g)液体晃动和低重力下(Low - g)液体晃动。定义表征加速度相关的力与表面张力相关力比值的邦德(Bond)数：$Bo = \rho a R^2/\sigma$，(这里 ρ 是质量密度、a 是推力加速度、R 是贮箱相关特征尺寸、σ 是液体表面张力)。当 $Bo \ll 1$ 时，液体运动主要取决于液体表面张力，此时对应航天器小推力或飞轮作用下的运动情况，在稳态液体晃动一般利用贮箱管理装置维持原来形态，而在机动过程中液体晃动反映在其形态的重新定向过程，一般具有很低的晃动频率以至于在机动过程中不必考虑其影响。当 $Bo \gg 1$ 时，液体运动主要取决于航天器所受推力，此时对应航天器在动力作用下的运动情况(如着陆器动力下降、上升器动力上升)，此时液体晃动与航天器刚体运动存在耦合，相互影响，有时诱发系统的不稳定性；因此要求航天器控制系统必须加以考虑。

液体晃动运动的建模一般有两类方法。第一，动力学建模：首先利用流体力学建立其运动方程，一般呈现偏微分方程形式；然后求取其解析解或利用计算流体力学(CFD)求其数值解。这种方法能够建立精确数学模型，但需要复杂数学运算或大型计算机求解。第二，等效力学模型建模：就是将液体晃动等效为弹簧质量模型或单摆模型，该模型在液固耦合相互作用的力和力矩上与实际液体晃动具有一定程度上的等价性。这种方法模型近似程度不一定很高，但在形式上一般呈现与动力学模型的一致形式，只是模型阶次较低，因此特别适合于控制设计和分析。

2.8.1　质量特性

考虑带有充液球形贮箱的航天器，如图2-6所示。它由二体组成，刚体 V_b 包含了除了晃动液体的航天器部分，液体 V_f 包含了晃动液体部分、等效于一个悬挂于球心的单摆。建立坐标系：$o_i x_i y_i z_i$ 是惯性坐标系，$o_s x_s y_s z_s$ 是本体坐标系、固联于刚体，$o_p x_p y_p z_p$ 是单摆的摆坐标系、未有晃动时它与本体坐标系指向一致。

选取两个参考点：o_s 固联于刚体 V_b、o_p 固联于单摆 V_f。o_p 相对于 o_s 位置为 $\boldsymbol{r}_p$。刚体(含未晃动液体)的质量为 m_b，晃动液体质量即摆锤点质量为 m_f。航天器系统总质量为

$$m = m_f + m_b \tag{2-108}$$

V_b、V_f 相对于其参考点 o_s、o_p 的一阶和二阶惯性矩可以写为

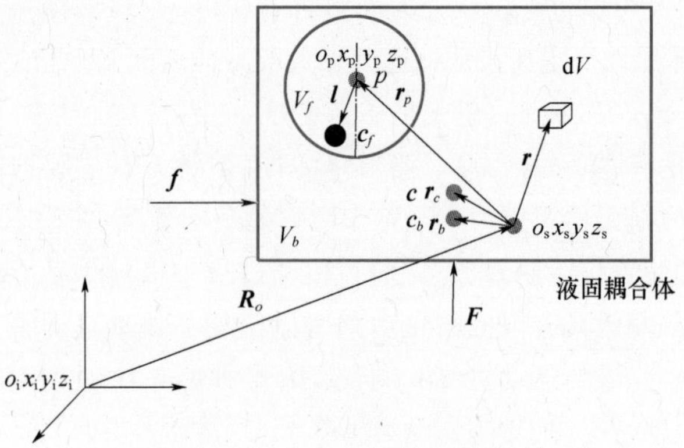

图 2-6 液固耦合系统模型

$$\begin{cases} \boldsymbol{c}_b = \int_{V_b} \boldsymbol{r} \mathrm{d}m = m_b \boldsymbol{r}_b & (2-109\text{a}) \\ \boldsymbol{c}_f = \int_{V_f} \boldsymbol{r}_f \mathrm{d}m = m_f \boldsymbol{l}, (\boldsymbol{r}_f = \boldsymbol{r} - \boldsymbol{r}_p) & (2-109\text{b}) \end{cases}$$

$$\begin{cases} \boldsymbol{J}_b = \int_{V_b} (\| \boldsymbol{r} \|^2 \boldsymbol{I} - \boldsymbol{r}\boldsymbol{r}) \mathrm{d}m & (2-110\text{a}) \\ \boldsymbol{J}_f = \int_{V_f} (\| \boldsymbol{r}_f \|^2 \boldsymbol{I} - \boldsymbol{r}_f \boldsymbol{r}_f) \mathrm{d}m = (\| \boldsymbol{l} \|^2 \boldsymbol{I} - \boldsymbol{l}\boldsymbol{l}) m_f & (2-110\text{b}) \end{cases}$$

式中：$\boldsymbol{l}$ 是长度为 l 的单摆矢量；$\boldsymbol{uw}$ 是并矢满足 $(\boldsymbol{uw}) \cdot \boldsymbol{v} = (\boldsymbol{w} \cdot \boldsymbol{v}) \boldsymbol{u}$ 和 $\boldsymbol{v} \cdot (\boldsymbol{uw}) = (\boldsymbol{v} \cdot \boldsymbol{u}) \boldsymbol{w}$。$V_b + V_f$ 相对于 o_s 一阶和二阶惯性矩则可以写为

$$\boldsymbol{c} = \boldsymbol{c}_b + \boldsymbol{c}_f + m_f \boldsymbol{r}_p = m_b \boldsymbol{r}_b + m_f \boldsymbol{l} + m_f \boldsymbol{r}_p \tag{2-111}$$

$$\begin{cases} \boldsymbol{J} = \boldsymbol{J}_b + \int_{V_f} [\| (\boldsymbol{r}_p + \boldsymbol{r}_f) \|^2 \boldsymbol{I} - (\boldsymbol{r}_p + \boldsymbol{r}_f)(\boldsymbol{r}_p + \boldsymbol{r}_f)] \mathrm{d}m & (2-112\text{a}) \\ \quad = \boldsymbol{J}_b + \boldsymbol{J}_f + \boldsymbol{J}_p + (2\boldsymbol{r}_p \cdot \boldsymbol{c}_f \boldsymbol{I} - \boldsymbol{r}_p \boldsymbol{c}_f - \boldsymbol{c}_f \boldsymbol{r}_p) & \\ \boldsymbol{J}_p = m_f (\| \boldsymbol{r}_p \|^2 \boldsymbol{I} - \boldsymbol{r}_p \boldsymbol{r}_p) & (2-112\text{b}) \end{cases}$$

此外定义混合矩：

$$\begin{aligned} \boldsymbol{J}_{bf} &= \int_{V_f} [\boldsymbol{r}_f \cdot (\boldsymbol{r}_p + \boldsymbol{r}_f) \boldsymbol{I} - \boldsymbol{r}_f (\boldsymbol{r}_p + \boldsymbol{r}_f)] \mathrm{d}m \\ &= \int_{V_f} [(\boldsymbol{r}_f \cdot \boldsymbol{r}_f) \boldsymbol{I} - \boldsymbol{r}_f \boldsymbol{r}_f] \mathrm{d}m + \int_{V_f} [(\boldsymbol{r}_f \cdot \boldsymbol{r}_p) \boldsymbol{I} - \boldsymbol{r}_f \boldsymbol{r}_p] \mathrm{d}m \\ &= \boldsymbol{J}_f + \int_{V_f} [(\boldsymbol{r}_f \cdot \boldsymbol{r}_p) \boldsymbol{I} - \boldsymbol{r}_f \boldsymbol{r}_p] \mathrm{d}m \end{aligned}$$

$$
\begin{aligned}
&= \boldsymbol{J}_f + (m_f \boldsymbol{l} \cdot \boldsymbol{r}_p)\boldsymbol{I} - m_f \boldsymbol{l}\boldsymbol{r}_p \\
&= \boldsymbol{J}_f + [(\boldsymbol{c}_f \cdot \boldsymbol{r}_p)\boldsymbol{I} - \boldsymbol{c}_f \boldsymbol{r}_p]
\end{aligned} \tag{2-113a}
$$

$$
\begin{aligned}
\boldsymbol{J}_{fb} &= \int_{V_f} [(\boldsymbol{r}_p + \boldsymbol{r}_f) \cdot \boldsymbol{r}_f \boldsymbol{I} - (\boldsymbol{r}_p + \boldsymbol{r}_f)\boldsymbol{r}_f] \mathrm{d}m \\
&= \int_{V_f} [(\boldsymbol{r}_f \cdot \boldsymbol{r}_f)\boldsymbol{I} - \boldsymbol{r}_f \boldsymbol{r}_f] \mathrm{d}m + \int_{V_f} [(\boldsymbol{r}_p \cdot \boldsymbol{r}_f)\boldsymbol{I} - \boldsymbol{r}_p \boldsymbol{r}_f] \mathrm{d}m \\
&= \boldsymbol{J}_f + \int_{V_f} [(\boldsymbol{r}_p \cdot \boldsymbol{r}_f)\boldsymbol{I} - \boldsymbol{r}_p \boldsymbol{r}_f] \mathrm{d}m \\
&= \boldsymbol{J}_f + [(\boldsymbol{r}_p \cdot m_f \boldsymbol{l})\boldsymbol{I} - \boldsymbol{r}_p m_f \boldsymbol{l}] \\
&= \boldsymbol{J}_f + [(\boldsymbol{r}_p \cdot \boldsymbol{c}_f)\boldsymbol{I} - \boldsymbol{r}_p \boldsymbol{c}_f]
\end{aligned} \tag{2-113b}
$$

2.8.2　矢量方程

注意到在系统中单摆的悬挂点、摆长、摆的点端质量实际上都是时变的，但它们变化速率一般是缓慢的。因此在下列公式推导中采用工程上常用的参数冻结法进行近似，即将它们当作时变量但忽略其变化速度。

参考点 o_s 相对惯性坐标系 $o_i x_i y_i z_i$ 的速度记为 v_0，本体坐标系 $o_s x_s y_s z_s$ 相对惯性坐标系 $o_i x_i y_i z_i$ 的角速度记为 $\boldsymbol{\omega}$，单摆坐标系 $o_p x_p y_p z_p$ 相对惯性坐标系 $o_i x_i y_i z_i$ 的角速度记为 $\boldsymbol{\omega}_f$、相对本体坐标系 $o_s x_s y_s z_s$ 的角速度记为 $\boldsymbol{\Omega}_f$。则有

$$
\boldsymbol{v} = \boldsymbol{v}_0 + \boldsymbol{\omega} \times \boldsymbol{r}, \boldsymbol{r} \in V_b \tag{2-114}
$$

$$
\boldsymbol{v} = \boldsymbol{v}_0 + \boldsymbol{\omega} \times \boldsymbol{r}_p + \boldsymbol{\omega}_f \times \boldsymbol{r}_f = \boldsymbol{v}_0 + \boldsymbol{\omega} \times (\boldsymbol{r}_p + \boldsymbol{r}_f) + \boldsymbol{\Omega}_f \times \boldsymbol{r}_f, \boldsymbol{r}_f \in V_f \tag{2-115}
$$

$$
\boldsymbol{\Omega}_f = \boldsymbol{\omega}_f - \boldsymbol{\omega} \tag{2-116}
$$

刚体部分 V_b 的线动量 $\boldsymbol{p}_b$、单摆部分 V_f 的线动量 $\boldsymbol{p}_f$、系统 $V_b + V_f$ 的线动量 $\boldsymbol{p}$ 由此可以算出：

$$
\begin{cases}
\boldsymbol{p}_b = \displaystyle\int_{V_b} \boldsymbol{v} dm = \int_V (\boldsymbol{v}_0 + \boldsymbol{\omega} \times \boldsymbol{r}) \mathrm{d}m & (2-117\text{a}) \\
\quad = m_b \boldsymbol{v}_0 + \boldsymbol{\omega} \times m_b \boldsymbol{r}_b = m_b \boldsymbol{v}_0 - \boldsymbol{c}_b \times \boldsymbol{\omega} & \\
\boldsymbol{p}_f = \displaystyle\int_{V_f} \boldsymbol{v}\sigma(\boldsymbol{r}) \mathrm{d}V = \int_{V_f} [\boldsymbol{v}_0 + \boldsymbol{\omega} \times \boldsymbol{r}_p + \boldsymbol{\omega}_f \times \boldsymbol{r}_f] \mathrm{d}m & (2-117\text{b}) \\
\quad = m_f \boldsymbol{v}_0 + \boldsymbol{\omega} \times m_f (\boldsymbol{r}_p + \boldsymbol{l}) + \boldsymbol{\Omega}_f \times m_f \boldsymbol{l} & \\
\quad = m_f \boldsymbol{v}_0 - (\boldsymbol{c}_f + m_f \boldsymbol{r}_p) \times \boldsymbol{\omega} - \boldsymbol{c}_f \times \boldsymbol{\Omega}_f & \\
\boldsymbol{p} = \boldsymbol{p}_b + \boldsymbol{p}_f = m \boldsymbol{v}_0 - \boldsymbol{c} \times \boldsymbol{\omega} - \boldsymbol{c}_f \times \boldsymbol{\Omega}_f & (2-117\text{c})
\end{cases}
$$

类似地，刚体部分 V_b 相对于参考点 o_s 的角动量 $\boldsymbol{h}_b$、单摆部分 V_f 相对于参考点

p 的角动量 $\boldsymbol{h}_f$、系统 V_b+V_f 相对于参考点 o_s 的角动量 $\boldsymbol{h}$ 也可以算出：

$$\begin{cases}\boldsymbol{h}_b = \int_{V_b}(\boldsymbol{r}\times\boldsymbol{v})\mathrm{d}m & (2-118\mathrm{a})\\ \quad = \int_{V_b}[\boldsymbol{r}\times(\boldsymbol{v}_0+\boldsymbol{\omega}\times\boldsymbol{r})]\mathrm{d}m = \boldsymbol{c}_b\times\boldsymbol{v}_0+\boldsymbol{J}_b\cdot\boldsymbol{\omega} & \\ \boldsymbol{h}_f = \int_{V_f}(\boldsymbol{r}_f\times\boldsymbol{v})\mathrm{d}m & (2-118\mathrm{b})\\ \quad = \int_{V_f}\{\boldsymbol{r}_f\times[\boldsymbol{v}_0+\boldsymbol{\omega}\times(\boldsymbol{r}_p+\boldsymbol{r}_f)+\boldsymbol{\Omega}_f\times\boldsymbol{r}_f]\}\mathrm{d}m & \\ \quad = \boldsymbol{c}_f\times\boldsymbol{v}_0+\boldsymbol{J}_{fb}\cdot\boldsymbol{\omega}+\boldsymbol{J}_f\cdot\boldsymbol{\Omega}_f & \end{cases}$$

$$\begin{aligned}\boldsymbol{h} &= \boldsymbol{h}_b+\boldsymbol{h}_f+\boldsymbol{r}_p\times\boldsymbol{p}_f\\ &= \boldsymbol{c}_b\times\boldsymbol{v}_0+\boldsymbol{J}_b\cdot\boldsymbol{\omega}+\boldsymbol{c}_f\times\boldsymbol{v}_0+\boldsymbol{J}_{fb}\cdot\boldsymbol{\omega}+\boldsymbol{J}_f\cdot\boldsymbol{\Omega}_f\\ &\quad+\boldsymbol{r}_p\times[m_f\boldsymbol{v}_0-(\boldsymbol{c}_f+m_f\boldsymbol{r}_p)\times\boldsymbol{\omega}-\boldsymbol{c}_f\times\boldsymbol{\Omega}_f]\\ &= (\boldsymbol{c}_b+\boldsymbol{c}_f+m_f\boldsymbol{r}_p)\times\boldsymbol{v}_0+(\boldsymbol{J}_b+\boldsymbol{J}_p+\boldsymbol{J}_{fb}+\boldsymbol{J}_{bf}-\boldsymbol{J}_f)\cdot\boldsymbol{\omega}+\boldsymbol{J}_{bf}\cdot\boldsymbol{\Omega}_f\\ &= \boldsymbol{c}\times\boldsymbol{v}_0+\boldsymbol{J}\cdot\boldsymbol{\omega}+\boldsymbol{J}_{bf}\cdot\boldsymbol{\Omega}_f\end{aligned} \qquad (2-118\mathrm{c})$$

分立两体，它们各自受力分析如图 2－7 和图 2－8 所示。刚体部分 V_b 受到的轨道控制发动机主推力记为 $\boldsymbol{F}$、受到姿态控制推力器的推力记为 $\boldsymbol{f}$、受到引力记为 $m_b\boldsymbol{g}$。单摆部分 V_f 受到的引力记为 $m_f\boldsymbol{g}$。两体之间的作用力满足 $\boldsymbol{f}_{bf}=-\boldsymbol{f}_{fb}$。

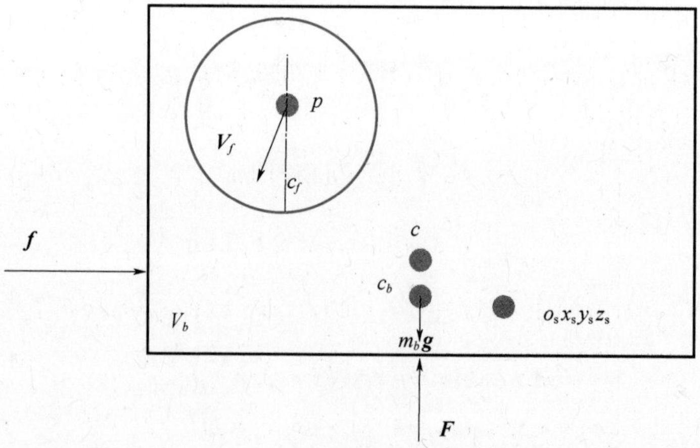

图 2－7　刚体部分受力示意图

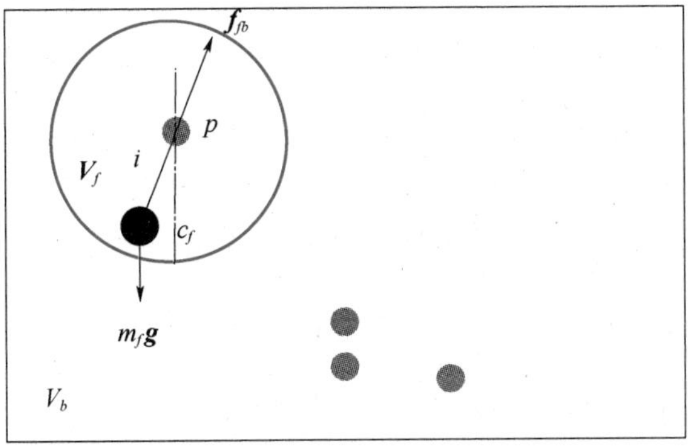

图 2 -8　单摆部分受力示意图

根据 2. 6. 1 节刚体运动方程式(2 -64)和方程式(2 -65),分别考虑刚体和单摆动力学,容易写出:

$$\dot{\boldsymbol{p}}_b = \boldsymbol{F} + \boldsymbol{f} + \boldsymbol{f}_{bf} + m_b \boldsymbol{g} \tag{2-119a}$$

$$\dot{\boldsymbol{p}}_f = \boldsymbol{f}_{fb} + m_f \boldsymbol{g} \tag{2-119b}$$

$$\dot{\boldsymbol{h}}_b + \boldsymbol{v}_0 \times \boldsymbol{p}_b = \boldsymbol{\tau}_0 + \boldsymbol{r}_p \times \boldsymbol{f}_{bf} + \boldsymbol{c}_b \times \boldsymbol{g} \tag{2-119c}$$

$$\dot{\boldsymbol{h}}_f + (\boldsymbol{v}_0 + \boldsymbol{\omega} \times \boldsymbol{r}_p) \times \boldsymbol{p}_f = \boldsymbol{c}_f \times \boldsymbol{g} \tag{2-119d}$$

式中:$\boldsymbol{\tau}_0$ 包含了 $\boldsymbol{F} + \boldsymbol{f}$ 产生的相对参考点 o_s 的力矩。式(2 - 119a)与式(2 -119b)相加,式(2 -119c)与式(2 -119d)相加并将式(2 -119b)中 $\boldsymbol{f}_{fb}$ 代入、整理,可得

$$\dot{\boldsymbol{p}} = \boldsymbol{F} + \boldsymbol{f} + m\boldsymbol{g} \tag{2-120}$$

$$\dot{\boldsymbol{h}} + \boldsymbol{v}_0 \times \boldsymbol{p} = \boldsymbol{\tau}_0 + \boldsymbol{c} \times \boldsymbol{g} \tag{2-121}$$

式中:$\dot{(\ )}$为矢量在惯性坐标系求导;$\mathring{(\ )}$为在本体坐标系求导;$\overset{*}{(\ )}$为在单摆坐标系求导。将式(2 - 117c)、式(2 - 118b)、式(2 - 118c)求导并代入式(2 -120)、式(2 -121)、式(2 -119d),整理可以导得

$$\begin{aligned} & m(\dot{\boldsymbol{v}}_0 - \boldsymbol{g}) - \mathring{\boldsymbol{c}} \times \boldsymbol{\omega} - (\boldsymbol{\omega} \times \boldsymbol{c}) \times \boldsymbol{\omega} - \boldsymbol{c} \times \mathring{\boldsymbol{\omega}} \\ & - \boldsymbol{c}_f \times \overset{*}{\boldsymbol{\Omega}}_f - \boldsymbol{\omega}_f \times (\boldsymbol{c}_f \times \boldsymbol{\Omega}_f) = \boldsymbol{F} + \boldsymbol{f} \end{aligned} \tag{2-122}$$

$$\boldsymbol{c} \times (\dot{\boldsymbol{v}}_0 - \boldsymbol{g}) + \mathring{\boldsymbol{J}} \cdot \boldsymbol{\omega} + \boldsymbol{J} \cdot \mathring{\boldsymbol{\omega}} + \boldsymbol{\omega} \times (\boldsymbol{J} \cdot \boldsymbol{\omega})$$

$$+\overset{*}{\boldsymbol{J}}_{bf}\cdot\boldsymbol{\Omega}_f+\boldsymbol{J}_{bf}\cdot\overset{*}{\boldsymbol{\Omega}}_f+\boldsymbol{\omega}_f\times(\boldsymbol{J}_{bf}\cdot\boldsymbol{\Omega}_f)=\boldsymbol{\tau}_0 \tag{2-123}$$

$$\begin{aligned}&\boldsymbol{c}_f\times(\dot{\boldsymbol{v}}_0-\boldsymbol{g})+\mathring{\boldsymbol{J}}_{fb}\cdot\boldsymbol{\omega}+\boldsymbol{J}_{fb}\cdot\mathring{\boldsymbol{\omega}}+\boldsymbol{\omega}\times(\boldsymbol{J}_{fb}\cdot\boldsymbol{\omega})\\&+\boldsymbol{J}_f\cdot\overset{*}{\boldsymbol{\Omega}}_f+\boldsymbol{\omega}_f\times(\boldsymbol{J}_f\cdot\boldsymbol{\Omega}_f)-(\boldsymbol{\omega}\times\boldsymbol{r}_p)\times(\boldsymbol{c}_f\times\boldsymbol{\omega}_f)=0\end{aligned} \tag{2-124}$$

式(2-120)、式(2-121)、式(2-119d)构成了充液航天器动力学矢量方程;而式(2-122)、式(2-123)、式(2-124)是该矢量方程细化形式。

2.8.3 方程简化及其矢量表示

选取本体坐标系原点与刚体质心重合,即有 $\boldsymbol{c}_b=0$。由于晃动质量远小于其余质量,可以设航天器质心不因为晃动而变化,即有$\mathring{\boldsymbol{c}}=0$。由于单摆参数变化过程缓慢,可以设航天器二阶惯性矩不因为晃动而变化,即有$\mathring{\boldsymbol{J}}=0$;同样可以设混合二阶矩不因为晃动而变化,即有$\overset{*}{\boldsymbol{J}}_{bf}=0$ 和$\mathring{\boldsymbol{J}}_{fb}=0$。由于晃动角速度为小量,航天器角速度也为小量,可以设角速度二次项忽略。

记 $\boldsymbol{a}_F=\boldsymbol{F}/m$,$\boldsymbol{a}_f=\boldsymbol{f}/m$,则进一步由式(2-122)中解得

$$\dot{\boldsymbol{v}}_0-\boldsymbol{g}=\boldsymbol{c}\times\mathring{\boldsymbol{\omega}}/m+\boldsymbol{c}_f\times\overset{*}{\boldsymbol{\Omega}}_f/m+\boldsymbol{\omega}_f\times(\boldsymbol{c}_f\times\boldsymbol{\Omega}_f)/m+\boldsymbol{a}_F+\boldsymbol{a}_f \tag{2-125}$$

将式(2-125)代入式(2-123)左边,推导得

$$\begin{aligned}&\boldsymbol{c}\times(\dot{\boldsymbol{v}}_0-\boldsymbol{g})+\mathring{\boldsymbol{c}}\times\boldsymbol{v}_0+\mathring{\boldsymbol{J}}\cdot\boldsymbol{\omega}+\boldsymbol{J}\cdot\mathring{\boldsymbol{\omega}}+\boldsymbol{\omega}\times(\boldsymbol{J}\cdot\boldsymbol{\omega})\\&+\overset{*}{\boldsymbol{J}}_{bf}\cdot\boldsymbol{\Omega}_f+\boldsymbol{J}_{bf}\cdot\overset{*}{\boldsymbol{\Omega}}_f+\boldsymbol{\omega}_f\times(\boldsymbol{J}_{bf}\cdot\boldsymbol{\Omega}_f)-\boldsymbol{v}_0\times(\boldsymbol{c}_f\times\boldsymbol{\Omega}_f)\\&=\boldsymbol{c}\times(\boldsymbol{c}\times\mathring{\boldsymbol{\omega}})/m+\boldsymbol{c}\times(\boldsymbol{c}_f\times\overset{*}{\boldsymbol{\Omega}}_f)/m+\boldsymbol{c}\times\boldsymbol{a}_F+\boldsymbol{c}\times\boldsymbol{a}_f\\&+\boldsymbol{J}\cdot\mathring{\boldsymbol{\omega}}+\boldsymbol{\omega}\times(\boldsymbol{J}\cdot\boldsymbol{\omega})+\boldsymbol{J}_{bf}\cdot\overset{*}{\boldsymbol{\Omega}}_f+\boldsymbol{\omega}_f\times(\boldsymbol{J}_{bf}\cdot\boldsymbol{\Omega}_f)-\boldsymbol{v}_0\times(\boldsymbol{c}_f\times\boldsymbol{\Omega}_f)\\&=-(m_f/m)(\boldsymbol{r}_p+\boldsymbol{l})\times[\mathring{\boldsymbol{\omega}}\times m_f(\boldsymbol{r}_p+\boldsymbol{l})]-(m_f/m)(\boldsymbol{r}_p+\boldsymbol{l})\times(\overset{*}{\boldsymbol{\Omega}}_f\times\boldsymbol{c}_f)\\&+\boldsymbol{c}\times\boldsymbol{a}_F+\boldsymbol{c}\times\boldsymbol{a}_f\\&+\boldsymbol{J}\cdot\mathring{\boldsymbol{\omega}}+\boldsymbol{\omega}\times(\boldsymbol{J}\cdot\boldsymbol{\omega})+\boldsymbol{J}_{bf}\cdot\overset{*}{\boldsymbol{\Omega}}_f+\boldsymbol{\omega}_f\times(\boldsymbol{J}_{bf}\cdot\boldsymbol{\Omega}_f)-\boldsymbol{v}_0\times(\boldsymbol{c}_f\times\boldsymbol{\Omega}_f)\\&=-(m_f/m)(\boldsymbol{r}_p+\boldsymbol{l})\times[\mathring{\boldsymbol{\omega}}\times m_f(\boldsymbol{r}_p+\boldsymbol{l})]-(m_f/m)\boldsymbol{J}_{bf}\cdot\overset{*}{\boldsymbol{\Omega}}_f\\&+m_f\boldsymbol{r}_p\times\boldsymbol{a}_F+m_f\boldsymbol{l}\times\boldsymbol{a}_F+m_f(\boldsymbol{r}_p+\boldsymbol{l})\times\boldsymbol{a}_f\\&+\boldsymbol{J}_b\cdot\mathring{\boldsymbol{\omega}}+(\boldsymbol{r}_p+\boldsymbol{l})\times[\mathring{\boldsymbol{\omega}}\times m_f(\boldsymbol{r}_p+\boldsymbol{l})]+\boldsymbol{\omega}\times(\boldsymbol{J}\cdot\boldsymbol{\omega})\\&+\boldsymbol{J}_{bf}\cdot\overset{*}{\boldsymbol{\Omega}}_f+\boldsymbol{\omega}_f\times(\boldsymbol{J}_{bf}\cdot\boldsymbol{\Omega}_f)-\boldsymbol{v}_0\times(\boldsymbol{c}_f\times\boldsymbol{\Omega}_f)\end{aligned}$$

$$\begin{aligned}
&= \boldsymbol{J}_b \cdot \mathring{\boldsymbol{\omega}} + (m_b/m)(\boldsymbol{r}_p + \boldsymbol{l}) \times [\mathring{\boldsymbol{\omega}} \times m_f(\boldsymbol{r}_p + \boldsymbol{l})] + (m_b/m)\boldsymbol{J}_{bf} \cdot \overset{*}{\boldsymbol{\Omega}}_f \\
&\quad + m_f\boldsymbol{r}_p \times \boldsymbol{a}_F + m_f\boldsymbol{l} \times \boldsymbol{a}_F + m_f(\boldsymbol{r}_p + \boldsymbol{l}) \times \boldsymbol{a}_f \\
&\quad + \boldsymbol{\omega} \times (\boldsymbol{J} \cdot \boldsymbol{\omega}) + \boldsymbol{\omega}_f \times (\boldsymbol{J}_{bf} \cdot \boldsymbol{\Omega}_f) - \boldsymbol{v}_0 \times (\boldsymbol{c}_f \times \boldsymbol{\Omega}_f) \\
&= \boldsymbol{J}_c \cdot \mathring{\boldsymbol{\omega}} + (m_b/m)\boldsymbol{J}_{bf} \cdot \overset{*}{\boldsymbol{\Omega}}_f \\
&\quad + m_f\boldsymbol{r}_p \times \boldsymbol{a}_F + m_f\boldsymbol{l} \times \boldsymbol{a}_F + m_f(\boldsymbol{r}_p + \boldsymbol{l}) \times \boldsymbol{a}_f \\
&\quad + \boldsymbol{\omega} \times (\boldsymbol{J} \cdot \boldsymbol{\omega}) + \boldsymbol{\omega}_f \times (\boldsymbol{J}_{bf} \cdot \boldsymbol{\Omega}_f) - \boldsymbol{v}_0 \times (\boldsymbol{c}_f \times \boldsymbol{\Omega}_f)
\end{aligned} \tag{2-126}$$

式中：

$$\boldsymbol{J}_c = \boldsymbol{J}_b + (m_b m_f/m)[\| \boldsymbol{r}_p + \boldsymbol{l} \|^2 \boldsymbol{I} - (\boldsymbol{r}_p + \boldsymbol{l})(\boldsymbol{r}_p + \boldsymbol{l})] \tag{2-127}$$

设液体晃动单摆的平衡位置是沿发动机推力 $\boldsymbol{F}$ 的反方向，或者说，当没有液体晃动时摆 $\boldsymbol{l}$ 是 $\boldsymbol{F}$ 反方向，而有液体晃动时摆 $\boldsymbol{l}$ 是从此标称位置旋转获得。设标称位置对应的本体坐标系 $o_s x_s y_s z_s$ 向实际晃动摆坐标系 $o_p x_p y_p z_p$ 的旋转矢量为 $\boldsymbol{\theta}'_f = \theta'_f(\boldsymbol{\Omega}_f / \| \boldsymbol{\Omega}_f \|)$。注意到无晃动时晃动坐标系 $o_p x_p y_p z_p$ 的指向与本体坐标系 $o_s x_s y_s z_s$ 的指向一致，于是近似有

$$\boldsymbol{\Omega}_f = \overset{*}{\boldsymbol{\theta}}{}'_f \text{或} \overset{*}{\boldsymbol{\Omega}}_f = \overset{**}{\boldsymbol{\theta}}{}'_f \tag{2-128}$$

并且

$$\boldsymbol{a}_F = -a_F(\boldsymbol{l} - \boldsymbol{\theta}'_f \times \boldsymbol{l}) / \| (\boldsymbol{l} - \boldsymbol{\theta}'_f \times \boldsymbol{l}) \| \tag{2-129}$$

式中：a_F 是 $\boldsymbol{a}_F$ 的模。进而有

$$\begin{aligned}
\boldsymbol{c}_f \times \boldsymbol{a}_F &= -m_f\boldsymbol{l} \times a_F(\boldsymbol{l} - \boldsymbol{\theta}'_f \times \boldsymbol{l}) / \| (\boldsymbol{l} - \boldsymbol{\theta}'_f \times \boldsymbol{l}) \| \\
&= (a_F / \| (\boldsymbol{l} - \boldsymbol{\theta}'_f \times \boldsymbol{l}) \|) m_f [\boldsymbol{l} \times (\boldsymbol{\theta}'_f \times \boldsymbol{l})] \approx (a_F/l)(\boldsymbol{J}_f \cdot \boldsymbol{\theta}'_f)
\end{aligned} \tag{2-130}$$

习惯上将单摆转角矢量 $\boldsymbol{\theta}_f$ 而不是上述旋转矢量 $\boldsymbol{\theta}'_f$ 作为变量进行讨论，两者关系为 $\boldsymbol{\theta}_f = -\boldsymbol{\theta}'_f$。于是有

$$\boldsymbol{\Omega}_f = -\overset{*}{\boldsymbol{\theta}}_f \text{或} \overset{*}{\boldsymbol{\Omega}}_f = -\overset{**}{\boldsymbol{\theta}}_f \tag{2-131a}$$

$$\boldsymbol{c}_f \times \boldsymbol{a}_F \approx -(a_F/l)(\boldsymbol{J}_f \cdot \boldsymbol{\theta}_f) \tag{2-131b}$$

将式(2－131)代入式(2－126)，推导得

$$\begin{aligned}
&\boldsymbol{c} \times (\dot{\boldsymbol{v}}_0 - \boldsymbol{g}) + \mathring{\boldsymbol{c}} \times \boldsymbol{v}_0 + \mathring{\boldsymbol{J}} \cdot \boldsymbol{\omega} + \boldsymbol{J} \cdot \breve{\boldsymbol{\omega}} + \boldsymbol{\omega} \times (\boldsymbol{J} \cdot \boldsymbol{\omega}) \\
&\quad + \overset{*}{\boldsymbol{J}}_{bf} \cdot \boldsymbol{\Omega}_f + \boldsymbol{J}_{bf} \cdot \overset{*}{\boldsymbol{\Omega}}_f + \boldsymbol{\omega}_f \times (\boldsymbol{J}_{bf} \cdot \boldsymbol{\Omega}_f) - \boldsymbol{v}_0 \times (\boldsymbol{c}_f \times \boldsymbol{\Omega}_f) \\
&= \boldsymbol{J}_c \cdot \mathring{\boldsymbol{\omega}} - (m_b/m)\boldsymbol{J}_{bf} \cdot \overset{**}{\boldsymbol{\theta}}_f
\end{aligned}$$

$$+m_f\boldsymbol{r}_p\times\boldsymbol{a}_F-(a_F/l)(\boldsymbol{J}_f\cdot\boldsymbol{\theta}_f)+m_f(\boldsymbol{r}_p+\boldsymbol{l})\times\boldsymbol{a}_f$$
$$+\boldsymbol{\omega}\times(\boldsymbol{J}\cdot\boldsymbol{\omega})-\boldsymbol{\omega}_f\times(\boldsymbol{J}_{bf}\cdot\overset{*}{\boldsymbol{\theta}}_f)+\boldsymbol{v}_0\times(\boldsymbol{c}_f\times\overset{*}{\boldsymbol{\theta}}_f)\tag{2-132}$$

于是,式(2-123)转化为

$$\boldsymbol{J}_c\cdot\overset{\circ}{\boldsymbol{\omega}}-(m_b/m)\boldsymbol{J}_{bf}\cdot\overset{**}{\boldsymbol{\theta}}_f$$
$$+m_f\boldsymbol{r}_p\times\boldsymbol{a}_F-(a_F/)(\boldsymbol{J}_f\cdot\boldsymbol{\theta}_f)+m_f(\boldsymbol{r}_p+\boldsymbol{l})\times\boldsymbol{a}_f\tag{2-133}$$
$$+\boldsymbol{\omega}\times(\boldsymbol{J}\cdot\boldsymbol{\omega})-\boldsymbol{\omega}_f\times(\boldsymbol{J}_{bf}\cdot\overset{*}{\boldsymbol{\theta}}_f)+\boldsymbol{v}_0\times(\boldsymbol{c}_f\times\overset{*}{\boldsymbol{\theta}}_f)=\boldsymbol{\tau}_0$$

类似地,将式(2-125)代入式(2-124)右边,推导得

$$\boldsymbol{c}_f\times(\dot{\boldsymbol{v}}_0-\boldsymbol{g})+(\boldsymbol{\omega}_f\times\boldsymbol{c}_f)\times\boldsymbol{v}_0+\overset{\circ}{\boldsymbol{J}}_{bf}\cdot\boldsymbol{\omega}+\boldsymbol{J}_{bf}\cdot\overset{\circ}{\boldsymbol{\omega}}+\boldsymbol{\omega}\times(\boldsymbol{J}_{bf}\cdot\boldsymbol{\omega})$$
$$+\boldsymbol{J}_f\cdot\overset{*}{\boldsymbol{\Omega}}_f+\boldsymbol{\omega}_f\times(\boldsymbol{J}_f\cdot\boldsymbol{\Omega}_f)$$
$$=\boldsymbol{c}_f\times[\boldsymbol{c}\times\overset{\circ}{\boldsymbol{\omega}}/m+\boldsymbol{c}_f\times\overset{*}{\boldsymbol{\Omega}}_f/m+\boldsymbol{\omega}_f\times(\boldsymbol{c}_f\times\boldsymbol{\Omega}_f)/m+\boldsymbol{a}_F+\boldsymbol{a}_f]$$
$$+(\boldsymbol{\omega}_f\times\boldsymbol{c}_f)\times\boldsymbol{v}_0+\boldsymbol{J}_{bf}\cdot\overset{\circ}{\boldsymbol{\omega}}+\boldsymbol{\omega}\times(\boldsymbol{J}_{bf}\cdot\boldsymbol{\omega})+\boldsymbol{J}_f\cdot\overset{*}{\boldsymbol{\Omega}}_f$$
$$=\boldsymbol{c}_f\times(\boldsymbol{c}\times\overset{\circ}{\boldsymbol{\omega}})/m+\boldsymbol{c}_f\times(\boldsymbol{c}_f\times\overset{*}{\boldsymbol{\Omega}}_f)/m+\boldsymbol{c}_f\times\boldsymbol{a}_F+\boldsymbol{c}_f\times\boldsymbol{a}_f$$
$$+(\boldsymbol{\omega}_f\times\boldsymbol{c}_f)\times\boldsymbol{v}_0+\boldsymbol{J}_{bf}\cdot\overset{\circ}{\boldsymbol{\omega}}+\boldsymbol{\omega}\times(\boldsymbol{J}_{bf}\cdot\boldsymbol{\omega})+\boldsymbol{J}_f\cdot\overset{*}{\boldsymbol{\Omega}}_f$$
$$=-(m_f/m)\boldsymbol{J}_{bf}\cdot\overset{\circ}{\boldsymbol{\omega}}-(m_f/m)\boldsymbol{J}_f\cdot\overset{*}{\boldsymbol{\Omega}}_f+\boldsymbol{c}_f\times\boldsymbol{a}_F+\boldsymbol{c}_f\times\boldsymbol{a}_f$$
$$+(\boldsymbol{\omega}_f\times\boldsymbol{c}_f)\times\boldsymbol{v}_0+\boldsymbol{J}_{bf}\cdot\overset{\circ}{\boldsymbol{\omega}}+\boldsymbol{\omega}\times(\boldsymbol{J}_{bf}\cdot\boldsymbol{\omega})+\boldsymbol{J}_f\cdot\overset{*}{\boldsymbol{\Omega}}_f$$
$$=(m_b/m)\boldsymbol{J}_{bf}\cdot\overset{\circ}{\boldsymbol{\omega}}+(m_b/m)\boldsymbol{J}_f\cdot\overset{*}{\boldsymbol{\Omega}}_f$$
$$+\boldsymbol{c}_f\times\boldsymbol{a}_F+\boldsymbol{c}_f\times\boldsymbol{a}_f$$
$$+(\boldsymbol{\omega}_f\times\boldsymbol{c}_f)\times\boldsymbol{v}_0+\boldsymbol{\omega}\times(\boldsymbol{J}_{bf}\cdot\boldsymbol{\omega})\tag{2-134}$$

将式(2-131)代入式(2-134),导得

$$\boldsymbol{c}_f\times(\dot{\boldsymbol{v}}_0-\boldsymbol{g})+(\boldsymbol{\omega}_f\times\boldsymbol{c}_f)\times\boldsymbol{v}_0+\overset{\circ}{\boldsymbol{J}}_{bf}\cdot\boldsymbol{\omega}+\boldsymbol{J}_{bf}\cdot\overset{\circ}{\boldsymbol{\omega}}+\boldsymbol{\omega}\times(\boldsymbol{J}_{bf}\cdot\boldsymbol{\omega})$$
$$+\boldsymbol{J}_f\cdot\overset{*}{\boldsymbol{\Omega}}_f+\boldsymbol{\omega}_f\times(\boldsymbol{J}_f\cdot\boldsymbol{\Omega}_f)$$
$$=(m_b/m)\boldsymbol{J}_{bf}\cdot\overset{\circ}{\boldsymbol{\omega}}-(m_b/m)\boldsymbol{J}_f\cdot\overset{**}{\boldsymbol{\theta}}_f$$
$$-(a_F/l)(\boldsymbol{J}_f\cdot\boldsymbol{\theta}_f)+\boldsymbol{c}_f\times\boldsymbol{a}_f+(\boldsymbol{\omega}_f\times\boldsymbol{c}_f)\times\boldsymbol{v}_0+\boldsymbol{\omega}\times(\boldsymbol{J}_{bf}\cdot\boldsymbol{\omega})\tag{2-135}$$

于是,式(2-124)转化为

$$(m_b/m)\boldsymbol{J}_{bf}\cdot\mathring{\boldsymbol{\omega}}-(m_b/m)\boldsymbol{J}_f\cdot\overset{**}{\boldsymbol{\theta}_f}-(a_F/l)(\boldsymbol{J}_f\cdot\boldsymbol{\theta}_f)+\boldsymbol{c}_f\times\boldsymbol{a}_f+(\boldsymbol{\omega}_f\times\boldsymbol{c}_f)\times\boldsymbol{v}_0+\boldsymbol{\omega}\times(\boldsymbol{J}_{bf}\cdot\boldsymbol{\omega})=0 \tag{2-136}$$

式(2-122)、式(2-133)、式(2-136)构成简化情况充液航天器动力学方程。特别地,式(2-136)揭示了单摆晃动模态(包括频率、形状等)固有特性。

进一步设系统运动也为小运动,于是忽略 $\boldsymbol{\omega}$ 和$\overset{*}{\boldsymbol{\theta}_f}$的二次项,导得

$$m(\dot{\boldsymbol{v}}_0-\boldsymbol{g})+\boldsymbol{c}_f\times\overset{**}{\boldsymbol{\theta}_f}=\boldsymbol{F}+\boldsymbol{f} \tag{2-137}$$

$$\begin{aligned}&\boldsymbol{J}_b\cdot\mathring{\boldsymbol{\omega}}+(m_b/m)(\boldsymbol{r}_p+\boldsymbol{l})\times[\mathring{\boldsymbol{\omega}}\times m_f(\boldsymbol{r}_p+\boldsymbol{l})]\\&-(m_b/m)\boldsymbol{J}_{fb}\cdot\overset{**}{\boldsymbol{\theta}_f}-(a_F/l)(\boldsymbol{J}_f\cdot\boldsymbol{\theta}_f)\\&+m_f\boldsymbol{r}_p\times\boldsymbol{a}_F+m_f(\boldsymbol{r}_p+\boldsymbol{l})\times\boldsymbol{a}_f+[\boldsymbol{\omega}\times m_f(\boldsymbol{r}_p+\boldsymbol{l})]\times\boldsymbol{v}_0=\boldsymbol{\tau}_0\end{aligned} \tag{2-138}$$

$$(m_b/m)\boldsymbol{J}_{bf}\cdot\mathring{\boldsymbol{\omega}}-(m_b/m)\boldsymbol{J}_f\cdot\overset{**}{\boldsymbol{\theta}_f}-(a_F/l)(\boldsymbol{J}_f\cdot\boldsymbol{\theta}_f)+\boldsymbol{c}_f\times\boldsymbol{a}_f+(\boldsymbol{\omega}_f\times\boldsymbol{c}_f)\times\boldsymbol{v}_0=0 \tag{2-139}$$

2.8.4　简化方程标量表示

约定矢量及相应物理量对应的其测量坐标系上向量用相应符号上方加横线表示。令:$\boldsymbol{F}$、$\boldsymbol{f}$、$\boldsymbol{\omega}$、$\boldsymbol{J}$、$\boldsymbol{J}_{fb}$、$\boldsymbol{\tau}_0$、$\boldsymbol{a}_f$、$\boldsymbol{r}_p$ 均在本体坐标系 $o_sx_sy_sz_s$ 上测量,$\boldsymbol{\Omega}_f$、$\boldsymbol{c}_{pf}$、$\boldsymbol{J}_f$、$\boldsymbol{J}_{lf}$、$\boldsymbol{J}_{bf}$、$\boldsymbol{\theta}_f$、$\boldsymbol{l}$ 均在单摆坐标系 $o_px_py_pz_p$ 上测量。本体坐标系 $o_sx_sy_sz_s$ 各轴方向取为与惯量主轴一致。于是相关物理量可以写为

$$\bar{\boldsymbol{a}}_F=[F/m\quad 0\quad 0]^{\mathrm{T}} \tag{2-140a}$$

$$\bar{\boldsymbol{a}}_f=[0\quad f_y/m\quad f_z/m]^{\mathrm{T}} \tag{2-140b}$$

$$\bar{\boldsymbol{l}}=[-l\quad 0\quad 0]^{\mathrm{T}} \tag{2-140c}$$

$$\bar{\boldsymbol{c}}_f=m_f[-l\quad 0\quad 0]^{\mathrm{T}} \tag{2-140d}$$

$$\bar{\boldsymbol{\theta}}_f=[0\quad \theta_{fy}\quad \theta_{fz}]^{\mathrm{T}} \tag{2-140e}$$

$$\bar{\boldsymbol{\Omega}}_f=[0\quad \Omega_{fy}\quad \Omega_{fz}]^{\mathrm{T}}=[0\quad \dot{\theta}_{fy}\quad \dot{\theta}_{fz}]^{\mathrm{T}} \tag{2-140f}$$

$$\dot{\bar{\boldsymbol{\Omega}}}_f=[0\quad \dot{\Omega}_{fy}\quad \dot{\Omega}_{fz}]^{\mathrm{T}}=[0\quad \ddot{\theta}_{fy}\quad \ddot{\theta}_{fz}]^{\mathrm{T}} \tag{2-140g}$$

$$\bar{\boldsymbol{J}}_b=\begin{bmatrix}\bar{J}_{bx} & 0 & 0\\ 0 & \bar{J}_{by} & 0\\ 0 & 0 & \bar{J}_{bz}\end{bmatrix} \tag{2-140h}$$

$$\bar{\boldsymbol{J}}_f=m_f(l^2\boldsymbol{I}-\bar{\boldsymbol{l}}\bar{\boldsymbol{l}}^{\mathrm{T}})=m_f l^2\begin{bmatrix}0 & 0 & 0\\ 0 & 1 & 0\\ 0 & 0 & 1\end{bmatrix} \tag{2-140i}$$

$$\bar{\boldsymbol{J}}_{bf}=m_f(l^2\boldsymbol{I}-\bar{\boldsymbol{l}}\bar{\boldsymbol{l}}^{\mathrm{T}})+m_f\{\{\bar{\boldsymbol{l}}^{\mathrm{T}}[(\boldsymbol{I}-[\bar{\boldsymbol{\theta}}_f^{\times}])\bar{\boldsymbol{r}}_p]\}\boldsymbol{I}-\bar{\boldsymbol{l}}[(\boldsymbol{I}-[\bar{\boldsymbol{\theta}}_f^{\times}])\bar{\boldsymbol{r}}_p]^{\mathrm{T}}\} \tag{2-140j}$$

$$\bar{\boldsymbol{J}}_{fb}=\bar{\boldsymbol{J}}_f+m_f\{\{[(\boldsymbol{I}[\bar{\boldsymbol{\theta}}_f^{\times}])\bar{\boldsymbol{r}}_p]^{\mathrm{T}}\bar{\boldsymbol{l}}\}\boldsymbol{I}-[(\boldsymbol{I}-[\bar{\boldsymbol{\theta}}_f^{\times}])\bar{\boldsymbol{r}}_p]\bar{\boldsymbol{l}}^{\mathrm{T}}\} \tag{2-140k}$$

式(2－137)、式(2－138)、式(2－139)向量表示则可以写为

$$\boldsymbol{m}(\dot{\bar{\boldsymbol{v}}}_0-\bar{\boldsymbol{g}})+\boldsymbol{C}^{\mathrm{T}}(\boldsymbol{I}+[\bar{\boldsymbol{\theta}}_f^{\times}])[\bar{\boldsymbol{c}}_f^{\times}]\ddot{\bar{\boldsymbol{\theta}}}_f=\boldsymbol{C}^{\mathrm{T}}(\bar{\boldsymbol{F}}+\bar{\boldsymbol{f}}) \tag{2-141}$$

$$\begin{aligned}&\bar{\boldsymbol{J}}_b\dot{\bar{\boldsymbol{\omega}}}+(m_b/m)[\{\bar{\boldsymbol{r}}_p+(\boldsymbol{I}-[\bar{\boldsymbol{\theta}}_f^{\times}])\bar{\boldsymbol{l}}\}^{\times}][\dot{\bar{\boldsymbol{\omega}}}^{\times}]m_f\{\bar{\boldsymbol{r}}_p+(\boldsymbol{I}-[\bar{\boldsymbol{\theta}}_f^{\times}])\bar{\boldsymbol{l}}\}\\&\quad-(m_b/m)(\boldsymbol{I}-[\bar{\boldsymbol{\theta}}_f^{\times}])\bar{\boldsymbol{J}}_{fb}\ddot{\bar{\boldsymbol{\theta}}}_f-(a_F/l)(\boldsymbol{I}-[\bar{\boldsymbol{\theta}}_f^{\times}])\bar{\boldsymbol{J}}_f\bar{\boldsymbol{\theta}}_f\\&\quad+m_f[\bar{\boldsymbol{r}}_p^{\times}]\bar{\boldsymbol{a}}_F+m_f[\{\bar{\boldsymbol{r}}_p+(\boldsymbol{I}-[\bar{\boldsymbol{\theta}}_f^{\times}])\bar{\boldsymbol{l}}\}^{\times}]\bar{\boldsymbol{a}}_f\\&\quad+[([\bar{\boldsymbol{\omega}}^{\times}]m_f\{\bar{\boldsymbol{r}}_p+(\boldsymbol{I}-[\bar{\boldsymbol{\theta}}_f^{\times}])\bar{\boldsymbol{l}}\})^{\times}]\bar{\boldsymbol{v}}_0=\bar{\boldsymbol{\tau}}_0\end{aligned} \tag{2-142}$$

$$\begin{aligned}&(m_b/m)\bar{\boldsymbol{J}}_{bf}(\boldsymbol{I}+[\bar{\boldsymbol{\theta}}_f^{\times}])\dot{\bar{\boldsymbol{\omega}}}-(m_b/m)\bar{\boldsymbol{J}}_f\ddot{\bar{\boldsymbol{\theta}}}_f-(a_F/l)\bar{\boldsymbol{J}}_f\bar{\boldsymbol{\theta}}_f\\&+[\bar{\boldsymbol{c}}_f^{\times}](\boldsymbol{I}+[\bar{\boldsymbol{\theta}}_f^{\times}])\bar{\boldsymbol{a}}_f\\&+[((\boldsymbol{I}+[\bar{\boldsymbol{\theta}}_f^{\times}])[\bar{\boldsymbol{\omega}}_f^{\times}]\bar{\boldsymbol{c}}_f)^{\times}](\boldsymbol{I}+[\bar{\boldsymbol{\theta}}_f^{\times}])\bar{\boldsymbol{v}}_0=0\end{aligned} \tag{2-143}$$

式中：$\boldsymbol{C}$ 为惯性坐标系到本体坐标系的旋转矩阵。单摆坐标系 $o_p x_p y_p z_p$ 相对于本体坐标系 $o_s x_s y_s z_s$ 的角运动限制在绕 y_s 轴、z_s 轴转动，则由式(2－143)可以推出：

$$\begin{aligned}&\ddot{\theta}_{fy}+[(m/m_b)a_F/l]\theta_{fy}\\&-\frac{m}{m_f m_b}\frac{1}{l^2}\{[\bar{\boldsymbol{c}}_f^{\times}](\boldsymbol{I}+[\bar{\boldsymbol{\theta}}_f^{\times}])\bar{\boldsymbol{a}}_f\}_{fy}-\left\{\frac{1}{m_f l^2}\bar{\boldsymbol{J}}_{bf}(\boldsymbol{I}+[\bar{\boldsymbol{\theta}}_f^{\times}])\dot{\bar{\boldsymbol{\omega}}}\right\}_{fy}\\&-\frac{m}{m_f m_b}\frac{1}{l^2}\{[((\boldsymbol{I}+[\bar{\boldsymbol{\theta}}_f^{\times}])[\bar{\boldsymbol{\omega}}_f^{\times}]\bar{\boldsymbol{c}}_f)^{\times}](\boldsymbol{I}+[\bar{\boldsymbol{\theta}}_f^{\times}])\bar{\boldsymbol{v}}_0\}_{fy}=0\end{aligned} \tag{2-144a}$$

$$\ddot{\theta}_{fz}+[(m/m_b)a_F/l]\theta_{fz}$$
$$-\frac{m}{m_f m_b}\frac{1}{l^2}\{[\bar{\boldsymbol{c}}_f^{\times}](\boldsymbol{I}+[\bar{\boldsymbol{\theta}}_f^{\times}])\bar{\boldsymbol{a}}_f\}_{fz}-\left\{\frac{1}{m_f l^2}\bar{\boldsymbol{J}}_{bf}(\boldsymbol{I}+[\bar{\boldsymbol{\theta}}_f^{\times}])\dot{\bar{\boldsymbol{\omega}}}\right\}_{fz}$$
$$-\frac{m}{m_f m_b}\frac{1}{l^2}\{[((\boldsymbol{I}+[\bar{\boldsymbol{\theta}}_f^{\times}])[\bar{\boldsymbol{\omega}}_f^{\times}]\bar{\boldsymbol{c}}_f)^{\times}](\boldsymbol{I}+[\bar{\boldsymbol{\theta}}_f^{\times}])\bar{\boldsymbol{v}}_0\}_{fz}=0$$

(2－144b)

式中：$\{\}_{fy}$、$\{\}_{fz}$分别为向量的第二、第三分量。式(2－141)、式(2－142)、式(2－144)就是简化方程的向量表示。

进一步设晃动不影响混合惯性矩，则可以写出简化方程的线性化形式。二阶惯性矩为

$$\bar{\boldsymbol{J}}_{bf}=m_f(l^2\boldsymbol{I}-\bar{\boldsymbol{l}}\bar{\boldsymbol{l}}^{\mathrm{T}})+m_f\{\bar{\boldsymbol{l}}^{\mathrm{T}}\bar{\boldsymbol{r}}_p\boldsymbol{I}-\bar{\boldsymbol{l}}\bar{\boldsymbol{r}}_p^{\mathrm{T}}\} \tag{2-145a}$$

$$\bar{\boldsymbol{J}}_{fb}=m_f(l^2\boldsymbol{I}-\bar{\boldsymbol{l}}\bar{\boldsymbol{l}}^{\mathrm{T}})+m_f\{\bar{\boldsymbol{r}}_p^{\mathrm{T}}\bar{\boldsymbol{l}}\boldsymbol{I}-\bar{\boldsymbol{r}}_p\bar{\boldsymbol{l}}^{\mathrm{T}}\} \tag{2-145b}$$

$$\bar{\boldsymbol{J}}_c=\bar{\boldsymbol{J}}_b+\frac{m_b m_f}{m}\{\|\bar{\boldsymbol{r}}_p+\bar{\boldsymbol{l}}\|^2\boldsymbol{I}-(\bar{\boldsymbol{r}}_p+\bar{\boldsymbol{l}})(\bar{\boldsymbol{r}}_p+\bar{\boldsymbol{l}})^{\mathrm{T}}\} \tag{2-145c}$$

线性化方程为

$$m(\dot{\bar{\boldsymbol{v}}}_0-\bar{\boldsymbol{g}})+\boldsymbol{C}^{\mathrm{T}}[\bar{\boldsymbol{c}}_f^{\times}]\ddot{\bar{\boldsymbol{\theta}}}_f=\boldsymbol{C}^{\mathrm{T}}(\bar{\boldsymbol{F}}+\bar{\boldsymbol{f}}) \tag{2-146}$$

$$\begin{aligned}&\bar{\boldsymbol{J}}_c\dot{\bar{\boldsymbol{\omega}}}-(m_b/m)\bar{\boldsymbol{J}}_{fb}\ddot{\bar{\boldsymbol{\theta}}}_f-(a_F/l)\bar{\boldsymbol{J}}_f\bar{\boldsymbol{\theta}}_f+m_f[\bar{\boldsymbol{r}}_p^{\times}]\bar{\boldsymbol{a}}_F\\&+m_f[(\bar{\boldsymbol{r}}_p+\bar{\boldsymbol{l}})^{\times}]\bar{\boldsymbol{a}}_f+m_f[([\bar{\boldsymbol{\omega}}^{\times}](\bar{\boldsymbol{r}}_p+\bar{\boldsymbol{l}}))^{\times}]\bar{\boldsymbol{v}}_0=\bar{\boldsymbol{\tau}}_0\end{aligned} \tag{2-147}$$

$$\begin{aligned}&\ddot{\theta}_{fy}+[(m/m_b)a_F/l]\theta_{fy}-\frac{m}{m_f m_b}\frac{1}{l^2}\{[\bar{\boldsymbol{c}}_f^{\times}]\bar{\boldsymbol{a}}_f\}_{fy}\\&-\frac{1}{m_f l^2}\{\bar{\boldsymbol{J}}_{bf}\dot{\bar{\boldsymbol{\omega}}}\}_{fy}-\frac{m}{m_f m_b}\frac{1}{l^2}\{[([\bar{\boldsymbol{\omega}}_f^{\times}]\bar{\boldsymbol{c}}_f)^{\times}]\bar{\boldsymbol{v}}_0\}_{fy}=0\end{aligned} \tag{2-148}$$

$$\begin{aligned}&\ddot{\theta}_{fz}+[(m/m_b)a_F/l]\theta_{fz}-\frac{m}{m_f m_b}\frac{1}{l^2}\{[\bar{\boldsymbol{c}}_f^{\times}]\bar{\boldsymbol{a}}_f\}_{fz}\\&-\left\{\frac{1}{m_f l^2}\bar{\boldsymbol{J}}_{bf}\dot{\bar{\boldsymbol{\omega}}}\right\}_{fz}-\frac{m}{m_f m_b}\frac{1}{l^2}\{[([\bar{\boldsymbol{\omega}}_f^{\times}]\bar{\boldsymbol{c}}_f)^{\times}]\bar{\boldsymbol{v}}_0\}_{fz}=0\end{aligned} \tag{2-149}$$

参 考 文 献

[1] Wie B. Space vehicle dynamics and control[M]. Tempe: Arizona State University, 1998.

[2] Hughes P C. Spacecraft attitude dynamics[M]. New York: John Wiley and Sons, 1986.

[3] Bortz J E. A new mathematical formulation for strapdown inertial navigation[J]. IEEE Aerospace and Electronic Systems Magazine, 1971,7(1):61 - 66.

[4] Markley F L. Attitude error representations for Kalman filtering[J]. Journal of Guidance, Control, and Dynamics, 2003,26(2):311 - 317.

[5] Shuster M D. A survey of attitude representations[J]. Journal of the Astronautical Sciences, 1993, 41(4):439 - 517.

[6] Pittelkau M E. Rotation vector in attitude estimation[J]. Journal of Guidance, Control, and Dynamics, 2003, 26(6):855 - 860.

[7] D'Eleuterio G. A discrete quasi-coordinate formulation for the dynamics of elastic bodies[J]. ASME Journal of Applied Mechanics, 2007,74(3):231 - 239.

[8] Lee A, Ely T. Preliminary design of the guidance, navigation, and control system of the Altair lunar lander[C]. AIAA Guidance, Navigation, and Control Conference, August 2 - 5, 2010, Toronto, Ontario Canada. Reston: AIAA, 2010 - 7717.

[9] Lee A. Preliminary characterization of the Altair lunar lander slosh dynamics and some implications for the thrust vector control design[C]. AIAA Guidance, Navigation, and Control Conference, August 2 - 5,2010, Toronto, Ontario Canada. Reston: AIAA, 2010 - 7721.

[10] Abramson H N. Liquid sloshing in spherical tanks[J]. AIAA JOURNAL, 1963, 1(2):384 - 389.

第3章 航天器运动状态确定

航天器运动状态确定，就是根据敏感器的测量信息、依据航天器的固有运动规律、利用设计的外推算法和滤波算法，确定航天器运动状态[1-3]。

航天器运动状态包括描述刚体运动的线运动状态（位置、速度）和角运动状态（姿态、角速度），以及描述挠性振动状态和液体晃动状态（模态坐标和模态坐标变化率）。由于刚体运动特征能够逼近大多航天器运动需求，并且复杂运动状态在一定意义上可以从刚体运动状态中分离提取，本章重点论述刚体运动状态的确定，在此基础上可以引出后续章节论述的模态分离方法。

航天器运动方程包括运动学方程和动力学方程；由于航天器运动学方程是运动学状态之间关系的描述，这个方程一般不含不确定参数，只是其中的过程噪声和测量噪声有时用随机过程描述；而动力学方程需要知道航天器固有质量特性参数，而这些参数一般具有不确定性；因此通常主要采用运动学方程作为状态确定依据的运动方程，只是在需求和精度必要时，才引入动力学关系辅助的运动学方程[4-6]。

航天器状态确定需要的敏感器包括内部信息敏感器和外部信息敏感器。内部信息敏感器是指依赖于航天器自身运动的敏感器，主要指惯性测量单元（IMU），它包括具有一定构型的陀螺和加速度计；它们只需要初始状态（有些初始状态也可以通过自对准确定），就可以不依赖外部信息来确定航天器运动状态。外部信息敏感器是指需要航天器以外参考物体的敏感器；比如星敏感器，它通过测量恒星方向来感知航天器姿态；还有微波测距测速敏感器、激光测距测速敏感器，它们通过测量相对已知运动天体（如月球）的线运动来感知航天器位置、速度信息[7]。

不失一般性，本章考虑 IMU + 星敏感器组合，讨论航天器角运动状态确定，考虑 IMU + 测距测速敏感器组合，讨论航天器线运动状态确定。对于这种组合，本章给出了状态确定流程及其支撑公式，这些结果充分考虑了航天器工程实际的复杂性，包括安装不确定性、振动等混杂环境引出的圆锥效应和划摇效应，提出了工程实际可实现的、理论层次等级高的状态确定算法[8-10]。

本章的主要特色在于：在混杂环境下运动状态的完整精细确定，考虑多种误差源的在轨标定卡尔曼滤波方法。

3.1 航天器角运动状态空间方程

3.1.1 航天器角运动

考虑本体坐标系 $o_s x_s y_s z_s$ 相对于惯性坐标系 $o_i x_i y_i z_i$ 的姿态运动。根据第 2 章论述，采用式（2-20）定义的四元数 $\boldsymbol{q}$ 描述坐标系 $o_s x_s y_s z_s$ 相对于坐标系 $o_i x_i y_i z_i$ 的姿态。

对于向量 $\boldsymbol{q} = [q_1 \quad q_2 \quad q_3 \quad q_4]^{\mathrm{T}}$、$\boldsymbol{q}' = [q'_1 \quad q'_2 \quad q'_3 \quad q'_4]^{\mathrm{T}}$ 定义下列乘积运算：

$$\boldsymbol{q}' \otimes \boldsymbol{q} = [\boldsymbol{q}']\boldsymbol{q} \tag{3-1a}$$

且

$$[\boldsymbol{q}'] = \begin{bmatrix} q'_4 & q'_3 & -q'_2 & q'_1 \\ -q'_3 & q'_4 & q'_1 & q'_2 \\ q'_2 & -q'_1 & q'_4 & q'_3 \\ -q'_1 & -q'_2 & -q'_3 & q'_4 \end{bmatrix} \tag{3-1b}$$

或者

$$\boldsymbol{q}' \otimes \boldsymbol{q} = \{\boldsymbol{q}\}\boldsymbol{q}' \tag{3-2a}$$

且

$$\{\boldsymbol{q}\} = \begin{bmatrix} q_4 & -q_3 & q_2 & q_1 \\ q_3 & q_4 & -q_1 & q_2 \\ -q_2 & q_1 & q_4 & q_3 \\ -q_1 & -q_2 & -q_3 & q_4 \end{bmatrix} \tag{3-2b}$$

根据式(2－19),若记四元数对应的旋转矩阵为

$$\boldsymbol{C}(\boldsymbol{q})=(q_4^2-\overline{\boldsymbol{q}}^{\mathrm{T}}\overline{\boldsymbol{q}})I+2\,\overline{\boldsymbol{q}\boldsymbol{q}}^{T}-2q_4[\overline{\boldsymbol{q}}^{\times}] \tag{3-3}$$

则可以验证:

$$\boldsymbol{C}(\boldsymbol{q}'\otimes\boldsymbol{q})=\boldsymbol{C}(\boldsymbol{q}')\boldsymbol{C}(\boldsymbol{q}) \tag{3-4}$$

该式的意义就是四元数乘积运算为一个新的四元数,它对应的旋转变换等价于按照两个四元数依次旋转变换。

设本体坐标系 $o_sx_sy_sz_s$ 相对于惯性坐标系 $o_ix_iy_iz_i$ 的姿态运动的角速度在本体坐标系表示为向量 $\overline{\boldsymbol{\omega}}=[\omega_1\quad\omega_2\quad\omega_3]^{\mathrm{T}}$。并记:

$$\boldsymbol{\omega}=[\overline{\omega}^{\mathrm{T}}\quad 0]^{\mathrm{T}} \tag{3-5}$$

则由式(2－48)写出角运动运动学方程:

$$\dot{\boldsymbol{q}}=(1/2)\boldsymbol{\omega}\otimes\boldsymbol{q} \tag{3-6}$$

3.1.2 陀螺测量模型

不失一般性,设式(3－6)中角速度 $\overline{\boldsymbol{\omega}}=[\omega_1\quad\omega_2\quad\omega_3]^{\mathrm{T}}$ 由航天器捷联配置的三个单轴速率积分陀螺(液浮陀螺或激光陀螺)测量,它们通过对角速率积分给出在时间的离散点上的角度增量,标称情况下它们的测量轴两两正交,且从本体坐标系 $o_sx_sy_sz_s$ 到陀螺测量坐标系(标称情况下三个陀螺测量轴构成的右手正交坐标系)的旋转矩阵为 $\boldsymbol{C}_{g,b}$。考虑陀螺的安装误差、刻度因子误差、零位漂移,可以写出陀螺测量模型:

$$\overline{\boldsymbol{\omega}}_g(t)=(\boldsymbol{I}+\boldsymbol{G}_g)\boldsymbol{C}_{g,b}\overline{\boldsymbol{\omega}}(t)+\overline{\boldsymbol{b}}_g+\overline{\Delta}_{\mathrm{rate}}(t) \tag{3-7a}$$

$$\overline{\boldsymbol{\theta}}_g(t_k)=\overline{\boldsymbol{\theta}}_g(t_0)+\int_{t_0}^{t_k}\overline{\boldsymbol{\omega}}_g(t)\,\mathrm{d}t+\overline{\Delta}_{\mathrm{angle}}(t_k) \tag{3-7b}$$

$$\dot{\overline{\boldsymbol{b}}}_g=0 \tag{3-7c}$$

$$\boldsymbol{G}_g=\begin{bmatrix}\varepsilon_{g,1} & \theta_{g,12} & \theta_{g,13}\\ \theta_{g,21} & \varepsilon_{g,2} & \theta_{g,23}\\ \theta_{g,31} & \theta_{g,32} & \varepsilon_{g,3}\end{bmatrix} \tag{3-7d}$$

式中:$t\geqslant t_0,k=0,1,2,\cdots$;$\overline{\boldsymbol{\omega}}_g=[\omega_{g1}\quad\omega_{g2}\quad\omega_{g3}]^{\mathrm{T}}$ 是三个陀螺测量输出构成的向量;$\overline{\boldsymbol{\theta}}_g(t_k)=[\theta_{g1}\quad\theta_{g2}\quad\theta_{g3}]^{\mathrm{T}}$ 是三个陀螺测量输出积分形成的角度向量;$\overline{\boldsymbol{b}}_g=[b_{g1}\quad b_{g2}\quad b_{g3}]^{\mathrm{T}}$ 为三个陀螺常值漂移构成的向量;$[\varepsilon_{g,1}\quad\varepsilon_{g,2}\quad\varepsilon_{g,3}]^{\mathrm{T}}$ 是陀

螺的刻度因子误差向量；$[1\quad \theta_{g,12}\quad \theta_{g,13}]^{\mathrm{T}}$、$[\theta_{g,21}\quad 1\quad \theta_{g,23}]^{\mathrm{T}}$、$[\theta_{g,31}\quad \theta_{g,32}\quad 1]^{\mathrm{T}}$ 分别是陀螺 1、2、3 测量轴在标称陀螺测量坐标系的安装方向矢量，这里共有 6 个角度误差量（其实三个陀螺测量轴的实际安装可以生成一个右手正交坐标系、而三个陀螺测量轴的实际指向可以用相对此正交坐标系的三个角度完全表征，而生成的右手坐标系相对于 IMU 标称安装坐标系可以用三个角度表征，两者结合共有 6 个角度量）；$\overline{\boldsymbol{\Delta}}_{\mathrm{rate}}=[\Delta_{1\mathrm{rate}}\quad \Delta_{2\mathrm{rate}}\quad \Delta_{3\mathrm{rate}}]^{\mathrm{T}}$ 是零均值"白噪声"独立同分布随机过程 $\overline{\boldsymbol{N}}_{\mathrm{rate}}$ 驱动的速率随机游走向量；$\overline{\boldsymbol{\Delta}}_{\mathrm{angle}}=[\Delta_{1\mathrm{angle}}\quad \Delta_{2\mathrm{angle}}\quad \Delta_{3\mathrm{angle}}]^{\mathrm{T}}$ 是零均值"白噪声"独立同分布随机过程 $\overline{\boldsymbol{N}}_{\mathrm{angle}}$ 驱动的角度随机游走向量。于是有：

$$\overline{\boldsymbol{\Delta}}_{\mathrm{rate}}=\int \overline{\boldsymbol{N}}_{\mathrm{rate}}\mathrm{d}t \tag{3-8a}$$

$$\overline{\boldsymbol{\Delta}}_{\mathrm{angle}}=\int \overline{\boldsymbol{N}}_{\mathrm{angle}}\mathrm{d}t \tag{3-8b}$$

为了说明相关随机过程相关量纲，可以重写式(3－7)如下：

$$\dot{\tilde{\boldsymbol{\omega}}}=\overline{\boldsymbol{N}}_{\mathrm{rate}} \tag{3-9a}$$

$$\dot{\tilde{\boldsymbol{\theta}}}=\tilde{\boldsymbol{\omega}}+\overline{\boldsymbol{N}}_{\mathrm{angle}} \tag{3-9b}$$

其中 $\tilde{\boldsymbol{\omega}}=\overline{\boldsymbol{\omega}}_g-\overline{\boldsymbol{\omega}}_r$，$\overline{\boldsymbol{\omega}}_r=(\boldsymbol{I}+\boldsymbol{G}_g)\overline{\boldsymbol{\omega}}+\overline{\boldsymbol{b}}_g$，$\tilde{\boldsymbol{\theta}}=\overline{\boldsymbol{\theta}}_g-\overline{\boldsymbol{\theta}}_r$，$\overline{\boldsymbol{\theta}}_r(t_k)=\overline{\boldsymbol{\theta}}_r(t_0)+\int_{t_0}^{t_k}\overline{\boldsymbol{\omega}}_r\mathrm{d}t$。

引入方差矩阵：

$$\boldsymbol{P}=E\{[\tilde{\boldsymbol{\theta}}^{\mathrm{T}}\quad \tilde{\boldsymbol{\omega}}^{\mathrm{T}}]^{\mathrm{T}}[\tilde{\boldsymbol{\theta}}^{\mathrm{T}}\quad \tilde{\boldsymbol{\omega}}^{\mathrm{T}}]\} \tag{3-10}$$

则容易导出 $\boldsymbol{P}$ 满足黎卡提(Liccati)方程：

$$\dot{\boldsymbol{P}}=\boldsymbol{FP}+\boldsymbol{PF}^{\mathrm{T}}+\boldsymbol{Q} \tag{3-11a}$$

式中：

$$\boldsymbol{F}=\begin{bmatrix}0 & \boldsymbol{I}\\ 0 & 0\end{bmatrix};\boldsymbol{Q}=\begin{bmatrix}\boldsymbol{Q}_{\mathrm{angle}} & 0\\ 0 & \boldsymbol{Q}_{\mathrm{rate}}\end{bmatrix} \tag{3-11b}$$

且

$$\boldsymbol{Q}_{\mathrm{angle}}=E\{\overline{\boldsymbol{N}}_{\mathrm{angle}}\overline{\boldsymbol{N}}_{\mathrm{angle}}^{\mathrm{T}}\};\boldsymbol{Q}_{\mathrm{rate}}=E\{\overline{\boldsymbol{N}}_{\mathrm{rate}}\overline{\boldsymbol{N}}_{\mathrm{rate}}^{\mathrm{T}}\} \tag{3-11c}$$

记：

$$\begin{aligned}\boldsymbol{P}(t)&=E\{[\tilde{\boldsymbol{\theta}}^{\mathrm{T}}(t)\quad \tilde{\boldsymbol{\omega}}^{\mathrm{T}}(t)]^{\mathrm{T}}[\tilde{\boldsymbol{\theta}}^{\mathrm{T}}(t)\quad \tilde{\boldsymbol{\omega}}^{\mathrm{T}}(t)]\}\\ &=\begin{bmatrix}E\{\tilde{\boldsymbol{\theta}}(t)\tilde{\boldsymbol{\theta}}^{\mathrm{T}}(t)\} & E\{\tilde{\boldsymbol{\theta}}(t)\tilde{\boldsymbol{\omega}}^{\mathrm{T}}(t)\}\\ E\{\tilde{\boldsymbol{\omega}}(t)\tilde{\boldsymbol{\theta}}^{\mathrm{T}}(t)\} & E\{\tilde{\boldsymbol{\omega}}(t)\tilde{\boldsymbol{\omega}}^{\mathrm{T}}(t)\}\end{bmatrix}\end{aligned}$$

$$=\begin{bmatrix} \boldsymbol{\sigma}_{\tilde{\theta}}^2(t) & E\{\tilde{\boldsymbol{\theta}}(t)\tilde{\boldsymbol{\omega}}^{\mathrm{T}}(t)\} \\ E\{\tilde{\boldsymbol{\omega}}(t)\tilde{\boldsymbol{\theta}}^{\mathrm{T}}(t)\} & \boldsymbol{\sigma}_{\tilde{\omega}}^2(t) \end{bmatrix}$$

且设：

$$\boldsymbol{P}(0)=E\{[\tilde{\boldsymbol{\theta}}^{\mathrm{T}}(0)\quad \tilde{\boldsymbol{\omega}}^{\mathrm{T}}(0)]^{\mathrm{T}}[\tilde{\boldsymbol{\theta}}^{\mathrm{T}}(0)\quad \tilde{\boldsymbol{\omega}}^{\mathrm{T}}(0)]\}$$

$$=\begin{bmatrix} \boldsymbol{\sigma}_{\tilde{\theta}}^2(0) & 0 \\ 0 & \boldsymbol{\sigma}_{\tilde{\omega}}^2(0) \end{bmatrix}$$

则解方程式(3－11)可得

$$\boldsymbol{\sigma}_{\tilde{\theta}}^2(t)=\boldsymbol{\sigma}_{\tilde{\theta}}^2(0)+t\boldsymbol{Q}_{\mathrm{angle}}+t^2\boldsymbol{\sigma}_{\tilde{\omega}}^2(0)+(t^3/3)\boldsymbol{Q}_{\mathrm{rate}} \tag{3-12a}$$

$$\boldsymbol{\sigma}_{\tilde{\omega}}^2(t)=\boldsymbol{\sigma}_{\tilde{\omega}}^2(0)+t\boldsymbol{Q}_{\mathrm{rate}} \tag{3-12b}$$

由此看出：$\boldsymbol{Q}_{\mathrm{angle}}$的量纲是 $\mathrm{rad}^2/\mathrm{s}$ 或者说 $\overline{\boldsymbol{N}}_{\mathrm{angle}}$均方根的量纲是 $\mathrm{rad}/\sqrt{\mathrm{s}}$；$\boldsymbol{Q}_{\mathrm{rate}}$的量纲是 $\mathrm{rad}^2/\mathrm{s}^3$ 或者说 $\overline{\boldsymbol{N}}_{\mathrm{rate}}$均方根的量纲是 $\mathrm{rad}/(\mathrm{s}\sqrt{\mathrm{s}})$。

陀螺模型示意图如图 3－1 所示。该图与式(3－7)相对应，只是增加了虚框部分描述的陀螺带宽滤波器。

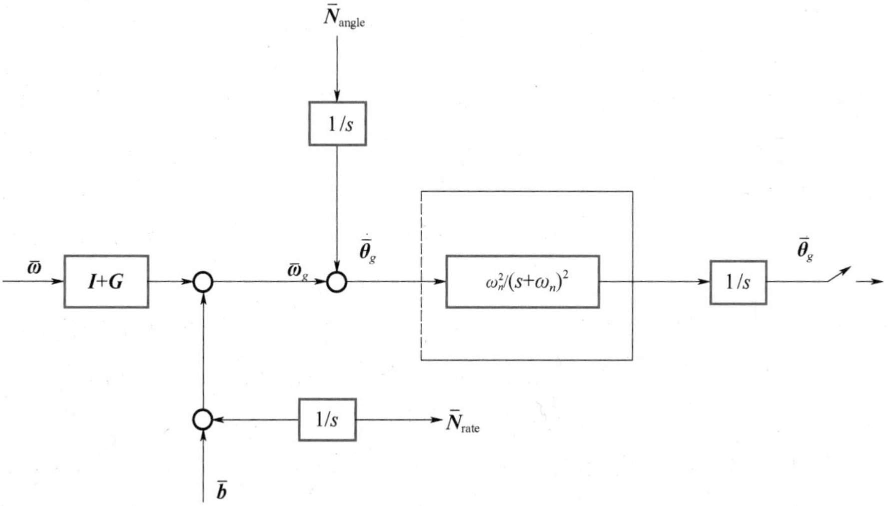

图 3－1　陀螺测量模型示意图

3.1.3　星敏感器测量模型

考虑星敏感器测量坐标系 $o_{\mathrm{STS}}x_{\mathrm{STS}}y_{\mathrm{STS}}z_{\mathrm{STS}}$，如图 3－2 所示。原点 o_{STS}位于

光学系统主点（光轴与主平面的交点），$\boldsymbol{z}_{\mathrm{STS}}$轴即光轴、指向物方，横轴$\boldsymbol{x}_{\mathrm{STS}}$轴垂直于$\boldsymbol{z}_{\mathrm{STS}}$轴且平行于像平面线的方向，横轴$\boldsymbol{y}_{\mathrm{STS}}$轴与前述两轴构成右手正交坐标系。

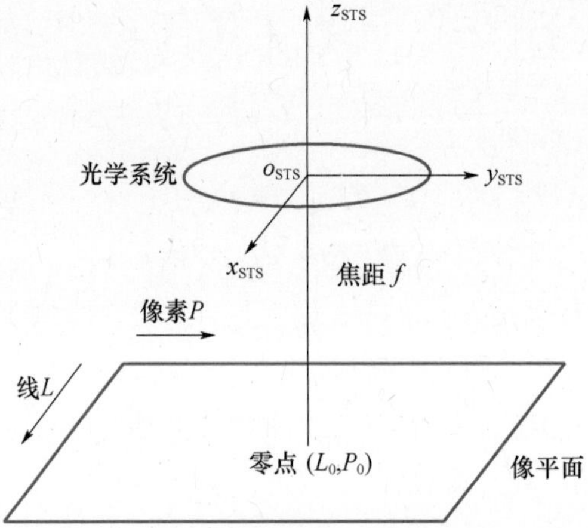

图 3-2　星敏感器测量模型示意图

星敏感器通过成像可以测量得到多个恒星方向在星敏感器测量坐标系$o_{\mathrm{STS}}x_{\mathrm{STS}}y_{\mathrm{STS}}z_{\mathrm{STS}}$上的表示。利用这些恒星方向在惯性坐标系$o_ix_iy_iz_i$的已知表示，星敏感器可以确定星敏感器测量坐标系$o_{\mathrm{STS}}x_{\mathrm{STS}}y_{\mathrm{STS}}z_{\mathrm{STS}}$相对惯性坐标系$o_ix_iy_iz_i$的姿态。由此可以得到星敏感器的光轴和横轴在惯性坐标系表示的测量。

设星敏感器的测量坐标系$o_{\mathrm{STS}}x_{\mathrm{STS}}y_{\mathrm{STS}}z_{\mathrm{STS}}$三轴单位矢量在本体坐标系$o_sx_sy_sz_s$，惯性坐标系$o_ix_iy_iz_i$上的表示分别为$\bar{\boldsymbol{x}}_{\mathrm{STS},s}$、$\bar{\boldsymbol{y}}_{\mathrm{STS},s}$、$\bar{\boldsymbol{z}}_{\mathrm{STS},s}$，$\bar{\boldsymbol{x}}_{\mathrm{STS},i}$、$\bar{\boldsymbol{y}}_{\mathrm{STS},i}$、$\bar{\boldsymbol{z}}_{\mathrm{STS},i}$。则容易写出从星敏感器测量坐标系$o_{\mathrm{STS}}x_{\mathrm{STS}}y_{\mathrm{STS}}z_{\mathrm{STS}}$到本体坐标系$o_sx_sy_sz_s$，从星敏感器测量坐标系$o_{\mathrm{STS}}x_{\mathrm{STS}}y_{\mathrm{STS}}z_{\mathrm{STS}}$到惯性坐标系$o_ix_iy_iz_i$的旋转矩阵：

$$\boldsymbol{C}_{s,\mathrm{STS}} = [\bar{\boldsymbol{x}}_{\mathrm{STS},s} \quad \bar{\boldsymbol{y}}_{\mathrm{STS},s} \quad \bar{\boldsymbol{z}}_{\mathrm{STS},s}] \tag{3-13}$$

$$\boldsymbol{C}_{i,\mathrm{STS}} = [\bar{\boldsymbol{x}}_{\mathrm{STS},i} \quad \bar{\boldsymbol{y}}_{\mathrm{STS},i} \quad \bar{\boldsymbol{z}}_{\mathrm{STS},i}] \tag{3-14}$$

式中：$\boldsymbol{C}_{s,\mathrm{STS}}$又称为星敏感器在航天器本体上安装矩阵；$\boldsymbol{C}_{i,\mathrm{STS}}$为星敏感器的被测矩阵。

星敏感器固有的光学、机械、电学的随机性，使得对矩阵 $\boldsymbol{C}_{i,\mathrm{STS}}$ 的测量输出不可避免地具有随机性。星敏感器的几何特性决定了光轴指向测量较之横轴指向测量更加准确一些(这是因为相平面上星点的变化对于光轴指向比之于横轴指向变化更加敏感一些)，并且两个横轴指向测量具有物理上的各向同性。因此，若记星敏感器的输出矩阵为

$$\boldsymbol{C}_{i,\mathrm{STS},m}=[\bar{\boldsymbol{x}}_{\mathrm{STS},i,m}\quad \bar{\boldsymbol{y}}_{\mathrm{STS},i,m}\quad \bar{\boldsymbol{z}}_{\mathrm{STS},i,m}] \tag{3-15}$$

则有：

$$(\boldsymbol{C}_{i,\mathrm{STS},m})^{\mathrm{T}}=(\boldsymbol{I}+[\bar{\boldsymbol{n}}_{\mathrm{STS}}^{\times}])(\boldsymbol{C}_{i,\mathrm{STS}})^{\mathrm{T}} \tag{3-16}$$

式中：$\bar{\boldsymbol{n}}_{\mathrm{STS}}=[n_{\mathrm{STS},x}\quad n_{\mathrm{STS},y}\quad n_{\mathrm{STS},z}]^{\mathrm{T}}$ 是随机(小角度)噪声向量，可以认为 $n_{\mathrm{STS},x}$、$n_{\mathrm{STS},y}$、$n_{\mathrm{STS},z}$ 为互相独立零均值白噪声。仍记从惯性坐标系 $o_ix_iy_iz_i$ 到本体坐标系 $o_sx_sy_sz_s$ 的旋转矩阵为 $\boldsymbol{C}$，则有

$$\boldsymbol{C}=\boldsymbol{C}_{s,\mathrm{STS}}(\boldsymbol{C}_{i,\mathrm{STS}})^{\mathrm{T}} \tag{3-17}$$

根据式(3-15)~式(3-17)，可以导得

$$\begin{aligned}(\boldsymbol{C}_{i,\mathrm{STS},m})(\boldsymbol{C}_{s,\mathrm{STS}})^{\mathrm{T}}&=(\boldsymbol{C}_{i,\mathrm{STS}})(\boldsymbol{I}-[\bar{\boldsymbol{n}}_{\mathrm{STS}}^{\times}])(\boldsymbol{C}_{s,\mathrm{STS}})^{\mathrm{T}}\\&=(\boldsymbol{C}_{i,\mathrm{STS}})(\boldsymbol{C}_{s,\mathrm{STS}})^{\mathrm{T}}-(\boldsymbol{C}_{i,\mathrm{STS}})[\bar{\boldsymbol{n}}_{STS}^{\times}](\boldsymbol{C}_{s,\mathrm{STS}})^{\mathrm{T}}\\&=(\boldsymbol{C}_{i,\mathrm{STS}})(\boldsymbol{C}_{s,\mathrm{STS}})^{\mathrm{T}}-(\boldsymbol{C}_{i,\mathrm{STS}})(\boldsymbol{C}_{s,\mathrm{STS}})^{\mathrm{T}}(\boldsymbol{C}_{s,\mathrm{STS}})[\bar{\boldsymbol{n}}_{\mathrm{STS}}^{\times}](\boldsymbol{C}_{s,\mathrm{STS}})^{\mathrm{T}}\\&=\boldsymbol{C}^{\mathrm{T}}-\boldsymbol{C}^{\mathrm{T}}(\boldsymbol{C}_{s,\mathrm{STS}})[\bar{\boldsymbol{n}}_{\mathrm{STS}}^{\times}](\boldsymbol{C}_{s,\mathrm{STS}})^{\mathrm{T}}\end{aligned} \tag{3-18}$$

进一步可以写出：

$$\begin{aligned}\bar{\boldsymbol{x}}_{\mathrm{STS},i,m}&=(\boldsymbol{C}_{i,\mathrm{STS},m})(\boldsymbol{C}_{s,\mathrm{STS}})^{\mathrm{T}}\bar{\boldsymbol{x}}_{\mathrm{STS},s}\\&=[\boldsymbol{C}^{\mathrm{T}}-\boldsymbol{C}^{\mathrm{T}}(\boldsymbol{C}_{s,\mathrm{STS}})[\bar{\boldsymbol{n}}_{\mathrm{STS}}^{\times}](\boldsymbol{C}_{s,\mathrm{STS}})^{\mathrm{T}}]\bar{\boldsymbol{x}}_{\mathrm{STS},s}\\&=\boldsymbol{C}^{\mathrm{T}}\bar{\boldsymbol{x}}_{\mathrm{STS},s}-\boldsymbol{C}^{\mathrm{T}}(\bar{\boldsymbol{y}}_{\mathrm{STS},s}\boldsymbol{n}_{\mathrm{STS},z}-\bar{\boldsymbol{z}}_{\mathrm{STS},s}\boldsymbol{n}_{\mathrm{STS},y})\\&=\boldsymbol{C}^{\mathrm{T}}(\bar{\boldsymbol{x}}_{\mathrm{STS},s}-\bar{\boldsymbol{y}}_{\mathrm{STS},s}\boldsymbol{n}_{\mathrm{STS},z}+\bar{\boldsymbol{z}}_{\mathrm{STS},s}\boldsymbol{n}_{\mathrm{STS},y})\end{aligned} \tag{3-19a}$$

$$\begin{aligned}\bar{\boldsymbol{y}}_{\mathrm{STS},i,m}&=(\boldsymbol{C}_{i,\mathrm{STS},m})(\boldsymbol{C}_{s,\mathrm{STS}})^{\mathrm{T}}\bar{\boldsymbol{y}}_{\mathrm{STS},s}\\&=[\boldsymbol{C}^{\mathrm{T}}-\boldsymbol{C}^{\mathrm{T}}(\boldsymbol{C}_{s,\mathrm{STS}})[\bar{\boldsymbol{n}}_{\mathrm{STS}}^{\times}](\boldsymbol{C}_{s,\mathrm{STS}})^{\mathrm{T}}]\bar{\boldsymbol{y}}_{\mathrm{STS},s}\\&=\boldsymbol{C}^{\mathrm{T}}\bar{\boldsymbol{y}}_{\mathrm{STS},s}-\boldsymbol{C}^{\mathrm{T}}(-\bar{\boldsymbol{x}}_{\mathrm{STS},s}\boldsymbol{n}_{\mathrm{STS},z}+\bar{\boldsymbol{z}}_{\mathrm{STS},s}\boldsymbol{n}_{\mathrm{STS},x})\\&=\boldsymbol{C}^{\mathrm{T}}(\bar{\boldsymbol{y}}_{\mathrm{STS},s}+\bar{\boldsymbol{x}}_{\mathrm{STS},s}\boldsymbol{n}_{\mathrm{STS},z}-\bar{\boldsymbol{z}}_{\mathrm{STS},s}\boldsymbol{n}_{\mathrm{STS},x})\end{aligned} \tag{3-19b}$$

$$\begin{aligned}\bar{\boldsymbol{z}}_{\mathrm{STS},i,m}&=(\boldsymbol{C}_{i,\mathrm{STS},m})(\boldsymbol{C}_{s,\mathrm{STS}})^{\mathrm{T}}\bar{\boldsymbol{z}}_{\mathrm{STS},s}\\&=[\boldsymbol{C}^{\mathrm{T}}-\boldsymbol{C}^{\mathrm{T}}(\boldsymbol{C}_{s,\mathrm{STS}})[\bar{\boldsymbol{n}}_{\mathrm{STS}}^{\times}](\boldsymbol{C}_{s,\mathrm{STS}})^{\mathrm{T}}]\bar{\boldsymbol{z}}_{\mathrm{STS},s}\end{aligned}$$

$$= \boldsymbol{C}^{\mathrm{T}}\bar{z}_{\mathrm{STS},s} - \boldsymbol{C}^{\mathrm{T}}(\bar{x}_{\mathrm{STS},s}\boldsymbol{n}_{\mathrm{STS},y} - \bar{y}_{\mathrm{STS},s}\boldsymbol{n}_{\mathrm{STS},x})$$
$$= \boldsymbol{C}^{\mathrm{T}}(\bar{z}_{\mathrm{STS},s} - \bar{x}_{\mathrm{STS},s}\boldsymbol{n}_{\mathrm{STS},y} + \bar{y}_{\mathrm{STS},s}\boldsymbol{n}_{\mathrm{STS},x}) \quad (3-19\mathrm{c})$$

式(3－19)就是星敏感器测量模型。

3.2 航天器线运动状态空间方程

3.2.1 航天器线运动

航天器线运动的参考坐标系可以选择为惯性坐标系、固联在目标天体(如地球、月球)上的地理坐标系、当地天东北导航坐标系等,它们各有用途。这里将选择惯性坐标系作为参考坐标系,这是因为:惯性坐标系的导航方程是所有其他参考坐标系导航方程的基础,并且导航方程形式简单、容易处理,此外一些典型航天器(如阿波罗、中国嫦娥三号着陆器)的线运动描述已经成功使用了这种描述。

选择描述航天器线运动的坐标系如图 3－3 所示。不失一般性,假设,惯性坐标系 $o_ix_iy_iz_i$ 原点位于目标天体(如地球或月球)的中心;航天器本体坐标系 $o_sx_sy_sz_s$ 原点位于航天器质心(刚体时严格质心、挠性体或有充液体时是指未变形或无晃动时的刚体质心);IMU 包括三个正交安装陀螺、三个正交安装加速度计,其测量坐标系方向与本体坐标系一致,但测量坐标系原点偏开质心固定位置为 $\boldsymbol{b}$。

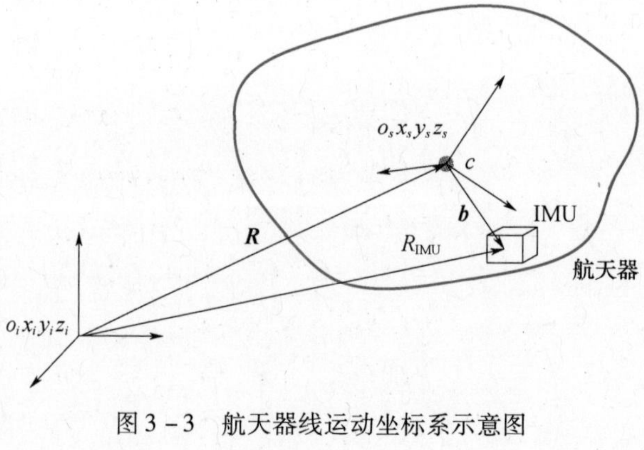

图 3－3　航天器线运动坐标系示意图

根据 IMU 中三个加速度计输出可以测得其所在位置的比力:

$$\boldsymbol{a}_{\mathrm{IMU}}=\ddot{\boldsymbol{R}}_{\mathrm{IMU}}-\boldsymbol{g} \tag{3-20}$$

式中:$\boldsymbol{g}$ 为引力加速度矢量。仍设本体坐标系 $o_sx_sy_sz_s$ 相对惯性坐标系 $o_ix_iy_iz_i$ 的角速度为 $\boldsymbol{\omega}$,则注意到:

$$\ddot{\boldsymbol{R}}_{\mathrm{IMU}}=\ddot{\boldsymbol{R}}+\dot{\boldsymbol{\omega}}\times\boldsymbol{b}+\boldsymbol{\omega}\times(\boldsymbol{\omega}\times\boldsymbol{b}) \tag{3-21}$$

容易导得

$$\ddot{\boldsymbol{R}}=\boldsymbol{a}_{\mathrm{IMU}}-[\dot{\boldsymbol{\omega}}\times\boldsymbol{b}+\boldsymbol{\omega}\times(\boldsymbol{\omega}\times\boldsymbol{b})]+\boldsymbol{g}=\boldsymbol{a}+\boldsymbol{g} \tag{3-22a}$$

$$\boldsymbol{a}=\boldsymbol{a}_{\mathrm{IMU}}-[\dot{\boldsymbol{\omega}}\times\boldsymbol{b}+\boldsymbol{\omega}\times(\boldsymbol{\omega}\times\boldsymbol{b})] \tag{3-22b}$$

$$\boldsymbol{a}=\frac{\boldsymbol{F}_a}{m} \tag{3-22c}$$

式中:$\boldsymbol{a}$ 为除去引力的外力在本体坐标系原点产生的加速度矢量;$\boldsymbol{F}_a$ 为航天器所受除引力之外的合力;m 为航天器质量。注意到:矢量 $\boldsymbol{a}$、$\boldsymbol{a}_{\mathrm{IMU}}$、$\boldsymbol{\omega}$、$\boldsymbol{b}$ 均在本体坐标系测量,$\boldsymbol{R}$、$\dot{\boldsymbol{R}}=\boldsymbol{V}$、$\ddot{\boldsymbol{R}}$、$\ddot{\boldsymbol{R}}_{\mathrm{IMU}}$、$\boldsymbol{g}$ 均在惯性坐标系测量,注意到从惯性坐标系 $o_ix_iy_iz_i$ 到本体坐标系 $o_sx_sy_sz_s$ 的旋转矩阵为 $\boldsymbol{C}$,可以写出线运动向量形式导航方程:

$$\dot{\overline{\boldsymbol{V}}}=\boldsymbol{C}^{\mathrm{T}}\overline{\boldsymbol{a}}+\overline{\boldsymbol{g}} \tag{3-23a}$$

$$\dot{\overline{\boldsymbol{R}}}=\overline{\boldsymbol{V}} \tag{3-23b}$$

式中:

$$\overline{\boldsymbol{a}}=\overline{\boldsymbol{a}}_{\mathrm{IMU}}-\{[\dot{\overline{\boldsymbol{\omega}}}^{\times}]+[\overline{\boldsymbol{\omega}}^{\times}][\overline{\boldsymbol{\omega}}^{\times}]\}\overline{\boldsymbol{b}} \tag{3-24}$$

导航式(3-23)就是线运动状态方程。

3.2.2　加速度计测量模型

不失一般性,设式(3-20)中 IMU 处的比力由航天器捷联配置的三个单轴加速度计测量,它们通过对测量的比力积分给出在时间的离散点上的速率增量,标称情况下它们的测量轴两两正交,且从本体坐标系 $o_sx_sy_sz_s$ 到加速度计测量坐标系(三个加速度计测量轴构成的右手正交坐标系)的旋转矩阵为 $\boldsymbol{C}_{acc,b}$。考虑加速度计的安装误差、刻度因子误差、零位偏差,可以写出加速度计测量模型:

$$\overline{\boldsymbol{a}}_{acc}=(\boldsymbol{I}+\boldsymbol{G}_{acc})\boldsymbol{C}_{acc,b}\overline{\boldsymbol{a}}_{\mathrm{IMU}}+\overline{\boldsymbol{b}}_{acc}+\overline{\boldsymbol{n}}_{acc} \tag{3-25a}$$

$$\bar{\boldsymbol{V}}_{acc}(t_k)=\bar{\boldsymbol{V}}_{acc}(t_0)+\int_{t_0}^{t_k}\bar{\boldsymbol{a}}_{acc}\mathrm{d}t \tag{3-25b}$$

$$\dot{\bar{\boldsymbol{b}}}_{acc}=0 \tag{3-25c}$$

$$\boldsymbol{G}_{acc}=\begin{bmatrix}\varepsilon_{acc,1} & \theta_{acc,12} & \theta_{acc,13}\\ \theta_{acc,21} & \varepsilon_{acc,2} & \theta_{acc,23}\\ \theta_{acc,31} & \theta_{acc,32} & \varepsilon_{acc,3}\end{bmatrix} \tag{3-25d}$$

式中：$\bar{\boldsymbol{a}}_{acc}=[a_{acc1} \quad a_{acc2} \quad a_{acc3}]^{\mathrm{T}}$ 为三个加速度计测量输出构成的向量；$\bar{\boldsymbol{b}}_{acc}=[b_{acc1} \quad b_{acc2} \quad b_{acc3}]^{\mathrm{T}}$ 为三个加速度计常值零偏构成的向量；$[\varepsilon_{acc,1} \quad \varepsilon_{acc,2} \quad \varepsilon_{acc,3}]^{\mathrm{T}}$ 为加速度计的刻度因子误差向量；$[1 \quad \theta_{acc,12} \quad \theta_{acc,13}]^{\mathrm{T}}$、$[\theta_{acc,21} \quad 1 \quad \theta_{acc,23}]^{\mathrm{T}}$、$[\theta_{acc,31} \quad \theta_{acc,32} \quad 1]^{\mathrm{T}}$ 分别为加速度计 1、2、3 测量轴在标称加速度计测量坐标系的安装方向矢量；$\bar{\boldsymbol{n}}_{acc}=[n_{acc,1} \quad n_{acc,2} \quad n_{acc,3}]^{\mathrm{T}}$ 是零均值“白噪声”随机过程。

3.2.3 导航敏感器测量模型

航天器相对目标天体线运动的高精度状态确定一般需要配置测量相对目标天体运动的导航敏感器，例如：美国阿波罗计划的月球软着陆下降模块配置了微波雷达测距测速仪，中国嫦娥三号月球着陆器配置了激光测距敏感器、微波测距测速敏感器。它们测量的物理量是航天器相对于目标天体的斜距或高度，以及相对于目标天体表面的速度。

1. 测距敏感器模型

测距敏感器（激光或微波体制）测量其波束中心方向航天器与目标天体表面的距离 ρ_1，如图 3-4所示。测距敏感器固定安装在航天器上，其指向单位矢量为 $\boldsymbol{R}_1$；航天器的位置矢量记为 $\boldsymbol{R}$。

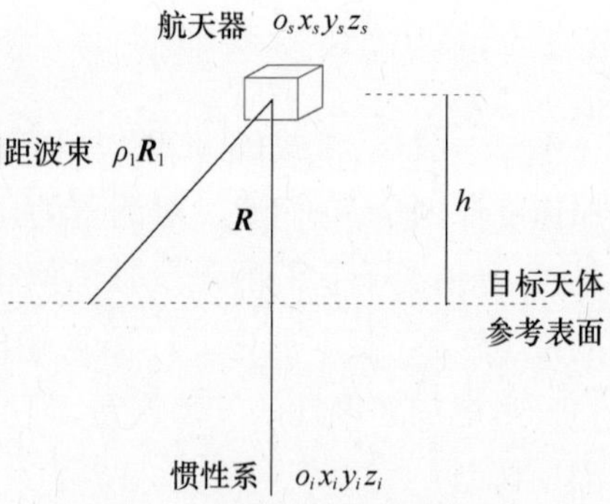

图 3-4 测距敏感器示意图

设目标天体的参考表面为平面，则容易导出测距敏感器的高度为

$$h=\rho_1\left|\boldsymbol{R}_1\cdot(\boldsymbol{R}/R)\right| \tag{3-26}$$

考虑到敏感器的测量误差以及天体表面的形状噪声，可以写出：

$$h_m=\rho_{m,1}\left|\boldsymbol{R}_1\cdot(\boldsymbol{R}/R)\right| \tag{3-27a}$$

于是有

$$h_m=h+n_{hm}=R-R_{\text{radius}}+n_m \tag{3-27b}$$

式中：R_{radius}为目标天体半径。式(3-27)就是测距敏感器模型。

2. 测速敏感器模型

测速敏感器(激光或微波体制)测量其波束中心方向航天器与目标天体表面的距离变化率$\dot{\rho}_2$、$\dot{\rho}_3$、$\dot{\rho}_4$，如图3-5所示。测速敏感器固定安装在航天器上，它由三个非共面波束组成，且波束指向单位矢量分别为$\boldsymbol{R}_2$、$\boldsymbol{R}_3$、$\boldsymbol{R}_4$；航天器的位置矢量仍记为$\boldsymbol{R}$。

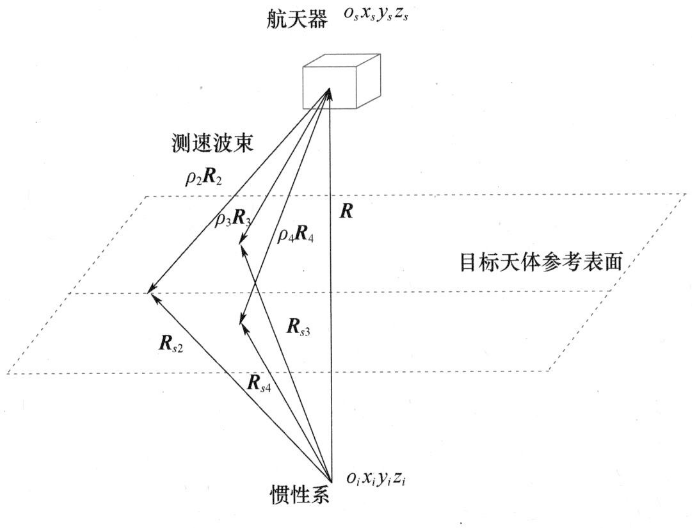

图3-5　测速敏感器示意图

对于$i=2,3,4$，注意到$\boldsymbol{R}_i\cdot\boldsymbol{R}_i=1$，或者$\boldsymbol{R}_i\cdot\dot{\boldsymbol{R}}_i=0$。设目标天体相对于惯性坐标系的旋转角速度为$\boldsymbol{\omega}_t$，则可以推得

$$\rho_i=\rho_i\boldsymbol{R}_i\cdot\boldsymbol{R}_i=(\boldsymbol{R}-\boldsymbol{R}_{si})\cdot\boldsymbol{R}_i \tag{3-28}$$

于是：

$$\begin{aligned}\dot{\rho}_i &= (\dot{\boldsymbol{R}}-\dot{\boldsymbol{R}}_{si})\cdot\boldsymbol{R}_i+(\boldsymbol{R}-\boldsymbol{R}_{si})\cdot\dot{\boldsymbol{R}}_i\\ &=(\boldsymbol{v}-\boldsymbol{\omega}_t\times\boldsymbol{R}_{si})\cdot\boldsymbol{R}_i+\rho_i\boldsymbol{R}_i\cdot\dot{\boldsymbol{R}}_i\\ &=(\boldsymbol{v}-\boldsymbol{\omega}_t\times\boldsymbol{R}_{si})\cdot\boldsymbol{R}_i\\ &=[\boldsymbol{v}-\boldsymbol{\omega}_t\times(\boldsymbol{R}+\rho_i\boldsymbol{R}_i)]\cdot\boldsymbol{R}_i=(\boldsymbol{v}-\boldsymbol{\omega}_t\times\boldsymbol{R})\cdot\boldsymbol{R}_i\end{aligned}\tag{3-29}$$

注意到：$\boldsymbol{v}$、$\boldsymbol{R}$、$\boldsymbol{\omega}_t$ 在惯性坐标系测量，$\boldsymbol{R}_i$ 在本体坐标系测量，且从惯性坐标系到本体坐标系的旋转矩阵为 $\boldsymbol{C}$。于是式(3-29)的向量形式为

$$\dot{\rho}_i=\{\overline{\boldsymbol{v}}-[\overline{\boldsymbol{\omega}}_t^{\times}]\overline{\boldsymbol{R}}\}^{\mathrm{T}}\boldsymbol{C}^{\mathrm{T}}\overline{\boldsymbol{R}}_i,i=2,3,4\tag{3-30}$$

由此写出

$$\overline{\boldsymbol{v}}=\begin{bmatrix}\overline{\boldsymbol{R}}_2^{\mathrm{T}}\boldsymbol{C}\\ \overline{\boldsymbol{R}}_3^{\mathrm{T}}\boldsymbol{C}\\ \overline{\boldsymbol{R}}_4^{\mathrm{T}}\boldsymbol{C}\end{bmatrix}^{-1}\begin{bmatrix}\dot{\rho}_2-\overline{\boldsymbol{R}}^{\mathrm{T}}[\overline{\boldsymbol{\omega}}_t^{\times}]\boldsymbol{C}^{\mathrm{T}}\overline{\boldsymbol{R}}_2\\ \dot{\rho}_3-\overline{\boldsymbol{R}}^{\mathrm{T}}[\overline{\boldsymbol{\omega}}_t^{\times}]\boldsymbol{C}^{\mathrm{T}}\overline{\boldsymbol{R}}_3\\ \dot{\rho}_4-\overline{\boldsymbol{R}}^{\mathrm{T}}[\overline{\boldsymbol{\omega}}_t^{\times}]\boldsymbol{C}^{\mathrm{T}}\overline{\boldsymbol{R}}_4\end{bmatrix}\tag{3-31}$$

考虑到测速敏感器的测量误差，令

$$\overline{\boldsymbol{v}}_m=\begin{bmatrix}\overline{\boldsymbol{R}}_2^{\mathrm{T}}\boldsymbol{C}\\ \overline{\boldsymbol{R}}_3^{\mathrm{T}}\boldsymbol{C}\\ \overline{\boldsymbol{R}}_4^{\mathrm{T}}\boldsymbol{C}\end{bmatrix}^{-1}\begin{bmatrix}\dot{\rho}_{m,2}-\overline{\boldsymbol{R}}^{\mathrm{T}}[\overline{\boldsymbol{\omega}}_t^{\times}]\boldsymbol{C}^{\mathrm{T}}\overline{\boldsymbol{R}}_2\\ \dot{\rho}_{m,3}-\overline{\boldsymbol{R}}^{\mathrm{T}}[\overline{\boldsymbol{\omega}}_t^{\times}]\boldsymbol{C}^{\mathrm{T}}\overline{\boldsymbol{R}}_3\\ \dot{\rho}_{m,4}-\overline{\boldsymbol{R}}^{\mathrm{T}}[\overline{\boldsymbol{\omega}}_t^{\times}]\boldsymbol{C}^{\mathrm{T}}\overline{\boldsymbol{R}}_4\end{bmatrix}$$

则可以写出：

$$\overline{\boldsymbol{v}}_m=\overline{\boldsymbol{v}}+\overline{\boldsymbol{n}}_{vm}\tag{3-32}$$

式中：$\overline{\boldsymbol{n}}_{vm}$ 为速度的测量噪声。式(3-32)就是测速敏感器模型。

3.3 航天器角运动状态确定

航天器角运动状态确定的流程图如图3-6所示。在轨标定算法：首先统一多个(如果有)星敏感器的安装形成同一个姿态基准，然后估计陀螺模型中的安装偏差、刻度因子偏差，这样整个测量敏感器形成了一个基准(也可以选择IMU中测量坐标系作为姿态基准)。姿态外推算法：依据初始姿态和陀螺给出的离散时间点上的姿态角增量信息确定相应时间点上的姿态角和姿态角速度；这里应当考虑到航天器运行环境可以是航天器轨道控制发动机工作环境，需要在可能的振动环境确定姿态，因此在时间历程上角速度大小方向变化效应特别是圆锥效应需要予以考虑，由此提高状态确定精度。姿态修正算法：

主要是利用星敏感器测量输出实时修正初始姿态不准，以及陀螺参数漂移引起的姿态确定误差扩散，由此将姿态确定精度维持到星敏感器固有姿态确定精度。

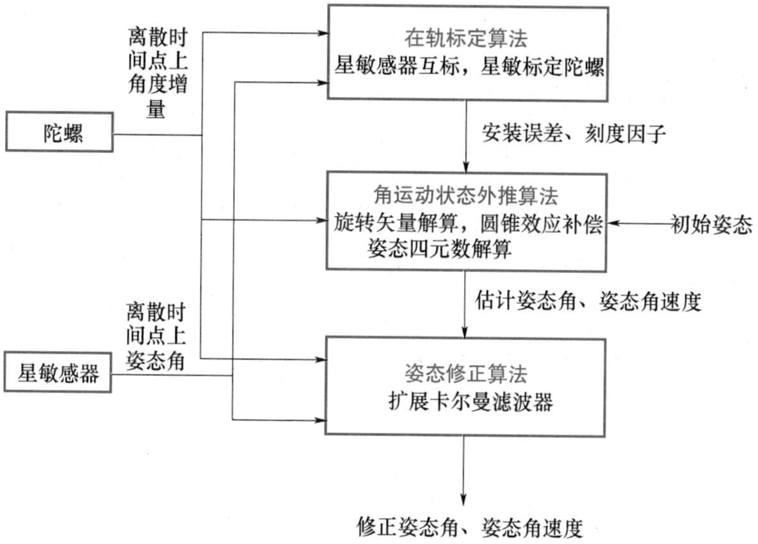

图3－6　角运动状态确定流程示意图

3.3.1　航天器角运动状态外推

航天器角运动状态外推是指利用初始姿态和内部信息敏感器（陀螺）而不依赖外部信息的航天器姿态确定。根据姿态运动学和姿态测量敏感器（陀螺）的测量特性，设置两个时间序列，如图3－7所示。

$$K = \{t_k, k = 0, 1, 2, \cdots\} \tag{3-33a}$$

$$L_k = \{t_k + l * h, l = 0, 1, \cdots, N_L\} \tag{3-33b}$$

式中：h 为陀螺输出数据采样周期；N_L 为采样周期数目（$N_L = 4$）；$T = t_{k+1} - t_k = N_l h (k = 0, 1, 2, \cdots)$ 是姿态确定周期（这个周期根据控制系统带宽设计）。角运动外推要解决的问题可以归结为：已知 t_k 时刻姿态四元数 $\boldsymbol{q}(t_k)$ 以及 L_k 上陀螺采样输出，解算 t_{k+1} 时刻姿态四元数 $\boldsymbol{q}(t_{k+1})$ 以及角速度 $\overline{\boldsymbol{\omega}}(t_{k+1})$。

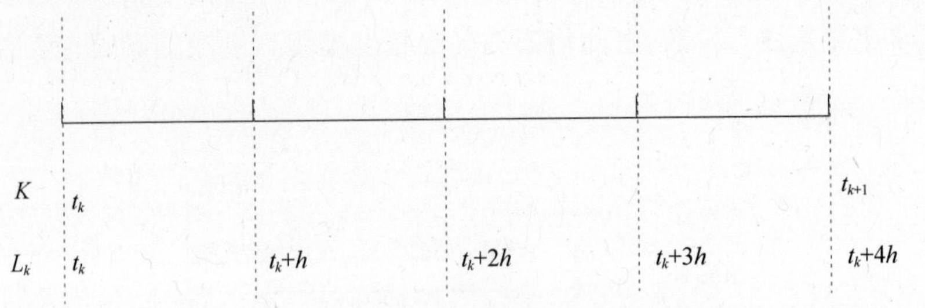

图 3－7　姿态确定周期与陀螺采样周期示意图

根据四元数的定义，姿态运动学方程式(3－6)在 t_{k+1} 时刻的解可以在 t_k 时刻姿态基础上通过旋转矢量 $\bar{\boldsymbol{\phi}}_k(t)$ 获得，于是有

$$\begin{cases} \boldsymbol{q}(t_{k+1}) = \boldsymbol{q}_k(t_{k+1}) \otimes \boldsymbol{q}(t_k) & (3-34\text{a}) \\ \boldsymbol{q}_k(t_{k+1}) = \begin{bmatrix} [\bar{\boldsymbol{\phi}}_k(t_{k+1})/2] \dfrac{\sin[\phi_k(t_{k+1})/2]}{[\phi_k(t_{k+1})/2]} \\ \cos[\phi_k(t_{k+1})/2] \end{bmatrix} & (3-34\text{b}) \end{cases}$$

式中：$\bar{\boldsymbol{\phi}}_k(t_{k+1}) = \bar{\boldsymbol{\phi}}_k(t)\big|_{t=t_{k+1}}$ 为相对 t_k 时刻姿态(四元数为 $\boldsymbol{q}(t_k)$)的旋转矢量 $\bar{\boldsymbol{\phi}}_k(t)$ 在时刻 $t=t_{k+1}$ 的取值，它通过对 $\dot{\bar{\boldsymbol{\phi}}}_k(t)$ 的积分运算且取 $t=t_{k+1}$ 获得。设角速度 $\bar{\boldsymbol{\omega}}(t)$、旋转矢量 $\bar{\boldsymbol{\phi}}_k(t)$ 均在时刻 t 的本体坐标系测量，则由式(2－45)可得

$$\dot{\bar{\boldsymbol{\phi}}}_k(t) = \bar{\boldsymbol{\omega}}(t) + \frac{1}{2}[\bar{\boldsymbol{\phi}}_k(t)^{\times}]\bar{\boldsymbol{\omega}}(t) + \frac{1}{\phi_k^2(t)}\left[1 - \frac{\phi_k(t)\sin\phi_k(t)}{2[1-\cos\phi_k(t)]}\right] [\bar{\boldsymbol{\phi}}_k^{\times}(t)][\bar{\boldsymbol{\phi}}_k^{\times}(t)]\bar{\boldsymbol{\omega}}(t)$$

$$\bar{\boldsymbol{\phi}}_k(t_k) = 0$$

因此有

$$\begin{cases} \bar{\boldsymbol{\phi}}_k(t_{k+1}) = \bar{\boldsymbol{\phi}}_k(t)\big|_{t=t_{k+1}} & (3-35\text{a}) \\ \bar{\boldsymbol{\phi}}_k(t) = \displaystyle\int_{t_k}^{t} \dot{\bar{\boldsymbol{\phi}}}_k(\tau)\,\mathrm{d}\tau & (3-35\text{b}) \end{cases}$$

根据式(3－34)和式(3－35)推出姿态外推解算依据的基本方程：

$$
\begin{cases}
\hat{\boldsymbol{q}}(t_{k+1}^-) = \hat{\boldsymbol{q}}_k(t_{k+1}^-) \otimes \hat{\boldsymbol{q}}(t_k) & (3-36\text{a}) \\
\hat{\boldsymbol{q}}_k(t_{k+1}^-) = \begin{bmatrix} [\hat{\bar{\boldsymbol{\phi}}}_k(t_{k+1})/2] \dfrac{\sin[\hat{\phi}_k(t_{k+1})/2]}{[\hat{\phi}_k(t_{k+1})/2]} \\ \cos[\hat{\phi}_k(t_{k+1})/2] \end{bmatrix} & (3-36\text{b})
\end{cases}
$$

式中:

$$
\hat{\bar{\boldsymbol{\phi}}}_k(t_{k+1}) = \hat{\bar{\boldsymbol{\phi}}}_k(t)\big|_{t=t_{k+1}}
$$

$$
\hat{\bar{\boldsymbol{\phi}}}_k(t) = \int_{t_k}^{t} \dot{\hat{\bar{\boldsymbol{\phi}}}}_k(\tau)\mathrm{d}\tau
$$

$$
\dot{\hat{\bar{\boldsymbol{\phi}}}}_k(t) = \hat{\bar{\boldsymbol{\omega}}}(t) + \frac{1}{2}[\hat{\bar{\boldsymbol{\phi}}}_k^{\times}(t)]\hat{\bar{\boldsymbol{\omega}}}(t) + \frac{1}{\hat{\phi}_k^2(t)}\left[1 - \frac{\hat{\phi}_k(t)\sin\hat{\phi}_k(t)}{2(1-\cos\hat{\phi}_k(t))}\right][\hat{\bar{\boldsymbol{\phi}}}_k^{\times}(t)][\hat{\bar{\boldsymbol{\phi}}}_k^{\times}(t)]\hat{\bar{\boldsymbol{\omega}}}(t)
$$

式中:带帽子变量为该变量的预估。下面以四子样 $N_L=4$ 为例描述姿态外推的算法。

1. 本体坐标系上角度增量计算

已知序列 L_k 上的陀螺输出,可以解算陀螺测量轴角度增量如下:

$$
\begin{cases}
\Delta\bar{\boldsymbol{\theta}}_{g1} = \bar{\boldsymbol{\theta}}_g(t_k+h) - \bar{\boldsymbol{\theta}}_g(t_k) \\
\quad = \displaystyle\int_{t_k}^{t_k+h} \bar{\boldsymbol{\omega}}_g(t)\mathrm{d}t + [\bar{\boldsymbol{\Delta}}_{\text{angle}}(t_k+h) - \bar{\boldsymbol{\Delta}}_{\text{angle}}(t_k)] & (3-37\text{a}) \\
\Delta\bar{\boldsymbol{\theta}}_{g2} = \bar{\boldsymbol{\theta}}_g(t_k+2h) - \bar{\boldsymbol{\theta}}_g(t_k+h) \\
\quad = \displaystyle\int_{t_k+h}^{t_k+2h} \bar{\boldsymbol{\omega}}_g(t)\mathrm{d}t + [\bar{\boldsymbol{\Delta}}_{\text{angle}}(t_k+2h) - \bar{\boldsymbol{\Delta}}_{\text{angle}}(t_k+h)] & (3-37\text{b}) \\
\Delta\bar{\boldsymbol{\theta}}_{g3} = \bar{\boldsymbol{\theta}}_g(t_k+3h) - \bar{\boldsymbol{\theta}}_g(t_k+2h) \\
\quad = \displaystyle\int_{t_k+2h}^{t_k+3h} \bar{\boldsymbol{\omega}}_g(t)\mathrm{d}t + [\bar{\boldsymbol{\Delta}}_{\text{angle}}(t_k+3h) - \bar{\boldsymbol{\Delta}}_{\text{angle}}(t_k+2h)] & (3-37\text{c}) \\
\Delta\bar{\boldsymbol{\theta}}_{g4} = \bar{\boldsymbol{\theta}}_g(t_{k+1}) - \bar{\boldsymbol{\theta}}_g(t_k+3h) \\
\quad = \displaystyle\int_{t_k+3h}^{t_{k+1}} \bar{\boldsymbol{\omega}}_g(t)\mathrm{d}t + [\bar{\boldsymbol{\Delta}}_{\text{angle}}(t_{k+1}) - \bar{\boldsymbol{\Delta}}_{\text{angle}}(t_k+3h)] & (3-37\text{d})
\end{cases}
$$

设在轨标定已经确定 $\boldsymbol{G}_g$、$\boldsymbol{C}_{g,b}$、$\bar{\boldsymbol{b}}_g$ 的估值,记为 $\hat{\boldsymbol{G}}_g$、$\hat{\boldsymbol{C}}_{g,b}$、$\hat{\bar{\boldsymbol{b}}}_g$。根据式(3-7)和在轨标定结果可以导出预估:

$$
\hat{\bar{\boldsymbol{\omega}}} = [(\boldsymbol{I}+\hat{\boldsymbol{G}}_g)\hat{\boldsymbol{C}}_{g,b}]^{-1}(\bar{\boldsymbol{\omega}}_g - \hat{\bar{\boldsymbol{b}}}_g) \tag{3-38a}
$$

或者 $$\int_{t_0}^{t'_k}\hat{\overline{\boldsymbol{\omega}}}\mathrm{d}t=[(\boldsymbol{I}+\hat{\boldsymbol{G}}_g)\hat{\boldsymbol{C}}_{g,b}]^{-1}[\int_{t_0}^{t'_k}\overline{\boldsymbol{\omega}}_g\mathrm{d}t-\hat{\overline{\boldsymbol{b}}}_g(t'_k-t_0)] \tag{3-38b}$$

或者 $$\begin{aligned}\hat{\overline{\boldsymbol{\theta}}}(t'_k)&=\hat{\overline{\boldsymbol{\theta}}}(t_0)+\int_{t_0}^{t'_k}\hat{\overline{\boldsymbol{\omega}}}\mathrm{d}t\\&=\hat{\overline{\boldsymbol{\theta}}}(t_0)+[(\boldsymbol{I}+\hat{\boldsymbol{G}}_g)\hat{\boldsymbol{C}}_{g,b}]^{-1}[\int_{t_0}^{t'_k}\hat{\boldsymbol{\omega}}_g\mathrm{d}t-\hat{\overline{\boldsymbol{b}}}_g(t'_k-t_0)]\end{aligned} \tag{3-38c}$$

式中：$\hat{\overline{\boldsymbol{\theta}}}(t'_k)$为本体坐标系上角度(角速度积分)估值。于是可以解算出本体坐标系上角度增量预估：

$$\begin{cases}\Delta\hat{\overline{\boldsymbol{\theta}}}_1=\int_{t_k}^{t_k+h}\hat{\overline{\boldsymbol{\omega}}}(t)\mathrm{d}t=[(\boldsymbol{I}+\hat{\boldsymbol{G}}_g)\hat{\boldsymbol{C}}_{g,b}]^{-1}[\int_{t_k}^{t_k+h}\overline{\boldsymbol{\omega}}_g(t)\mathrm{d}t-\hat{\overline{\boldsymbol{b}}}_g h]\\ \quad=[(\boldsymbol{I}+\hat{\boldsymbol{G}}_g)\hat{\boldsymbol{C}}_{g,b}]^{-1}(\Delta\overline{\boldsymbol{\theta}}_{g1}-\hat{\overline{\boldsymbol{b}}}_g h) & (3-39a)\\ \Delta\hat{\overline{\boldsymbol{\theta}}}_2=\int_{t_k+h}^{t_k+2h}\hat{\overline{\boldsymbol{\omega}}}(t)\mathrm{d}t=[(\boldsymbol{I}+\hat{\boldsymbol{G}}_g)\hat{\boldsymbol{C}}_{g,b}]^{-1}[\int_{t_k+h}^{t_k+2h}\overline{\boldsymbol{\omega}}_g(t)\mathrm{d}t-\hat{\overline{\boldsymbol{b}}}_g h]\\ \quad=[(\boldsymbol{I}+\hat{\boldsymbol{G}}_g)\hat{\boldsymbol{C}}_{g,b}]^{-1}(\Delta\overline{\boldsymbol{\theta}}_{g2}-\hat{\overline{\boldsymbol{b}}}_g h) & (3-39b)\\ \Delta\hat{\overline{\boldsymbol{\theta}}}_3=\int_{t_k+2h}^{t_k+3h}\hat{\overline{\boldsymbol{\omega}}}(t)\mathrm{d}t=[(\boldsymbol{I}+\hat{\boldsymbol{G}}_g)\hat{\boldsymbol{C}}_{g,b}]^{-1}[\int_{t_k+2h}^{t_k+3h}\overline{\boldsymbol{\omega}}_g(t)\mathrm{d}t-\hat{\overline{\boldsymbol{b}}}_g h]\\ \quad=[(\boldsymbol{I}+\hat{\boldsymbol{G}}_g)\hat{\boldsymbol{C}}_{g,b}]^{-1}(\Delta\overline{\boldsymbol{\theta}}_{g3}-\hat{\overline{\boldsymbol{b}}}_g h) & (3-39c)\\ \Delta\hat{\overline{\boldsymbol{\theta}}}_4=\int_{t_k+3h}^{t_{k+1}}\hat{\overline{\boldsymbol{\omega}}}(t)\mathrm{d}t=[(\boldsymbol{I}+\hat{\boldsymbol{G}}_g)\hat{\boldsymbol{C}}_{g,b}]^{-1}[\int_{t_k+3h}^{t_{k+1}}\overline{\boldsymbol{\omega}}_g(t)\mathrm{d}t-\hat{\overline{\boldsymbol{b}}}_g h]\\ \quad=[(\boldsymbol{I}+\hat{\boldsymbol{G}}_g)\hat{\boldsymbol{C}}_{g,b}]^{-1}(\Delta\overline{\boldsymbol{\theta}}_{g4}-\hat{\overline{\boldsymbol{b}}}_g h) & (3-39d)\end{cases}$$

2. 旋转矢量计算

情形1：设在时间区间$[t_k \quad t_{k+1}]$内本体坐标系相对惯性坐标系的角速度$\overline{\boldsymbol{\omega}}$方向不变、幅值可变。

若令$\overline{\boldsymbol{\phi}}$为从惯性坐标系到本体坐标系的旋转矢量，则在时间区间$[t_k \quad t_{k+1}]$内旋转矢量与$\overline{\boldsymbol{\omega}}$同向并且有

$$\dot{\overline{\boldsymbol{\phi}}}=\overline{\boldsymbol{\omega}} \tag{3-40}$$

同样地，若令$\overline{\boldsymbol{\phi}}_k(t)$为从$t_k$时刻姿态到$t$时刻姿态的旋转矢量，则此时的旋转矢量与$\overline{\boldsymbol{\omega}}$同向，可以导得

$$\dot{\hat{\overline{\boldsymbol{\phi}}}}_k=\hat{\overline{\boldsymbol{\omega}}} \tag{3-41a}$$

或
$$\hat{\overline{\boldsymbol{\phi}}}_k(t_{k+1}) = \int_{t_k}^{t_{k+1}} \hat{\overline{\boldsymbol{\omega}}}(t)\,\mathrm{d}t$$
$$= \int_{t_k}^{t_k+h} \hat{\overline{\boldsymbol{\omega}}}(t)\,\mathrm{d}t + \int_{t_k+h}^{t_k+2h} \hat{\overline{\boldsymbol{\omega}}}(t)\,\mathrm{d}t + \int_{t_k+2h}^{t_k+3h} \hat{\overline{\boldsymbol{\omega}}}(t) + \mathrm{d}t \int_{t_k+3h}^{t_k+4h} \hat{\overline{\boldsymbol{\omega}}}(t)\,\mathrm{d}t$$
$$= \Delta\hat{\overline{\boldsymbol{\theta}}}_1 + \Delta\hat{\overline{\boldsymbol{\theta}}}_2 + \Delta\hat{\overline{\boldsymbol{\theta}}}_3 + \Delta\hat{\overline{\boldsymbol{\theta}}}_4 \tag{3-41b}$$

式中：$\Delta\hat{\overline{\boldsymbol{\theta}}}_1$、$\Delta\hat{\overline{\boldsymbol{\theta}}}_2$、$\Delta\hat{\overline{\boldsymbol{\theta}}}_3$、$\Delta\hat{\overline{\boldsymbol{\theta}}}_4$ 由式(3-39)给出。

情形2：设在时间区间$[t_k \quad t_{k+1}]$内本体坐标系相对惯性坐标系的角速度 $\overline{\boldsymbol{\omega}}$ 方向可变、幅值不变。

此时的典型运动形态就是圆锥运动。若令 $\overline{\boldsymbol{\phi}}$ 为从惯性坐标系到本体坐标系的旋转矢量，则有

$$\dot{\overline{\boldsymbol{\phi}}} = \overline{\boldsymbol{\omega}} + \frac{1}{2}[\overline{\boldsymbol{\phi}}^{\times}]\overline{\boldsymbol{\omega}} + \frac{1}{\phi^2}\left[1 - \frac{\phi\sin\phi}{2(1-\cos\phi)}\right][\overline{\boldsymbol{\phi}}^{\times}][\overline{\boldsymbol{\phi}}^{\times}]\overline{\boldsymbol{\omega}} \tag{3-42}$$

经典圆锥运动是指三轴中有两轴存在角振动而第三轴沿锥面运动情形。例如，在航天器轨道控制发动机点火时，推力脉动可能诱发与该推力方向垂直方向的角振动，而与其同向轴沿锥面运动。考虑变轨发动机沿本体坐标系 x_s 轴安装情况，并设圆锥角度 α 为小量，这时经典圆锥运动近似满足：

$$\begin{cases}\overline{\boldsymbol{\phi}}(t) = [0 \quad \alpha\sin(\beta t) \quad \alpha\cos(\beta t)]^{\mathrm{T}} & (3-43\mathrm{a})\\ \overline{\boldsymbol{\omega}}(t) = [\beta\alpha^2/2 \quad \beta\alpha\cos(\beta t) \quad -\beta\alpha\sin(\beta t)]^{\mathrm{T}} & (3-43\mathrm{b})\end{cases}$$

此时 $\overline{\boldsymbol{\phi}}^{\mathrm{T}}(t)\overline{\boldsymbol{\omega}}(t)=0$，式(3-42)后两项(非交换运动部分)各轴耦合运动分量耦合最大，因而若忽略不计此项将引出姿态偏差。事实上若仍利用情形1公式，即设角速度方向不变，则有

$$\dot{\overline{\boldsymbol{\phi}}}' = \overline{\boldsymbol{\omega}},\ \overline{\boldsymbol{\phi}}(0) = [0 \quad 0 \quad \alpha]^{\mathrm{T}} \tag{3-44}$$

由此解算出：

$$\overline{\boldsymbol{\phi}}'(t) = \overline{\boldsymbol{\phi}}'(0) + \int_0^t \overline{\boldsymbol{\omega}}(t)\,\mathrm{d}t$$
$$= [0 \quad 0 \quad \alpha]^{\mathrm{T}} + [\beta\alpha^2 t/2 \quad \alpha\sin(\beta t) \quad \alpha\cos(\beta t) - \alpha]^{\mathrm{T}}$$
$$= [(\beta\alpha^2/2)t \quad \alpha\sin(\beta t) \quad \alpha\cos(\beta t)]^{\mathrm{T}} \tag{3-45}$$

若记从 $\overline{\boldsymbol{\phi}}(t)$ 到 $\overline{\boldsymbol{\phi}}'(t)$ 的旋转矢量为 $\delta\overline{\boldsymbol{\phi}}(t)$，则利用旋转矢量和的定义即式(2-16)可以解算出：

$$\delta\overline{\boldsymbol{\phi}}(t) = -\overline{\boldsymbol{\phi}}(t) \circ \overline{\boldsymbol{\phi}}'(t) \tag{3-46}$$

利用圆锥角度 α 为小量假设，利用式（2－16）可导出近似有：

$$\delta\bar{\boldsymbol{\phi}}(t) = [(\beta\alpha^2/2)t \quad 0 \quad 0]^{\mathrm{T}} \tag{3-47}$$

式（3－47）意味着随着时间增加，按照式（3－41）解算的旋转矢量引起的姿态偏差将线性递增。因此，在存在圆锥运动情形，应当考虑过程中角速度方向的变化，并对式（3－41）进行补偿。

设 $\Delta\hat{\boldsymbol{\theta}}_1$、$\Delta\hat{\boldsymbol{\theta}}_2$、$\Delta\hat{\boldsymbol{\theta}}_3$、$\Delta\hat{\boldsymbol{\theta}}_4$ 由式（3－39）给出，表示在其相应子区间内的旋转矢量预估。记：

$$\Delta\hat{\boldsymbol{\theta}} = \Delta\hat{\boldsymbol{\theta}}_1 + \Delta\hat{\boldsymbol{\theta}}_2 + \Delta\hat{\boldsymbol{\theta}}_3 + \Delta\hat{\boldsymbol{\theta}}_4 \tag{3-48}$$

为了表征时间区间 $[t_k \quad t_{k+1}]$ 内旋转矢量方向的变化，式（3－41b）修正为：

$$\begin{aligned}\hat{\boldsymbol{\phi}}_k(t_{k+1}) = \Delta\hat{\boldsymbol{\theta}} &+ (K_1/3)\{[\Delta\hat{\boldsymbol{\theta}}_1^{\times}]\Delta\hat{\boldsymbol{\theta}}_2 + [\Delta\hat{\boldsymbol{\theta}}_2^{\times}]\Delta\hat{\boldsymbol{\theta}}_3 + [\Delta\hat{\boldsymbol{\theta}}_3^{\times}]\Delta\hat{\boldsymbol{\theta}}_4\} \\ &+ (K_2/2)\{[\Delta\hat{\boldsymbol{\theta}}_1^{\times}]\Delta\hat{\boldsymbol{\theta}}_3 + [\Delta\hat{\boldsymbol{\theta}}_2^{\times}]\Delta\hat{\boldsymbol{\theta}}_4\} + K_3[\Delta\hat{\boldsymbol{\theta}}_1^{\times}]\Delta\hat{\boldsymbol{\theta}}_4\end{aligned} \tag{3-49}$$

式中：K_1、K_2、K_3 为待定系数；右边后三项反映了不同子区间之间旋转矢量方向的变化。其实，式（3－49）的形式是通过假设速度积分是时间四次多项式函数、考虑四个子区间上速度积分采样、进而通过优化经典圆锥运动误差得到的一种表达式。

针对圆锥运动式（3－43）可以算得

$$\Delta\hat{\boldsymbol{\theta}}_1 = \begin{bmatrix} \beta h\alpha^2/2 \\ 2\alpha\sin(\beta h/2)\cos[\beta(t_k + h/2)] \\ -2\alpha\sin(\beta h/2)\sin[\beta(t_k + h/2)] \end{bmatrix}$$

$$\Delta\hat{\boldsymbol{\theta}}_2 = \begin{bmatrix} \beta h\alpha^2/2 \\ 2\alpha\sin(\beta h/2)\cos[\beta(t_k + 3h/2)] \\ -2\alpha\sin(\beta h/2)\sin[\beta(t_k + 3h/2)] \end{bmatrix}$$

$$\Delta\hat{\boldsymbol{\theta}}_3 = \begin{bmatrix} \beta h\alpha^2/2 \\ 2\alpha\sin(\beta h/2)\cos[\beta(t_k + 5h/2)] \\ -2\alpha\sin(\beta h/2)\sin[\beta(t_k + 5h/2)] \end{bmatrix}$$

$$\Delta\hat{\boldsymbol{\theta}}_4 = \begin{bmatrix} \beta h\alpha^2/2 \\ 2\alpha\sin(\beta h/2)\cos[\beta(t_k + 7h/2)] \\ -2\alpha\sin(\beta h/2)\sin[\beta(t_k + 7h/2)] \end{bmatrix}$$

以及
$$\hat{\Delta\boldsymbol{\theta}}=\begin{bmatrix}2\beta h\alpha^2\\2\alpha\sin(2\beta h)\cos[\beta(t_k+2h)]\\-2\alpha\sin(2\beta h)\sin[\beta(t_k+2h)]\end{bmatrix}$$

进一步有：

$$[\hat{\Delta\boldsymbol{\theta}}_1^{\times}]\hat{\Delta\boldsymbol{\theta}}_2=\begin{bmatrix}-4\alpha^2\sin^2(\beta h/2)\sin(\beta h)\\O[\cos(\beta t_k)]\\O[\cos(\beta t_k)]\end{bmatrix}\tag{3-50a}$$

$$\begin{cases}[\hat{\Delta\boldsymbol{\theta}}_2^{\times}]\hat{\Delta\boldsymbol{\theta}}_3=\begin{bmatrix}-4\alpha^2\sin^2(\beta h/2)\sin(\beta h)\\O[\cos(\beta t_k)]\\O[\cos(\beta t_k)]\end{bmatrix} & (3-50\text{b})\\[\hat{\Delta\boldsymbol{\theta}}_3^{\times}]\hat{\Delta\boldsymbol{\theta}}_4=\begin{bmatrix}-4\alpha^2\sin^2(\beta h/2)\sin(\beta h)\\O[\cos(\beta t_k)]\\O[\cos(\beta t_k)]\end{bmatrix} & (3-50\text{c})\\[\hat{\Delta\boldsymbol{\theta}}_1^{\times}]\hat{\Delta\boldsymbol{\theta}}_3=\begin{bmatrix}-4\alpha^2\sin^2(\beta h/2)\sin(2\beta h)\\O[\cos(\beta t_k)]\\O[\cos(\beta t_k)]\end{bmatrix} & (3-50\text{d})\\[\hat{\Delta\boldsymbol{\theta}}_2^{\times}]\hat{\Delta\boldsymbol{\theta}}_4=\begin{bmatrix}-4\alpha^2\sin^2(\beta h/2)\sin(2\beta h)\\O[\cos(\beta t_k)]\\O[\cos(\beta t_k)]\end{bmatrix} & (3-50\text{e})\\[\hat{\Delta\boldsymbol{\theta}}_1^{\times}]\hat{\Delta\boldsymbol{\theta}}_4=\begin{bmatrix}-4\alpha^2\sin^2(\beta h/2)\sin(3\beta h)\\O[\cos(\beta t_k)]\\O[\cos(\beta t_k)]\end{bmatrix} & (3-50\text{f})\end{cases}$$

式中：$O[\cos(\beta t_k)]$为函数$\cos(\beta t_k)$、$\sin(\beta t_k)$构成的线性组合。将式(3-50)代入式(3-49)得到算法给出的时间区间$[t_k\quad t_{k+1}]$内旋转矢量估值：

$$\hat{\boldsymbol{\phi}}_k(t_{k+1})=\begin{bmatrix}[2\beta h\alpha^2-12K_1\alpha^2\sin^2(\beta h/2)\sin(\beta h)\\-8K_2\alpha^2\sin^2(\beta h/2)\sin(2\beta h)-4K_3\alpha^2\sin^2(\beta h/2)\sin(3\beta h)]\\O[\cos(\beta t_k)]\\O[\cos(\beta t_k)]\end{bmatrix}\tag{3-51}$$

另一方面,时间区间$[t_k \quad t_{k+1}]$内圆锥运动旋转矢量的真值满足:

$$\bar{\boldsymbol{\phi}}_k(t_{k+1}) = -\bar{\boldsymbol{\phi}}(t_k) \circ \bar{\boldsymbol{\phi}}(t_{k+1}) \tag{3-52}$$

利用式(2-17)、式(2-18)、式(3-43a),注意到圆锥运动小角度假设,可以导得

$$\bar{\boldsymbol{\phi}}_k(t_{k+1}) = \begin{bmatrix} -2\sin^2(\alpha/2)\sin(4\beta h) \\ 2\sin(\alpha)\sin(2\beta h)\cos[\beta(t_k+2h)] \\ -2\sin(\alpha)\sin(2\beta h)\sin[\beta(t_k+2h)] \end{bmatrix} = \begin{bmatrix} -2\sin^2(\alpha/2)\sin(4\beta h) \\ O[\cos(\beta t_k)] \\ O[\cos(\beta t_k)] \end{bmatrix} \tag{3-53}$$

若记从$\bar{\boldsymbol{\phi}}_k(t_{k+1})$到$\hat{\bar{\boldsymbol{\phi}}}_k(t_{k+1})$的旋转矢量为$\delta\bar{\boldsymbol{\phi}}_k(t_{k+1})$,则利用旋转矢量和的定义即式(2-17)可以解算出:

$$\delta\bar{\boldsymbol{\phi}}_k(t_{k+1}) = -\bar{\boldsymbol{\phi}}_k(t_{k+1}) \circ \hat{\bar{\boldsymbol{\phi}}}_k(t_{k+1}) \tag{3-54}$$

由于$O[\cos(\beta t_k)]$在时间轴上是周期变化,只要$4\beta h$适当小,由这些项引起的旋转矢量偏差的平均效应可以忽略。因此在下面讨论中,只考虑上面诸式中的常数项。于是综合式(3-52)和式(3-53),并且注意到小角度运动的假设,可以导出近似有:

$$\delta\bar{\boldsymbol{\phi}}_k(t_{k+1}) = \begin{bmatrix} \delta\bar{\phi}_{k,1}(t_{k+1}) \\ 0 \\ 0 \end{bmatrix} \tag{3-55}$$

式中:

$$\begin{aligned} \delta\bar{\phi}_{k,1}(t_{k+1}) &= -2\beta h\alpha^2 + 12(K_1/3)\alpha^2\sin^2(\beta h/2)\sin(\beta h) \\ &\quad + 8(K_2/2)\alpha^2\sin^2(\beta h/2)\sin(2\beta h) + 4K_3\alpha^2\sin^2(\beta h/2)\sin(3\beta h) \\ &\quad + 2\sin^2(\alpha/2)\sin(4\beta h) \\ &= -2\beta h\alpha^2 + 12(K_1/3)\alpha^2\sin^2(\beta h/2)\sin(\beta h) \\ &\quad + 8(K_2/2)\alpha^2\sin^2(\beta h/2)\sin(2\beta h) + 4K_3\alpha^2\sin^2(\beta h/2)\sin(3\beta h) \\ &\quad + (\alpha^2/2)\sin(4\beta h) \\ &= \alpha^2[-2\beta h + 12(K_1/3)\sin^2(\beta h/2)\sin(\beta h) \\ &\quad + 8(K_2/2)\sin^2(\beta h/2)\sin(2\beta h) + 4K_3\sin^2(\beta h/2)\sin(3\beta h) \\ &\quad + (1/2)\sin(4\beta h)] \end{aligned} \tag{3-56}$$

式中:$2\overline{\delta\phi}_{k,1}(t_{k+1})$就是式(3-55)旋转矢量的转角。注意到在式(3-56)中

$$\sin^2(\beta h/2)\sin(\beta h) = (1/2)\sin(\beta h) - (1/4)\sin(2\beta h)$$

$$\sin^2(\beta h/2)\sin(2\beta h) = -(1/4)\sin(\beta h) + (1/2)\sin(2\beta h) - (1/4)\sin(3\beta h)$$

$$\sin^2(\beta h/2)\sin(3\beta h) = -(1/4)\sin(2\beta h) + (1/2)\sin(3\beta h) - (1/4)\sin(4\beta h)$$

代入、整理，得

$$\begin{aligned}\delta\bar{\phi}_{k,1}(t_{k+1}) = \alpha^2\{&[-2\beta h + (1/2)\sin(4\beta h)]\\&+(2K_1 - K_2)\sin(\beta h) + (-K_1 + 2K_2 - K_3)\sin(2\beta h)\\&+(-K_2 + 2K_3)\sin(3\beta h) - K_3\sin(4\beta h)\}\end{aligned}$$

进行泰勒展开：

$$\delta\bar{\phi}_{k,1}(t_{k+1}) = \alpha^2 \times \left\{\begin{aligned}&\left[-\frac{4^3(\beta h)^3}{2\times 3!} + \frac{4^5(\beta h)^5}{2\times 5!} - \frac{4^7(\beta h)^7}{2\times 7!} + \cdots\right]\\&+(2K_1 - K_2)\left[\beta h - \frac{(\beta h)^3}{3!} + \frac{(\beta h)^5}{5!} - \frac{(\beta h)^7}{7!} + \cdots\right]\\&+(-K_1 + 2K_2 - K_3)\left[2\beta h - \frac{2^3(\beta h)^3}{3!} + \frac{2^5(\beta h)^5}{5!} - \frac{2^7(\beta h)^7}{7!} + \cdots\right]\\&+(-K_2 + 2K_3)\left[3\beta h - \frac{3^3(\beta h)^3}{3!} + \frac{3^5(\beta h)^5}{5!} - \frac{3^7(\beta h)^7}{7!} + \cdots\right]\\&-K_3\left[4\beta h - \frac{4^3(\beta h)^3}{3!} + \frac{4^5(\beta h)^5}{5!} - \frac{4^7(\beta h)^7}{7!} + \cdots\right]\end{aligned}\right\}$$

$$= \alpha^2 \times \left\{\begin{aligned}&\left[-\frac{(2K_1 - K_2)}{3!} - \frac{2^3(-K_1 + 2K_2 - K_3)}{3!} - \frac{3^3(-K_2 + 2K_3)}{3!} + \frac{4^3K_3}{3!} - \frac{4^3}{2\times 3!}\right](\beta h)^3\\&+\left[-\frac{(2K_1 - K_2)}{5!} - \frac{2^5(-K_1 + 2K_2 - K_3)}{5!} - \frac{3^5(-K_2 + 2K_3)}{5!} + \frac{4^5K_3}{5!} - \frac{4^5}{2\times 5!}\right](\beta h)^5\\&+\left[-\frac{(2K_1 - K_2)}{7!} - \frac{2^7(-K_1 + 2K_2 - K_3)}{7!} - \frac{3^7(-K_2 + 2K_3)}{7!} + \frac{4^7K_3}{7!} - \frac{4^7}{2\times 7!}\right](\beta h)^7\end{aligned}\right\}$$

$$+ O\{\alpha^2(\beta h)^7\} \tag{3-57}$$

式中：$O\{\alpha^2(\beta h)^7\}$ 为 $\alpha^2(\beta h)^7$ 的同阶无穷小。令 $(\beta h)^3$、$(\beta h)^5$、$(\beta h)^7$ 项系数为0，可以解得 $K_1 = \frac{214}{105}, K_2 = \frac{92}{105}, K_3 = \frac{54}{105}$，于是式(3-48)写为

$$\begin{aligned}\hat{\boldsymbol{\phi}}_k(t_{k+1}) = \Delta\hat{\boldsymbol{\theta}} &+ \frac{214}{315}\{[\Delta\hat{\boldsymbol{\theta}}_1^\times]\Delta\hat{\boldsymbol{\theta}}_2 + [\Delta\hat{\boldsymbol{\theta}}_2^\times]\Delta\hat{\boldsymbol{\theta}}_3 + [\Delta\hat{\boldsymbol{\theta}}_3^\times]\Delta\hat{\boldsymbol{\theta}}_4\}\\&+\frac{92}{210}\{[\Delta\hat{\boldsymbol{\theta}}_1^\times]\Delta\hat{\boldsymbol{\theta}}_3 + [\Delta\hat{\boldsymbol{\theta}}_2^\times]\Delta\hat{\boldsymbol{\theta}}_4\} + \frac{54}{105}[\Delta\hat{\boldsymbol{\theta}}_1^\times]\Delta\hat{\boldsymbol{\theta}}_4\end{aligned} \tag{3-58}$$

从上述推导可知，上述旋转矢量计算误差为 $O\{\alpha^2(\beta h)^7\}$。

值得注意的是：上述推导中假定了 x_s 轴做圆锥运动，而对于另外两轴做圆锥运动情形也有同样计算公式；圆锥运动补偿项系数 K_1、K_2、K_3 形式上与圆锥运动周期、锥角大小无关；还有其他阶次的圆锥运动补偿方法，它们各有使用场合；这种四阶形式补偿方法已经在中国嫦娥三号着陆器上获得飞行验证。

3. 四元数与角速度计算

四元数计算按照式(3-36)进行，即有

$$\hat{\boldsymbol{q}}(t_{k+1}^-)=\hat{\boldsymbol{q}}_k(t_{k+1}^-)\otimes\hat{\boldsymbol{q}}(t_k) \tag{3-59a}$$

$$\hat{\boldsymbol{q}}_k(t_{k+1}^-)=\begin{bmatrix}[\hat{\bar{\boldsymbol{\phi}}}_k(t_{k+1})/2]\dfrac{\sin[\hat{\phi}_k(t_{k+1})/2]}{[\hat{\phi}_k(t_{k+1})/2]}\\ \cos[\hat{\phi}_k(t_{k+1})/2]\end{bmatrix} \tag{3-59b}$$

角速度计算公式为

$$\hat{\bar{\boldsymbol{\omega}}}=\Delta\hat{\bar{\boldsymbol{\theta}}}/(4h)=(\Delta\hat{\bar{\boldsymbol{\theta}}}_1+\Delta\hat{\bar{\boldsymbol{\theta}}}_2+\Delta\hat{\bar{\boldsymbol{\theta}}}_3+\Delta\hat{\bar{\boldsymbol{\theta}}}_4)/(4h) \tag{3-60}$$

至此，角运动状态外推算法已经得到完整描述。陀螺采样周期和姿态确定周期应当根据工程实际进行适当选择，它不仅要满足状态确定精度需求，还要满足计算量需求。为此，还有一些理论研究专门讨论快周期、慢周期的递推算法应对这些问题。

3.3.2 航天器角运动状态修正

1. 条件整理

对于陀螺测量，由式(3-7a)可以写出：

$$\bar{\boldsymbol{\omega}}(t)=\bar{\boldsymbol{u}}(t)-\bar{\boldsymbol{b}}-\bar{\boldsymbol{\eta}}_1 \tag{3-61}$$

式中：$\bar{\boldsymbol{u}}(t)$ 根据在轨标定结果解算的本体坐标系角速度；$\bar{\boldsymbol{b}}$ 是标定误差引起的偏差量；$\bar{\boldsymbol{\eta}}_1$ 是剩余误差、设为随机变量。它们满足：

$$\bar{\boldsymbol{u}}(t)=[(\boldsymbol{I}+\hat{\boldsymbol{G}}_g)\hat{\boldsymbol{C}}_{g,b}]^{-1}[\bar{\boldsymbol{\omega}}_g(t)-\hat{\bar{\boldsymbol{b}}}_g] \tag{3-62a}$$

$$\frac{\mathrm{d}}{\mathrm{d}t}\bar{\boldsymbol{b}}=\bar{\boldsymbol{\eta}}_2 \tag{3-62b}$$

不妨设 $\overline{\boldsymbol{\eta}}_1$、$\overline{\boldsymbol{\eta}}_2$ 均为零均值高斯白噪声过程，满足：

$$E[\overline{\boldsymbol{\eta}}_1(t)\overline{\boldsymbol{\eta}}_1^{\mathrm{T}}(t')] = Q_1(t)\delta(t-t') \tag{3-63a}$$

$$E[\overline{\boldsymbol{\eta}}_2(t)\overline{\boldsymbol{\eta}}_2^{\mathrm{T}}(t')] = Q_2(t)\delta(t-t') \tag{3-63b}$$

式中：$\delta(t-t')$ 为狄拉克（Dirac）δ 函数。

对于星敏感器测量，不妨设星敏感器输出数据按照式（3-33a）所示时间序列上采样。

对于时刻 t_k，定义 t_k^- 和 t_k^+：t_k^- 是指修正前 t_k 时刻，即 t_k 时刻但尚未利用此刻星敏感器信息进行状态估值修正；t_k^+ 是指修正后 t_k 时刻，即 t_k 时刻且已经利用此刻星敏感器信息进行状态估值修正。

2. 状态外推，$t \in [t_k^+ \quad t_{k+1}^-]$

在此时间段根据 t_k^+ 时刻的状态，利用陀螺信息依据状态方程进行状态外推。

记 $\overline{\boldsymbol{b}}(t)$ 的估值为 $\hat{\overline{\boldsymbol{b}}}(t)$。利用 3.3.1 节的状态外推过程，只需用 $\overline{\boldsymbol{u}}(t)-\hat{\overline{\boldsymbol{b}}}(t)$ 替换 $\overline{\boldsymbol{u}}(t)$，就可以导出考虑了 $\overline{\boldsymbol{b}}(t)$ 的估值 $\hat{\overline{\boldsymbol{b}}}(t)$ 的状态外推结果：

$$\begin{cases} \hat{\boldsymbol{q}}(t_{k+1}^-) = \hat{\boldsymbol{q}}(t)\big|_{t=t_{k+1}^-} & (3-64\mathrm{a}) \\ \hat{\overline{\boldsymbol{b}}}(t_{k+1}^-) = \hat{\overline{\boldsymbol{b}}}(t)\big|_{t=t_{k+1}^-} & (3-64\mathrm{b}) \end{cases}$$

$\hat{\boldsymbol{q}}(t)$ 满足：

$$\dot{\hat{\boldsymbol{q}}}(t) = (1/2)\hat{\boldsymbol{\omega}}(t)\otimes\hat{\boldsymbol{q}}(t) \tag{3-65}$$

式中：

$$\hat{\boldsymbol{\omega}}(t) = [\hat{\overline{\boldsymbol{\omega}}}^{\mathrm{T}}(t) \quad 0]^{\mathrm{T}} \tag{3-65a}$$

并且

$$\hat{\overline{\boldsymbol{\omega}}}(t) = \overline{\boldsymbol{u}}(t) - \hat{\overline{\boldsymbol{b}}}(t) \tag{3-65b}$$

定义姿态估计误差四元数：

$$\delta\boldsymbol{q}(t) = \boldsymbol{q}(t)\otimes\hat{\boldsymbol{q}}^{-1}(t) \tag{3-66}$$

注意到 $\mathrm{d}\hat{\boldsymbol{q}}^{-1}/\mathrm{d}t = -\hat{\boldsymbol{q}}^{-1}\otimes\dot{\hat{\boldsymbol{q}}}\otimes\hat{\boldsymbol{q}}^{-1}$，利用式（3-6）和式（3-65）可得

$$\begin{aligned} \frac{\mathrm{d}}{\mathrm{d}t}\delta\boldsymbol{q} &= (1/2)(\boldsymbol{\omega}\otimes\delta\boldsymbol{q} - \delta\boldsymbol{q}\otimes\hat{\boldsymbol{\omega}}) \\ &= (1/2)(\hat{\boldsymbol{\omega}}\otimes\delta\boldsymbol{q} - \delta\boldsymbol{q}\otimes\hat{\boldsymbol{\omega}}) + (1/2)\delta\boldsymbol{\omega}\otimes\delta\boldsymbol{q} \end{aligned} \tag{3-67}$$

式中:

$$\begin{aligned}\delta\boldsymbol{\omega} &= \boldsymbol{\omega} - \hat{\boldsymbol{\omega}} = [(\delta\bar{\boldsymbol{\omega}})^{\mathrm{T}} \quad 0]^{\mathrm{T}} \\ &= [(\bar{\boldsymbol{\omega}} - \hat{\bar{\boldsymbol{\omega}}})^{\mathrm{T}} \quad 0]^{\mathrm{T}} \\ &= -[(\bar{\boldsymbol{b}} - \hat{\bar{\boldsymbol{b}}} - \bar{\boldsymbol{\eta}}_1)^{\mathrm{T}} \quad 0]^{\mathrm{T}} = -[(\Delta\bar{\boldsymbol{b}} - \bar{\boldsymbol{\eta}}_1)^{\mathrm{T}} \quad 0]^{\mathrm{T}}\end{aligned} \tag{3-68}$$

注意到:

$$\begin{cases}(1/2)(\hat{\boldsymbol{\omega}}\otimes\delta\boldsymbol{q} - \delta\boldsymbol{q}\otimes\hat{\boldsymbol{\omega}}) = [\{[-\hat{\bar{\boldsymbol{\omega}}}^{\times}]\delta\bar{\boldsymbol{q}}\}^{\mathrm{T}} \quad 0]^{\mathrm{T}} & (3-69\mathrm{a}) \\ \delta\boldsymbol{\omega}\otimes\delta\boldsymbol{q} = \delta\bar{\boldsymbol{\omega}} + O(\|\delta\bar{\boldsymbol{\omega}}\|\,\|\delta\bar{\boldsymbol{q}}\|) & (3-69\mathrm{b})\end{cases}$$

代入式(3-67)并忽略二次项得

$$\frac{\mathrm{d}}{\mathrm{d}t}\delta\bar{\boldsymbol{q}} = -[\hat{\bar{\boldsymbol{\omega}}}^{\times}]\delta\bar{\boldsymbol{q}} - (1/2)(\Delta\bar{\boldsymbol{b}} + \bar{\boldsymbol{\eta}}_1) \tag{3-70}$$

引入变量:

$$\begin{cases}\bar{\boldsymbol{x}}(t) = [\delta^{\mathrm{T}}\bar{\boldsymbol{q}}(t) \quad \Delta\bar{\boldsymbol{b}}^{\mathrm{T}}(t)]^{\mathrm{T}} & (3-71\mathrm{a}) \\ \bar{\boldsymbol{w}}(t) = [\bar{\boldsymbol{\eta}}_1^{\mathrm{T}}(t) \quad \bar{\boldsymbol{\eta}}_2^{\mathrm{T}}(t)]^{\mathrm{T}} & (3-71\mathrm{b})\end{cases}$$

可以由式(3-62b)和式(3-70)写出状态方程:

$$\frac{\mathrm{d}}{\mathrm{d}t}\bar{\boldsymbol{x}}(t) = \boldsymbol{F}(t)\bar{\boldsymbol{x}}(t) + \boldsymbol{G}(t)\bar{\boldsymbol{w}}(t) \tag{3-72a}$$

式中:

$$\boldsymbol{F}(t) = \begin{bmatrix} -[\hat{\bar{\boldsymbol{\omega}}}^{\times}] & -(1/2)\boldsymbol{I}_{3\times3} \\ \boldsymbol{0}_{3\times3} & \boldsymbol{0}_{3\times3}\end{bmatrix} \tag{3-72b}$$

$$\boldsymbol{G}(t) = \begin{bmatrix} -(1/2)\boldsymbol{I}_{3\times3} & \boldsymbol{0}_{3\times3} \\ \boldsymbol{0}_{3\times3} & \boldsymbol{I}_{3\times3}\end{bmatrix} \tag{3-72c}$$

$\bar{\boldsymbol{w}}(t)$是零均值高斯白噪声过程,并且:

$$\begin{aligned}E[\bar{\boldsymbol{w}}(t)\bar{\boldsymbol{w}}^{\mathrm{T}}(t')] &= E\{[\bar{\boldsymbol{\eta}}_1^{\mathrm{T}} \quad \bar{\boldsymbol{\eta}}_2^{\mathrm{T}}][\bar{\boldsymbol{\eta}}_1^{\mathrm{T}} \quad \bar{\boldsymbol{\eta}}_2^{\mathrm{T}}]^{\mathrm{T}}\} \\ &= \begin{bmatrix}\boldsymbol{Q}_1(t) & 0 \\ 0 & \boldsymbol{Q}_2(t)\end{bmatrix}\delta(t-t') = \boldsymbol{Q}(t)\delta(t-t')\end{aligned} \tag{3-72d}$$

引入状态估计方差矩阵:

$$\boldsymbol{P}(t)=E[\bar{\boldsymbol{x}}(t)\bar{\boldsymbol{x}}^{\mathrm{T}}(t)]=\begin{bmatrix}\boldsymbol{P}_{11}(t) & \boldsymbol{P}_{12}(t)\\ \boldsymbol{P}_{21}(t) & \boldsymbol{P}_{22}(t)\end{bmatrix} \tag{3-73}$$

利用式(3-72)可以写出：

$$\dot{\boldsymbol{P}}(t)=\boldsymbol{F}(t)\boldsymbol{P}(t)+\boldsymbol{P}(t)\boldsymbol{F}^{\mathrm{T}}(t)+\boldsymbol{G}(t)\boldsymbol{Q}(t)\boldsymbol{G}^{\mathrm{T}}(t) \tag{3-74a}$$

由此可以解出：

$$\boldsymbol{P}(t_{k+1}^{-})=\boldsymbol{P}(t)\big|_{t=t_{k+1}^{-}}=E[\bar{\boldsymbol{x}}(t_{k+1}^{-})\bar{\boldsymbol{x}}^{\mathrm{T}}(t_{k+1}^{-})] \tag{3-74b}$$

3.状态修正，时间 t 从 t_{k+1}^{-} 到 t_{k+1}^{+}

在此时刻，根据 t_{k+1}^{-} 时刻的状态外推结果，利用星敏感器信息进行状态修正。

重写式(3-19)描述的星敏感器测量模型：

$$\bar{\boldsymbol{x}}_{\mathrm{STS},i,m}(t_{k+1})=\boldsymbol{C}^{\mathrm{T}}[\boldsymbol{q}(t_{k+1})][\bar{\boldsymbol{x}}_{\mathrm{STS},s}-\bar{\boldsymbol{y}}_{\mathrm{STS},s}n_{\mathrm{STS},z}+\bar{\boldsymbol{z}}_{\mathrm{STS},s}n_{\mathrm{STS},y}](t_{k+1}) \tag{3-75a}$$

$$\bar{\boldsymbol{y}}_{\mathrm{STS},i,m}(t_{k+1})=\boldsymbol{C}^{\mathrm{T}}[\boldsymbol{q}(t_{k+1})][\bar{\boldsymbol{y}}_{\mathrm{STS},s}+\bar{\boldsymbol{x}}_{\mathrm{STS},s}n_{\mathrm{STS},z}-\bar{\boldsymbol{z}}_{\mathrm{STS},s}n_{\mathrm{STS},x}](t_{k+1}) \tag{3-75b}$$

$$\bar{\boldsymbol{z}}_{\mathrm{STS},i,m}(t_{k+1})=\boldsymbol{C}^{\mathrm{T}}[\boldsymbol{q}(t_{k+1})][\bar{\boldsymbol{z}}_{\mathrm{STS},s}-\bar{\boldsymbol{x}}_{\mathrm{STS},s}n_{\mathrm{STS},y}+\bar{\boldsymbol{y}}_{\mathrm{STS},s}n_{\mathrm{STS},x}](t_{k+1}) \tag{3-75c}$$

引入测量方程：

$$\begin{cases}\bar{\boldsymbol{y}}(t_{k+1})=[\bar{\boldsymbol{y}}_x(t_{k+1})+\bar{\boldsymbol{y}}_y(t_{k+1})+\bar{\boldsymbol{y}}_z(t_{k+1})]/4 & (3-76\text{a})\\ \bar{\boldsymbol{y}}_x(t_{k+1})=[\bar{\boldsymbol{x}}_{\mathrm{STS},s}{}^{\times}]\boldsymbol{C}[\hat{\boldsymbol{q}}(t_{k+1}^{-})]\bar{\boldsymbol{x}}_{\mathrm{STS},i,m}(t_{k+1}) & (3-76\text{b})\\ \bar{\boldsymbol{y}}_y(t_{k+1})=[\bar{\boldsymbol{y}}_{\mathrm{STS},s}{}^{\times}]\boldsymbol{C}[\hat{\boldsymbol{q}}(t_{k+1}^{-})]\bar{\boldsymbol{y}}_{\mathrm{STS},i,m}(t_{k+1}) & (3-76\text{c})\\ \bar{\boldsymbol{y}}_z(t_{k+1})=[\bar{\boldsymbol{z}}_{\mathrm{STS},s}{}^{\times}]\boldsymbol{C}[\hat{\boldsymbol{q}}(t_{k+1}^{-})]\bar{\boldsymbol{z}}_{\mathrm{STS},i,m}(t_{k+1}) & (3-76\text{d})\end{cases}$$

可以推得

$$\begin{aligned}\bar{\boldsymbol{y}}_x(t_{k+1})&=[\bar{\boldsymbol{x}}_{\mathrm{STS},s}{}^{\times}]\boldsymbol{C}[\hat{\boldsymbol{q}}(t_{k+1}^{-})]\bar{\boldsymbol{x}}_{\mathrm{STS},i,m}(t_{k+1})\\ &=[\bar{\boldsymbol{x}}_{\mathrm{STS},s}{}^{\times}]\boldsymbol{C}[\hat{\boldsymbol{q}}(t_{k+1}^{-})]\boldsymbol{C}^{\mathrm{T}}[\boldsymbol{q}(t_{k+1})][\bar{\boldsymbol{x}}_{\mathrm{STS},s}-\bar{\boldsymbol{y}}_{\mathrm{STS},s}n_{\mathrm{STS},z}(t_{k+1})\\ &\quad+\bar{\boldsymbol{z}}_{\mathrm{STS},s}n_{\mathrm{STS},y}(t_{k+1})]\\ &=[\bar{\boldsymbol{x}}_{\mathrm{STS},s}{}^{\times}]\boldsymbol{C}[\hat{\boldsymbol{q}}(t_{k+1}^{-})\otimes\boldsymbol{q}^{-1}(t_{k+1})][\bar{\boldsymbol{x}}_{\mathrm{STS},s}-\bar{\boldsymbol{y}}_{\mathrm{STS},s}n_{\mathrm{STS},z}(t_{k+1})\\ &\quad+\bar{\boldsymbol{z}}_{\mathrm{STS},s}n_{\mathrm{STS},y}(t_{k+1})]\\ &=[\bar{\boldsymbol{x}}_{\mathrm{STS},s}{}^{\times}]\boldsymbol{C}[\delta^{-1}\boldsymbol{q}(t_{k+1}^{-})][\bar{\boldsymbol{x}}_{\mathrm{STS},s}-\bar{\boldsymbol{y}}_{\mathrm{STS},s}n_{\mathrm{STS},z}(t_{k+1})\\ &\quad+\bar{\boldsymbol{z}}_{\mathrm{STS},s}n_{\mathrm{STS},y}(t_{k+1})]\\ &=[\bar{\boldsymbol{x}}_{\mathrm{STS},s}{}^{\times}]\boldsymbol{C}[\delta^{-1}\boldsymbol{q}(t_{k+1}^{-})]\bar{\boldsymbol{x}}_{\mathrm{STS},s}+\bar{\boldsymbol{n}}_x(t_{k+1})\end{aligned}$$

$$=[\bar{x}_{STS,s}{}^{\times}]\{I+2[\delta\bar{q}(t_{k+1}^{-})^{\times}]\}\bar{x}_{STS,s}+\bar{n}_{x}(t_{k+1})$$

$$=2\delta\bar{q}(t_{k+1}^{-})-2[\delta^{T}\bar{q}(t_{k+1}^{-})\bar{x}_{STS,s}]\bar{x}_{STS,s}+\bar{n}_{x}(t_{k+1}) \tag{3-77a}$$

$$\bar{n}_{x}(t_{k+1})=[\bar{x}_{STS,s}{}^{\times}]C[\delta^{-1}q(t_{k+1}^{-})][\bar{z}_{STS,s}n_{STS,y}(t_{k+1})-\bar{y}_{STS,s}n_{STS,z}(t_{k+1})]$$

$$=-[\bar{y}_{STS,s}n_{STS,y}(t_{k+1})+\bar{z}_{STS,s}n_{STS,z}(t_{k+1})] \tag{3-77b}$$

在上述推导中，利用了误差四元数 $\delta q(t_{k+1})$ 对应小角度旋转的假设。同理可得

$$\begin{cases}\bar{y}_{y}(t_{k+1})=[\bar{y}_{STS,s}{}^{\times}]C[\hat{q}(t_{k+1}^{-})]\bar{y}_{STS,i,m}(t_{k+1})\\ \qquad=2\delta\bar{q}(t_{k+1}^{-})-2[\delta^{T}\bar{q}(t_{k+1}^{-})\bar{y}_{STS,s}]\bar{y}_{STS,s}+\bar{n}_{y}(t_{k+1}) & (3-78a)\\ \bar{n}_{y}(t_{k+1})=[\bar{y}_{STS,s}{}^{\times}]C[\delta^{-1}q(t_{k+1}^{-})][\bar{x}_{STS,s}n_{STS,z}(t_{k+1})-\bar{z}_{STS,s}n_{STS,x}(t_{k+1})]\\ \qquad=-[\bar{x}_{STS,s}n_{STS,x}(t_{k+1})+\bar{z}_{STS,s}n_{STS,z}(t_{k+1})] & (3-78b)\end{cases}$$

$$\begin{cases}\bar{y}_{z}(t_{k+1})=[\bar{z}_{STS,s}{}^{\times}]C[\hat{q}(t_{k+1}^{-})]\bar{z}_{STS,i,m}(t_{k+1})\\ \qquad=2\delta\bar{q}(t_{k+1}^{-})-2[\delta^{T}\bar{q}(t_{k+1}^{-})\bar{z}_{STS,s}]\bar{z}_{STS,s}+\bar{n}_{z}(t_{k+1}) & (3-79a)\\ \bar{n}_{z}(t_{k+1})=[\bar{z}_{STS,s}{}^{\times}]C[\delta^{-1}q(t_{k+1}^{-})][\bar{y}_{STS,s}n_{STS,x}(t_{k+1})-\bar{x}_{STS,s}n_{STS,y}(t_{k+1})]\\ \qquad=-[\bar{x}_{STS,s}n_{STS,x}(t_{k+1})+\bar{y}_{STS,s}n_{STS,y}(t_{k+1})] & (3-79b)\end{cases}$$

将式(3-77)~式(3-79)代入式(3-76)得

$$\begin{aligned}\bar{y}(t_{k+1})&=[\bar{y}_{x}(t_{k+1})+\bar{y}_{y}(t_{k+1})+\bar{y}_{z}(t_{k+1})]/4\\ &=\{2\delta\bar{q}(t_{k+1}^{-})-2\bar{x}_{STS,s}[(\bar{x}_{STS,s})^{T}\delta\bar{q}(t_{k+1}^{-})]+\bar{n}_{x}(t_{k+1})\\ &\quad+2\delta\bar{q}(t_{k+1}^{-})-2\bar{y}_{STS,s}[(\bar{y}_{STS,s})^{T}\delta\bar{q}(t_{k+1}^{-})]+\bar{n}_{y}(t_{k+1})\\ &\quad+2\delta\bar{q}(t_{k+1}^{-})-2\bar{z}_{STS,s}[(\bar{z}_{STS,s})^{T}\delta\bar{q}(t_{k+1}^{-})]+\bar{n}_{z}(t_{k+1})\}/4\\ &=\{6\delta\bar{q}(t_{k+1}^{-})-2[\bar{x}_{STS,s}(\bar{x}_{STS,s})^{T}+\bar{y}_{STS,s}(\bar{y}_{STS,s})^{T}\\ &\quad+\bar{z}_{STS,s}(\bar{z}_{STS,s})^{T}]\delta\bar{q}(t_{k+1}^{-})\}/4+\bar{n}_{STS}(t_{k+1})\\ &=\delta\bar{q}(t_{k+1}^{-})+\bar{n}_{STS}(t_{k+1})\end{aligned} \tag{3-80a}$$

$$\begin{aligned}\bar{n}_{STS}(t_{k+1})&=\{\bar{n}_{x}(t_{k+1})+\bar{n}_{y}(t_{k+1})+\bar{n}_{z}(t_{k+1})\}/4\\ &=-[\bar{x}_{STS,s}n_{STS,x}(t_{k+1})+\bar{y}_{STS,s}n_{STS,y}(t_{k+1})\\ &\quad+\bar{z}_{STS,s}n_{STS,z}(t_{k+1})]/2\end{aligned} \tag{3-80b}$$

可以设 $\bar{n}_{STS}$ 是零均值白噪声过程，并且记：

$$E[\bar{n}_{STS}(t_k)\bar{n}_{STS}{}^{T}(t_l)]=R(t_k)\delta(t_k-t_l) \tag{3-81}$$

式中：$\delta(t_k-t_l)$ 是克罗内克 δ 函数。

引入修正公式：

$$\begin{cases}\hat{\boldsymbol{q}}(t_{k+1}^{+})=\delta\hat{\boldsymbol{q}}(t_{k+1}^{+})\otimes\hat{\boldsymbol{q}}(t_{k+1}^{-}) & (3-82\text{a})\\ \hat{\bar{\boldsymbol{b}}}(t_{k+1}^{+})=\hat{\bar{\boldsymbol{b}}}(t_{k+1}^{-})+\Delta\hat{\bar{\boldsymbol{b}}}(t_{k+1}^{+}) & (3-82\text{b})\end{cases}$$

式中：

$$\begin{cases}\delta\hat{\bar{\boldsymbol{q}}}(t_{k+1}^{+})=\boldsymbol{K}_1(t_{k+1})\bar{\boldsymbol{y}}(t_{k+1}) & (3-83\text{a})\\ \Delta\hat{\bar{\boldsymbol{b}}}(t_{k+1}^{+})=\boldsymbol{K}_2(t_{k+1})\bar{\boldsymbol{y}}(t_{k+1}) & (3-83\text{b})\\ \boldsymbol{K}(t_{k+1})=[\boldsymbol{K}_1^{\mathrm{T}}(t_{k+1})\boldsymbol{K}_2^{\mathrm{T}}(t_{k+1})]^{\mathrm{T}} & (3-83\text{c})\\ =\boldsymbol{P}(t_{k+1}^{-})\boldsymbol{H}^{\mathrm{T}}(t_{k+1})[\boldsymbol{H}(t_{k+1})\boldsymbol{P}(t_{k+1}^{-})\boldsymbol{H}^{\mathrm{T}}(t_{k+1})+\boldsymbol{R}(t_{k+1})]^{-1} & \\ \boldsymbol{H}(t_{k+1})=[I\quad 0] & (3-83\text{d})\end{cases}$$

由式(3－83a)，注意到：

$$\delta\boldsymbol{q}(t_{k+1}^{+})=\boldsymbol{q}(t_{k+1})\otimes\hat{\boldsymbol{q}}^{-1}(t_{k+1}^{+})=\boldsymbol{q}(t_{k+1})\otimes[\delta\hat{\boldsymbol{q}}(t_{k+1}^{+})\otimes\hat{\boldsymbol{q}}(t_{k+1}^{-})]\tag{3-84}$$

于是：

$$\begin{aligned}\delta\boldsymbol{q}(t_{k+1}^{+})&=\boldsymbol{q}(t_{k+1})\otimes\hat{\boldsymbol{q}}^{-1}(t_{k+1}^{+})=\boldsymbol{q}(t_{k+1})\otimes[\delta\hat{\boldsymbol{q}}(t_{k+1}^{+})\otimes\hat{\boldsymbol{q}}(t_{k+1}^{-})]^{-1}\\&=\boldsymbol{q}(t_{k+1})\otimes\{\boldsymbol{q}[\boldsymbol{K}_1(t_{k+1})\bar{\boldsymbol{y}}(t_{k+1})]\otimes\hat{\boldsymbol{q}}(t_{k+1}^{-})\}^{-1}\\&=\boldsymbol{q}(t_{k+1})\otimes\hat{\boldsymbol{q}}^{-1}(t_{k+1}^{-})\otimes\boldsymbol{q}^{-1}[\boldsymbol{K}_1(t_{k+1})\bar{\boldsymbol{y}}(t_{k+1})]\\&=\delta\boldsymbol{q}(t_{k+1}^{-})\otimes\boldsymbol{q}^{-1}\{\boldsymbol{K}_1(t_{k+1})[\delta\bar{\boldsymbol{q}}(t_{k+1}^{-})+\bar{\boldsymbol{n}}_{\mathrm{STS}}(t_{k+1})]\}\end{aligned}$$

式中：$\boldsymbol{q}[\boldsymbol{K}_1\bar{\boldsymbol{y}}(t_{k+1})]$为矢量部分为$\boldsymbol{K}_1\bar{\boldsymbol{y}}(t_{k+1})$的单位四元数；其余类似表示意义类同。于是利用四元数对应旋转矢量的和的定义及其公式，可以写出：

$$\begin{aligned}\delta\bar{\boldsymbol{q}}(t_{k+1}^{+})&=\delta\bar{\boldsymbol{q}}(t_{k+1}^{-})-\boldsymbol{K}_1(t_{k+1})\delta\bar{\boldsymbol{q}}(t_{k+1}^{-})-\boldsymbol{K}_1(t_{k+1})\bar{\boldsymbol{n}}_{\mathrm{STS}}(t_{k+1})\\&=[\boldsymbol{I}-\boldsymbol{K}_1(t_{k+1})]\delta\bar{\boldsymbol{q}}(t_{k+1}^{-})-\boldsymbol{K}_1(t_{k+1})\bar{\boldsymbol{n}}_{\mathrm{STS}}(t_{k+1})\end{aligned}\tag{3-85}$$

式中推导利用了小角度旋转假设。另外由式(3－83b)可以得到

$$\begin{aligned}\Delta\bar{\boldsymbol{b}}(t_{k+1}^{+})&=\bar{\boldsymbol{b}}-\hat{\bar{\boldsymbol{b}}}(t_{k+1}^{+})=[\bar{\boldsymbol{b}}-\hat{\bar{\boldsymbol{b}}}(t_{k+1}^{-})]-\Delta\hat{\bar{\boldsymbol{b}}}(t_{k+1}^{+})\\&=\Delta\bar{\boldsymbol{b}}(t_{k+1}^{-})-\Delta\hat{\bar{\boldsymbol{b}}}(t_{k+1}^{+})\\&=\Delta\bar{\boldsymbol{b}}(t_{k+1}^{-})-\boldsymbol{K}_2(t_{k+1})\bar{\boldsymbol{y}}(t_{k+1})\\&=\Delta\bar{\boldsymbol{b}}(t_{k+1}^{-})-\boldsymbol{K}_2(t_{k+1})[\delta\bar{\boldsymbol{q}}(t_{k+1}^{-})+\bar{\boldsymbol{n}}_{\mathrm{STS}}(t_{k+1})]\\&=\Delta\bar{\boldsymbol{b}}(t_{k+1}^{-})-\boldsymbol{K}_2(t_{k+1})\delta\bar{\boldsymbol{q}}(t_{k+1}^{-})-\boldsymbol{K}_2(t_{k+1})\bar{\boldsymbol{n}}_{\mathrm{STS}}(t_{k+1})\end{aligned}\tag{3-86}$$

利用与式(3-74)一致记号：

$$\begin{cases}\bar{\boldsymbol{x}}(t_{k+1}^{+}) = [(\delta\bar{\boldsymbol{q}}(t_{k+1}^{+}))^{\mathrm{T}} \quad \Delta\bar{\boldsymbol{b}}^{\mathrm{T}}(t_{k+1}^{+})]^{\mathrm{T}} & (3-87\mathrm{a}) \\ P(t_{k+1}^{+}) = E[\bar{\boldsymbol{x}}(t_{k+1}^{+})\bar{\boldsymbol{x}}^{\mathrm{T}}(t_{k+1}^{+})] & (3-87\mathrm{b})\end{cases}$$

综合式(3-85)和式(3-86)可以写出：

$$\begin{aligned}\bar{\boldsymbol{x}}(t_{k+1}^{+}) &= \bar{\boldsymbol{x}}(t_{k+1}^{-}) - \boldsymbol{K}(t_{k+1})\bar{\boldsymbol{y}}(t_{k+1}) \\ &= \bar{\boldsymbol{x}}(t_{k+1}^{-}) - \boldsymbol{K}(t_{k+1})[\boldsymbol{H}(t_{k+1})\bar{\boldsymbol{x}}(t_{k+1}^{-}) + \bar{\boldsymbol{n}}_{\mathrm{STS}}(t_{k+1})]\end{aligned} \quad (3-88\mathrm{a})$$

和 $$\boldsymbol{P}(t_{k+1}^{+}) = [\boldsymbol{I} - \boldsymbol{K}(t_{k+1}^{+})\boldsymbol{H}(t_{k+1}^{+})]\boldsymbol{P}(t_{k+1}^{-}) \quad (3-88\mathrm{b})$$

式(3-82)、式(3-83)、式(3-88)、式(3-74)构成了完整的状态修正公式。

4. 收敛性和讨论

3.3.2 节所述修正公式实际上是一种扩展卡尔曼滤波，其收敛性可以仿照扩展卡尔曼滤波收敛性进行讨论。本节仅以忽略随机噪声的特殊情况展开讨论。引入记号$\overline{(\ )}$为单位四元数的矢量部分。则根据上节公式可以推导如下：

$$\begin{aligned}\overline{\delta\boldsymbol{q}(t_{k+1}^{-})} &= \boldsymbol{\Phi}(t_{k+1},t_k)\overline{\delta\boldsymbol{q}(t_k^{+})} \\ &= \boldsymbol{\Phi}(t_{k+1},t_k)\overline{\boldsymbol{q}(t_k)\otimes\hat{\boldsymbol{q}}^{-1}(t_k^{+})} \\ &= \boldsymbol{\Phi}(t_{k+1},t_k)\overline{\boldsymbol{q}(t_k)\otimes[\delta\hat{\boldsymbol{q}}(t_k^{+})\otimes\hat{\boldsymbol{q}}^{-1}(t_k^{-})]^{-1}} \\ &= \boldsymbol{\Phi}(t_{k+1},t_k)\overline{\boldsymbol{q}(t_k)\otimes\hat{\boldsymbol{q}}^{-1}(t_k^{-})\otimes[\delta\hat{\boldsymbol{q}}(t_k^{+})]^{-1}} \\ &= \boldsymbol{\Phi}(t_{k+1},t_k)\overline{\delta\boldsymbol{q}(t_k^{-})\otimes[\delta\hat{\boldsymbol{q}}(t_k^{+})]^{-1}} \\ &\approx \boldsymbol{\Phi}(t_{k+1},t_k)[\overline{\delta\boldsymbol{q}(t_k^{-})} + \overline{[\delta\hat{\boldsymbol{q}}(t_k^{+})]^{-1}}] \\ &= \boldsymbol{\Phi}(t_{k+1},t_k)[\overline{\delta\boldsymbol{q}(t_k^{-})} - \overline{\delta\hat{\boldsymbol{q}}(t_k^{+})}] \\ &= \boldsymbol{\Phi}(t_{k+1},t_k)[\overline{\delta\boldsymbol{q}(t_k^{-})} - \boldsymbol{K}_1(t_k)\overline{\delta\boldsymbol{q}(t_k^{-})}] \\ &= \boldsymbol{\Phi}(t_{k+1},t_k)[\boldsymbol{I} - \boldsymbol{K}_1(t_k)]\overline{\delta\boldsymbol{q}(t_k^{-})}\end{aligned} \quad (3-89)$$

式中：$\boldsymbol{\Phi}(t_{k+1},t_k)$是状态方程式(3-72)对应的状态转移矩阵。显然只要对所有 k

$$\|\boldsymbol{\Phi}(t_{k+1},t_k)[\boldsymbol{I} - \boldsymbol{K}_1(t_k)]\| < 1 \quad (3-90)$$

则当 $k\to\infty$时有$\overline{\delta\boldsymbol{q}(t_{k+1}^{-})}\to 0$，进而可有$\overline{\delta\boldsymbol{q}(t_{k+1}^{+})}\to 0$。

此外，在本节讨论中仅考虑了星敏感器测量为三轴测量信息完全、即全姿态测量情况。而只有单轴或两轴的矢量测量情况可以类似讨论，这里不再赘述。

3.3.3 陀螺在轨标定

考虑星敏感器 + IMU 构成的姿态测量系统。在轨标定广义上包括：外参数对准标定和内参数标定。外参数对准标定目的是确定航天器上各个敏感器安装，使得星上敏感器测量坐标系统一到一个基准坐标系上；这样只要基准坐标系相对本体坐标系姿态一定，就可以保证航天器本体坐标系相对惯性坐标系的姿态测量是正确的；系统对准的基准坐标系可以是两种测量敏感器的任一个；这里采用星敏感器测量坐标系作为基准，采用 IMU 测量坐标系作为基准可以同理讨论，而在工程实际中可以根据敏感器安装相对本体坐标系在地面与空间环境的变化情况灵活选择。内参数标定主要包括陀螺固有参数的确定，包括刻度因子、常值漂移等。

对于多个星敏感器、多个 IMU 构成的姿态测量系统，在轨标定首先需要选择一个星敏感器作为基准，然后利用该星敏感器和其他星敏感器测量信息确定其他星敏感器安装，通常称为星敏感器互标；而后利用多个星敏感器和相应 IMU 测量信息确定相应 IMU 的安装，通常称为 IMU 中的陀螺标定。星敏感器互标相对简单，这里不加讨论。IMU 中陀螺标定较为复杂，这里重点论述。为了说明问题，考虑单个星敏感器 + 单个 IMU 配置，并且 IMU 中有 3 个标称情况下输入轴两两正交的陀螺。

1. 标定状态空间方程

考察陀螺模型式(3-7)，其中标称安装矩阵 $\boldsymbol{C}_{g,b}$ 以及陀螺输出 $\overline{\boldsymbol{\omega}}_g(t)$ 均为已知量。由此引入标称安装下陀螺测量角速度在本体坐标系表示：

$$\overline{\boldsymbol{\omega}}'(t)=\boldsymbol{C}_{g,b}^{\mathrm{T}}\overline{\boldsymbol{\omega}}_g(t)=\boldsymbol{C}_{g,b}^{\mathrm{T}}(\boldsymbol{I}+\boldsymbol{G}_g)\boldsymbol{C}_{g,b}\overline{\boldsymbol{\omega}}(t)+\boldsymbol{C}_{g,b}^{\mathrm{T}}\overline{\boldsymbol{b}}_g+\boldsymbol{C}_{g,b}^{\mathrm{T}}\overline{\boldsymbol{\Delta}}_{\mathrm{rate}}(t) \tag{3-91}$$

引入角速度误差 $\tilde{\overline{\boldsymbol{\omega}}}(t)$：

$$\tilde{\overline{\boldsymbol{\omega}}}(t)=\boldsymbol{C}_{g,b}^{\mathrm{T}}\boldsymbol{G}_g\boldsymbol{C}_{g,b}\overline{\boldsymbol{\omega}}(t)+\boldsymbol{C}_{g,b}^{\mathrm{T}}\overline{\boldsymbol{b}}_g+\boldsymbol{C}_{g,b}^{\mathrm{T}}\overline{\boldsymbol{\Delta}}_{\mathrm{rate}}(t) \tag{3-92}$$

再引入角速度 $\overline{\boldsymbol{\omega}}'(t)$ 对应单位四元数 $\boldsymbol{q}'(t)$，$\boldsymbol{q}'(t)$ 满足：

$$\frac{\mathrm{d}}{\mathrm{d}t}\boldsymbol{q}'(t)=(1/2)\boldsymbol{\omega}'(t)\otimes\boldsymbol{q}'(t) \tag{3-93}$$

式中：

$$\boldsymbol{\omega}'(t)=[\overline{\boldsymbol{\omega}}'^{\mathrm{T}}(t)0]^{\mathrm{T}}$$

注意到本体坐标系相对惯性坐标系的单位四元数和角速度仍由 $\boldsymbol{q}(t)$ 和

$\overline{\boldsymbol{\omega}}(t)$表示,满足方程式(3-6)。定义误差四元数 $\delta\boldsymbol{q}'(t)$:

$$\delta\boldsymbol{q}'(t)=\boldsymbol{q}(t)\otimes\boldsymbol{q}'^{-1}(t) \tag{3-94}$$

则容易导出:

$$\begin{aligned}
\delta\dot{\boldsymbol{q}}'(t)&=\dot{\boldsymbol{q}}(t)\otimes\boldsymbol{q}'^{-1}(t)+\boldsymbol{q}(t)\otimes\dot{\boldsymbol{q}}'^{-1}(t)\\
&=\dot{\boldsymbol{q}}(t)\otimes\boldsymbol{q}'^{-1}(t)+\boldsymbol{q}(t)\otimes[-\boldsymbol{q}'^{-1}(t)\otimes\dot{\boldsymbol{q}}'(t)\otimes\boldsymbol{q}'^{-1}(t)]\\
&=(1/2)\boldsymbol{\omega}(t)\otimes\boldsymbol{q}(t)\otimes\boldsymbol{q}'^{-1}(t)-(1/2)\boldsymbol{q}(t)\otimes\boldsymbol{q}'^{-1}(t)\otimes\boldsymbol{\omega}'(t)\\
&=(1/2)\boldsymbol{\omega}(t)\otimes\delta\boldsymbol{q}'(t)-(1/2)\delta\boldsymbol{q}'(t)\otimes\boldsymbol{\omega}'(t)\\
&=(1/2)[\boldsymbol{\omega}(t)\otimes\delta\boldsymbol{q}'(t)-\delta\boldsymbol{q}'(t)\otimes\boldsymbol{\omega}'(t)]\\
&=(1/2)[\boldsymbol{\omega}(t)\otimes\delta\boldsymbol{q}'(t)-\delta\boldsymbol{q}'(t)\otimes\boldsymbol{\omega}(t)]\\
&\quad+(1/2)\{\delta\boldsymbol{q}'(t)\otimes[\boldsymbol{\omega}(t)-\boldsymbol{\omega}'(t)]\}\\
&=(1/2)[\boldsymbol{\omega}(t)\otimes\delta\boldsymbol{q}'(t)-\delta\boldsymbol{q}'(t)\otimes\boldsymbol{\omega}(t)]-(1/2)\delta\boldsymbol{q}'(t)\otimes\tilde{\boldsymbol{\omega}}'(t)
\end{aligned} \tag{3-95}$$

注意到:

$$(1/2)[\boldsymbol{\omega}(t)\otimes\delta\boldsymbol{q}'(t)-\delta\boldsymbol{q}'(t)\otimes\boldsymbol{\omega}(t)]=[-\{[\overline{\boldsymbol{\omega}}(t)^{\times}]\delta\overline{\boldsymbol{q}}'(t)\}^{\mathrm{T}}\quad 0]^{\mathrm{T}}$$

$$\delta\boldsymbol{q}'(t)\otimes\tilde{\boldsymbol{\omega}}'(t)=\tilde{\boldsymbol{\omega}}'(t)+O(\|\delta\overline{\boldsymbol{q}}(t)\|\,\|\tilde{\boldsymbol{\omega}}'(t)\|)$$

忽略二阶项可得

$$\frac{\mathrm{d}}{\mathrm{d}t}\delta\overline{\boldsymbol{q}}'(t)=-[\overline{\boldsymbol{\omega}}(t)^{\times}]\delta\overline{\boldsymbol{q}}'(t)-(1/2)\overline{\tilde{\boldsymbol{\omega}}}'(t) \tag{3-96}$$

注意到式(3-96)与其类似式(3-70)有细微差别:式(3-70)右边第一项利用了角速度估值,而式(3-96)右边第一项利用了真实角速度。

定义标定状态:

$$\begin{cases}
\boldsymbol{X}=[\delta^{\mathrm{T}}\overline{\boldsymbol{q}}'\quad\overline{\boldsymbol{\Delta}}_g^{\mathrm{T}}\quad\overline{\boldsymbol{b}}_g^{\mathrm{T}}]^{\mathrm{T}} & \text{(3-97a)}\\
\boldsymbol{\Delta}_g=[\varepsilon_{g,1}\quad\theta_{g,12}\quad\theta_{g,13}\quad\theta_{g,21}\quad\theta_{g,2}\quad\theta_{g,23}\quad\theta_{g,31}\quad\theta_{g,32}\quad\theta_{g,3}]^{\mathrm{T}} & \text{(3-97b)}
\end{cases}$$

注意到 $\boldsymbol{\Delta}_G$、$\overline{\boldsymbol{b}}_g$ 为常矢量,根据式(3-96)可导得标定的连续时间状态方程:

$$\frac{\mathrm{d}}{\mathrm{d}t}\boldsymbol{X}(t)=\begin{bmatrix}-[\overline{\boldsymbol{\omega}}(t)^{\times}] & -(1/2)\boldsymbol{M} & -(1/2)\boldsymbol{C}_{g,b}^{\mathrm{T}}\\ 0 & 0 & 0\\ 0 & 0 & 0\end{bmatrix}\boldsymbol{X}(t)+\begin{bmatrix}\boldsymbol{C}_{g,b}^{\mathrm{T}}\\ 0\\ 0\end{bmatrix}\overline{\boldsymbol{\Delta}}_{\mathrm{rate}}(t) \tag{3-98}$$

式中：
$$M = C_{g,b}^{\mathrm{T}}\begin{bmatrix} [C_{g,b}\bar{\boldsymbol{\omega}}(t)]^{\mathrm{T}} & 0 & 0 \\ 0 & [C_{g,b}\bar{\boldsymbol{\omega}}(t)]^{\mathrm{T}} & 0 \\ 0 & 0 & [C_{g,b}\bar{\boldsymbol{\omega}}(t)]^{\mathrm{T}} \end{bmatrix}$$

方程式(3 -98)在时间上离散化,可以写出

$$X(t_{k+1}) = \Phi'(t_{k+1},t_k)X(t_k) + \Gamma'(t_{k+1})w'(t_{k+1}) \tag{3-99}$$

这里 $\Phi'(t_{k+1},t_k)$是方程式(3 -98)的状态转移矩阵,$\Gamma'(t_{k+1})w'(t_{k+1})$是过程噪声的离散化表示。

由式(3 -75)引入测量方程:

$$\bar{y}'(t_{k+1}) = [\bar{y}'_x(t_{k+1}) + \bar{y}'_y(t_{k+1}) + \bar{y}'_z(t_{k+1})]/4 \tag{3-100a}$$

$$\bar{y}'_x(t_{k+1}) = [\bar{x}_{\mathrm{STS},s}\times]C[q'(t_{k+1})]\bar{x}_{\mathrm{STS},i,m}(t_{k+1}) \tag{3-100b}$$

$$\bar{y}'_y(t_{k+1}) = [\bar{y}_{\mathrm{STS},s}\times]C[q'(t_{k+1})]\bar{y}_{\mathrm{STS},i,m}(t_{k+1}) \tag{3-100c}$$

$$\bar{y}'_z(t_{k+1}) = [\bar{z}_{\mathrm{STS},s}\times]C[q'(t_{k+1})]\bar{z}_{\mathrm{STS},i,m}(t_{k+1}) \tag{3-100d}$$

式中:$q'(t_k) = q'(t)|_{t=t_k}$,而 $q'(t)$可由式(3 -91)和式(3 -93)解算得到。完全平行于第3.3.2节的推导,可以写出

$$\begin{aligned}\bar{y}'(t_{k+1}) &= \delta\bar{q}'(t_{k+1}) + n_{\mathrm{STS}}(t_{k+1}) \\ &= [I\quad 0]X(t_{k+1}) + \bar{n}_{\mathrm{STS}}(t_{k+1}) = H'(t_{k+1})X(t_{k+1}) + \bar{n}_{\mathrm{STS}}(t_{k+1})\end{aligned} \tag{3-101}$$

式中:

$$\begin{cases}\bar{n}_{\mathrm{STS}}(t_{k+1}) = -(1/2)[\bar{x}_{\mathrm{STS},s}n_{\mathrm{STS},x} + \bar{y}_{\mathrm{STS},s}n_{\mathrm{STS},y} + \bar{z}_{\mathrm{STS},s}n_{\mathrm{STS},z}](t_{k+1}) \\ H'(t_{k+1}) = [I\quad 0]\end{cases}$$

至此,式(3 -99)和式(3 -101)构成了标定的离散时间状态空间方程。在轨标定过程一般处于航天器环境友好过程,此时没有变轨发动机点火、星敏感器视场一般不受天体遮挡。因此,标定过程可以不必考虑姿态圆锥运动,式(3 -93)的姿态外推解算,以及式(3 -98)的离散化也相对简单。

标定的状态空间方程有多种形式、标定方法也多种多样。其中一种自然的方式就是类似3.3.3节使用的状态空间方程,将状态变量扩张到包括安装误差、刻度因子误差、常值漂移的15维情况,利用乘法扩展卡尔曼滤波(MEKF)解决问题。这里并没有采用这种MEKF标定方法,而是基于提出的新型标定状态空间方程开展滤波器设计。这是因为:工程实现经验表明,

MEKF 的近似项多一些，而新提出方法工程实现和标定精度等都可较优。值得注意的是书中方法中状态变量包括标称安装下姿态与实际姿态之间的误差四元数，这个变量的估值即使收敛也不保证这个误差四元数越来越小；而事实上这个误差四元数的真值在时间轴上可以是递增的，这就要求标定过程在一定时间内完成、而不破坏惯常使用的误差四元数对应的小角度旋转假设。

2. 双层标定滤波算法

标定状态方程式(3－98)中要求的已知信息包括航天器姿态角速度，这就要求设法给出角速度的准确估计。一般说来，对于标定信息未知情形，角速度很难准确估计。但注意到对于角速度恒定或者变化缓慢情形，利用 3.3.3 节的 6 状态估计方法，可以将安装误差、刻度因子误差等归结到常值漂移中，形成等效陀螺漂移，可以准确估计角速度，由此提出了双层标定滤波算法。

双层标定滤波算法框架结构如图 3－8 所示。第一层算法目的是估计等效陀螺漂移，与陀螺测量输出结合就给出角速度准确估计。第二层算法目的就是设计扩展卡尔曼滤波器，最终给出陀螺安装误差、刻度因子误差以及常值漂移估计。

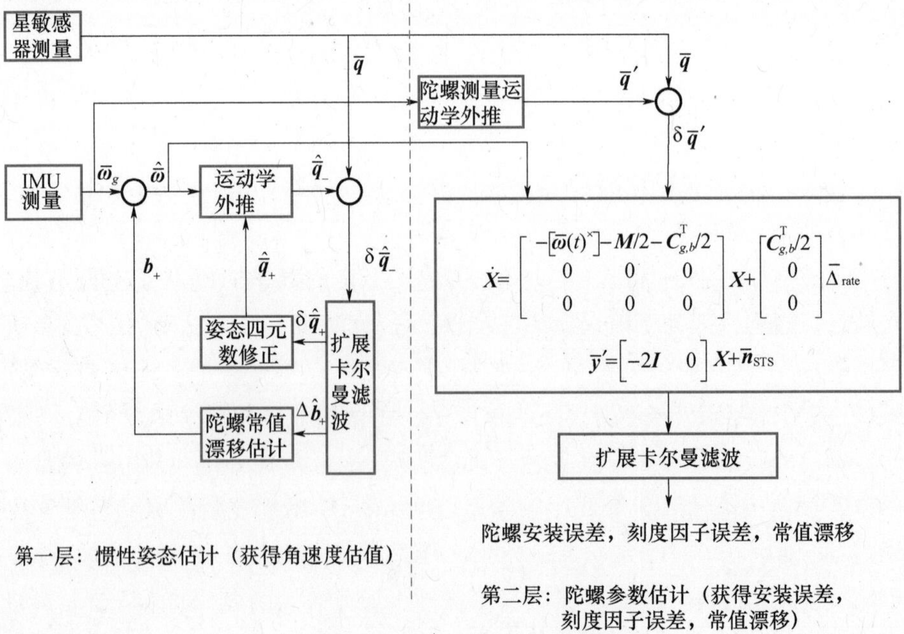

图 3－8　双层标定滤波算法框架示意图

第一层滤波算法是显然的，这里重点论述第二层滤波算法。遵循扩展卡尔曼滤波的技术路线，算法公式编排描述如下。

1）条件整理

第一层算法传递角速度估计 $\hat{\bar{\boldsymbol{\omega}}}(t_k)$，根据式(3－98)和式(3－99)可以写出状态空间方程的状态转移矩阵 $\boldsymbol{\Phi}'(t_{k+1},t_k)$。

根据陀螺测量输出、利用标称安装矩阵，根据式(3－93)可以写出标称安装下陀螺测量决定的姿态四元数 $\boldsymbol{q}'(t_k)$。根据陀螺测量输出，将安装矩阵结合四元数 $\boldsymbol{q}'(t_k)$，按照式(3－100)产生滤波用测量 $\bar{\boldsymbol{y}}'(t_k)$。

设 $\{\boldsymbol{\Gamma}'(t_k)\boldsymbol{w}'(t_k), k=0,1,2\cdots\}$、$\{\bar{\boldsymbol{n}}_{\mathrm{STS}}(t_k), k=0,1,2,\cdots\}$ 均为零均值高斯白噪声过程，则可以写出：

$$\begin{cases} E\{[\boldsymbol{\Gamma}'(t_k)\boldsymbol{w}'(t_k)][\boldsymbol{\Gamma}'(t_l)\boldsymbol{w}'(t_l)]^{\mathrm{T}}\}=\boldsymbol{Q}'(t_k)\delta(t_k-t_l) & (3-102\mathrm{a}) \\ E\{[\bar{\boldsymbol{n}}_{\mathrm{STS}}(t_k)][\bar{\boldsymbol{n}}_{\mathrm{STS}}(t_k)]^{\mathrm{T}}\}=\boldsymbol{R}'(t_k)\delta(t_k-t_l) & (3-102\mathrm{b}) \end{cases}$$

式中：$\delta(t_k-t_l)$ 是克罗内克 δ 函数。

2）滤波方程

令：$\hat{\boldsymbol{X}}(t_{k+1}^{-})$、$\hat{\boldsymbol{X}}(t_{k+1}^{+})$ 分别为状态预估、状态估计；$\boldsymbol{P}'(t_{k+1}^{+})$、$\boldsymbol{P}'(t_{k+1}^{-})$ 分别为状态预估误差方差、状态估计方差。则滤波方程可以写出如下：

$$\begin{cases} \hat{\boldsymbol{X}}(t_{k+1}^{-})=\boldsymbol{\Phi}'(t_{k+1},t_k)\hat{\boldsymbol{X}}(t_k^{+}) & (3-103\mathrm{a}) \\ \boldsymbol{P}'(t_{k+1}^{-})=\boldsymbol{\Phi}'(t_{k+1},t_k)\boldsymbol{P}'(t_k^{+})\boldsymbol{\Phi}'^{\mathrm{T}}(t_{k+1},t_k)+\boldsymbol{Q}'(t_{k+1}) & (3-103\mathrm{b}) \\ \hat{\boldsymbol{X}}(t_{k+1}^{+})=\hat{\boldsymbol{X}}(t_{k+1}^{-})+\boldsymbol{K}'(t_{k+1})[\bar{\boldsymbol{y}}'(t_{k+1})+\boldsymbol{H}'\hat{\boldsymbol{X}}(t_{k+1}^{-})] & (3-103\mathrm{c}) \\ \boldsymbol{P}'(t_{k+1}^{+})=[\boldsymbol{I}-\boldsymbol{K}'(t_{k+1}^{+})\boldsymbol{H}'(t_{k+1}^{+})]\boldsymbol{P}'(t_{k+1}^{-}) & (3-103\mathrm{d}) \end{cases}$$

滤波系数 $\boldsymbol{K}'(t_{k+1})$ 满足：

$$\boldsymbol{K}'(t_{k+1})=\boldsymbol{P}'(t_{k+1}^{-})\boldsymbol{H}'^{\mathrm{T}}(t_{k+1})[\boldsymbol{H}'(t_{k+1})\boldsymbol{P}'(t_{k+1}^{-})\boldsymbol{H}'^{\mathrm{T}}(t_{k+1})+\boldsymbol{R}'(t_{k+1})]^{-1} \tag{3-103e}$$

方程式(3－103)是状态维数为 15 的卡尔曼滤波方程。工程实现上，这个滤波器涉及大量运算并容易出现计算稳定性问题。为此可以采用 UD 分解、充分利用方程系数矩阵的特点，设计适合航天器计算机可实现方程形式。UD 分解滤波实现属于标准算法，这里不再赘述。

3. 标定双层滤波的收敛条件

观察标定的状态空间方程可以发现：当航天器角速度为常值时，系统不具有可观性，这是因为安装参数、刻度因子参数、常值漂移对于陀螺测量输出是不可区分的。而另一方面，当航天器角速度方向在时间历程上、绕三个非共面方向上时变时，这些参数在角速度上的贡献可区分，因而系统具有可观性。

观察标定的滤波方程可以发现：标定滤波的双层算法需要真实角速度信息，而这一信息通过第一层滤波实现。为了准确估计真实角速度，第一层滤波算法要求角速度是定常或慢变的，这样安装误差和刻度因子误差的影响可以等效为近似常值漂移。唯有如此，第一层滤波算法才是收敛的。

综合上述两方面，一种工程上可以实现的标定机动方法就是：在不同时间段上、分别绕本体坐标系三个坐标轴做常值角速度的旋转机动。为使航天器姿态在标定完毕后回到原来指向，一种参考的旋转机动顺序是：绕 x_s 常角速度转动，绕 $-x_s$ 常角速度转动，绕 y_s 常角速度转动，再绕 $-y_s$ 常角速度转动，绕 z_s 常角速度转动，再绕 $-z_s$ 常角速度转动。

3.3.4 嫦娥三号着陆器的陀螺在轨标定结果

嫦娥三号着陆器在地月转移期间对陀螺安装误差、刻度因子误差和常值漂移实施了在轨标定。这一阶段，地球和月球的视半径比较小，不容易对星敏感器产生干扰。

地月转移期间，着陆器无特殊任务时处于 $+X$ 轴对日的巡航状态。$+X$ 轴对日的目的是使得太阳翼法线指向太阳，保证整器的能源供应。陀螺标定过程需要绕着陆器某个轴进行旋转，为了尽可能降低姿态机动对能源供应的影响，着陆器在进行一次标定时，选择了 $+X$ 轴对日停旋→绕 $-Y$ 轴匀速旋转→绕 $+Y$ 轴匀速旋转→绕 $-X$ 轴匀速旋转→绕 $+X$ 轴匀速旋转→绕 $-Z$ 轴匀速旋转→绕 $+Z$ 轴匀速旋转的机动顺序，每个阶段持续 10min，旋转角速度均为 0.1(°)/s。这样做的好处是经过绕同一个轴的正负两次连续旋转之后，着陆器能够回到初始姿态，太阳能电池充电效率损失最小。

嫦娥三号着陆器共安装有两套三正交的陀螺组合件，两个组件陀螺的敏感轴在空间构成了一种正十二面体构型。由于一次标定时，只能对三个正交陀螺进行标定，因此需要进行两组标定。另外，为了对标定结果进行验证，着陆器对两套陀螺分别进行了两次标定，后一次的结果用于对第一次的结果进行复核。

对陀螺组件 A(组件中三个陀螺的编号为 1、3、5)进行第一次标定时,着陆器本体分别绕三个轴进行了正转和反转。

陀螺组件 A 第一次标定的结果详见参考文献[8 -9]。由此发现,由于地面安装不可避免存在误差,再加上运载火箭发射过程中过载对结构的影响,陀螺存在最大 0.1°的安装误差角,如果不进行补偿,将对着陆过程的导航带来不利影响。

将第一次标定后的结果注入星上,再进行陀螺组件 A 的第二次标定。两次标定的结果相差很小,这间接说明标定结果有效。同样地,对陀螺组件 B(陀螺编号 2、4、6)也进行了两次在轨标定,取得了类似的效果。

3.4 航天器线运动状态确定

线运动状态确定的流程如图 3 -9 所示。在轨标定算法:利用 IMU 中陀螺指向与加速度计指向之间关系和陀螺标定结果,特殊的航天器飞行环境,如比力为 0 的惯性定向状态、变轨期间地面测量信息与航天器加速度计测量等,确定加速度计指向、零位偏差、刻度因子。惯性导航算法:依据初始状态、离散时

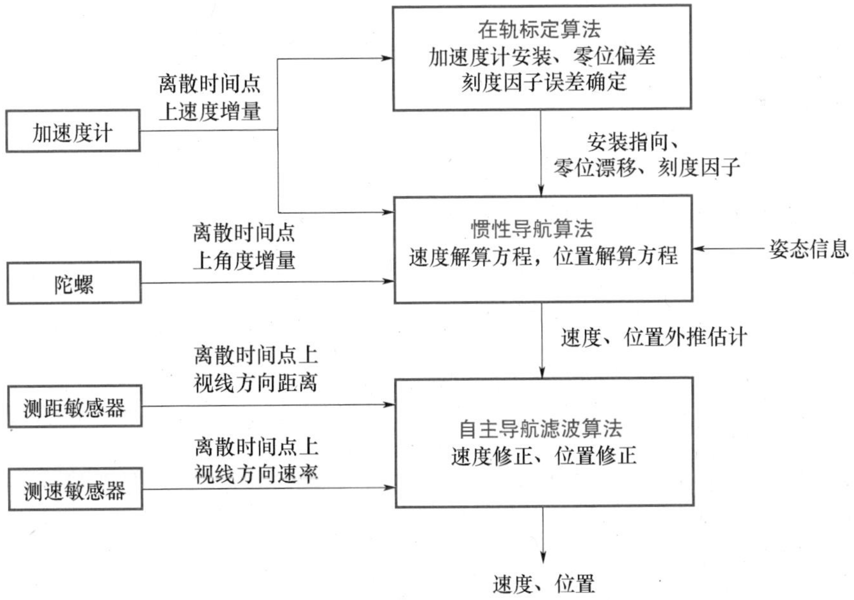

图 3 -9 线运动状态确定流程示意图

间点上的 IMU 提供的姿态角增量和速度增量信息、星敏感器修正过的姿态信息，确定相应时间点上的位置和速度，利用两次积分形成速度解算方程和位置解算方程；这里应当考虑到航天器运行环境可以是航天器轨道控制发动机点火的混杂环境，包括振动环境，因此应当考虑可能存在的划摇运动效应和圆锥运动效应，由此提高状态确定精度。自主导航滤波算法：主要是利用测距测速敏感器给出的信息，实时修正初始姿态不准，以及 IMU 参数偏差引起的状态误差扩散，由此保证位置和速度估计的收敛性。

3.4.1 加速度计在轨标定

1. 加速度计零位标定

设定工况：航天器惯性定向并且航天器所受推力为 0，（这个工况对应嫦娥三号着陆器恒星定向模式且喷气控制间歇情形）。此时在式（3－22）中 $\boldsymbol{F}_a=0$、$\boldsymbol{\omega}=0$，进而有 $\bar{\boldsymbol{a}}_{\mathrm{IMU}}=0$。令：$\bar{\boldsymbol{b}}_{\mathrm{acc0}}$ 为地面预设加速度计零位漂移，引入零位标定状态 $\Delta\bar{\boldsymbol{b}}_{\mathrm{acc}}(t_k)=\bar{\boldsymbol{b}}_{\mathrm{acc}}-\bar{\boldsymbol{b}}_{\mathrm{acc0}}$，零位标定测量 $\bar{\boldsymbol{y}}_{\mathrm{acc}}(t_{k+1})=T[\bar{\boldsymbol{V}}_{\mathrm{acc}}(t_{k+1})-\bar{\boldsymbol{V}}_{\mathrm{acc}}(t_k)]-\bar{\boldsymbol{b}}_{\mathrm{acc0}}$，则在式（3－25）中令 $\bar{\boldsymbol{a}}_{\mathrm{IMU}}=0$，可得零位标定状态空间方程：

$$\begin{cases}\Delta\bar{\boldsymbol{b}}_{\mathrm{acc}}(t_{k+1})=\Delta\bar{\boldsymbol{b}}_{\mathrm{acc}}(t_k) & (3-104\mathrm{a})\\ \bar{\boldsymbol{y}}_{\mathrm{acc}}(t_k)=\Delta\bar{\boldsymbol{b}}_{\mathrm{acc}}(t_k)+\bar{\boldsymbol{n}}_{\mathrm{acc}}(t_k) & (3-104\mathrm{b})\end{cases}$$

由此可以写出标定算法：

$$\Delta\hat{\bar{\boldsymbol{b}}}_{\mathrm{acc}}(t_{k+1})=\Delta\hat{\bar{\boldsymbol{b}}}_{\mathrm{acc}}(t_k)+\boldsymbol{K}_{\mathrm{acc}}(t_k)[\bar{\boldsymbol{y}}_{\mathrm{acc}}(t_{k+1})-\Delta\hat{\bar{\boldsymbol{b}}}_{\mathrm{acc}}(t_k)] \quad (3-105)$$

式中：系数矩阵 $\boldsymbol{K}_{\mathrm{acc}}(t_k)$ 可以按照卡尔曼滤波方法选取。容易证明，当 $\|\boldsymbol{I}-\boldsymbol{K}_{\mathrm{acc}}(t_k)\|<1$ 时，必有

$$\lim_{k\to\infty}\Delta\hat{\bar{\boldsymbol{b}}}_{\mathrm{acc}}(t_{k+1})=\Delta\hat{\bar{\boldsymbol{b}}}_{\mathrm{acc}}(t_{k+1})$$

2. 加速度计安装误差标定

仅考虑三个加速度计和三个陀螺构成 IMU 情形。标定的技术路线是：首先利用星敏感器在轨标定陀螺，确定了三个陀螺在本体坐标系（实际上统一到星敏感器测量坐标系上了）上的实际安装指向；而地面 IMU 标定已经确定了加速度计和陀螺之间的指向关系；一般而言，由于 IMU 尺寸小、刚度好，可以认为实际飞行环境与地面环境情形陀螺指向与加速度计指向关系变化可以忽略，这样在轨标定的陀螺实际指向与加速度计实际指向之间的夹角也可以认

为是确定的；于是对每一个加速度计都可以构造其指向与三个陀螺指向夹角的三个线性方程，解算该方程就可以确定加速度计安装偏差，并最终确定加速度计指向。

3. 加速度计刻度因子偏差标定

设定工况：航天器轨道控制发动机点火且姿态惯性稳定，（这个工况对应嫦娥三号着陆器轨控定向模式）。由式（3－21）和式（3－22）得变轨期间本体坐标系上速度增量：

$$\Delta\bar{\boldsymbol{v}}_{\mathrm{IMU}}=\int_{t_{-\mathrm{fireon}}}^{t_{-\mathrm{fireoff}}}\boldsymbol{C}\ddot{\bar{\boldsymbol{R}}}_{\mathrm{IMU}}dt=\int_{t_{-\mathrm{fireon}}}^{t_{-\mathrm{fireoff}}}\{\boldsymbol{C}\ddot{\bar{\boldsymbol{R}}}+[\dot{\bar{\boldsymbol{\omega}}}^{\times}]\bar{\boldsymbol{b}}+[\bar{\boldsymbol{\omega}}^{\times}][\bar{\boldsymbol{\omega}}^{\times}]\bar{\boldsymbol{b}}\}\,\mathrm{d}t \tag{3-106}$$

式中：$t_{-\mathrm{fireon}}$、$t_{-\mathrm{fireoff}}$分别为点火起始时刻和点火结束时刻；$\boldsymbol{C}$为从惯性坐标系到本体坐标系旋转矩阵；积分号内变量都可以通过地面遥测以及变轨前后的轨道解算获得。于是可以写出：

$$\int_{t_{-\mathrm{fireon}}}^{t_{-\mathrm{fireoff}}}[\bar{\boldsymbol{a}}_{\mathrm{acc}}(t)-\bar{\boldsymbol{b}}_{\mathrm{acc}}]\,\mathrm{d}t=(\boldsymbol{I}+\boldsymbol{G}_{\mathrm{acc}})\boldsymbol{C}_{\mathrm{acc},b}\int_{t_{-\mathrm{fireon}}}^{t_{-\mathrm{fireoff}}}\bar{\boldsymbol{a}}_{\mathrm{IMU}}(t)\,\mathrm{d}t \tag{3-107}$$

或者

$$\Delta\bar{\boldsymbol{v}}_{\mathrm{acc}}-\bar{\boldsymbol{b}}_{\mathrm{acc}}(t_{\mathrm{fireon}}-t_{\mathrm{fireoff}})=(\boldsymbol{I}+\boldsymbol{G}_{\mathrm{acc}})\boldsymbol{C}_{\mathrm{acc},b}\Delta\bar{\boldsymbol{v}}_{\mathrm{IMU}} \tag{3-108}$$

注意到经过零位标定和安装标定之后，在方程式（3－108）中只有矩阵$\boldsymbol{G}_{\mathrm{acc}}$中对角线元素向量即刻度因子误差向量$[\varepsilon_{\mathrm{acc},1}\quad\varepsilon_{\mathrm{acc},2}\quad\varepsilon_{\mathrm{acc},3}]^{\mathrm{T}}$为未知向量，于是由方程式（3－108）可以方便解算出刻度因子误差向量$[\varepsilon_{\mathrm{acc},1}\quad\varepsilon_{\mathrm{acc},2}\quad\varepsilon_{\mathrm{acc},3}]^{\mathrm{T}}$。

3.4.2 航天器线运动状态外推：惯性导航算法

1. 基本公式

航天器线运动状态外推，亦即惯性导航，就是根据IMU测量信息和初始状态信息确定线运动速度和位置。平行于角运动状态外推，这里仍考虑图3－7所示两个时间序列。于是线运动外推要解决的问题可以归结为：已知t_k时刻位置$\bar{\boldsymbol{R}}(t_k)$、速度$\bar{\boldsymbol{V}}(t_k)$、从惯性坐标系到本体坐标系旋转矩阵$\boldsymbol{C}(t_k)$，以及$L_k$上加速度计和陀螺采样输出，解算$t_{k+1}$时刻位置$\bar{\boldsymbol{R}}(t_{k+1})$、速度$\bar{\boldsymbol{V}}(t_{k+1})$。

根据导航方程式（3－23）容易写出：

$$\bar{\boldsymbol{V}}(t_{k+1})=\bar{\boldsymbol{V}}(t_k)+\int_{t_k}^{t_{k+1}}[\boldsymbol{C}^{\mathrm{T}}(t)\bar{\boldsymbol{a}}(t)]\,\mathrm{d}t+\int_{t_k}^{t_{k+1}}\bar{\boldsymbol{g}}(t)\,\mathrm{d}t \tag{3-109}$$

$$\overline{\boldsymbol{R}}(t_{k+1}) = \overline{\boldsymbol{R}}(t_k) + \int_{t_k}^{t_{k+1}} [\overline{\boldsymbol{V}}(t)]\mathrm{d}t \tag{3-110}$$

式(3－109)就是速度方程,式(3－110)就是位置方程。由此看出方程解算的复杂性主要体现在式(3－109)右端第二项即加速度矢量积分的解算。

2. 加速度矢量积分

1)加速度矢量积分变换

注意到:

$$\begin{aligned}\int_{t_k}^{t_{k+1}} [\boldsymbol{C}^{\mathrm{T}}(t)\overline{\boldsymbol{a}}(t)]\mathrm{d}t &= \int_{t_k}^{t_{k+1}} \{\boldsymbol{C}[\boldsymbol{q}_k(t)]\boldsymbol{C}(t_k)\}^{\mathrm{T}}\overline{\boldsymbol{a}}(t)\mathrm{d}t \\ &= \boldsymbol{C}^{\mathrm{T}}(t_k)\int_{t_k}^{t_{k+1}} \boldsymbol{C}^{\mathrm{T}}[\boldsymbol{q}_k(t)]\overline{\boldsymbol{a}}(t)\mathrm{d}t \\ &= \boldsymbol{C}^{\mathrm{T}}(t_k)\int_{t_k}^{t_{k+1}} \{\boldsymbol{I}+[\boldsymbol{\phi}_k^{\times}(t)]\}\overline{\boldsymbol{a}}(t)\mathrm{d}t \\ &= \boldsymbol{C}^{\mathrm{T}}(t_k)\left\{\int_{t_k}^{t_{k+1}} \overline{\boldsymbol{a}}(t)\mathrm{d}t + \int_{t_k}^{t_{k+1}} [\boldsymbol{\phi}_k^{\times}(t)]\overline{\boldsymbol{a}}(t)\mathrm{d}t\right\}\end{aligned} \tag{3-111}$$

引入记号:

$$\begin{cases}\Delta\overline{\boldsymbol{v}}(t) = \int_{t_k}^{t} \overline{\boldsymbol{a}}(t')\mathrm{d}t' & (3-112\mathrm{a}) \\ \overline{\boldsymbol{\phi}}(t) = \int_{t_k}^{t} \dot{\overline{\boldsymbol{\phi}}}(t')\mathrm{d}t' & (3-112\mathrm{b})\end{cases}$$

注意到:

$$\begin{aligned}\frac{1}{2}\frac{\mathrm{d}}{\mathrm{d}t}\{[\overline{\boldsymbol{\phi}}_k^{\times}(t)]\Delta\overline{\boldsymbol{v}}(t)\} &= \frac{1}{2}\frac{\mathrm{d}}{\mathrm{d}t}[\overline{\boldsymbol{\phi}}_k^{\times}(t)]\Delta\overline{\boldsymbol{v}}(t) + \frac{1}{2}[\overline{\boldsymbol{\phi}}_k^{\times}(t)]\frac{\mathrm{d}}{\mathrm{d}t}\Delta\overline{\boldsymbol{v}}(t) \\ &= \frac{1}{2}\frac{\mathrm{d}}{\mathrm{d}t}[\overline{\boldsymbol{\phi}}_k^{\times}(t)]\Delta\overline{\boldsymbol{v}}(t) + [\overline{\boldsymbol{\phi}}_k^{\times}(t)]\frac{\mathrm{d}}{\mathrm{d}t}\Delta\overline{\boldsymbol{v}}(t) \\ &\quad - \frac{1}{2}[\overline{\boldsymbol{\phi}}_k^{\times}(t)]\frac{\mathrm{d}}{\mathrm{d}t}\Delta\overline{\boldsymbol{v}}(t) \\ &= [\overline{\boldsymbol{\phi}}_k^{\times}(t)]\frac{\mathrm{d}}{\mathrm{d}t}\Delta\overline{\boldsymbol{v}}(t) + \frac{1}{2}\frac{\mathrm{d}}{\mathrm{d}t}[\overline{\boldsymbol{\phi}}_k^{\times}(t)]\Delta\overline{\boldsymbol{v}}(t) \\ &\quad - \frac{1}{2}[\overline{\boldsymbol{\phi}}_k^{\times}(t)]\frac{\mathrm{d}}{\mathrm{d}t}\Delta\overline{\boldsymbol{v}}(t) \\ &= [\overline{\boldsymbol{\phi}}_k^{\times}(t)]\frac{\mathrm{d}}{\mathrm{d}t}\Delta\overline{\boldsymbol{v}}(t) - \frac{1}{2}\{[\Delta\overline{\boldsymbol{v}}^{\times}(t)]\frac{\mathrm{d}}{\mathrm{d}t}[\overline{\boldsymbol{\phi}}_k(t)]\end{aligned}$$

$$+[\bar{\boldsymbol{\phi}}_k^{\times}(t)]\frac{\mathrm{d}}{\mathrm{d}t}\Delta\bar{\boldsymbol{v}}(t)\}$$

$$=[\bar{\boldsymbol{\phi}}_k^{\times}(t)]\bar{\boldsymbol{a}}(t)-\frac{1}{2}\{[\Delta\bar{\boldsymbol{v}}^{\times}(t)]\dot{\bar{\boldsymbol{\phi}}}_k(t)+[\bar{\boldsymbol{\phi}}_k^{\times}(t)]\bar{\boldsymbol{a}}(t)\} \tag{3-113}$$

则式(3－111)可以继续写为

$$\int_{t_k}^{t_{k+1}}[\boldsymbol{C}^{\mathrm{T}}(t)\bar{\boldsymbol{a}}(t)]\mathrm{d}t=\boldsymbol{C}^{\mathrm{T}}(t_k)\{\int_{t_k}^{t_{k+1}}\bar{\boldsymbol{a}}(t)\mathrm{d}t+\frac{1}{2}[\bar{\boldsymbol{\phi}}_k^{\times}(t_{k+1})]\Delta\bar{\boldsymbol{v}}(t_{k+1})+\frac{1}{2}\int_{t_k}^{t_{k+1}}\{[\Delta\bar{\boldsymbol{v}}^{\times}(t)]\dot{\bar{\boldsymbol{\phi}}}_k(t)+[\bar{\boldsymbol{\phi}}_k^{\times}(t)]\bar{\boldsymbol{a}}(t)\}\mathrm{d}t\}$$
$$=\boldsymbol{C}^{\mathrm{T}}(t_k)[\Delta\bar{\boldsymbol{v}}(t_{k+1})+\Delta\bar{\boldsymbol{v}}_{\mathrm{rot}}(t_{k+1})+\Delta\bar{\boldsymbol{v}}_{\mathrm{scul}}(t_{k+1})] \tag{3-114}$$

式中：$\Delta\bar{\boldsymbol{v}}(t_{k+1})$、$\Delta\bar{\boldsymbol{v}}_{\mathrm{rot}}(t_{k+1})$、$\Delta\bar{\boldsymbol{v}}_{\mathrm{scul}}(t_{k+1})$分别称为速度增量项、旋转修正项、划摇效应项，其表达式分别为

$$\begin{cases}\Delta\bar{\boldsymbol{v}}(t_{k+1})=\int_{t_k}^{t_{k+1}}\bar{\boldsymbol{a}}(t)\mathrm{d}t & (3-115\mathrm{a})\\ \Delta\bar{\boldsymbol{v}}_{\mathrm{rot}}(t_{k+1})=\frac{1}{2}[\bar{\boldsymbol{\phi}}_k^{\times}(t_{k+1})]\Delta\bar{\boldsymbol{v}}(t_{k+1}) & (3-115\mathrm{b})\\ \Delta\bar{\boldsymbol{v}}_{\mathrm{scul}}(t_{k+1})=\frac{1}{2}\int_{t_k}^{t_{k+1}}\{[\Delta\bar{\boldsymbol{v}}^{\times}(t)]\dot{\bar{\boldsymbol{\phi}}}_k(t)+[\bar{\boldsymbol{\phi}}_k^{\times}(t)]\bar{\boldsymbol{a}}(t)\}\mathrm{d}t & (3-115\mathrm{c})\end{cases}$$

2)速度增量项计算

由式(3－24)和式(3－25a)导得

$$\bar{\boldsymbol{a}}(t)=\bar{\boldsymbol{a}}_{\mathrm{IMU}}(t)-\{[\dot{\bar{\boldsymbol{\omega}}}^{\times}(t)]+[\bar{\boldsymbol{\omega}}^{\times}(t)][\bar{\boldsymbol{\omega}}^{\times}(t)]\}\bar{\boldsymbol{b}}$$
$$=[(\boldsymbol{I}+\boldsymbol{G}_{\mathrm{acc}})\boldsymbol{C}_{\mathrm{acc},b}]^{-1}[\bar{\boldsymbol{a}}_{\mathrm{acc}}(t)-\bar{\boldsymbol{b}}_{\mathrm{acc}}-\bar{\boldsymbol{n}}_{\mathrm{acc}}(t)]-\{[\dot{\bar{\boldsymbol{\omega}}}^{\times}(t)]+[\bar{\boldsymbol{\omega}}^{\times}(t)][\bar{\boldsymbol{\omega}}^{\times}(t)]\}\bar{\boldsymbol{b}} \tag{3-116}$$

式中：最后一项通常称为杆臂效应补偿项，也可即时算出。于是用标定结果代入相应变量，并用上加帽子表示。仍然考虑四子样采样输出情况，$T=4h$，可以

自然写出：

$$\Delta\hat{\bar{\boldsymbol{v}}}(t_{k+1}^-) = \int_{t_k}^{t_{k+1}} \hat{\bar{\boldsymbol{a}}}(t)\mathrm{d}t = \sum_{i=1}^{4}\int_{t_k+(i-1)h}^{t_k+ih} \hat{\bar{\boldsymbol{a}}}(t)\mathrm{d}t = \sum_{i=1}^{4}\Delta\hat{\bar{\boldsymbol{v}}}_i(t_{k+1}^-) \tag{3-117a}$$

$$\begin{aligned}\Delta\hat{\bar{\boldsymbol{v}}}_i(t_{k+1}^-) &= \int_{t_k+(i-1)h}^{t_k+ih}\{[(\boldsymbol{I}+\hat{\boldsymbol{G}}_{\mathrm{acc}})\hat{\boldsymbol{C}}_{\mathrm{acc},b}]^{-1}[\hat{\bar{\boldsymbol{a}}}_{\mathrm{acc}}(t)-\hat{\bar{\boldsymbol{b}}}_{\mathrm{acc}}]+\{[\dot{\bar{\boldsymbol{\omega}}}^{\times}(t)]\\&\quad+[\bar{\boldsymbol{\omega}}^{\times}(t)][\bar{\boldsymbol{\omega}}^{\times}(t)]\}\}\bar{\boldsymbol{b}}\mathrm{d}t\\&=[(\boldsymbol{I}+\hat{\boldsymbol{G}}_{\mathrm{acc}})\hat{\boldsymbol{C}}_{\mathrm{acc},b}]^{-1}(\Delta\hat{\boldsymbol{v}}_{\mathrm{acci}}-\hat{\bar{\boldsymbol{b}}}_{\mathrm{acc}}h)-\{[\dot{\bar{\boldsymbol{\omega}}}^{\times}(t_{k+1})]\\&\quad+[\bar{\boldsymbol{\omega}}^{\times}(t_{k+1})][\bar{\boldsymbol{\omega}}^{\times}(t_{k+1})]\}\bar{\boldsymbol{b}}h\end{aligned} \tag{3-117b}$$

$$\Delta\hat{\bar{\boldsymbol{v}}}_{\mathrm{acci}} = \int_{t_k-(i-1)h}^{t_k+ih}\bar{\boldsymbol{a}}_{\mathrm{acc}}(t)\mathrm{d}t \tag{3-117c}$$

式中：$\Delta\hat{\bar{\boldsymbol{v}}}_{\mathrm{acci}}$为加速度计测量给出的第 i 个子样的速度增量。

3）旋转修正项计算

旋转修正项是考虑了导航解算周期内加速度指向旋转变化的影响，它对姿态快速机动过程中线运动的精准确定是必要的。式(3-49)与式(3-115b)结合就有

$$\Delta\hat{\bar{\boldsymbol{v}}}_{\mathrm{rot}}(t_{k+1}) = \frac{1}{2}[\hat{\bar{\boldsymbol{\phi}}}_k^{\times}(t_{k+1})]\Delta\hat{\bar{\boldsymbol{v}}}(t_{k+1}) \tag{3-118a}$$

$$\begin{aligned}\hat{\bar{\boldsymbol{\phi}}}_k(t_{k+1}) &= \Delta\hat{\bar{\boldsymbol{\theta}}}(t_{k+1})+(K_1/3)\{[\Delta\hat{\bar{\boldsymbol{\theta}}}_1^{\times}(t_{k+1})]\Delta\hat{\bar{\boldsymbol{\theta}}}_2(t_{k+1})\\&\quad+[\Delta\hat{\bar{\boldsymbol{\theta}}}_2^{\times}(t_{k+1})]\Delta\hat{\bar{\boldsymbol{\theta}}}_3(t_{k+1})+[\Delta\hat{\bar{\boldsymbol{\theta}}}_3^{\times}(t_{k+1})]\Delta\hat{\bar{\boldsymbol{\theta}}}_4(t_{k+1})\}\\&\quad+(K_2/2)\{[\Delta\hat{\bar{\boldsymbol{\theta}}}_1(t_{k+1})^{\times}]\Delta\hat{\bar{\boldsymbol{\theta}}}_3(t_{k+1})\\&\quad+[\Delta\hat{\bar{\boldsymbol{\theta}}}_2(t_{k+1})^{\times}]\Delta\hat{\bar{\boldsymbol{\theta}}}_4(t_{k+1})\}\\&\quad+K_3[\Delta\hat{\bar{\boldsymbol{\theta}}}_1(t_{k+1})^{\times}]\Delta\hat{\bar{\boldsymbol{\theta}}}_4(t_{k+1})\end{aligned} \tag{3-118b}$$

4）划摇修正项计算

考虑典型划摇运动：

$$\begin{cases}\bar{\boldsymbol{\phi}}(t)=[0\quad \alpha\sin(\beta t)\quad 0]^{\mathrm{T}} & (3-119a)\\ \bar{\boldsymbol{a}}(t)=[0\quad 0\quad \gamma\cos(\beta t)]^{\mathrm{T}} & (3-119b)\end{cases}$$

这种运动意味着：航天器在本体坐标系两个相互垂直轴上即 y_s 轴、z_s 轴分别存在由于振动引起的同频率角振动和线振动。于是可以算得

$$\Delta \bar{\boldsymbol{v}}(t) = \begin{bmatrix} 0 & 0 & (\gamma/\beta)[1 - \cos(\beta t)] \end{bmatrix}^{\mathrm{T}} \qquad (3-120\mathrm{a})$$

$$\Delta \bar{\boldsymbol{v}}_{\mathrm{rot}}(t) = \frac{1}{2}\begin{bmatrix} (\alpha\gamma/\beta)[\sin(\beta t) - \sin(\beta t)\cos(\beta t)] & 0 & 0 \end{bmatrix}^{\mathrm{T}}$$
$$(3-120\mathrm{b})$$

$$\Delta \bar{\boldsymbol{v}}_{\mathrm{scul}}(t) = \frac{1}{2}\begin{bmatrix} \alpha\gamma[t - (1/\beta)\sin(\beta t)] & 0 & 0 \end{bmatrix}^{\mathrm{T}} \qquad (3-120\mathrm{c})$$

观察式(3-120)发现:划摇速度增量存在随时间线性递增项。因此如果不考虑此项或者处理不当,有可能造成速度增量的线性递增偏差或者加速度分解项的常值偏差。这就要求考虑导航周期内角度变化和速度变化。

为此,与处理圆锥效应类似(其实两者有对偶关系),以四子样为例,引入划摇项计算公式:

$$\Delta \hat{\boldsymbol{v}}_{\mathrm{scul}}(t_{k+1}) = (K'_1/3)\{ [\Delta\hat{\boldsymbol{\theta}}_1^{\times}(t_{k+1})]\Delta\hat{\boldsymbol{v}}_2(t_{k+1})] + [\Delta\hat{\boldsymbol{\theta}}_2^{\times}(t_{k+1})]\Delta\hat{\boldsymbol{v}}_3(t_{k+1})$$
$$+ [\Delta\hat{\boldsymbol{\theta}}_3^{\times}(t_{k+1})]\Delta\hat{\boldsymbol{v}}_4(t_{k+1})] + [\Delta\hat{\boldsymbol{v}}_1^{\times}(t_{k+1})]\Delta\hat{\boldsymbol{\theta}}_2(t_{k+1})$$
$$+ [\Delta\hat{\boldsymbol{v}}_2^{\times}(t_{k+1})]\Delta\hat{\boldsymbol{\theta}}_3(t_{k+1})] + [\Delta\hat{\boldsymbol{v}}_3^{\times}(t_{k+1})]\Delta\hat{\boldsymbol{\theta}}_4(t_{k+1})$$
$$+ (K'_2/2)\{ [\Delta\hat{\boldsymbol{\theta}}_1^{\times}(t_{k+1})]\Delta\hat{\boldsymbol{v}}_3(t_{k+1})] + [\Delta\hat{\boldsymbol{\theta}}_2^{\times}(t_{k+1})]\Delta\hat{\boldsymbol{v}}_4(t_{k+1})$$
$$+ [\Delta\hat{\boldsymbol{v}}_1^{\times}(t_{k+1})]\Delta\hat{\boldsymbol{\theta}}_3(t_{k+1})] + [\Delta\hat{\boldsymbol{v}}_2^{\times}(t_{k+1})]\Delta\hat{\boldsymbol{\theta}}_4(t_{k+1})$$
$$+ K'_3\{ + [\Delta\hat{\boldsymbol{v}}_1^{\times}(t_{k+1})]\Delta\hat{\boldsymbol{\theta}}_4(t_{k+1})] + [\Delta\hat{\boldsymbol{\theta}}_1^{\times}(t_{k+1})]\Delta\hat{\boldsymbol{v}}_4(t_{k+1})\}$$
$$(3-121\mathrm{a})$$

$$K'_1 = \frac{214}{105}, K'_2 = \frac{92}{105}, K'_3 = \frac{54}{105} \qquad (3-121\mathrm{b})$$

这里系数的确定类同圆锥效应情形。

3. 速度方程和位置方程

根据式(3-109)~式(3-121),并对重力项进行梯形积分处理,可以写出:

$$\hat{\bar{\boldsymbol{V}}}(t_{k+1}^-) = \hat{\bar{\boldsymbol{V}}}(t_k^+) + \boldsymbol{C}^{\mathrm{T}}(t_k)[\Delta\hat{\bar{\boldsymbol{v}}}(t_{k+1}) + \Delta\hat{\bar{\boldsymbol{v}}}_{\mathrm{rot}}(t_{k+1}) + \Delta\hat{\bar{\boldsymbol{v}}}_{\mathrm{scul}}(t_{k+1})]$$
$$+ \frac{1}{2}[\bar{\boldsymbol{g}}(t_k) + \bar{\boldsymbol{g}}(t_{k+1})]T \qquad (3-122)$$

$$\hat{\bar{\boldsymbol{R}}}(t_{k+1}^-) = \hat{\bar{\boldsymbol{R}}}(t_k^+) + \frac{1}{2}[\hat{\bar{\boldsymbol{V}}}(t_k^+) + \hat{\bar{\boldsymbol{V}}}(t_{k+1}^-)]T \qquad (3-123)$$

至此，线运动状态外推方程已经得到完整描述。

3.4.3 航天器线运动状态修正

线运动状态修正目的就是利用外部信息敏感器(相对目标天体的测距敏感器和测速敏感器)的测量信息修正利用内部信息敏感器(IMU)的测量结果。这里选取月球为目标天体，以月球着陆器动力下降段导航为背景讨论利用测距敏感器、测速敏感器的线运动状态修正。

测距敏感器输出信息结合航天器(着陆器)姿态信息可以给出其高度测量信息；它只包含垂向线运动的状态(高度、速度)信息、而不包含横向和沿航向线运动的状态信息。因此依据测距敏感器的状态修正只针对垂向线运动的状态。测速敏感器的输出信息结合目标天体的自转信息可以给出航天器在惯性坐标系转动的速度信息，但考虑到测速波束可能有多种与目标天体作用关系，应当针对多种波束测量有效、无效情形分别考虑。

1. 测距修正算法

航天器垂向线运动状态方程和测量方程可写为

$$\begin{cases}\dot{h}=v_{\text{ver}} & (3-124\text{a})\\ \dot{v}_{\text{ver}}=f_{\text{ver}}+g & (3-124\text{b})\\ h_{\text{m}}=h+n_{\text{hm}} & (3-124\text{c})\end{cases}$$

式中：h 为相对基准面的高度；v_{ver} 为垂向速度；f_{ver} 为垂向非引力加速度；g 为引力加速度；h_{m} 为测量高度；n_{hm} 为高度测量噪声。

这是一个线性定常系统，很容易验证系统可观。它说明通过测距可以修正惯性导航的高度和垂直速度。容易写出垂向卡尔曼滤波算法：

$$\begin{bmatrix}\hat{h}(t_{k+1}^{+})\\ \hat{v}_{\text{ver}}(t_{k+1}^{+})\end{bmatrix}=\begin{bmatrix}\hat{h}(t_{k+1}^{-})\\ \hat{v}_{\text{ver}}(t_{k+1}^{-})\end{bmatrix}+\boldsymbol{K}_h(t_{k+1})\left\{h_m-[\boldsymbol{I}\quad 0]\begin{bmatrix}\hat{h}(t_{k+1}^{-})\\ \hat{v}_{\text{ver}}(t_{k+1}^{-})\end{bmatrix}\right\} \tag{3-125}$$

式中：$[\hat{h}(t_{k+1}^{-})\quad \hat{v}_{\text{ver}}(t_{k+1}^{-})]^{\text{T}}$ 为惯性导航的外推预估状态；$[\hat{h}(t_{k+1}^{+})\quad \hat{v}_{\text{ver}}(t_{k+1}^{+})]^{\text{T}}$ 为修正后的状态估计；$\boldsymbol{K}_h(t_{k+1})$ 为垂向状态修正的卡尔曼滤波增益向量。

根据式(3－27)可以写出航天器位置和速度估计算法：

$$\begin{cases}\hat{\overline{\boldsymbol{R}}}(t_{k+1}^{+})=\hat{\overline{\boldsymbol{R}}}(t_{k+1}^{-})+[\hat{h}(t_{k+1}^{+})+R_{\text{radius}}\\\qquad -\|\hat{\overline{\boldsymbol{R}}}(t_{k+1}^{-})\|][\hat{\overline{\boldsymbol{R}}}(t_{k+1}^{-})/\|\hat{\overline{\boldsymbol{R}}}(t_{k+1}^{-})\|] & (3-126\text{a})\\\hat{\overline{\boldsymbol{V}}}(t_{k+1}^{+})=\hat{\overline{\boldsymbol{V}}}(t_{k+1}^{-})+[\hat{v}_{\text{ver}}(t_{k+1}^{+})\\\qquad -\hat{\boldsymbol{v}}_{\text{ver}}(t_{k+1}^{-})][\hat{\overline{\boldsymbol{R}}}(t_{k+1}^{-})/\|\hat{\overline{\boldsymbol{R}}}(t_{k+1}^{-})\| & (3-126\text{b})\end{cases}$$

一般而言，速度估计算法(3－126b)仅在测速敏感器各个波束输出都无效时使用。这是为了防止“过修正”引起的信息冲突，同时也是为了尽量避免垂向速度估计对垂向高度噪声过度敏感现象。

2. 测速修正算法

航天器速度维状态空间方程可由式(3－23a)和式(3－32b)写出：

$$\begin{cases}\dot{\overline{\boldsymbol{V}}}=\boldsymbol{C}^{\mathrm{T}}\overline{\boldsymbol{a}}+\overline{\boldsymbol{g}} & (3-127\text{a})\\\overline{\boldsymbol{V}}_{m}=\overline{\boldsymbol{V}}+\overline{\boldsymbol{n}}_{Vm} & (3-127\text{b})\end{cases}$$

这是一个线性定常系统，很容易验证系统可观。容易写出速度修正卡尔曼滤波算法：

$$\hat{\overline{\boldsymbol{V}}}(t_{k+1}^{+})=\hat{\overline{\boldsymbol{V}}}(t_{k+1}^{-})+\boldsymbol{K}_{V}(t_{k+1})\{\overline{\boldsymbol{V}}_{m}-\hat{\overline{\boldsymbol{V}}}(t_{k+1}^{-})\}\tag{3-128}$$

式中：$\hat{\overline{\boldsymbol{V}}}(t_{k+1}^{-})$为惯性导航外推速度预估；$\hat{\overline{\boldsymbol{V}}}(t_{k+1}^{+})$为修正后状态估计；$\boldsymbol{K}_{V}(t_{k+1})$为状态修正卡尔曼滤波增益矩阵。

应当指出：速度修正形式上只针对航天器速度，其收敛性是显然的；此外，对于月球着陆器而言，当其沿极轨方向着陆，并且着陆轨迹相对月面固定在一个平面内时，着陆器标称速度将含有与轨道面垂直分量 $\overline{\boldsymbol{\omega}}_{\text{moon}}^{\times}[\overline{\boldsymbol{CR}}]$ 项，这里 $\overline{\boldsymbol{\omega}}_{\text{moon}}$ 是月球自转角速度，为常矢量，而速度收敛意味着 $\overline{\boldsymbol{R}}$ 是准确的。因此，在一些特定情形速度修正也间接修正了位置。

当然，要精确修正航天器位置，最直接的方法还是设法获得航天器惯性位置测量信息。这就要求绝对测量方法，它可以通过光学敏感器的图像匹配信息结合测距敏感器的测距信息来实现。

3.4.4　嫦娥三号着陆器线运动飞行结果

嫦娥三号着陆器在动力下降过程的导航数据以 1s 为周期通过遥测实时

下传到地面。根据该数据绘出的着陆过程高度、相对星下点月理系速度和姿态的变化等结果详见参考文献[8-10]。激光测距敏感器信息在12000m高度时,按照程序设计值开始引入修正;微波测速敏感器在2400m高度时,按照程序设计值开始引入修正。结果表明导航算法具有良好收敛性。

飞行结果表明:嫦娥三号着陆器在动力下降阶段的导航全面使用了前述IMU+测距测速修正的自主导航算法;经事后与地面测定轨数据比较,嫦娥三号着陆器着陆时导航误差约为80m。

参考文献

[1] Savage P G. Strapdown inertial navigation system integration algorithm design Part 1: attitude algorithms[J]. Journal of Guidance, Control, and Dynamics, 1998, 21(1): 19-28.

[2] Savage P G. Strapdown inertial navigation integration algorithm design Part 2: velocity and position algorithms[J]. Journal of Guidance, Control, and Dynamics, 1998, 21(2): 208-220.

[3] Savage P G. Coning algorithm design by explicit frequency shaping[J]. Journal of Guidance, Control, and Dynamics, 2010, 33(4): 1123-1132.

[4] Markley F L. Attitude error representations for Kalman filtering[J]. Journal of Guidance, Control, and Dynamics, 2003, 26(2): 311-317.

[5] Pittelkau M E. Rotation vector in attitude estimation[J]. Journal of Guidance, Control, and Dynamics, 2003, 26(6): 855-860.

[6] Pittelkau M E. Kalman filtering for spacecraft system alignment calibration[J]. Journal of Guidance, Control, and Dynamics, 2001, 24(6): 1187-1195.

[7] Lee A, Ely T. Preliminary design of the guidance, navigation, and control system of the Altair lunar lander[C]. Toronto, Ontario Canada: AIAA Guidance, Navigation, and Control Conference, August 2-5, 2010, Reston: AIAA, 2010-7717.

[8] 张洪华,李骥,关轶峰,等. 嫦娥三号着陆器动力下降的自主导航[J]. 控制理论与应用, 2014, 31(12): 1686-1694.

[9] 张洪华,关轶峰,黄翔宇,等. 嫦娥三号着陆器动力下降的制导导航与控制[J]. 中国科学:技术科学, 2014, 44(5): 377-384.

[10] 张洪华,梁俊,黄翔宇,等. 嫦娥三号自主避障软着陆控制技术[J]. 中国科学:技术科学, 2014, 44(6): 559-568.

第4章 刚体航天器高品质姿态控制

航天器姿态控制的两个主要问题是姿态机动和姿态跟踪，前者的控制品质体现在快速性，而后者的控制品质体现在消除干扰力矩获得高精度[1]。其中，一些工程上的实际约束是必须考虑的，包括：控制力矩受限，即它不能逾越飞轮或喷气执行机构的最大控制力矩；角速度限制，以满足航天器平稳性需求、导航带宽需求以及角速率陀螺量程等要求；控制模式一体化要求，尽可能将机动和跟踪两种模式用一个统一公式表达，这样可在尽可能少的控制计算机存储空间内实现软件代码。

嫦娥三号着陆器在动力下降过程中的姿态控制集中体现了上述需求[2-3]。在主减速阶段姿态控制要求平稳、高精度以利于保证导航精度和制导精度，在姿态调整阶段则要求快速姿态机动以可靠捕获接近阶段的位置速度以及相应轨迹，随后又要求高精度姿态控制。这里的突出问题是：推进剂不平衡排放导致大干扰力矩存在，角速度大小也受到严格约束。

就目前而言，多种已经飞行实现的姿态控制律主要包括相平面控制和PID控制[4-5]。考虑到航天器用于姿态控制的推力器一般只能采用开关控制，因此充分利用其开关特性的相平面控制方法在航天器出现的开始阶段就得到了广泛应用，如早期美国的阿波罗飞船的姿态控制，以及某些美国火星着陆器和日本“隼鸟”号的姿态控制。相平面控制的优点是方法直观，可以根据工程约束对相平面进行灵活的分区，同时获得快速控制性能。然而，相平面控制方法对含干扰或挠性部件的系统要获得高精度控制显得不自然;并且利用相平面控制的闭环系统稳定性的理论分析也是困难的。

PID 控制方法则一定程度上克服了相平面控制的这些缺点。它首先利用经典或现代控制理论来设计相关控制参数,然后通过脉宽调制(PWM)给出推力器开关时间来近似控制量。该方法可以通过积分项消除干扰的影响以获得较高控制精度,也容易利用相关控制理论分析和设计来保证闭环系统的稳定性,因此在具有大干扰、含挠性振动或液体晃动模态等情形得到了广泛应用。航天器姿态的 PID 控制方法又可分为两类。其一,基于欧拉角描述的局部线性化 PID 控制,该方法适用于小角度误差的情形,其典型成功代表是静止轨道卫星变轨阶段的姿态控制。然而应当指出:尽管 PD 控制的运动形态已经描述得比较完整,但存在积分项的 PID 控制下的二阶积分环节难以在相平面上进行刻划,且很少在文献中见到。这样当存在上述工程约束时,一些基础问题需要从头考虑。另外,PID 控制存在“卷起(Windup)”现象,这有可能导致角速度的超调问题,这对工程应用是不利的。其二,以四元数等非线性运动学描述的 PID 姿态控制,它适用于大范围姿态机动的情形,其基本特征是从非线性角度与全局范围来推广和论证第一类方法。它除了具有线性化 PID 控制的特点外,还存在姿态四元数表示的不唯一性,这会导致诸如“展开”问题和全局稳定等问题[6-9]。尽管这些问题已得到一定程度解决,然而,值得注意的是:角速度受约束、带积分项的控制品质等在工程上依然存在问题、依然需要深入探究。

本章以刚体航天器为背景讨论高品质姿态控制问题,重点解决工程上和理论上提出的基于四元数描述控制的“展开”问题、角速度受限问题、控制力矩受限问题[10-11]。这些问题对于许多快速机动复杂航天器也是客观存在,而刚体航天器控制更能够体现这些问题本质。可以推论,一旦针对刚体航天器控制解决了这些问题,相应方法可以推广到其他复杂航天器。以此为背景,本章推出了分区四元数姿态控制方法。其基本思想是:第一,以绕欧拉轴的转角对四元数表示的姿态进行分区,形成内区和外区;第二,在外区采用绕欧拉轴的恒角速度控制获得特征转动、使能快速机动到内区;第三,在内区采用速度与四元数线性关系曲线作为目标轨迹的 PI 控制,使得在内区有尽可能平稳的运动轨迹。

本章重点描述了具有普遍工程适用性的分区四元数姿态控制方法。该方法特色主要表现在:考虑了干扰力矩的作用,采用了积分控制项以消除其影响;考虑了角速度受限约束,并且角速度满足约束的方法是通过规划目标角速度而不是限制角度来实现;考虑了四元数控制的"展开"问题,通过控制规律设计与分区四元数融合,得到了"展开"规避效果;采用了控制全过程的目标运动轨迹,而不仅仅是单一最终目标点,使得闭环系统运动轨迹在控制全过程得到约束和优化。

4.1　姿态控制基本问题

考虑航天器本体坐标系 $o_s x_s y_s z_s$ 相对于惯性坐标系 $o_i x_i y_i z_i$ 的姿态运动。引入目标坐标系 $o_t x_t y_t z_t$,其原点与本体坐标系原点重合,其三轴指向在理想状态与本体坐标系三轴指向一致。

假设:本体坐标系相对于惯性坐标系的角速度在本体坐标系表示为 $\overline{\boldsymbol{\omega}} = [\omega_1 \quad \omega_2 \quad \omega_3]^{\mathrm{T}}$、单位四元数为 $\boldsymbol{q} = [\overline{\boldsymbol{q}}^{\mathrm{T}} \quad q_4]^{\mathrm{T}} = [q_1 \quad q_2 \quad q_3 \quad q_4]^{\mathrm{T}}$。目标坐标系相对于惯性坐标系的角速度在目标坐标系表示为 $\overline{\boldsymbol{\omega}}_t = [\omega_{t1} \quad \omega_{t2} \quad \omega_{t3}]^{\mathrm{T}}$、单位四元数为 $\boldsymbol{q}_t = [\overline{\boldsymbol{q}}_t^{\mathrm{T}} \quad q_{t4}]^{\mathrm{T}} = [q_{t1} \quad q_{t2} \quad q_{t3} \quad q_{t4}]^{\mathrm{T}}$。从惯性坐标系到本体坐标系的旋转矩阵记为 $\boldsymbol{C}$ 或 $\boldsymbol{C}_{s,i}$,从惯性坐标系到目标坐标系的旋转矩阵记为 $\boldsymbol{C}_{t,i}$,从目标坐标系到本体坐标系的旋转矩阵记为 $\boldsymbol{C}_{s,t}$。

本体坐标系相对目标坐标系的单位误差四元数记为 $\Delta\boldsymbol{q}$,角速度记为 $\Delta\overline{\boldsymbol{\omega}}$,则有

$$\Delta\boldsymbol{q} = [\Delta\overline{\boldsymbol{q}}^{\mathrm{T}} \quad \Delta\boldsymbol{q}_4]^{\mathrm{T}} = [\Delta q_1 \quad \Delta q_2 \quad \Delta q_3 \quad \Delta q_4]^{\mathrm{T}} \tag{4-1a}$$

$$\Delta\overline{\boldsymbol{\omega}} = \overline{\boldsymbol{\omega}} - \boldsymbol{C}_{s,t}\overline{\boldsymbol{\omega}}_t = [\Delta\omega_1 \quad \Delta\omega_2 \quad \Delta\omega_3]^{\mathrm{T}} \tag{4-1b}$$

根据式(2-55)和式(3-6)可以写出本体、目标、误差四元数运动学方程:

$$\dot{\boldsymbol{q}} = (1/2)\boldsymbol{\omega}\otimes\boldsymbol{q} \tag{4-2}$$

$$\dot{\boldsymbol{q}}_t = (1/2)\boldsymbol{\omega}_t\otimes\boldsymbol{q}_t \tag{4-3}$$

$$\Delta\dot{\boldsymbol{q}} = (1/2)\Delta\boldsymbol{\omega}\otimes\Delta\boldsymbol{q} \tag{4-4}$$

式(4-2)~式(4-4)中:$\boldsymbol{\omega} = [\overline{\boldsymbol{\omega}}^{\mathrm{T}} \quad 0]^{\mathrm{T}}$;$\boldsymbol{\omega}_t = [\overline{\boldsymbol{\omega}}_t^{\mathrm{T}} \quad 0]^{\mathrm{T}}$;$\Delta\boldsymbol{\omega} = [\Delta\overline{\boldsymbol{\omega}}^{\mathrm{T}} \quad 0]^{\mathrm{T}}$。

假设:刚体航天器体坐标系原点位于质心,刚体航天器相对原点二阶惯性

矩在本体系表示记为 $\boldsymbol{J}$,刚体航天器配置了喷气执行机构、它提供的相对原点控制力矩在本体坐标系表示记为 $\bar{\boldsymbol{\tau}}=[\tau_1\quad\tau_2\quad\tau_3]^{\mathrm{T}}$,刚体航天器所受外部干扰力矩记为 $\bar{\boldsymbol{d}}=[d_1\quad d_2\quad d_3]^{\mathrm{T}}$。于是利用式(2-64)和式(2-65)可以写出航天器姿态动力学:

$$\boldsymbol{J}\dot{\bar{\boldsymbol{\omega}}}+[\bar{\boldsymbol{\omega}}^{\times}]\boldsymbol{J}\bar{\boldsymbol{\omega}}=\bar{\boldsymbol{\tau}}+\bar{\boldsymbol{d}} \tag{4-5}$$

至此,航天器姿态控制基本问题可以描述为:依据数学模型式(4-2)~式(4-5),构造控制规律 τ,使得本体坐标系与目标坐标系趋于一致,即当 $t\to\infty$ 时有

$$\Delta\boldsymbol{q}(t)\to\pm\bar{\boldsymbol{I}} \tag{4-6a}$$

$$\Delta\bar{\boldsymbol{\omega}}(t)\to 0 \tag{4-6b}$$

其中

$$\bar{\boldsymbol{I}}=[0\quad 0\quad 0\quad 1]^{\mathrm{T}}$$

航天器各个阶段的姿态控制问题几乎都可以归结为上述基本问题。以嫦娥三号着陆器为例:入轨后开始阶段速率阻尼模式,要求目标角速度为0、目标姿态任意,这是对基本问题的一个简化;奔月巡航阶段的太阳定向模式,要求目标姿态保证航天器太阳电池阵列对日、测控天线对地,这是一种典型的姿态稳定控制;动力下降阶段的各个模式则要经历跟踪制导确定的变化的目标姿态、中间包括俯仰向上的快速机动,这是典型的姿态跟踪与快速机动。因此,姿态控制基本问题具有普遍性。

姿态控制基本问题在控制理论和工程实现上面临下列两方面主要困难。

1. 带宽和约束之间的矛盾

姿态控制基本问题有一个附加约束,就是工程上要求在角速度和控制力矩等多种约束情形下解决动力学方程式(4-5)描述的干扰抑制问题。这种干扰可能是慢变的,但干扰力矩可以很大,例如,嫦娥三号着陆器动力下降阶段主发动机推力偏心、推进剂不平衡排放等引起的干扰力矩达到上百牛·米量级。

角速度和控制力矩约束使得常规 PD 控制的使用受到挑战,因为常规 PD 控制在大角度情形可能引发控制力矩超出限制,除非系统带宽很窄;这就要求考虑使用非线性控制方法或分段线性方法才可能解决带宽和约束之间的矛盾。

干扰抑制问题也客观要求考虑使用 PID 控制问题。然而即使是二阶线性

系统的 PID 控制也存在“卷起”现象，即在角度－角速度相平面上，由于积分形成的分量太大使得控制力矩饱和，这将可能导致阶跃响应过冲或者需要很长时间才可能镇定、严重时系统失稳。而引入积分限幅是一个可行途径，工程上也在结合实际经验这样做。但积分形式如何设计、参数如何选择仍然是一个需要审慎处理的问题。

2. 基于四元数平滑连续定常控制器不可能获得全局渐近稳定控制系统

理论研究表明，基于旋转矩阵构成的 SO(3) 群的刚体姿态运动系统理论上不存在相应平滑连续控制器使之具有全局渐近稳定性。相应控制器设计包括基于旋转矩阵反馈控制器和基于四元数反馈控制器，两者都不得不服从这一基本规律。于是寻找工程上可用的非平滑或大范围（几乎全局）渐近稳定控制称为研究热点。

源于上述理论支撑困难，基于四元数姿态控制也面临诸多难题。其一，尽管四元数能够以最小维数、非奇异描述 SO(3) 群，但它有多值性问题，也就是说 $\pm q$ 描述了同一个姿态（对应同一个旋转矩阵）。那么姿态控制时到底使用何者？最短路径当然是一个选择，但怎样选择、系统连续性如何？其二，正是由于四元数描述不唯一问题，基于四元数控制系统可能存在两个平衡点，这两个平衡点物理上是一个姿态但数学上是两个状态，而且存在控制规律使其中一个平衡点稳定、另外一个不稳定。这样就生成一种现象，当着在实际平衡点近旁却可能要远离才能最终接近，就是多转一圈才获得收敛性。这就是“展开”问题。

上述问题是航天器姿态控制的客观存在。然而在工作点附近小角度转动航天器，这些问题就大大弱化或消失了。这也正是目前刚体姿态控制理论问题又成为研究热点的一个原因。

因此，航天器高品质姿态控制要求：一方面也必须面对这些问题、寻求理论上可能突破；另一方面更重要的还是要从工程应用实际出发，寻找满足工程需要的新方法。

4.2　姿态控制一般架构

姿态控制系统一般架构如图 4－1 所示。它由敏感器、控制器、执行机构组成,核心部分就是控制器。控制器的姿态确定模块相关算法已经在第3章得到论述,控制器的姿态控制模块是本章论述重点。

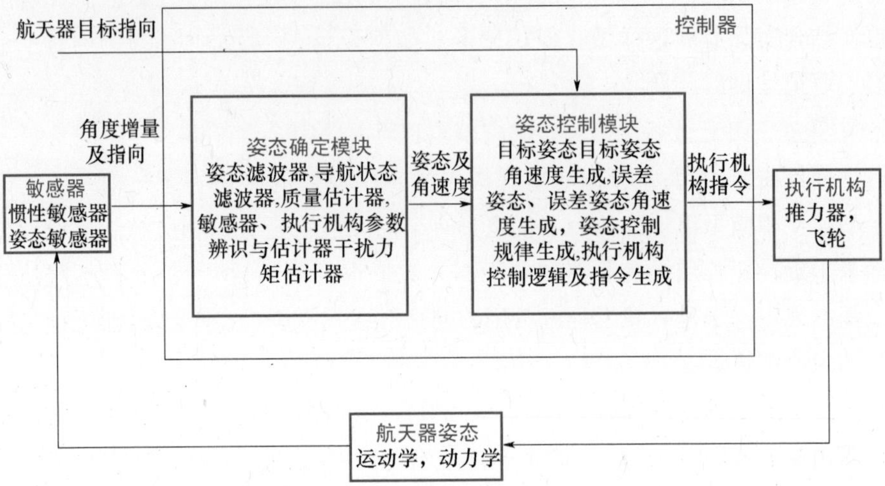

图4-1　姿态控制一般架构示意图

姿态控制模块相关算法包括几部分内容。目标姿态和目标姿态角速度的生成,就是根据航天器制导或在线任务规划来确定航天器本体坐标系相对参考坐标系的期望姿态和期望角速度。误差姿态和误差角速度确定,就是根据目标状态以及姿态确定模块给出的状态来解算误差状态,通常用误差四元数和误差角速度来描述。姿态控制规律生成,就是根据航天器运动学、动力学以及误差状态信息,设计力矩变化规律,使得闭环控制系统具有期望特性;这里力矩变化规律在时间上呈现连续形式。执行机构控制逻辑和指令生成就是给出适合于驱动执行机构的指令,如喷气执行机构的时间宽度、飞轮的控制电压等;对于喷气执行机构而言,其输出是具有一定幅值脉冲的宽度;对于飞轮执行机构而言,其输出可以是连续形式,但现代控制器一般采用计算机控制并且按照均匀控制周期给出力矩控制指令,这样只能给出控制周期起始点上的力矩指令;为此需要将连续力矩形式转换为一个控制周期内适合驱动执行机构的指令,并且要求这种采样控制效果与连续控制效果在平均意义上等价。

目前航天器姿态控制规律纷繁复杂,但实际应用的控制规律可以归结为

PID 控制和相平面控制。它们各有用途,但基本上基于线性化设计思路,即:当误差四元数和误差角速度很小时,可以将运动学线性化为 $\Delta\dot{\bar{q}}=(1/2)\Delta\bar{\omega}$,这样对动力学反馈线性化就能得到三个坐标轴上各自标准二阶线性系统 $J\Delta\dot{\bar{\omega}}=\bar{\tau}'+\bar{d}$,由此可以利用经典控制理论设计控制规律。然而这种处理方法在面对大角度、快速姿态控制基本问题时存在局限,特别是这种处理方法掩盖了姿态控制基本问题固有的非线性本质,因此应当给予发展。本章推出了分区四元数姿态控制规律,它是对既有方法的拓展、在高品质姿态控制方面有其独特优势。

4.3　分区四元数姿态控制

采用退步法设计控制规律:第一步,考虑运动学方程,设计期望角速度 $\bar{\boldsymbol{\omega}}_d$ 或者期望误差角速度 $\Delta\bar{\boldsymbol{\omega}}_d$,使得满足角速度约束的误差四元数具有收敛性;第二步,考虑动力学方程,设计控制力矩,使得实际角速度或实际角速度偏差跟踪第一步设计结果,同时满足力矩约束并克服干扰力矩影响。

4.3.1　期望角速度设计

考虑误差四元数运动学方程式(4-4),引入虚拟误差四元数运动学方程:

$$\begin{cases}\Delta\dot{\boldsymbol{q}}(t)=(1/2)\Delta\boldsymbol{\omega}_d(t)\otimes\Delta\boldsymbol{q}(t) & (4-7\text{a})\\ \Delta\boldsymbol{\omega}_d(t)=[\Delta\bar{\boldsymbol{\omega}}_d^{\mathrm{T}}(t)\quad 0]^{\mathrm{T}} & (4-7\text{b})\\ \Delta\bar{\boldsymbol{\omega}}_d(t)=\bar{\boldsymbol{\omega}}_d(t)-C_{s,t}\bar{\boldsymbol{\omega}}_t(t) & (4-7\text{c})\end{cases}$$

式中:$\bar{\boldsymbol{\omega}}_d$ 为期望角速度;$\Delta\bar{\boldsymbol{\omega}}_d$ 为期望误差角速度。

构造函数:

$$V_1(t)=2[1-\Delta q_4(t)] \tag{4-8}$$

沿着方程式(4-7)解的轨迹,推导 $V_1(t)$ 相对时间的导数,得

$$\dot{V}_1(t)=[\Delta q_1(t)\Delta\omega_{1d}(t)+\Delta q_2(t)\Delta\omega_{2d}(t)+\Delta q_3(t)\Delta\omega_{3d}(t)] \tag{4-9}$$

观察式(4-9),考虑到角速度约束,引入下面情形1、情形2两种四元数分区方法,用来确定期望角速度。

情形1:合成角速度约束,如图4-2所示。

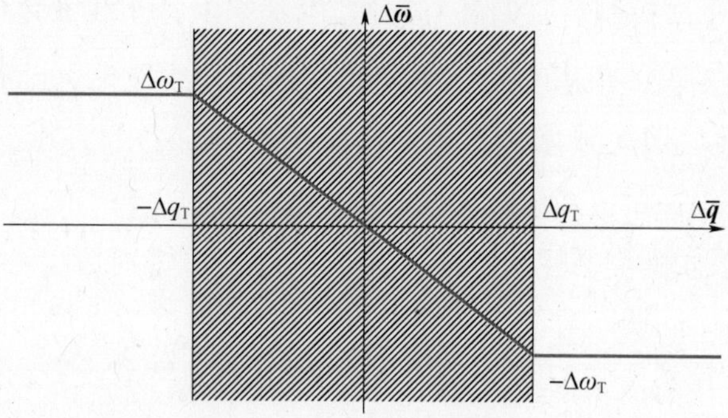

图 4-2　$\Delta\bar{\boldsymbol{q}}-\Delta\bar{\boldsymbol{\omega}}$ 区域划分

在此情形，构造期望(合成)角速度如下：

$$\Delta\bar{\boldsymbol{\omega}}_d(t)=\begin{cases}-k\Delta\bar{\boldsymbol{q}}(t), & \|\Delta\bar{\boldsymbol{q}}(t)\|\leqslant\Delta q_T\\ -\Delta\omega_T\Delta\bar{\boldsymbol{q}}(t)/\|\Delta\bar{\boldsymbol{q}}(t)\|, & \|\Delta\bar{\boldsymbol{q}}(t)\|>\Delta q_T\end{cases}\tag{4-10}$$

式中：$\Delta\omega_T$、Δq_T 为适当正数；$k=\Delta\omega_T/\Delta q_T$；$\|\ \|$ 为向量的 2 范数。

式(4-10)意味着：当误差四元数位于区域$\{\Delta\boldsymbol{q}:\|\Delta\bar{\boldsymbol{q}}\|>\Delta q_T\}$时，期望误差角速度沿着欧拉轴以固定角速度(图 4-2 中两条横线)进行特征转动，直至进入区域$\{\Delta\boldsymbol{q}:\|\Delta\bar{\boldsymbol{q}}\|\leqslant\Delta q_T\}$；当误差四元数位于区域$\{\Delta\boldsymbol{q}:\|\Delta\bar{\boldsymbol{q}}\|\leqslant\Delta q_T\}$时，期望角速度跟踪一条关于四元数矢量部分的线性轨迹(图 4-2 中的斜线)，直至进入零点附近任意小的区域。这样角速度实现了全程轨迹跟踪且受控，可以满足角速度约束；并且最终保证姿态四元数收敛到目标姿态。

事实上，将式(4-10)代入式(4-9)可得

$$\begin{aligned}\dot{V}_1(t)&=\begin{cases}-k\|\Delta\bar{\boldsymbol{q}}(t)\|^2, & \|\Delta\bar{\boldsymbol{q}}(t)\|\leqslant\Delta q_T\\ -\Delta\omega_T\|\Delta\bar{\boldsymbol{q}}(t)\|, & \|\Delta\bar{\boldsymbol{q}}(t)\|>\Delta q_T\end{cases}\\ &\leqslant\begin{cases}-k\|\Delta\bar{\boldsymbol{q}}(t)\|^2, & \|\Delta\bar{\boldsymbol{q}}(t)\|\leqslant\Delta q_T\\ -\Delta\omega_T\|\Delta\bar{\boldsymbol{q}}(t)\|^2, & \|\Delta\bar{\boldsymbol{q}}(t)\|>\Delta q_T\end{cases}\\ &\leqslant-\min\{k,\Delta\omega_T\}\|\Delta\bar{\boldsymbol{q}}(t)\|^2\end{aligned}\tag{4-11}$$

由此可以导出 $\Delta\bar{\boldsymbol{q}}(t)\to0$。与此同时，在期望轨迹上，角速度满足：

$$\|\Delta\bar{\boldsymbol{\omega}}_d(t)\|\leqslant\Delta\omega_T\tag{4-12a}$$

$$\|\bar{\boldsymbol{\omega}}_d(t)\|\leqslant\|\Delta\bar{\boldsymbol{\omega}}_d(t)\|+\|\boldsymbol{\omega}_t(t)\|\leqslant\Delta\omega_T+\|\boldsymbol{\omega}_t(t)\|\tag{4-12b}$$

显然，只要目标角速度有界，航天器角速度就能有界。

情形2:分量角速度约束,如图4-3所示。

在此情形,构造期望角速度分量如下:

$$\Delta\omega_{id}(t)=\begin{cases}-k\Delta q_i(t), & \|\Delta q_i(t)\|\leqslant\Delta q_{\mathrm{T}}\\ -\Delta\omega_{\mathrm{T}}\Delta q_i(t)/\|\Delta q_i(t)\|, & \|\Delta q_i(t)\|>\Delta q_{\mathrm{T}}\end{cases}\tag{4-13}$$

式中:$i=1,2,3$;$\Delta\omega_{\mathrm{T}}$、$\Delta q_{\mathrm{T}}$ 为适当正数;$k=\Delta\omega_{\mathrm{T}}/\Delta\bar{q}_{\mathrm{T}}$。

式(4-13)意味着:当误差四元数矢量部分的分量位于区域$\{\Delta q_i:\|\Delta q_i\|>\Delta q_{\mathrm{T}}\}$时,期望误差角速度分量以固定角速度(图4-3中两条横线)进行转动,直至进入区域$\{\Delta q_i:\|\Delta q_i\|\leqslant\Delta q_{\mathrm{T}}\}$;当误差四元数矢量部分的分量位于区域$\{\Delta q_i:\|\Delta q_i\|\leqslant\Delta q_{\mathrm{T}}\}$时,期望角速度分量跟踪一条线性轨迹(图4-3中斜线),直至进入零点附近任意小的区域。这样角速度分量全程轨迹跟踪且受控,可以满足角速度约束;并且最终保证姿态四元数收敛到目标姿态。

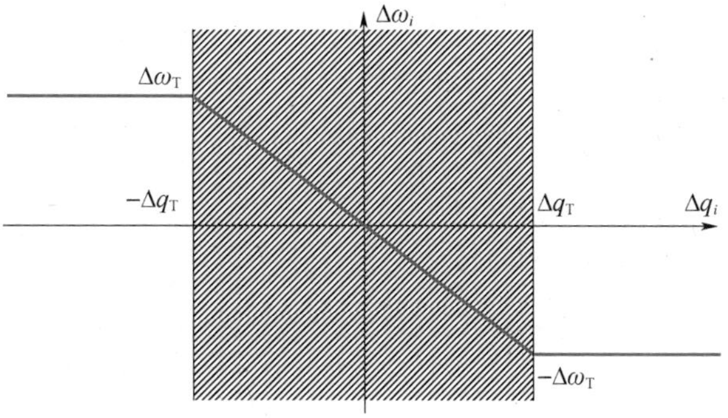

图4-3　$\Delta q_i-\Delta\omega_i$ 区域划分

事实上,将式(4-13)代入式(4-9)可得

$$\begin{aligned}\dot{V}_1(t)&=\sum_{i=1}^{3}\Delta q_i(t)\begin{cases}-k\Delta q_i(t), \|\Delta q_i(t)\|\leqslant\Delta q_{\mathrm{T}}\\ -\Delta\omega_{\mathrm{T}}\Delta q_i(t)/\|\Delta q_i(t)\|, \|\Delta q_i(t)\|>\Delta q_{\mathrm{T}}\end{cases}\\ &\leqslant\sum_{i=1}^{3}\begin{cases}-k\|\Delta q_i(t)\|^2, \|\Delta q_i(t)\|\leqslant\Delta q_{\mathrm{T}}\\ -\Delta\omega_{\mathrm{T}}\|\Delta q_i(t)\|, \|\Delta q_i(t)\|>\Delta q_{\mathrm{T}}\end{cases}\\ &\leqslant\sum_{i=1}^{3}\begin{cases}-k\|\Delta q_i(t)\|^2, \|\Delta q_i(t)\|\leqslant\Delta q_{\mathrm{T}}\\ -\Delta\omega_{\mathrm{T}}\|\Delta q_i(t)\|^2, \|\Delta q_i(t)\|>\Delta q_{\mathrm{T}}\end{cases}\\ &\leqslant-\min\{k,\Delta\omega_{\mathrm{T}}\}\ \|\Delta\bar{\boldsymbol{q}}(t)\|^2\end{aligned}\tag{4-14}$$

由此可以导出 $\Delta\bar{\boldsymbol{q}}(t)\to 0$。与此同时，在期望轨迹上，角速度满足：

$$\|\Delta\bar{\boldsymbol{\omega}}_d(t)\|\leqslant\sqrt{3}\Delta\omega_{\mathrm{T}} \tag{4-15a}$$

$$\|\bar{\boldsymbol{\omega}}_d(t)\|\leqslant\|\Delta\bar{\boldsymbol{\omega}}_d(t)\|+\|\boldsymbol{\omega}_t(t)\|\leqslant\sqrt{3}\Delta\omega_{\mathrm{T}}+\|\boldsymbol{\omega}_t(t)\| \tag{4-15b}$$

显然，只要目标角速度有界，期望角速度就能有界。

情形 1 和情形 2 推出的期望角速度都能使得误差四元数收敛，但情形 1 对合成角速度施加了约束，而情形 2 对角速度分量施加了约束。无论何者都可以写出期望角速度满足公式：

$$\bar{\boldsymbol{\omega}}_d(t)=\Delta\bar{\boldsymbol{\omega}}_d(t)+\boldsymbol{C}_{s,t}\bar{\boldsymbol{\omega}}_t(t) \tag{4-16}$$

4.3.2 控制力矩设计

控制规律设计就是要设计控制力矩使得当 $t\to\infty$ 时，有 $\Delta\bar{\boldsymbol{\omega}}(t)-\Delta\bar{\boldsymbol{\omega}}_d(t)\to 0$ 或者 $\bar{\boldsymbol{\omega}}(t)-\bar{\boldsymbol{\omega}}_d(t)\to 0$。引入：

$$\bar{\boldsymbol{s}}(t)=[s_1(t)\quad s_2(t)\quad s_3(t)]^{\mathrm{T}}=\bar{\boldsymbol{\omega}}(t)-\bar{\boldsymbol{\omega}}_d(t) \tag{4-17}$$

由式(4-5)可以导得

$$\boldsymbol{J}\dot{\bar{\boldsymbol{s}}}(t)=-[\bar{\boldsymbol{\omega}}^{\times}(t)]\boldsymbol{J}\bar{\boldsymbol{\omega}}(t)+\bar{\boldsymbol{\tau}}(t)+\bar{\boldsymbol{d}}(t)-\boldsymbol{J}\dot{\bar{\boldsymbol{\omega}}}_d(t) \tag{4-18}$$

由此设计控制规律：

$$\begin{cases}\bar{\boldsymbol{\tau}}(t)=\begin{cases}\bar{\boldsymbol{\tau}}_0(t)+\boldsymbol{J}\boldsymbol{\sigma}_{M_1}[-k_1\bar{\boldsymbol{s}}(t)-k_2\bar{\boldsymbol{\alpha}}(t)], & \|\bar{\boldsymbol{s}}(t)\|_{\infty}\leqslant\bar{\bar{s}}\\ -\tau_{\max}\mathrm{sgn}[\bar{\boldsymbol{s}}(t)], & \|\bar{\boldsymbol{s}}(t)\|_{\infty}>\bar{\bar{s}}\end{cases} & (4-19a)\\ \bar{\boldsymbol{\tau}}_0(t)=[\bar{\boldsymbol{\omega}}^{\times}(t)]\boldsymbol{J}\bar{\boldsymbol{\omega}}(t)+\boldsymbol{J}\dot{\bar{\boldsymbol{\omega}}}_d(t) & (4-19b)\\ \bar{\boldsymbol{\alpha}}(t)=[\alpha_1(t)\quad\alpha_2(t)\quad\alpha_3(t)]^{\mathrm{T}} & (4-19c)\\ \dot{\alpha}_i(t)=\begin{cases}s_i(t), & |k_2\alpha_i(t)|<M_2\\ 0, & |k_2\alpha_i(t)|=M_2\text{ 且 }\alpha_i(t)s_i(t)>0\\ s_i(t), & |k_2\alpha_i(t)|=M_2\text{ 且 }\alpha_i(t)s_i(t)\leqslant 0\end{cases} & (4-19d)\end{cases}$$

式中：$\mathrm{sgn}(\cdot):\mathbf{R}^3\to\mathbf{R}^3$ 为矢量符号函数，即对相应元素提取正负号；$\sigma_{M_1}(\cdot):\mathbf{R}^3\to\mathbf{R}^3$ 为矢量饱和函数，即当相应分量的绝对值不超过 M_1 时取原来值，大于 M_1 时取 M_1，小于 $-M_1$ 时取 $-M_1$；$\bar{\boldsymbol{\alpha}}(\cdot):\mathbf{R}^3\to\mathbf{R}^3$ 为积分算子在区间$(-M_2/k_2, M_2/k_2)$内的投影，$\alpha_i(i=1,2,3)$为其分量，当 α_i 位于区间内时为正常积分，当到达区间边界时积分若会超出区间则不再积分并取边界值，显然有 $|k_2\alpha_i|\leqslant M_2$，

注意到一般取 $M_1 > M_2$；$\bar{\bar{s}}$为适当的正数，$\|\bar{\boldsymbol{s}}\|_\infty = \max\{|s_1| \quad |s_2| \quad |s_3|\}$；$\tau_{\max}$为单轴最大控制力矩。

式(4－19)有着几方面的含义。其一，对于无饱和限制情形，控制规律事实上是关于 $\bar{s}$ 的 PI 控制形式，此时闭环系统为$\dot{\bar{\boldsymbol{s}}}(t) = -k_1\bar{\boldsymbol{s}}(t) - k_2\bar{\boldsymbol{\alpha}}(t) + \boldsymbol{J}^{-1}\bar{\boldsymbol{d}}(t)$。由于 $\bar{s}$ 的特殊形式，它将闭环系统特征方程的最高阶次由 3 降为 2，由此闭环系统运动形态变得更为容易刻划。其二，控制规律考虑了角速度控制要求的限制，一旦角速度超过某值以致于 $\|\bar{\boldsymbol{s}}\|_\infty > \bar{\bar{s}}$，此时控制器将产生最大可能的控制力矩使之回到约束范围内。其三，控制规律考虑了控制力矩的限幅，包括积分项与总控制力矩的限幅，尽管存在对陀螺力矩项 $\bar{\boldsymbol{\omega}} \times \boldsymbol{J}\bar{\boldsymbol{\omega}}$ 和目标角加速度 $\boldsymbol{J}\dot{\bar{\boldsymbol{\omega}}}_d$ 的前馈，但是在合适的参数选取之下这两项的大小是可以被控制的。

两种期望角速度设计与控制力矩设计组合形成了两种控制规律：第一控制规律，就是按照合成角速度约束形成的期望角速度式(4－10)与控制力矩式(4－19)组合形成控制规律；第二控制规律，就是按照合成角速度约束形成的期望角速度式(4－13)与控制力矩式(4－19)组合形成控制规律。

4.4　分区四元数姿态控制品质

本节内容主要针对第一控制规律展开，关于第二控制规律相关内容与此类似，不再赘述。

4.4.1　姿态动力学收敛性

本节证明，只要适当选择控制规律中参数，则闭环系统必将在有限时间内进入区域 $\|\bar{\boldsymbol{s}}\|_\infty \leqslant \bar{\bar{s}}$，而一旦进入该区域则不会再逃出，进而有 $\bar{s} \to 0$。

1. 轨迹走向描述

引理 4.1　设姿态运动方程式(4－18)受控制规律式(4－10)和式(4－19)作用。若下列条件成立

(A1) 干扰力矩定常，即存在$\bar{\bar{d}} > 0$ 使得 $\|\bar{\boldsymbol{d}}\| = \bar{\bar{d}}$；

(A2) 目标角速度有界，即存在$\bar{\bar{\omega}}_t > 0$ 使得 $\|\bar{\boldsymbol{\omega}}_t(t)\| \leqslant \bar{\bar{\omega}}_t$；

（A3）目标角加速度有界，即存在$\bar{\bar{\dot{\omega}}}_t>0$使得$\|\dot{\bar{\boldsymbol{\omega}}}_t(t)\|\leqslant\bar{\bar{\dot{\omega}}}_t$；

（A4）控制力矩足够大，使得$\tau'_{\max}=\tau_{\max}-3\bar{\bar{d}}>0$；

（A5）控制参数 k 适当小，目标角速度、角加速度使得$\bar{\bar{\omega}}_t$、$\bar{\bar{\dot{\omega}}}_t$适当小；

则对任意初始状态，存在$t_1<\infty$使有$\|\bar{s}(t_1)\|_\infty\leqslant\bar{\bar{s}}$。

证明：不失一般性，考虑初始状态使得$\|\bar{s}(0)\|_\infty>\bar{\bar{s}}$。假设对所有$t>0$，恒有

$$\|\bar{\boldsymbol{s}}(t)\|_\infty>\bar{\bar{s}} \tag{4-20}$$

此时控制规律$\tau_i=-\tau_{\max}\mathrm{sgn}(\bar{s}_i)$。

第一部分，角速度的有界性

构造函数$V_2(t)=(1/2)\bar{\boldsymbol{\omega}}^{\mathrm{T}}(t)\boldsymbol{J}\bar{\boldsymbol{\omega}}(t)$，则沿着闭环控制系统轨迹，有

$$\begin{aligned}
\dot{V}_2(t)&=\bar{\boldsymbol{\omega}}^{\mathrm{T}}(t)\boldsymbol{J}\dot{\bar{\boldsymbol{\omega}}}(t)\\
&=\bar{\boldsymbol{\omega}}^{\mathrm{T}}(t)\{-[\bar{\boldsymbol{\omega}}(t)^{\times}]\boldsymbol{J}\bar{\boldsymbol{\omega}}(t)+\bar{\boldsymbol{\tau}}(t)+\bar{\boldsymbol{d}}(t)\}\\
&=\bar{\boldsymbol{\omega}}^{\mathrm{T}}(t)[\bar{\boldsymbol{\tau}}(t)+\bar{\boldsymbol{d}}(t)]\\
&=\bar{\boldsymbol{s}}^{\mathrm{T}}(t)[\bar{\boldsymbol{\tau}}(t)+\bar{\boldsymbol{d}}(t)]+\bar{\boldsymbol{\omega}}_d^{\mathrm{T}}(t)[\bar{\boldsymbol{\tau}}(t)+\bar{\boldsymbol{d}}(t)]\\
&\leqslant-\tau_{\max}\|\bar{\boldsymbol{s}}(t)\|_\infty+3\|\bar{\boldsymbol{d}}(t)\|_\infty\|\bar{\boldsymbol{s}}(t)\|_\infty\\
&\quad+3\|\bar{\boldsymbol{\omega}}_d(t)\|_\infty\tau_{\max}+3\|\bar{\boldsymbol{\omega}}_d(t)\|_\infty\|\bar{\boldsymbol{d}}(t)\|_\infty\\
&=-\tau'_{\max}\|\bar{\boldsymbol{s}}(t)\|_\infty+3\|\bar{\boldsymbol{\omega}}_d(t)\|_\infty(\tau_{\max}+\bar{\bar{d}})\\
&\leqslant-\tau'_{\max}\|\bar{\boldsymbol{s}}(t)\|_\infty+(\|\Delta\bar{\boldsymbol{\omega}}_d(t)\|_\infty+\|\bar{\boldsymbol{\omega}}_t(t)\|_\infty)(\tau_{\max}+\bar{\bar{d}})\\
&\leqslant-\tau'_{\max}\|\bar{\boldsymbol{s}}(t)\|_\infty+(\Delta\omega_{\mathrm{T}}+\bar{\bar{\omega}}_t)(\tau_{\max}+\bar{\bar{d}})
\end{aligned} \tag{4-21}$$

于是当$\|\bar{\boldsymbol{\omega}}\|_\infty>\max\{\bar{\bar{s}}+(\Delta\omega_{\mathrm{T}}+\bar{\bar{\omega}}_t),[(\Delta\omega_{\mathrm{T}}+\bar{\bar{\omega}}_t)(\tau_{\max}+\bar{\bar{d}})/\tau'_{\max}]+(\Delta\omega_{\mathrm{T}}+\bar{\bar{\omega}}_t)\}$时，有$\|\bar{\boldsymbol{s}}\|_\infty>\max\{\bar{\bar{s}},[(\Delta\omega_{\mathrm{T}}+\bar{\bar{\omega}}_t)(\tau_{\max}+\bar{\bar{d}})/\tau'_{\max}]\}$，进而有$\dot{V}_2<0$，因此根据李亚普诺夫稳定性理论有关有界性结论可以推出角速度有界。

第二部分，$\bar{s}(t)$的收敛性

构造函数$V_3(t)=(1/2)\bar{\boldsymbol{s}}^{\mathrm{T}}(t)\boldsymbol{J}\bar{\boldsymbol{s}}(t)$，则沿着闭环控制系统轨迹可以导得

$$\begin{aligned}\dot{V}_3(t) &= \bar{\boldsymbol{s}}^{\mathrm{T}}(t)\boldsymbol{J}\,\dot{\bar{\boldsymbol{s}}}(t) = \bar{\boldsymbol{s}}^{\mathrm{T}}(t)[\boldsymbol{J}\,\dot{\bar{\boldsymbol{\omega}}}(t) - \boldsymbol{J}\,\dot{\bar{\boldsymbol{\omega}}}_d(t)] \\ &= \bar{\boldsymbol{s}}^{\mathrm{T}}(t)\{-[\bar{\boldsymbol{\omega}}(t)^{\times}]\boldsymbol{J}\bar{\boldsymbol{\omega}}(t) + \bar{\boldsymbol{\tau}}(t) + \bar{\boldsymbol{d}}(t) - \boldsymbol{J}\,\dot{\bar{\boldsymbol{\omega}}}_d(t)\} \\ &= \bar{\boldsymbol{s}}^{\mathrm{T}}(t)\{-[\bar{s}(t)^{\times}]\boldsymbol{J}\bar{\boldsymbol{\omega}}(t) + \bar{\boldsymbol{\tau}}(t) + \bar{\boldsymbol{d}}(t) - \boldsymbol{J}\,\dot{\bar{\boldsymbol{\omega}}}_d(t) - [\bar{\boldsymbol{\omega}}_d(t)^{\times}]\boldsymbol{J}\bar{\boldsymbol{\omega}}(t)\} \\ &= \bar{\boldsymbol{s}}^{\mathrm{T}}(t)\{\bar{\boldsymbol{\tau}}(t) + \bar{\boldsymbol{d}}(t) - \boldsymbol{J}\,\dot{\bar{\boldsymbol{\omega}}}_d(t) - [\bar{\boldsymbol{\omega}}_d(t)^{\times}]\boldsymbol{J}\bar{\boldsymbol{\omega}}(t)\}\end{aligned} \tag{4-22}$$

在式(4－22)中,可有下列观察:

观察1,$\bar{\boldsymbol{d}}(t)$是有界的,这是引理条件。

观察2,$\bar{\boldsymbol{\omega}}_d$是有界的,这是因为$\|\bar{\boldsymbol{\omega}}_d\| \leqslant \|\Delta\bar{\boldsymbol{\omega}}_d\| + \|\bar{\boldsymbol{\omega}}_t\| \leqslant \Delta\omega_{\mathrm{T}} + \bar{\bar{\omega}}_t < \infty$。

观察3,$\dot{\bar{\boldsymbol{\omega}}}_d$是有界的。这是因为$\|\dot{\bar{\boldsymbol{\omega}}}_d\| \leqslant \|\Delta\dot{\bar{\boldsymbol{\omega}}}_d\| + \|\dot{\bar{\boldsymbol{\omega}}}_t\|$;并且$\Delta\dot{\bar{\boldsymbol{\omega}}}_d$是有界的,因为当$\|\Delta\bar{q}\| > q_{\mathrm{T}}$时

$$\begin{aligned}\|\Delta\dot{\bar{\boldsymbol{\omega}}}_d\| &= \left\|\Delta\omega_{\mathrm{T}}\left(\frac{\Delta\dot{\bar{\boldsymbol{q}}}}{\|\Delta\bar{\boldsymbol{q}}\|} - \Delta\bar{\boldsymbol{q}}\frac{\Delta\dot{\bar{\boldsymbol{q}}}^{\mathrm{T}}\Delta\bar{\boldsymbol{q}}}{\|\Delta\bar{\boldsymbol{q}}\|^3}\right)\right\| \\ &\leqslant \Delta\omega_{\mathrm{T}}\left(2\frac{\|\Delta\dot{\bar{\boldsymbol{q}}}\|}{\|\Delta\bar{\boldsymbol{q}}\|}\right) \leqslant \Delta\omega_{\mathrm{T}}\|\Delta\bar{\boldsymbol{\omega}}\|\left(\frac{\|\Delta\bar{\boldsymbol{q}}\| + |\Delta q_4|}{\|\Delta\bar{\boldsymbol{q}}\|}\right) \\ &< 2\Delta\omega_{\mathrm{T}}\|\Delta\bar{\boldsymbol{\omega}}\|\left(\frac{1}{\Delta\bar{q}_{\mathrm{T}}}\right) = 2\|\Delta\bar{\boldsymbol{\omega}}\|\left(\frac{\Delta\omega_{\mathrm{T}}}{\Delta\bar{q}_{\mathrm{T}}}\right) = 2k\|\Delta\bar{\boldsymbol{\omega}}\| < \infty\end{aligned} \tag{4-23a}$$

当$\|\Delta\bar{\boldsymbol{q}}\| \leqslant q_{\mathrm{T}}$

$$\|\Delta\dot{\bar{\boldsymbol{\omega}}}_d\| = \|-k\Delta\dot{\bar{\boldsymbol{q}}}\| \leqslant k(\|\Delta\bar{\boldsymbol{\omega}}\|(\|\Delta\bar{\boldsymbol{q}}\| + |\Delta q_4|)) \leqslant 2k\|\Delta\bar{\boldsymbol{\omega}}\| < \infty \tag{4-23b}$$

此外引理条件表明$\dot{\bar{\boldsymbol{\omega}}}_t$也是有界的。

观察4,$\bar{\boldsymbol{\omega}}$是有界的,这是上面第一部分证得结果。

综合上述观察,利用引理条件,导出可有

$$\bar{\tau}''_{\max}(t) = \bar{\tau}_{\max}(t) - \|\bar{\boldsymbol{d}}(t) - \boldsymbol{J}\,\dot{\bar{\boldsymbol{\omega}}}_d(t) - [\bar{\boldsymbol{\omega}}_d(t)^{\times}]\boldsymbol{J}\bar{\boldsymbol{\omega}}(t)\| > 0 \tag{4-24}$$

继续式(4－21)推导,有

$$\dot{V}_2 \leqslant -\tau''_{\max}\|\bar{s}\| \tag{4-25}$$

进而根据李亚普诺夫稳定性定理推出当$t\to\infty$时,$\|\bar{s}\|\to 0$。

上述结果与假设式(4－20)矛盾,于是引理4.1得证。

2. 轨迹不变区域

引理 4.2 设姿态运动方程式(4-18)受控制规律式(4-10)和式(4-19)作用。若下列条件成立:

(A1) 干扰力矩定常,即存在$\bar{\bar{d}}>0$ 使得 $\|\bar{\boldsymbol{d}}\|_\infty=\bar{\bar{d}}$;

(A6) 控制参数 $M_1>M_2>\|\boldsymbol{J}^{-1}\bar{\boldsymbol{d}}\|_\infty$;

(A7) 控制参数$\bar{\bar{s}}=\dfrac{M_1+M_2}{k_1}$;

则当系统轨迹在某时刻 t_1 满足 $\|\bar{\boldsymbol{s}}(t_1)\|_\infty\leqslant\bar{\bar{s}}$时,必有

$$\|\bar{\boldsymbol{s}}(t)\|_\infty\leqslant\bar{\bar{s}},\ \forall t>t_1$$

证明: 考察 $\|\bar{\boldsymbol{s}}\|_\infty\leqslant\bar{\bar{s}}$时闭环系统运行轨迹,此时根据式(4-18)~式(4-19)写出闭环控制系统:

$$\begin{cases}\dot{s}_i(t)=\sigma_{M_1}[-k_1s_i(t)-k_2\alpha_i(t)]+(\boldsymbol{J}^{-1}\bar{\boldsymbol{d}})_i,i=1,2,3 & (4-26\text{a})\\ \dot{\alpha}_i(t)=\begin{cases}s_i(t), & |k_2\alpha_i(t)|<M_2\\ 0, & |k_2\alpha_i(t)|=M_2 \text{ 且 } \alpha_i(t)s_i(t)>0\\ s_i(t), & |k_2\alpha_i(t)|=M_2 \text{ 且 } \alpha_i(t)s_i(t)\leqslant 0\end{cases} & (4-26\text{b})\end{cases}$$

式中:$(\boldsymbol{J}^{-1}\bar{\boldsymbol{d}})_i$ 为 $\boldsymbol{J}^{-1}\bar{\boldsymbol{d}}$ 的第 i 个分量。

由此,在条件(A1)、(A6)~(A7)之下,可以画出闭环控制系统式(4-26)的 α_i-s_i 相平面,如图 4-4 所示。如下四条直线将相平面分为三个区域:

$$\begin{cases}l_1: -k_1s_i-k_2\alpha_i-M_1=0 & (4-27\text{a})\\ l_2: -k_1s_i-k_2\alpha_i+M_1=0 & (4-27\text{b})\\ l_3: k_2\alpha_i-M_2=0 & (4-27\text{c})\\ l_4: k_2\alpha_i+M_2=0 & (4-27\text{d})\end{cases}$$

四条直线 l_1、l_2、l_3、l_4 围成的封闭区域称为 A 区,A 区之上区域为 B 区,A 区之下区域为 C 区。

图 4-4 粗线部分给出了几条典型相轨迹,特别注意到由于 α_i 的特殊形式,在 B 区和 C 区的边界上相轨迹要么沿垂直方向趋向 $s_i=0$ 再进入 A 区,要么直接进入 A 区。下面分区进行详细分析。

在 B 区,系统运行轨迹满足方程:$\dot{s}_i=-M+(\boldsymbol{J}^{-1}\bar{\boldsymbol{d}})_i$。由条件 A6,推知 s_i 严格递减,因此若 $s_i(t_1)\leqslant\bar{\bar{s}}$则对于 $t>t_1$ 恒有 $s_i(t)\leqslant\bar{\bar{s}}$。此外在此区域相轨迹

为抛物线形式，B 区的轨迹或者向右运动到 $\alpha_i = M_2/k_2$ 的边界线，或者直接进入 A 区域。

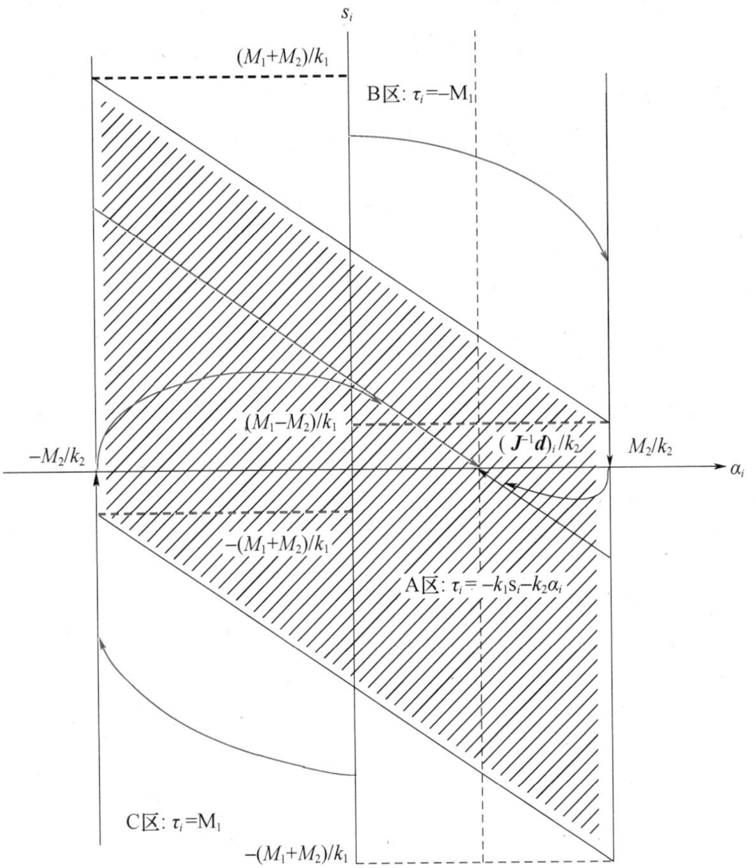

图4-4　$\alpha_i - s_i$ 相平面上系统运行轨迹

在 C 区，系统运行轨迹满足方程：$\dot{s}_i = M + (\boldsymbol{J}^{-1}\bar{\boldsymbol{d}})_i$。由条件 A6，推知 s_i 严格递增，因此若 $s_i(t_1) > -\bar{\bar{s}}$则对于 $t > t_1$ 恒有 $s_i(t) \geqslant -\bar{\bar{s}}$。此外在此区域相轨迹为抛物线形式，C 区的轨迹或者向左运动到 $\alpha_i = -M_2/k_2$ 的边界线，或者直接进入 A 区域。

在 A 区域，系统运行轨迹满足方程：$\dot{s}_i = -k_1 s_i - k_2\alpha_i + (\boldsymbol{J}^{-1}\bar{\boldsymbol{d}})_i$，$\dot{\alpha}_i = s_i$。注意到相点$(\alpha_i, s_i) = ((\boldsymbol{J}^{-1}\bar{\boldsymbol{d}})_i/k_2, 0)$为 A 区的唯一平衡点，图 4-4 中画出了二阶临界阻尼情形下的相轨迹，对于此种情形，系统不会逃出 A 区域并收敛到

该平衡点，其行为与标准的二阶积分系统相同；对于过阻尼情形，情形是类似的；对于欠阻尼情形，状态可能会进入 B 区或者 C 区，而由前面的分析可知，即使 A 区的相轨迹进入 B 或者 C 区，仍有 $|s_i(t)|\leqslant\bar{\bar{s}}$。

综上分析，若 $|s_i(t_1)|\leqslant\bar{\bar{s}}$，则对于 $t>t_1$ 恒有 $|s_i(t)|\leqslant\bar{\bar{s}},\forall t>0$。于是引理 4.2 得证。

在区域 $\|\bar{s}\|_\infty>\bar{\bar{s}}$ 内，显然有 $\|\bar{\boldsymbol{\tau}}(t)\|_\infty=\boldsymbol{\tau}_{\max}$。而在区域 $\|\bar{\boldsymbol{s}}\|_\infty\leqslant\bar{\bar{s}}$ 内的控制规律为

$$\bar{\boldsymbol{\tau}}(t)=[\bar{\boldsymbol{\omega}}^\times(t)]\boldsymbol{J}\bar{\boldsymbol{\omega}}(t)+\boldsymbol{J}\dot{\bar{\boldsymbol{\omega}}}_d(t)+\boldsymbol{J}\sigma_{M_1}[-k_1\bar{s}(t)-k_2\bar{\boldsymbol{\alpha}}(t)] \tag{4-28}$$

于是有

$$\|\bar{\boldsymbol{\tau}}(t)\|_\infty\leqslant\|\boldsymbol{J}\|_\infty\|\bar{\boldsymbol{\omega}}\|_\infty^2+\|\boldsymbol{J}\|_\infty\|\dot{\bar{\boldsymbol{\omega}}}_d\|_\infty+\|\boldsymbol{J}\|_\infty M_1 \tag{4-29}$$

式中：$\|\bar{\boldsymbol{\omega}}\|_\infty$ 和 $\|\dot{\bar{\boldsymbol{\omega}}}_d\|_\infty$ 可以根据 $\bar{s}$、$\bar{\boldsymbol{\omega}}_d$ 和 σ_{M_1} 的定义和式(4－23)推导出。

$$\begin{aligned}\|\bar{\boldsymbol{\omega}}\|_\infty&\leqslant\|\bar{s}\|_\infty+\|\bar{\boldsymbol{\omega}}_d\|_\infty\leqslant\bar{\bar{s}}+\Delta\omega_{\mathrm{T}}+\bar{\bar{\omega}}_t\\&\leqslant\frac{M_1+M_2}{k_1}+\Delta\omega_{\mathrm{T}}+\bar{\bar{\omega}}_{\mathrm{t}}\leqslant\frac{2M_1}{k_1}+\Delta\omega_{\mathrm{T}}+\bar{\bar{\omega}}_t\end{aligned} \tag{4-30}$$

$$\begin{aligned}\|\dot{\bar{\boldsymbol{\omega}}}_d\|_\infty&\leqslant\|\Delta\dot{\bar{\boldsymbol{\omega}}}_d\|_\infty+\|\dot{\bar{\boldsymbol{\omega}}}_t\|_\infty\leqslant\|\Delta\dot{\bar{\boldsymbol{\omega}}}_d\|+\dot{\bar{\bar{\omega}}}_t\\&\leqslant 2k\|\Delta\bar{\boldsymbol{\omega}}\|+\dot{\bar{\bar{\omega}}}_{\mathrm{t}}\\&\leqslant 2k\|\bar{\boldsymbol{\omega}}\|+2k\|\bar{\boldsymbol{\omega}}_t\|+\dot{\bar{\bar{\omega}}}_t\\&\leqslant 6k\|\bar{\boldsymbol{\omega}}\|_\infty+2k\bar{\bar{\omega}}_t+\dot{\bar{\bar{\omega}}}_t\\&\leqslant 6k\left(\frac{2M_1}{k_1}+\Delta\omega_{\mathrm{T}}+\bar{\bar{\omega}}_t\right)+2k\bar{\bar{\omega}}_t+\dot{\bar{\bar{\omega}}}_t\end{aligned} \tag{4-31}$$

因此，最大控制力矩与控制参数之间关系满足下列公式：

$$\tau_{\max}\geqslant\|\boldsymbol{J}\|_\infty\|\bar{\boldsymbol{\omega}}\|_\infty^2+\|\boldsymbol{J}\|_\infty\|\dot{\bar{\boldsymbol{\omega}}}_d\|_\infty+\|\boldsymbol{J}\|_\infty M_1 \tag{4-32}$$

这样整个控制系统就是相容的。

3. 轨迹收敛性

在引理 4.1 和引理 4.2 的基础上，可以导出动力学方程收敛性的主要结果。

定理 4.1 设姿态运动方程式(4－18)受控制规律式(4－10)和式(4－19)作用。若引理 4.1 和引理 4.2 中的条件 A1 ~ A7 成立，则对于任意初始状态，

当 $t \to \infty$ 时系统运动轨迹满足:

$$\bar{\boldsymbol{s}}(t) \to 0, k_2\bar{\boldsymbol{\alpha}}(t) \to \boldsymbol{J}^{-1}\bar{\boldsymbol{d}}。$$

证明:由引理 4.1 可知,对于任意初始状态 $\bar{\boldsymbol{s}}(t)$ 均会在有限时间内进入到 $\|\bar{\boldsymbol{s}}(t)\|_\infty \leqslant \bar{\bar{s}}$的区域内。由引理 4.2 可知,一旦在 t_1 时刻状态满足 $\|\bar{\boldsymbol{s}}(t_1)\|_\infty \leqslant \bar{\bar{s}}$则其后所有时刻状态将保持在 $\|\bar{\boldsymbol{s}}(t)\|_\infty \leqslant \bar{\bar{s}}$区域内。因此,对于任意的初始状态,$\bar{\boldsymbol{s}}(t)$ 将在有限时间内进入并保持在区域 $\|\bar{\boldsymbol{s}}(t)\|_\infty \leqslant \bar{\bar{s}}$内。因此,在考虑 $\bar{\boldsymbol{s}}(t)$ 的收敛性时,可仅在区域 $\|\bar{\boldsymbol{s}}(t)\|_\infty \leqslant \bar{\bar{s}}$内考虑问题。

对于 $i=1,2,3$,构造函数:

$$V_{4i} = (1/2)s_i^2 + k_2\left[\alpha_i - (\boldsymbol{J}^{-1}\bar{\boldsymbol{d}})_i/k_2\right]^2 \tag{4-33}$$

结合图 4-4,下面对 V_i 相对时间导数进行分区讨论。

情形 1:相点属于 B 区

由引理 4.2 的分析,此时有

$$\dot{s}_i = -M_1 + (\boldsymbol{J}^{-1}\bar{\boldsymbol{d}})_i$$

如果相点属于 B 区域的右边界线 l_3,此时 $\alpha_i=0$,对 V_i 求导有

$$\dot{V}_{4i} = -s_i\left[M_1 - (\boldsymbol{J}^{-1}\bar{\boldsymbol{d}})_i\right] \tag{4-34a}$$

而如果相点不属于右边界线 l_3,此时有

$$\begin{aligned}\dot{V}_{4i} &= s_i\left[-M_1 + (\boldsymbol{J}^{-1}\bar{\boldsymbol{d}})_i\right] + k_2\left[\alpha_i - \frac{1}{k_2}(\boldsymbol{J}^{-1}\bar{\boldsymbol{d}})_i\right]s_i \\ &= -s_i(M_1 - k_2\alpha_i)\end{aligned} \tag{4-34b}$$

根据条件 A6,必存在小正数 δ 满足下式:

$$M_1 > \max\{M_2, \|\boldsymbol{J}^{-1}\bar{\boldsymbol{d}}\|_\infty\} + \delta$$

同时注意到 $s_i>0$ 和 $|k_2\alpha_i| \leqslant M_2$,那么由式(4-34)可得

$$\dot{V}_{4i} \leqslant -\delta s_i = -\delta|s_i| \tag{4-35}$$

情形 2:相点属于 C 区

其分析是完全类似于情形 1,在此不再赘述。

情形 3:相点属于 A 区

此时系统方程形式为

$$\dot{s}_i = -k_1 s_i - k_2\alpha_i + (\boldsymbol{J}^{-1}\bar{\boldsymbol{d}})_i$$

求导,可得

$$\dot{V}_{4i}=s_i[-k_1s_i-k_2\alpha_i+(\boldsymbol{J}^{-1}\bar{\boldsymbol{d}})_i]+k_2\left[\alpha_i-\frac{1}{k_2}(\boldsymbol{J}^{-1}\bar{\boldsymbol{d}})_i\right]\dot{\alpha}_i\leqslant -k_1s_i^2 \tag{4-36}$$

式中推导应用了如下关系式：

$$k_2\left[\alpha_i-\frac{1}{k_2}(\boldsymbol{J}^{-1}\bar{\boldsymbol{d}})_i\right](\dot{\alpha}_i-s_i)\leqslant 0$$

式中：s_i 属于 A 区域（包括其左右边界线 l_3 和 l_4）。

由上述情形 1 ~ 情形 3 的讨论结果，综合式（4-35）和式（4-36）可有：

$$\dot{V}_{4i}\leqslant -k_1s_i^2,\quad 若(\alpha_i,s_i)\in A\ 区 \tag{4-37}$$

$$\dot{V}_{4i}\leqslant -\delta|s_i|,\quad 若(\alpha_i,s_i)\in B\ 或\ C\ 区 \tag{4-38}$$

注意到 s_i 是全局有界的，设 s_i 最大值为 s_M，因此有

$$|s_i|_\infty\leqslant s_M\Rightarrow|s_i|^2\leqslant s_M|s_i|\Rightarrow-|s_i|^2\geqslant -s_M|s_i|\Rightarrow-\frac{\delta}{s_M}|s_i|^2\geqslant-\delta|s_i|$$

令 $\delta'=\delta/s_M$，则有

$$\dot{V}_{4i}\leqslant -\delta'|s_i|^2,若(\alpha_i,s_i)\in B\ 或\ C\ 区 \tag{4-39}$$

若再令 $k'=\min\{\delta',k_1\}$，进一步有

$$\dot{V}_{4i}\leqslant -k'|s_i|^2,若(\alpha_i,s_i)\in A,B,或\ C\ 区 \tag{4-40}$$

对不等式（4-39）两边在时间区间（0，∞）内进行积分，并代入式（4-33）可得

$$\frac{1}{2}s_i^2+k_2\left(\alpha_i-\frac{1}{k_2}(J^{-1}\bar{d})_i\right)^2+\int_0^t k'|s_i|^2\mathrm{d}\tau\leqslant V_{4i}(0)$$

从而可知 s_i 是平方可积和有上界的，即有

$$s_i\in L_2\cap L_\infty \tag{4-41}$$

又由 $\dot{s}_i$ 的方程式可知 $\dot{s}_i$ 是有界的，因此由巴巴拉特引理可知当 $t\to\infty$，$s_i\to 0$。

由于 $s_i\to 0$ 时，因此状态（α_i,s_i）最终会在有限时间 T 内进入并保持在 A 区域。从而为证明 $k_2\alpha_i\to(\boldsymbol{J}^{-1}\bar{\boldsymbol{d}})_i$，只需要考察 A 区域即可。注意到在 A 区域有

$$\dot{s}_i=-k_1s_i-k_2\alpha_i+(\boldsymbol{J}^{-1}\bar{\boldsymbol{d}})_i \tag{4-42}$$

对上式左边在时间区间$[T,t]$内积分，有 $\int_T^t\dot{s}_i\mathrm{d}\tau=s_i(t)-s_i(T)\to -s_i(T)$，$t\to\infty$，可见 $\dot{s}_i$ 是 L_1 可积的。另外，从式（4-42）右边易推出 $\dot{s}_i$ 相对于时间 t 是一致连续的。应用巴巴拉特引理，可以证明 $\dot{s}_i\to 0$。因此，由式（4-42）直接可得

$k_2\alpha_i \to (J^{-1}\bar{d})_i$，即积分项也是收敛的。

由于以上证明对 $\forall i \in \{1,2,3\}$ 均是成立的，因此可知当 $t\to\infty$ 时，

$$\bar{\boldsymbol{s}}(t)\to 0, k_2\boldsymbol{\alpha}(t)\to \boldsymbol{J}^{-1}\bar{\boldsymbol{d}}。$$

至此，定理 4.1 得证。

关于定理 4.1 条件的解释如下：条件 A1 表明干扰力矩是定常的，实际工程上干扰力矩变化速度相对于系统带宽而言要慢得多，因而可以近似归结为这种情况。条件 A2、A3 表明目标角速度、角加速度变化缓慢，而对于实际航天器而言角速度达到 5(°)/s 都算是高速度了，而且对于跟踪定常目标姿态而言，这个条件自然满足，因此这些条件工程上容易满足。条件 A4 表明控制力矩至少要比干扰大才能抑制干扰的影响，从实际物理意义来说这是一个必要条件。条件 A5 要求控制参数适当小，这不仅是减小控制力矩的要求，而且可以减小参考角速度，以使实际角速度满足工程约束。

4.4.2　姿态运动学收敛性

1. 收敛性结果

定理 4.2　考虑姿态运动学方程式(4-4)。若姿态动力学方程式(4-5)采用满足条件 A1 ~ A7 的控制规律式(4-10)和式(4-19)，则系统运动学具有收敛性，亦即，当 $t\to\infty$ 时，

$$\Delta\bar{\boldsymbol{q}}(t)\to 0, \Delta\bar{\boldsymbol{\omega}}(t)\to 0。$$

证明：构造函数：

$$V_5(t) = 2[1-\Delta q_4(t)] \tag{4-43}$$

式中：函数 $V_5(t)$ 与式(4-8)形式相同，但它们的区别在于这里的 $\Delta q_4(t)$ 是闭环控制系统对应的误差四元数标量部分，而不是虚拟运动学对应的误差四元数标量部分。

沿着方程式(4-4)运行轨迹，相对时间求导数可得

$$\begin{aligned}\dot{V}_5(t) &= [\Delta\bar{\boldsymbol{q}}(t)]^{\mathrm{T}}\Delta\boldsymbol{\omega}(t) = [\Delta\bar{\boldsymbol{q}}(t)]^{\mathrm{T}}[\Delta\bar{\boldsymbol{\omega}}_d(t)+\bar{\boldsymbol{s}}(t)] \\ &= [\Delta\bar{\boldsymbol{q}}(t)]^{\mathrm{T}}\Delta\bar{\boldsymbol{\omega}}_d(t)+[\Delta\bar{\boldsymbol{q}}(t)]^{\mathrm{T}}\bar{\boldsymbol{s}}(t)\end{aligned} \tag{4-44}$$

代入式(4-10)继续推导，可得

$$
\begin{aligned}
\dot{V}_5(t) &\leqslant \begin{cases} -k\ \|\Delta\bar{\boldsymbol{q}}(t)\|^2, & \|\Delta\bar{\boldsymbol{q}}(t)\| \leqslant \Delta q_{\mathrm{T}} \\ -\Delta\omega_{\mathrm{T}}\|\Delta\bar{\boldsymbol{q}}(t)\|, & \|\Delta\bar{\boldsymbol{q}}(t)\| > \Delta q_{\mathrm{T}} \end{cases} + \|\Delta\bar{\boldsymbol{q}}(t)\|\ \|\bar{\boldsymbol{s}}(t)\| \\
&\leqslant \begin{cases} -k\ \|\Delta\bar{\boldsymbol{q}}(t)\|^2, & \|\Delta\bar{\boldsymbol{q}}(t)\| \leqslant \Delta q_{\mathrm{T}} \\ -\Delta\omega_{\mathrm{T}}\ \|\Delta\bar{\boldsymbol{q}}(t)\|^2, & \|\Delta\bar{\boldsymbol{q}}(t)\| > \Delta q_{\mathrm{T}} \end{cases} + \|\Delta\bar{\boldsymbol{q}}(t)\|\ \|\bar{\boldsymbol{s}}(t)\| \\
&\leqslant -\min\{k,\omega_{\mathrm{T}}\}\ \|\Delta\bar{\boldsymbol{q}}(t)\|^2 + \|\Delta\bar{\boldsymbol{q}}(t)\|\ \|\bar{\boldsymbol{s}}(t)\| \\
&\leqslant -\min\{k,\omega_{\mathrm{T}}\}\ \|\Delta\bar{\boldsymbol{q}}(t)\|^2 + \frac{1}{2}\chi\|\Delta\bar{\boldsymbol{q}}(t)\|^2 + \frac{1}{2\chi}\|\bar{\boldsymbol{s}}(t)\|^2 \\
&= -\left(\min\{k,\omega_{\mathrm{T}}\} - \frac{1}{2}\chi\right)\|\Delta\bar{\boldsymbol{q}}(t)\|^2 + \frac{1}{2\chi}\|\bar{\boldsymbol{s}}(t)\|^2 \\
&= -\beta_5\ \|\Delta\bar{\boldsymbol{q}}(t)\|^2 + \frac{1}{2\chi}\|\bar{\boldsymbol{s}}(t)\|^2
\end{aligned}
\tag{4-45}
$$

式中：$\beta_5 = \min\{k,\omega_{\mathrm{T}}\} - \frac{1}{2}\chi$；$\chi$ 是使 $\beta_5 > 0$ 的小正数。

积分式(4-45)可知：

$$
\beta_5\int_0^t \|\Delta\bar{\boldsymbol{q}}\|^2 \mathrm{d}t + V_5(t) \leqslant V_5(0) + \frac{1}{2\chi}\int_0^t \|\bar{\boldsymbol{s}}\|^2 \mathrm{d}t \tag{4-46}
$$

由于 $\|\bar{\boldsymbol{s}}\| \in L_2$，又由定义知 $V_5(t)$ 是有界的，因此 $\|\Delta\bar{\boldsymbol{q}}\| \in L_2$。又由于 $\Delta\bar{\boldsymbol{q}}$，$\Delta\bar{\boldsymbol{\omega}}$ 均是有界的，因此 $\Delta\dot{\bar{\boldsymbol{q}}}$ 也是有界的，由巴巴拉特引理可知 $\Delta\bar{\boldsymbol{q}}\to 0$。当 $\Delta\bar{\boldsymbol{q}}\to 0$ 时，可知 $\Delta\bar{\boldsymbol{q}}$ 必然在有限时间内进入并保持在 $\|\Delta\bar{\boldsymbol{q}}\| \leqslant \Delta q_{\mathrm{T}}$ 的区域内，此时有 $\Delta\bar{\boldsymbol{\omega}}_d = -k\Delta\bar{\boldsymbol{q}}$。由于有 $\bar{\boldsymbol{s}} = \Delta\bar{\boldsymbol{\omega}} - \Delta\bar{\boldsymbol{\omega}}_d = \Delta\bar{\boldsymbol{\omega}} + k\Delta\bar{\boldsymbol{q}}\to 0$，因此必然有 $\Delta\bar{\boldsymbol{\omega}}\to 0$。定理4.2得证。

定理4.2只是表明了四元数矢量部分 $\Delta\bar{q}$ 的收敛性，尚未说明 $\Delta q_4\to 1$ 还是 $\Delta q_4\to -1$。事实上从上述推导过程并不能排除这两者中任何一种可能性。为此，给出一个 $\Delta q_4\to 1$ 的充分条件。

根据动力学收敛性部分讨论，只需考虑 $\|\bar{\boldsymbol{s}}(t)\|_\infty \leqslant \bar{\bar{s}}$ 的情况。构造函数：

$$
V_6(t) = \sum_{i=1}^{3} V_{4i}(t) + V_5(t) \tag{4-47}
$$

式中：$V_{4i}(t)$、$V_5(t)$ 由式(4-33)和式(4-43)给出。利用4.4.1节和4.4.2节的推导，可知沿着闭环系统轨迹，有

$$
\dot{V}_6(t) \leqslant -k'\ \|\bar{\boldsymbol{s}}\|^2 - \beta_5\ \|\Delta\bar{\boldsymbol{q}}(t)\|^2 + \|\Delta\bar{\boldsymbol{q}}(t)\|\ \|\bar{\boldsymbol{s}}(t)\|
$$

利用不等式：

$$\|\Delta\bar{\boldsymbol{q}}(t)\|\ \|\bar{\boldsymbol{s}}(t)\| \leqslant \frac{\chi'}{2}\|\Delta\bar{\boldsymbol{q}}(t)\|^2 + \frac{1}{2\chi'}\|\bar{\boldsymbol{s}}(t)\|^2$$

式中：χ'为适当正数。继续推导得

$$\dot{V}_6(t) \leqslant -\left(k' - \frac{1}{2\chi'}\right)\|\bar{\boldsymbol{s}}\|^2 - \left(\beta_5 - \frac{\chi'}{2}\right)\|\Delta\bar{\boldsymbol{q}}(t)\|^2 \tag{4-48}$$

显然只要适当选择控制参数，使得

$$k' > \frac{1}{2\chi'}, \beta_5 > \frac{\chi'}{2}$$

就有 $\dot{V}_6(t) \leqslant 0$，于是可有

$$\begin{aligned} 2[1-\Delta q_4(t)] &\leqslant V_6(t_1) \\ &= 2[1-\Delta q_4(t_1)] + (1/2)\|\bar{\boldsymbol{s}}(t_1)\|^2 \\ &\quad + k_2\|\bar{\boldsymbol{\alpha}}(t_1) - \boldsymbol{J}^{-1}\bar{\boldsymbol{d}}/k_2\|^2 \end{aligned} \tag{4-49}$$

由此得到结论：只要

$$2[1-\Delta q_4(t_1)] + (1/2)\|\bar{\boldsymbol{s}}(t_1)\|^2 + k_2\|\bar{\boldsymbol{\alpha}}(t_1) - \boldsymbol{J}^{-1}\bar{\boldsymbol{d}}/k_2\|^2 < 4 \tag{4-50}$$

就有 $2[1-\Delta q_4(t)] < 4$ 或 $\Delta q_4(t) > -1$。于是必有 $\Delta q_4 \to 1$。

条件式(4-45)是一个保守结果，还有关于初始条件比之更好的结果，这里不再赘述。

2.“展开”问题

从工程实际观察，定理4.2虽然未能说明 $\Delta q_4 \to 1$ 还是 $\Delta q_4 \to -1$，但无论如何，由于 $\Delta q_4 = 1$ 和 $\Delta q_4 = -1$ 在物理上是一个姿态，姿态控制的收敛性是得到保证的。只是应当注意，如果工程上处理得当，能够避免不必要的姿态转动过程，否则就可能出现所谓的“展开”问题。

为了说明“展开”问题，考虑简单的单轴转动情况，不妨设已经实现理想动力学控制结果。设已经在时刻 t_2 捕获目标姿态，并有 $\Delta\bar{\boldsymbol{q}}(t_2) = 0$、$\Delta\bar{\boldsymbol{\omega}}(t_2) = 0$。

假设 $\Delta q_4(t_2) = -1$。当 $t = t_2^+$（t_2 之后无穷接近 t_2 的时刻）时，设有摄动使系统运行轨迹偏离 $\Delta q_4(t_2) = -1$，但还沿期望目标轨迹运动，即有 $\Delta\bar{\boldsymbol{\omega}}(t_2^+) = \Delta\bar{\boldsymbol{\omega}}_d(t_2^+)$。则系统在 $t > t_2^+$ 之后的运行轨迹必有两种走势，如图4-5所示。

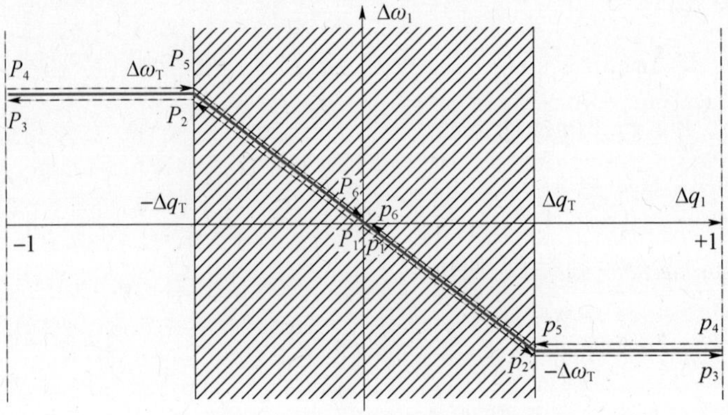

图 4-5 “展开”轨迹示意图

第 1 条轨线走向是 $P_1 \to P_2 \to P_3 \to P_4 \to P_5 \to P_6$；第 2 条轨线走向是 $p_1 \to p_2 \to p_3 \to p_4 \to p_5 \to p_6$。具体过程为：$\Delta q_4(t_2) = -1$、$\Delta q_1(t_2) = 0$，对应欧拉转角可为 2π；在 P_1 点，在动力学作用下，由于 $\Delta\omega_1 > 0$ 使欧拉转角继续增加，于是 $\Delta q_4(t_2) < 0$、$\Delta q_1(t_2) < 0$；到 P_2 点，同样在动力学作用下，由于 $\Delta\omega_1 > 0$ 使欧拉转角继续增加，于是 $\Delta q_4(t_2) < 0$、$\Delta q_1(t_2) < 0$；到 P_3 点，欧拉转角达到 3π、$\Delta q_4(t_2) = 0$、$\Delta q_1(t_2) = -1$；到 P_4 点，欧拉转角继续增加，$\Delta q_4(t_2) > 0$、$\Delta q_1(t_2) < 0$但开始大于 -1；到 P_5 点，欧拉转角继续增加，$\Delta q_4(t_2) > 0$、仍有 $\Delta q_1(t_2)$仍为负；到 P_6 点，欧拉转角达到 4π，$\Delta q_4(t_2) \to 1$、$\Delta q_1(t_2) \to 0$ 然后就再也逃不出原点任意小邻域。第 2 条轨线完全类似，不再赘述。

由此可以看出，对于期望角速度式(4-10)而言，$\Delta q_4 = -1$ 是不稳定平衡点，$\Delta q_4 = 1$ 是稳定平衡点；由于 $\Delta q_4 = -1$ 不稳定，尽管实际姿态可能已经无限接近目标姿态，但微小摄动都可能导致系统姿态多转一圈，这就是“展开”问题。

根据上述论述，自然提出与期望角速度式(4-10)平行的另一种设计，即选取：

$$\Delta\bar{\boldsymbol{\omega}}_d(t) = \begin{cases} k\Delta\bar{\boldsymbol{q}}(t), & \|\Delta\bar{\boldsymbol{q}}(t)\| \leqslant \Delta q_{\mathrm{T}} \\ \Delta\omega_{\mathrm{T}}\Delta\bar{\boldsymbol{q}}(t)/\|\Delta\bar{\boldsymbol{q}}(t)\|, & \|\Delta\bar{\boldsymbol{q}}(t)\| > \Delta q_{\mathrm{T}} \end{cases} \tag{4-51}$$

力矩控制规律仍然采用式(4-19)。可以证明，在此控制规律之下，闭环控制系统仍然具有动力学收敛性和运动学收敛性。但同样有下列结果。

第一，$\Delta q_4=1$ 是不稳定平衡点，$\Delta q_4=-1$ 是稳定平衡点。第二，由于 $\Delta q_4=1$ 不稳定，尽管实际姿态可能已经无限接近目标姿态，但微小摄动都可能导致系统姿态多转一圈，这同样是所谓“展开”问题。

应当指出：“展开”问题只是在一些大角度机动或跟踪姿态控制中是突出问题；而对于小角度机动和跟踪，这个问题容易解决。

3.“展开”处理的工程方法

仍然考虑式(4－10)和式(4－19)构成的控制规律。理论上，彻底解决“展开”问题仍是研究热点；而工程上，许多姿态控制问题特别是姿态跟踪或机动问题采取具体问题具体分析的方法来应对。这里描述的分区四元数方法，其实就是一种处理“展开”问题的重要参考方法，只是要抓住其中一些技术上关键。其基本思想是：设法使系统运行轨迹沿着期望角速度轨迹运动，并且运行的方向是图4－5所示 $P_4 \to P_5 \to P_6$ 或 $p_4 \to p_5 \to p_6$。

工程上处理步骤包括下列步骤。

第一步：速度阻尼，使航天器获得“柔和”速度状态，这个过程可以对应力矩设计公式(4－19a)的 $\|\bar{s}(t)\|_\infty > \bar{\bar{s}}$ 情况。

第二步：初始姿态捕获，使航天器获得“柔和”姿态和速度状态，这个过程对应(4－19a)的 $\|\bar{s}(t)\|_\infty \leqslant \bar{\bar{s}}$ 情况。这个过程的结果通过观察误差角速度是否收敛到期望误差角速度来度量。

第三步：根据第二步过程，判断误差四元数符号是否与期望轨迹方向相一致，即观察是否有 $\Delta q_4>0$。如是，则继续使用上述控制规律和误差四元数运动学给出的(或与之相容的)误差四元数；否则，误差四元数变号，使得 $\Delta q_4>0$，然后继续控制过程。这里应当注意：除非变号操作，其他情况误差四元数的产生应是符合其运动学方程式(4－4)的结果；也就是说，除非变号操作，误差四元数应有连续性。航天器姿态通常由利用陀螺外推姿态确定算法确定，一般自然保证连续性；如果航天器姿态确定还利用了星敏感器修正，则应注意修正后姿态的连续性，而不应当随意变更四元数符号。

第四步：变号过程一般建议有限次。否则容易引起符号切换与测量噪声耦合形成可能的平衡点 $\Delta q_4=0$，这当然应当规避。

其中关键一步就是变号，变号的效果如图4－6所示。图中在 P'_3 点变号，其运行轨迹是 $P'_1 \to P'_2 \to P'_3 \to P'_4 \to P'_5 \to p_5 \to p_6$。

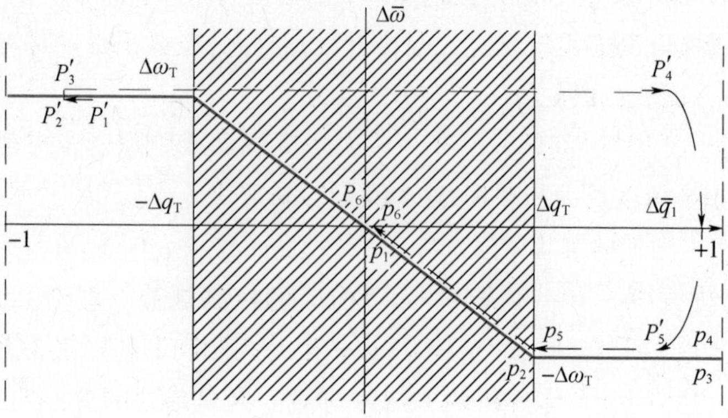

图 4-6 变号规避“展开”示意图

上述步骤能够应对许多工程实际问题。然而，工程问题复杂多变，仍然应当在控制规律实现过程中具体问题具体分析。

4.4.3 分区四元数姿态控制的仿真验证

为验证以上提出的算法的有效性，本节对其进行数值仿真验证。设定参数：转动惯量 $\boldsymbol{J} = \text{diag}\{4012, 2807, 2334\}$ kg · m^2；干扰力矩 $\bar{\boldsymbol{d}} = [150 \quad 150 \quad 150]^{\mathrm{T}}$ N · m；限幅参数 $M_1 = 0.07475$，$M_2 = 0.06725$；最大控制力矩 $\boldsymbol{\tau}_{\max} = 300$N · m；控制参数 $k_1 = 1.76635$，$k_2 = 0.78$，$k = 1.5$；$\bar{\boldsymbol{\alpha}}(0) = [0 \quad 0 \quad 0]^{\mathrm{T}}$。

仿真验证了五种情形，分别是：从静止到静止的姿态机动；初始姿态角和姿态角速度误差为零的姿态维持；具有初始姿态角和姿态角速度误差的姿态维持；仅最大力矩约束，无姿态控制律中饱和约束时的情形；无姿态分区控制时的情形。仿真结果如图 4-7～图 4-21 所示。

1. 情形 1：从静止到静止，绕 x 轴旋转 90°，机动控制

从图 4-7 至图 4-9 中可以看出，对于大姿态机动的情形，系统首先以最大控制力矩将角速度加速到期望角速度 3(°)/s 的大小，以便以容许的最大角速度快速机动到目标姿态附近，然后在目标姿态附近角速度再按线性形式减少，以满足姿态控制的平稳品质。以上结果验证了姿态误差对目标角速度进行分区思想的正确性。

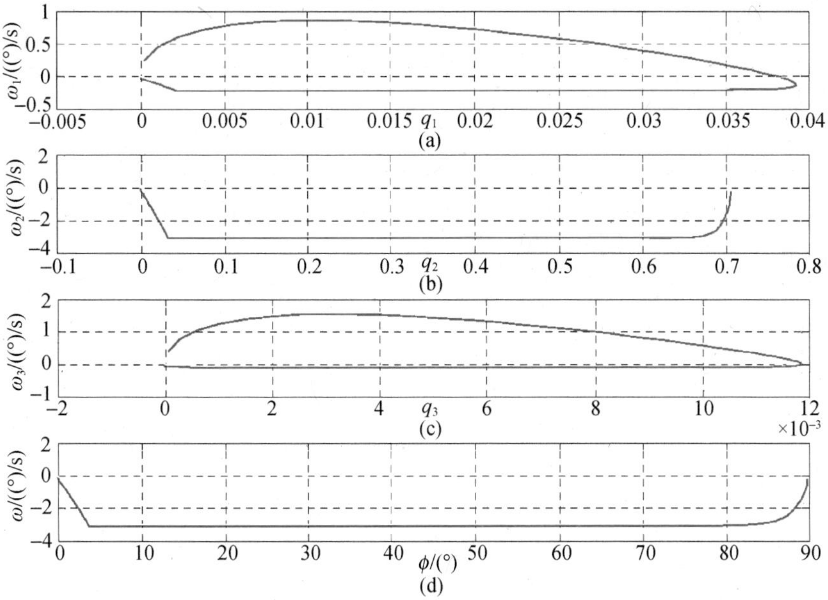

图 4-7　$\bar{\boldsymbol{q}}-\bar{\boldsymbol{\omega}}$ 相平面轨迹，欧拉转角和角速度在欧拉轴投影相轨迹

(a)四元数分量 q_1 与 x 轴角速度分量 ω_1 关系曲线；(b)四元数分量 q_2 与 y 轴角速度分量 ω_2 关系曲线；(c)四元数分量 q_3 与 z 轴角速度分量 ω_3 关系曲线；(d)欧拉转角和角速度在欧拉轴投影关系曲线。

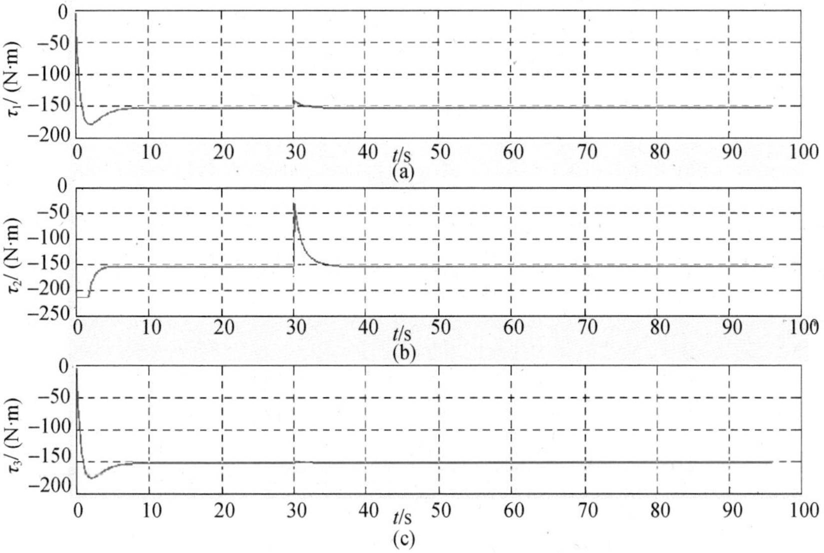

图 4-8　三轴控制力矩在时间轴上变化轨迹

(a)x 轴控制力矩分量与时间关系曲线；(b)y 轴控制力矩分量与时间关系曲线；(c)z 轴控制力矩分量与时间关系曲线。

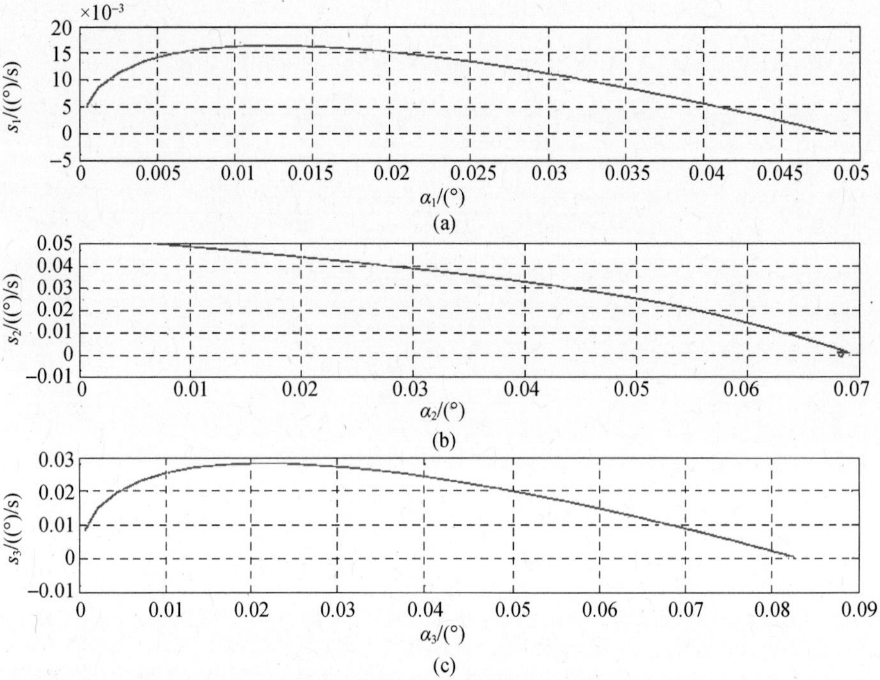

图 4－9　$\bar{\boldsymbol{\alpha}}-\bar{s}$ 相轨迹

(a)α_1 与 s_1 关系曲线;(b)α_2 与 s_2 关系曲线;(c)α_3 与 s_3 关系曲线。

2. 情形 2:初值位于原点,维持控制

从图 4－10 至图 4－12 可以看出,对于初始值位于原点的情形,由于干扰的作用,姿态在初始时会偏离原点。但是,此时控制律中的积分项自动发生作用,直至最终抵消掉干扰的影响,从而最终使得姿态维持在原点附近。

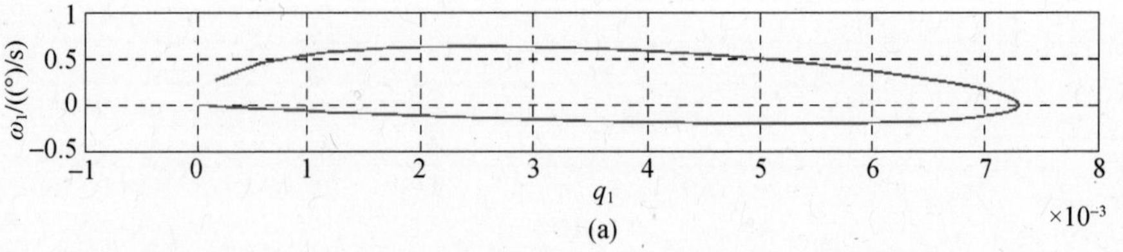

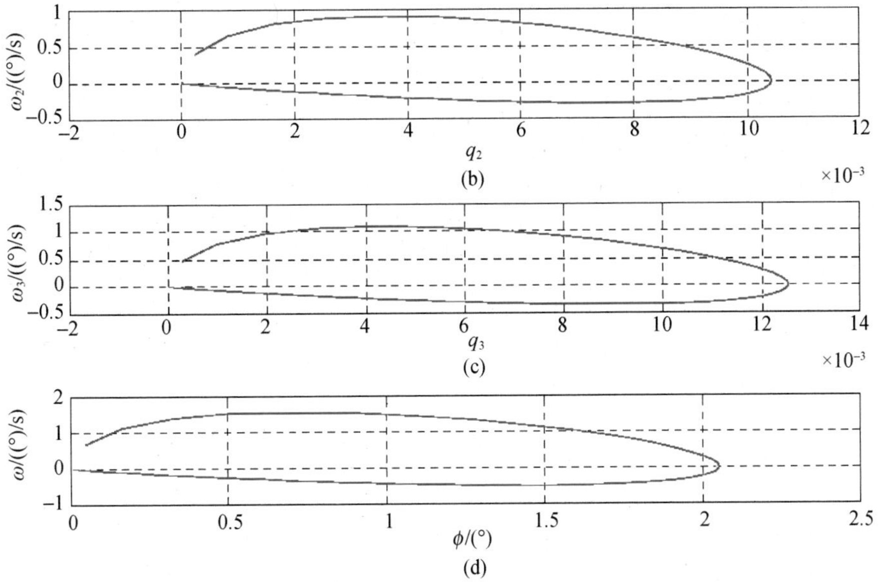

图 4-10　$\bar{\boldsymbol{q}}-\bar{\boldsymbol{\omega}}$ 相平面轨迹,欧拉转角和角速度在欧拉轴投影相轨迹

(a)四元数分量 q_1 与 x 轴角速度分量 ω_1 关系曲线;(b)四元数分量 q_2 与 y 轴角速度分量 ω_2 关系曲线;(c)四元数分量 q_3 与 z 轴角速度分量 ω_3 关系曲线;(d)欧拉转角和角速度在欧拉轴投影关系曲线。

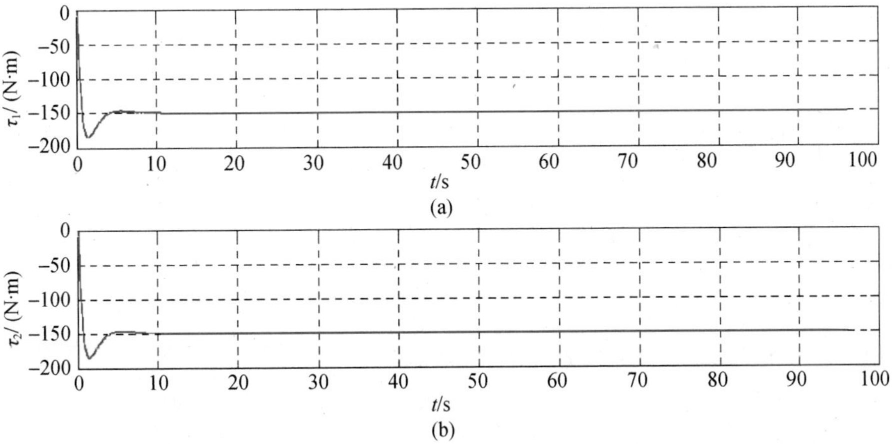

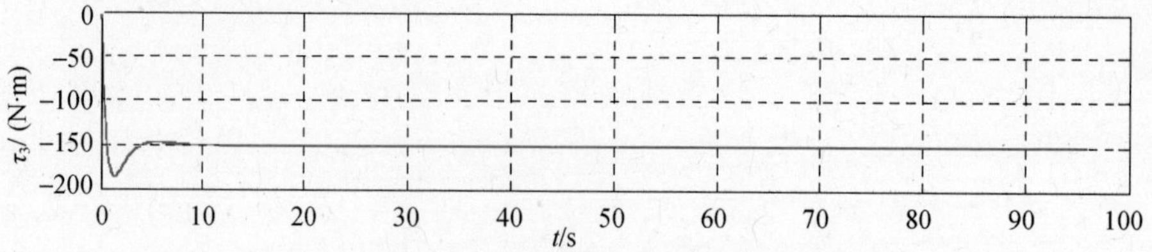

(c)

图 4-11　三轴控制力矩在时间轴上变化轨迹

(a)x 轴控制力矩分量与时间关系曲线;(b)y 轴控制力矩分量与时间关系曲线;(c)z 轴控制力矩分量与时间关系曲线。

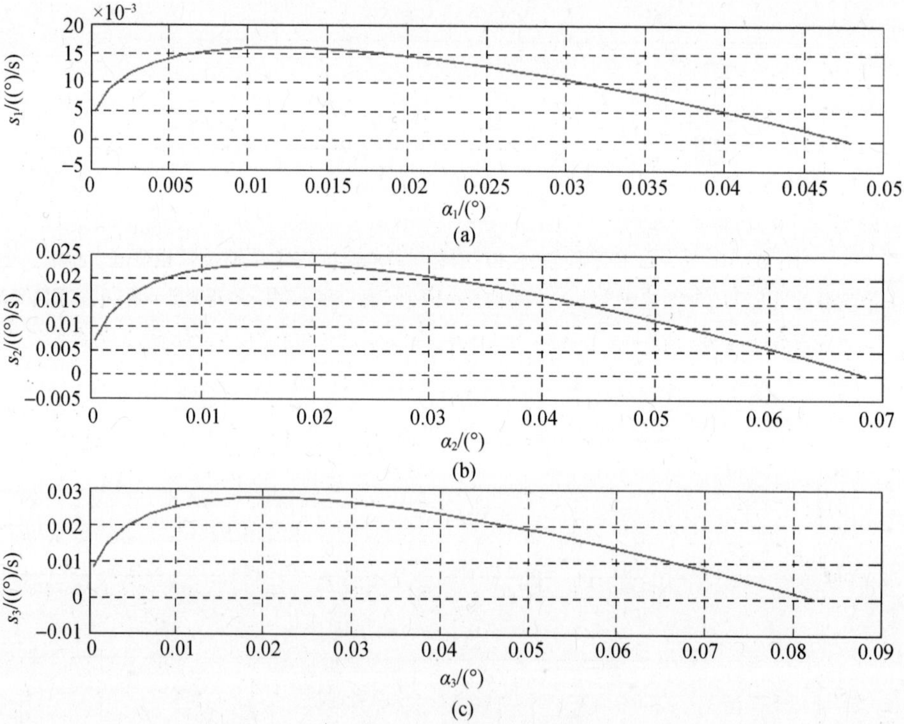

(c)

图 4-12　$\overline{\boldsymbol{\alpha}}-\overline{s}$ 相轨迹

(a)α_1 与 s_1 关系曲线;(b)α_2 与 s_2 关系曲线;(c)α_3 与 s_3 关系曲线。

3. 情形 3:初值有 20(°)/s 角速度,消旋、机动、维持控制

从图 4-13 至图 4-15 可以看出,在初始时系统以最大控制力矩减小航天器的角速度,并控制到较小的 3(°)/s 期望角速度附近,之后的过程与情形 1 是类似的。

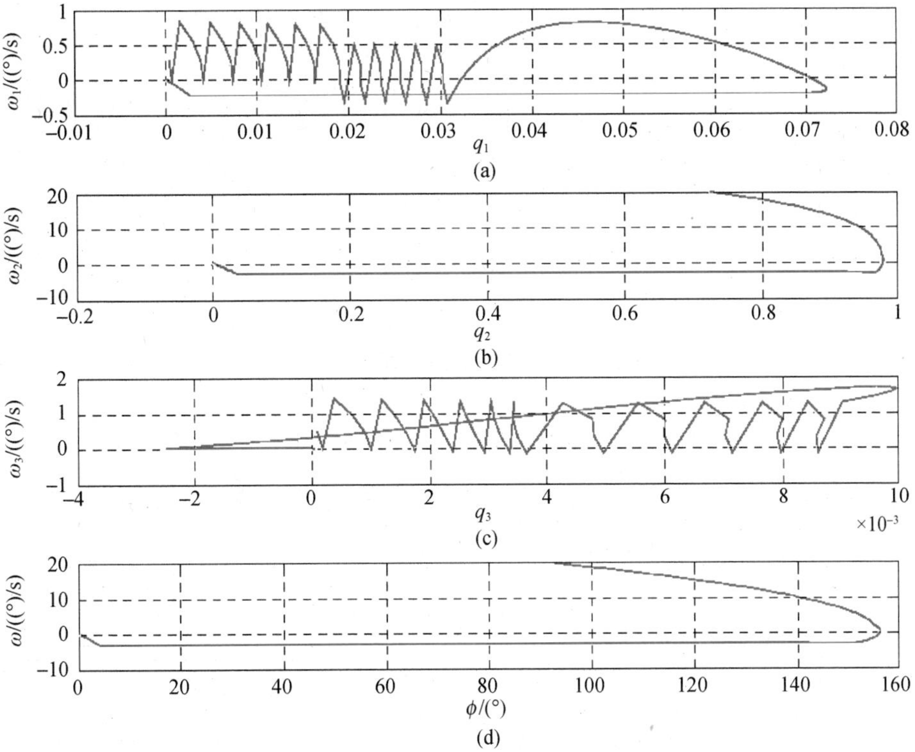

图 4－13　$\bar{q}-\bar{\omega}$ 相平面轨迹,欧拉转角和角速度在欧拉轴投影相轨迹

(a)四元数分量 q_1 与 x 轴角速度分量 ω_1 关系曲线;(b)四元数分量 q_2 与 y 轴角速度分量 ω_2 关系曲线;(c)四元数分量 q_3 与 z 轴角速度分量 ω_3 关系曲线;(d)欧拉转角和角速度在欧拉轴投影关系曲线。

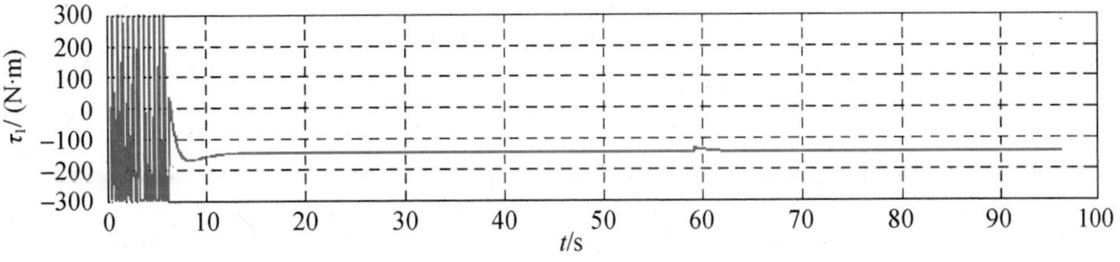

(a)

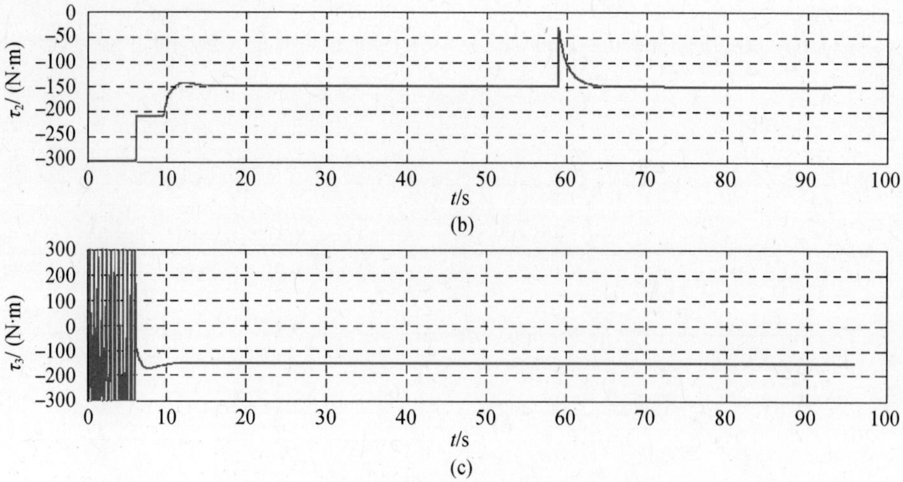

图 4-14　三轴控制力矩在时间轴上变化轨迹

(a) x 轴控制力矩分量与时间关系曲线；(b) y 轴控制力矩分量与时间关系曲线；

(c) z 轴控制力矩分量与时间关系曲线。

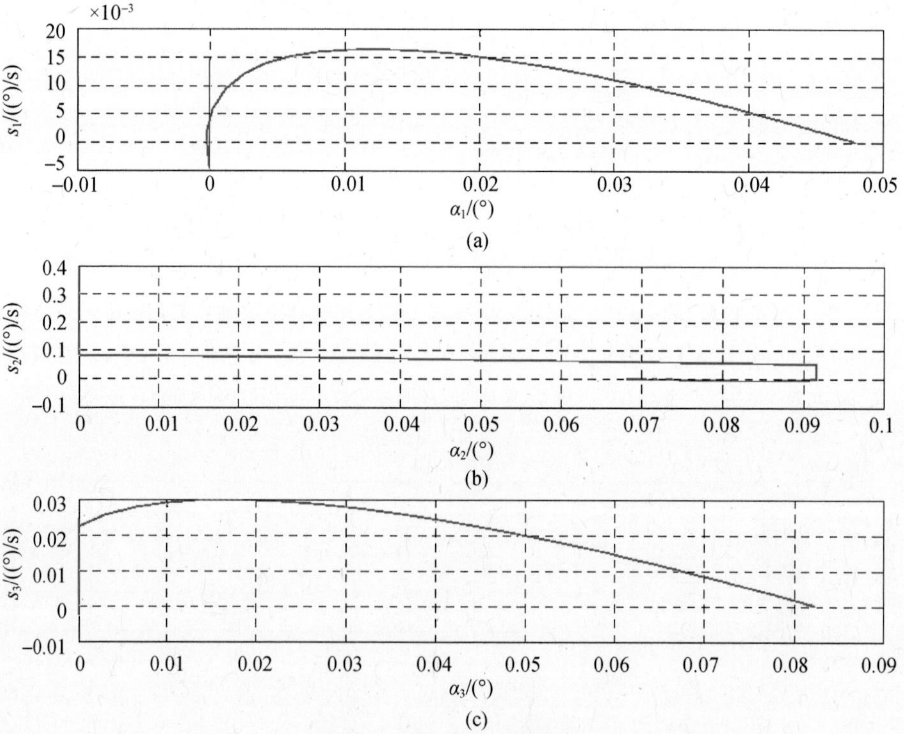

图 4-15　$\overline{\boldsymbol{\alpha}}-\overline{s}$ 相轨迹

(a) α_1 与 s_1 关系曲线；(b) α_2 与 s_2 关系曲线；(c) α_3 与 s_3 关系曲线。

4. 情形4:与无饱和控制的比较

从图4-16至图4-18中并没有发现与情形3有明显区别。但是,从图4-17可以看出,对于俯仰轴,由于没有对控制律内的项进行饱和约束,控制力矩在开始的几秒内出现一个短暂的峰值,这对控制的平滑性是不利的。

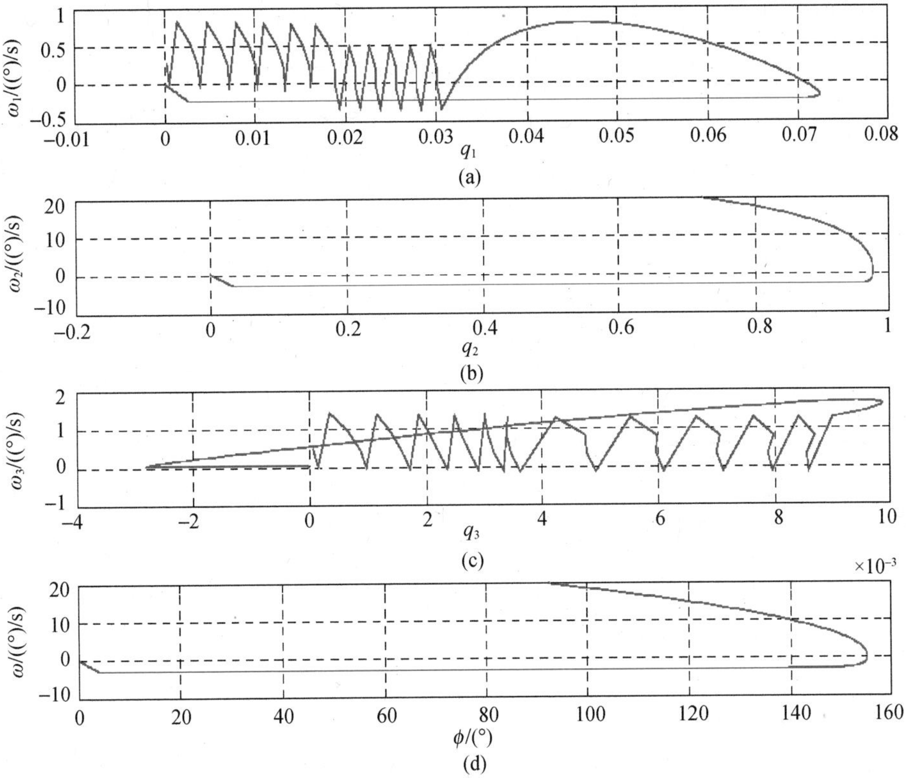

图4-16　$\bar{q}-\bar{\omega}$ 相平面轨迹,欧拉转角和角速度在欧拉轴投影相轨迹

(a)四元数分量 q_1 与 x 轴角速度分量 ω_1 关系曲线;(b)四元数分量 q_2 与 y 轴角速度分量 ω_2 关系曲线;(c)四元数分量 q_3 与 z 轴角速度分量 ω_3 关系曲线;(d)欧拉转角和角速度在欧拉轴投影关系曲线。

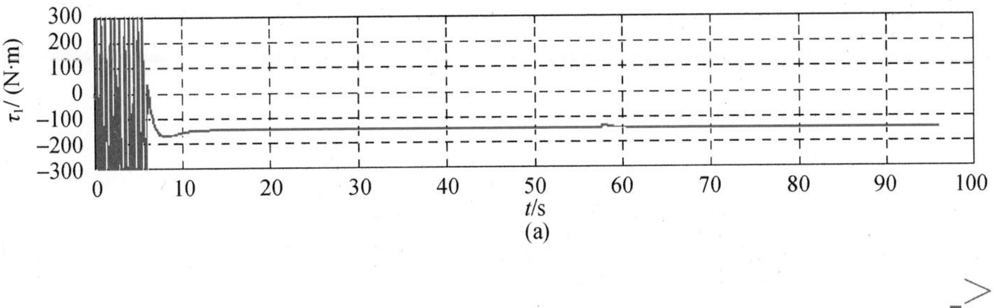

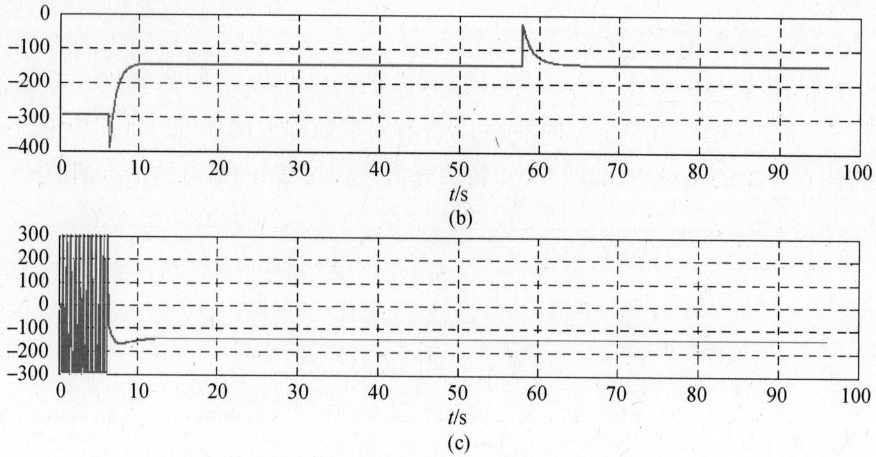

图 4-17　三轴控制力矩在时间轴上变化轨迹

(a)x 轴控制力矩分量与时间关系曲线；(b)y 轴控制力矩分量与时间关系曲线；

(c)z 轴控制力矩分量与时间关系曲线。

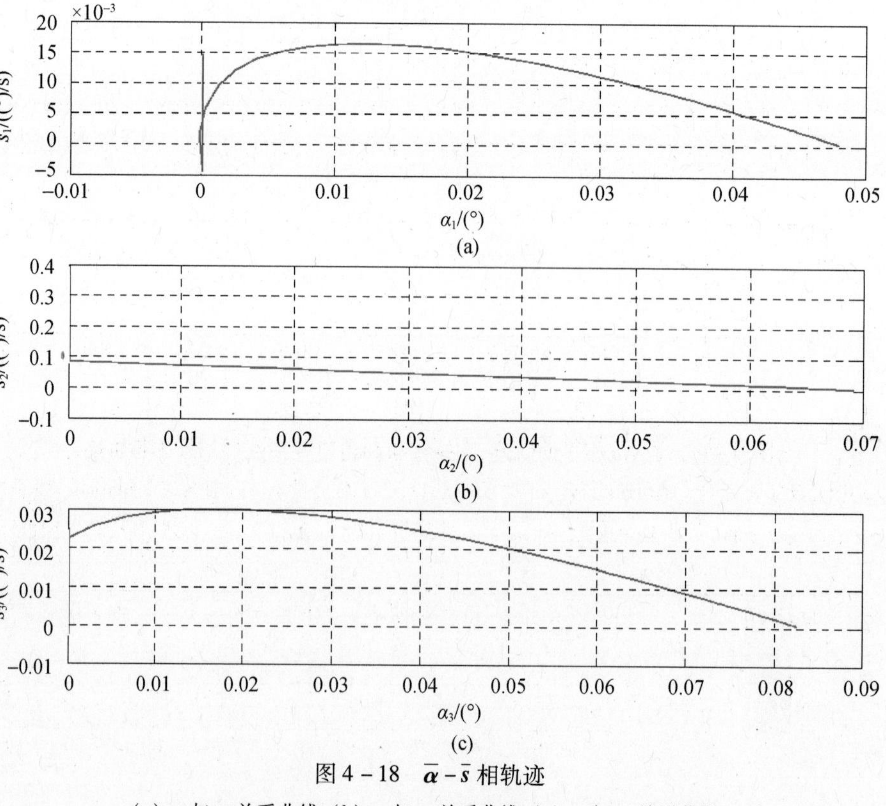

图 4-18　$\bar{\boldsymbol{\alpha}}-\bar{s}$ 相轨迹

(a)α_1 与 s_1 关系曲线；(b)α_2 与 s_2 关系曲线；(c)α_3 与 s_3 关系曲线。

5. 情形 5：与无分区控制的比较

从图 4－19 至图 4－21 可以看出，由于没有对目标角速度进行分区规划，航天器的实际角速度在控制过程中最大达到了 －40（°）/s，可能超出陀螺量程。可见，对目标角速度进行分区规划对刻画过程品质是十分必要的。

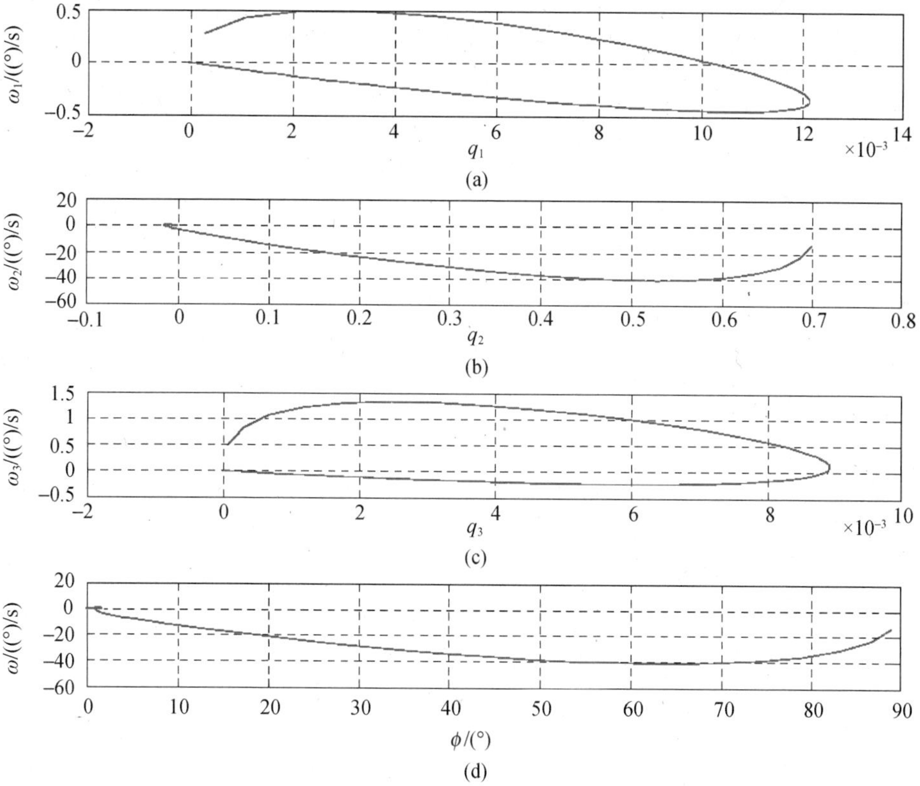

图 4－19　$\bar{q}-\bar{\omega}$ 相平面轨迹，欧拉转角和角速度在欧拉轴投影相轨迹

(a) 四元数分量 q_1 与 x 轴角速度分量 ω_1 关系曲线；(b) 四元数分量 q_2 与 y 轴角速度分量 ω_2 关系曲线；(c) 四元数分量 q_3 与 z 轴角速度分量 ω_3 关系曲线；(d) 欧拉转角和角速度在欧拉轴投影关系曲线。

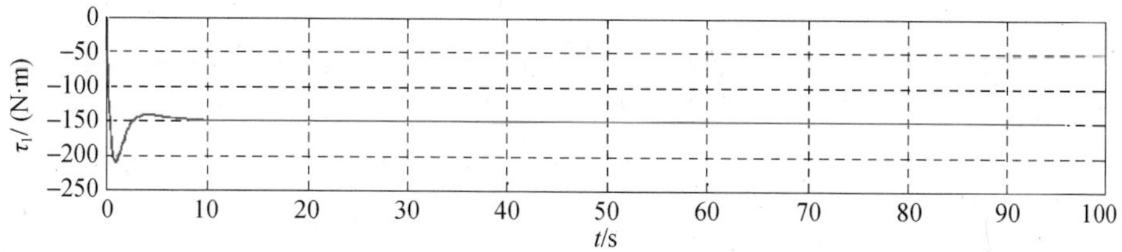

(a)

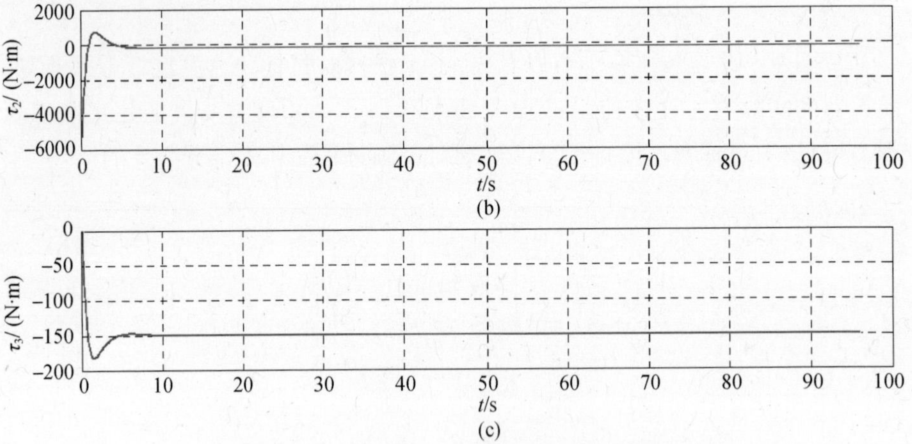

图 4 - 20　三轴控制力矩在时间轴上变化轨迹

(a) x 轴控制力矩分量与时间关系曲线；(b) y 轴控制力矩分量与时间关系曲线；(c) z 轴控制力矩分量与时间关系曲线。

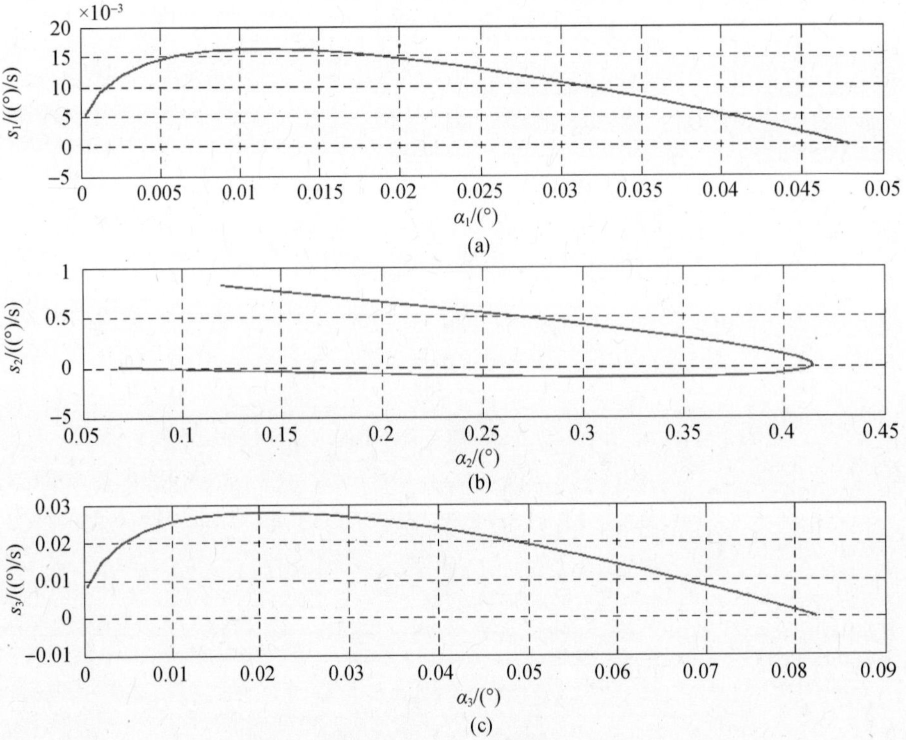

图 4 - 21　$\bar{\boldsymbol{\alpha}} - \bar{s}$ 相轨迹

(a) α_1 与 s_1 关系曲线；(b) α_2 与 s_2 关系曲线；(c) α_3 与 s_3 关系曲线。

以上仿真结果表明，对于大角度姿态机动、存在常值干扰下的原点维持以及大角速度下的消旋与姿态控制等情形，分区四元数姿态控制均具有期望控制品质。

4.5　分区四元数 PID 控制

本节内容仍然以第一控制规律为背景展开讨论，关于第二控制规律相关内容与此平行，不再赘述。

在力矩变化规律式(4-19)中，考虑分支情况 $\|\bar{\boldsymbol{s}}(t)\|_\infty \leqslant \bar{\bar{s}}$ 且 $\|\Delta\bar{q}(t)\| \leqslant \Delta q_{\mathrm{T}}$ 的控制力矩，可以得到下列观察。

观察 1：由姿态运动学式(4-4)导出，只要 Δq_{T} 适当小可以近似有：

$$\Delta\dot{\bar{\boldsymbol{q}}} \approx (1/2)\Delta\bar{\boldsymbol{\omega}} \tag{4-52}$$

观察 2：由式(4-10)、式(4-17)、式(4-52)导出：

$$\begin{aligned}\bar{\boldsymbol{s}}(t) &= \Delta\bar{\boldsymbol{\omega}}(t) - \Delta\bar{\boldsymbol{\omega}}_d(t) = \Delta\bar{\boldsymbol{\omega}}(t) + k\Delta\bar{\boldsymbol{q}}(t) \\ &\approx 2\Delta\dot{\bar{\boldsymbol{q}}}(t) + k\Delta\bar{\boldsymbol{q}}(t) = \bar{\boldsymbol{s}}'(t)\end{aligned} \tag{4-53}$$

观察 3：综合式(4-52)和式(4-53)，由式(4-19c)可以写出：

$$\dot{\alpha}_i'(t) = \begin{cases} s_i'(t), & |k_2\alpha_i'(t)| < M_2 \\ 0, & |k_2\alpha_i'(t)| = M_2 \text{ 且 } \alpha_i'(t)s_i'(t) > 0 \\ s_i'(t), & |k_2\alpha_i'(t)| = M_2 \text{ 且 } \alpha_i'(t)s_i'(t) \leqslant 0 \end{cases} \tag{4-54}$$

由此根据力矩变化规律式(4-19)，可以写出控制规律：

$$\begin{cases} \bar{\boldsymbol{\tau}}(t) = \begin{cases} \bar{\boldsymbol{\tau}}_0(t) + \boldsymbol{J}\sigma_{M_1}[-k_1\bar{\boldsymbol{s}}(t) - k_2\bar{\boldsymbol{\alpha}}'(t)], & \|\bar{s}(t)\|_\infty \leqslant \bar{\bar{s}},\ \|\Delta\bar{q}(t)\| \leqslant \Delta q_{\mathrm{T}} \\ \bar{\boldsymbol{\tau}}_0(t) + \boldsymbol{J}\sigma_{M_1}[-k_1\bar{\boldsymbol{s}}(t) - k_2\bar{\boldsymbol{\alpha}}(t)], & \|\bar{s}(t)\|_\infty \leqslant \bar{\bar{s}},\ \|\Delta\bar{q}(t)\| > \Delta q_{\mathrm{T}} \\ -\tau_{\max}\operatorname{sgn}[\bar{\boldsymbol{s}}(t)], & \|\bar{s}(t)\|_\infty > \bar{\bar{s}} \end{cases} & \text{(4-55a)} \\ \bar{\boldsymbol{\tau}}_0(t) = [\bar{\boldsymbol{\omega}}^\times(t)]\boldsymbol{J}\bar{\boldsymbol{\omega}}(t) + \boldsymbol{J}\dot{\bar{\boldsymbol{\omega}}}_d(t) & \text{(4-55b)} \\ \bar{\boldsymbol{\alpha}}(t) = [\alpha_1(t) \quad \alpha_2(t) \quad \alpha_3(t)]^{\mathrm{T}} & \text{(4-55c)} \\ \bar{\boldsymbol{\alpha}}'(t) = [\alpha'_1(t) \quad \alpha'_2(t) \quad \alpha'_3(t)]^{\mathrm{T}} & \text{(4-55d)} \end{cases}$$

注意到在分支情况 $\|\bar{\boldsymbol{s}}(t)\|_\infty \leqslant \bar{\bar{s}}$ 且 $\|\Delta\bar{\boldsymbol{q}}(t)\| \leqslant \Delta q_{\mathrm{T}}$，力矩变化规律是 $\Delta\bar{\boldsymbol{q}}(t)$、

$\int\Delta\bar{\boldsymbol{q}}(t)\,\mathrm{d}t$、$\Delta\bar{\boldsymbol{\omega}}(t)$的线性组合，因而称为分区四元数 PID 控制。

分区四元数 PID 控制比较于前述分区四元数控制，在积分运算过程中去除了关于误差角速度积分 $\int\Delta\bar{\omega}(t)\,\mathrm{d}t$ 的一部分，工程实现上更接近传统 PID 形式。仿真和应用表明：由于式(4-52)近似引起的小误差可以归结到干扰中，该控制规律仍能保证分区四元数控制品质。

4.6 姿态控制指令的生成

利用计算机作为控制器的航天器姿态控制系统是混杂系统：对象是时间连续系统，控制器以连续时间解算力矩控制规律，但一般只能给出均匀的离散时间点上的控制信息。由于控制周期通常远小于控制系统固有周期，可以认为：只要在控制周期内力矩输出效果与连续时间设计结果等效，就能获得类似连续时间情形的控制效果。

控制计算机在一个姿态控制周期内的信息处理流程示意图，见图 4-22 所示。其中对于喷气执行机构而言，执行机构指令发出就是给出其某方向上的喷气时间宽度。

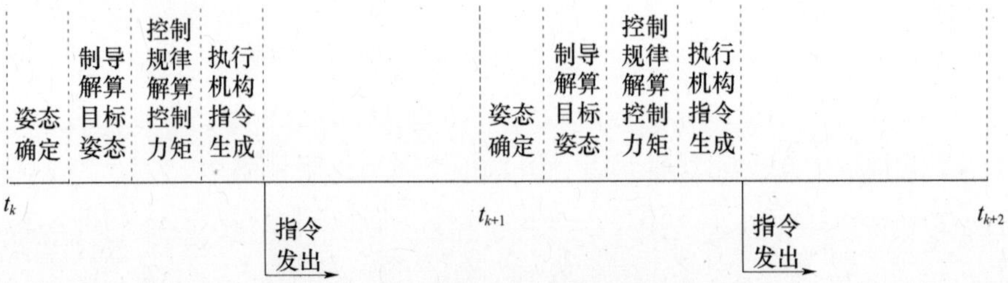

图 4-22 控制周期内的信息处理示意图

对于喷气执行机构(推力器)而言，一种直观的脉冲宽度调制方法是利用冲量等效原理，即

$$\tau T=\bar{\tau}w_{\mathrm{on}} \tag{4-56}$$

式中：w_{on}为脉冲宽度；τ 为控制规律给出的控制力矩；$\bar{\tau}$ 为推力器额定力矩；T 为控制周期。由上式可求解脉冲宽度。但考虑到喷气执行机构最小脉宽限制以及抗干扰性能，工程上经常采用与伪速率调制(PRM)等效的脉冲宽度调制

技术。PRM 的原理框图如图 4－23 所示。可以导得与之等效的脉冲输出占空比，即 W 在时间轴上的平均 W_c 满足：

$$W_c=\begin{cases}1, & \tau_n>1+H_2\\ \dfrac{\tau_n-H_1}{1+H_2-H_1}, & H_1\leqslant\tau_n\leqslant 1+H_2\\ 0, & -H_1\leqslant\tau_n\leqslant H_1\\ -\dfrac{\tau_n-H_1}{1+H_2-H_1}, & -1-H_2\leqslant\tau_n\leqslant -H_1\\ -1, & \tau_n\leqslant -1-H_2\end{cases}\tag{4-57}$$

于是，在一个控制周期 T 内脉冲宽度 w_{on} 满足：

$$w_{\mathrm{on}}=W_cT\tag{4-58}$$

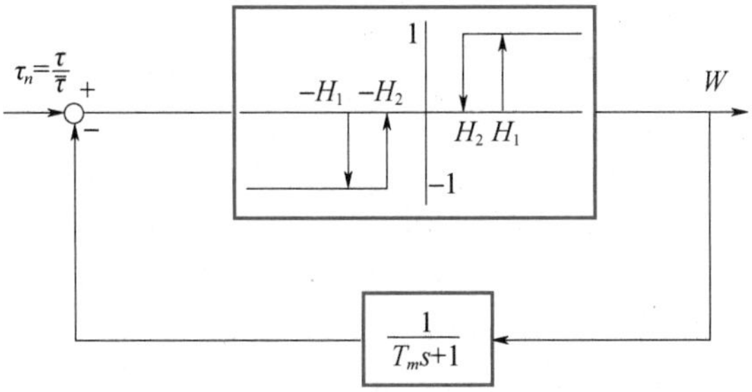

图 4－23　伪速率调制器

4.7　嫦娥三号着陆器动力下降过程姿态控制

4.7.1　动力下降控制任务

月球着陆器动力下降过程，一般要经历减速制动、障碍规避、缓速下降等若干过程。嫦娥三号着陆器规划的动力下降过程如下。

主减速段：距参考月面高度从 15～3km，该段主要任务是软着陆制动，减小着陆器的速度（约 1.7km/s）至预设值（约 65m/s）。

快速调整段：距实际月面高度从 3～2.4km，该段主要任务是快速衔接主减速和接近段，快速姿态机动到接近段入口姿态，发动机推力同步减到低推力水平。

接近段：距实际月面高度从2.4km~100m，该段主要任务是粗避障。根据粗避障的要求，为了保证光学成像敏感器视场对准着陆区域，下降轨迹可以采用接近直线下降方式逐步接近着陆区，通过光学成像敏感器检测大障碍，确定安全着陆区并避障，最终到达着陆区上方约100m高度，相对月面速度接近零。

悬停段：距实际月面高度100m左右，该段主要任务是对着陆区域的精障碍检测。保持着陆器处于悬停状态，利用三维成像敏感器对着陆区进行观测，选择出安全着陆点。

避障段：距实际月面高度从100~30m，该段主要任务是精避障和下降。根据选择的安全着陆点，着陆器下降到着陆点上方30m，相对月面下降速度为预设值（≤2m/s），水平速度接近零，轨迹为斜向下降到着陆点。

缓速下降段：距实际月面高度从约30m到关机信号生效，该段主要任务是保证着陆器平稳缓速下降到月面，着陆月面的速度和姿态控制精度满足要求。着陆器以预设的相对月面速度缓速下降，消除水平速度，姿态垂直月面，直到收到关机敏感器信号，关闭发动机和推力器，下降到月面，轨迹接近垂直下降。

自由落体段：距实际月面高度从约2m到接触月面，进入无控模式。在高度2m处收到关机敏感器信号后，关闭发动机和推力器，着陆器自由下降到月面。

上述过程表明，动力下降段姿态控制任务包含了初始姿态建立、姿态跟踪、姿态快速机动、姿态稳定控制等复杂需求。客观上需要设计高品质姿态控制系统。

4.7.2 制导、导航与控制系统组成

嫦娥三号着陆器制导、导航与控制系统是敏感器硬件和软件，控制器硬件、算法和软件，执行机构指令生成算法和软件的集合，见图4-24。它首创了一系列先进制导、导航与控制（GNC）技术、机器视觉障碍识别技术并将两者完美结合，无需地面站实时测控信息和月面形态先验信息，具有实现预定月球地区的高精度、安全软着陆的能力。

系统采用的敏感器，包括：星敏感器、陀螺、加速度计、微波测距测速敏感

器、激光测距敏感器、激光三维成像敏感器、光学成像敏感器和伽玛关机敏感器。系统采用的执行机构，包括：一个7500N的变推力发动机用于轨道控制；12个10N推力器用于姿态控制；16个150N推力器用于水平机动控制和姿态控制。系统采用的控制器，包括控制计算机、图像处理单元、二次电源模块、分系统供配电单元等。

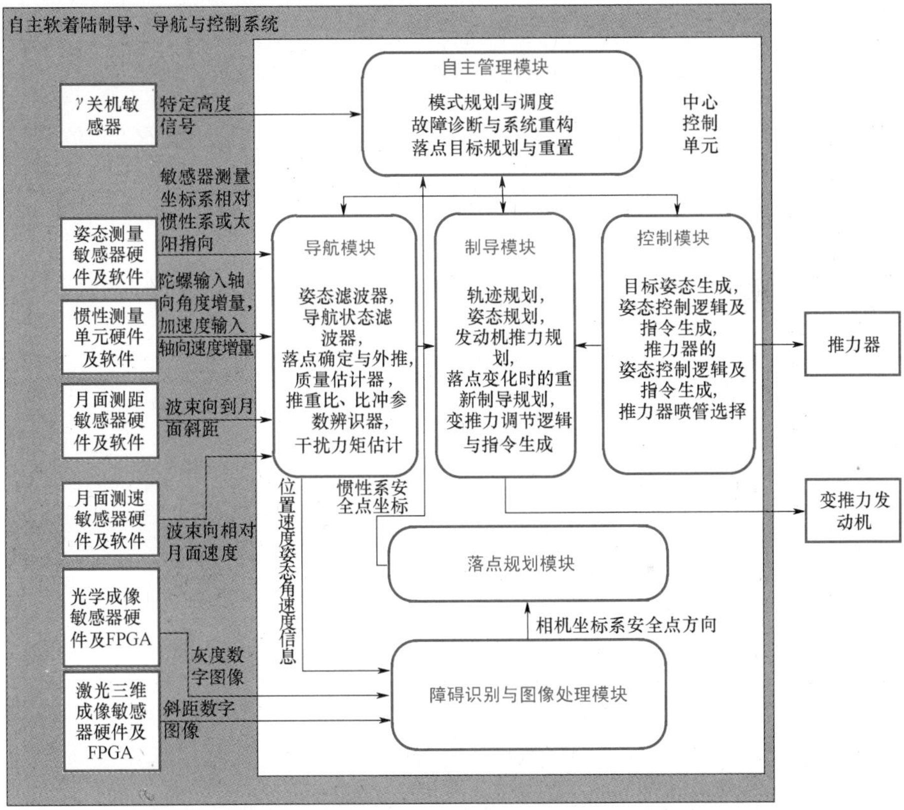

图4-24　自主软着陆制导、导航与控制(GNC)系统架构

4.7.3　姿态控制实现

嫦娥三号着陆器软着陆期间的姿态控制，具有以下特点：由于着陆过程推进剂消耗较多，带来惯量时变的质量特性；贮箱推进剂消耗不均匀性导致质心变化或者发动机推力方向偏斜，都会产生较大且变化的干扰力矩；制导律在不

同模式下,根据任务功能需求给出不同的制导目标姿态,在动力下降期间俯仰姿态机动约 90°,姿态控制需要尽快跟踪制导目标姿态;姿态控制系统配置了 10N 和 150N 推力器,控制律应充分发挥两种推力器协调工作的能力。

基于上述特点,姿态控制规律实现采用了前述分区四元数 PID 姿态控制规律。

对于 PID 控制系统,积分项的作用主要是用于抵消低频缓变的干扰力矩,改进系统在低频扰动下的行为。动力下降前,根据前一次轨道控制结束时积分项的保留值,对本次积分项初始值进行调整,有效减少稳态过渡过程时间,提高姿态控制精度。

喷气控制实现采用了前述脉宽调制方法,其在功能上与伪速率调制器等价。根据计算所需要的控制力矩,分三种情形进行脉宽调制。若计算控制力矩小于 10N 推力器提供的姿态控制力矩,则进行 10N 推力器的脉宽调制,150N 推力器脉宽设置为零;否则若计算控制力矩小于 150N 单份推力器提供的姿态控制力矩,则 10N 推力器脉宽设置为零,进行 150N 单份推力器的脉宽调制;否则 10N 推力器脉宽设置为零,进行 150N 双份推力器的脉宽调制。

4.7.4 嫦娥三号着陆器姿态控制飞行结果

2013 年 12 月 14 日 20 时 59 分 52 秒,嫦娥三号着陆器动力下降开始[2-3]。动力下降初始状态:经度 19.0464°W,纬度 28.9989°N,高度 14.8km,速度 1695.7m/s,俯仰姿态角 85°,质量 2822kg,7500N 发动机常值推力 7523N。2013 年 12 月 14 日 21 时 11 分 17 秒,着陆器安全着陆月面。动力下降软着陆过程用时约 685s,各模式的维持时间分别为:主减速模式 487s,快速调整模式 16s,接近模式 125s,悬停模式 16s,避障模式 22s,缓速下降模式 19s。

着陆器机械系(本体系绕 X 轴旋转 -45°得到)相对当地天东北系的姿态角变化过程为:在主减速末期俯仰角 65°,在接近段俯仰角在 9°附近。着陆器稳态姿态控制精度在 0.25°以内。着陆器稳态姿态稳定度在 0.2(°)/s 以内。着陆器姿态机动角速度达到 3(°)/s。这些数据表明了其姿态控制是典型高品质姿态控制。

嫦娥三号着陆器实际着陆点为(19.5116°W,44.1214°N),相对于动力下降前预估的着陆点,着陆精度优于 1km。触月时水平速度、垂直速度、角速度和姿态角等均优于指标要求。

参考文献

[1] Wertz J R. Spacecraft attitude determiniation and control[M]. Norwell: Kluwer, 1978.

[2] 张洪华，关铁峰，黄翔宇，等．嫦娥三号着陆器动力下降的制导导航与控制[J]. 中国科学：技术科学，2014,44(5):377－384.

[3] 张洪华，梁俊，黄翔宇，等．嫦娥三号自主避障软着陆控制技术[J]. 中国科学:技术科学，2014,44(6):559－568.

[4] Wie B, Barba P M. Quaternion feedback for spacecraft large angle maneuvers[J]. Journal of Guidance, Control, and Dynamics, 1985,8(3):360－365.

[5] Wen J, Kreutz-Delgado K. The attitude control problem[J]. IEEE Transactions on Automatic Control, 1991,36(10): 1148－1162.

[6] Bhat S, Bernstein D. A topological obstruction to continuous global stabilization of rotational motion and the unwinding phenomenon[J]. Systems & Control Letters, 2000,39(1):63－70.

[7] Mayhew C. Quaternion-based hybrid control for robust global attitude tracking[J]. IEEE Transactions on Automatic Control, 2012,57(8):2122－2127.

[8] Sanfelice R. Robust hybrid controllers for continuous-time systems with applications to obstacle avoidance and regulation to disconnected set of points[C]. Minneapolis, Minnesota, USA:Proceedings of the 2006 American Control Conference,2006,June 14－16.

[9] Fjellstad O E, Fossen T I. Singularity-free tracking of unmanned underwater vehicles in 6 DOF[C]. Lake Buena Vista, Florida, USA:Proceedings of 33rd IEEE Conference on Decision and Control,1994,December 18－22.

[10] 张洪华,关铁峰,胡锦昌,等．分区四元数姿态控制[J]. 自动化学报,2015,41(7):1341－1349.

[11] Hu Jinchang, Zhang Honghua. Bounded output feedback of rigid-body attitude via Angular velocity observers[J]. AIAA Journal of Guidance, Control, and Dynamics, 2013,36(4):1240－1247.

第5章 挠性航天器高品质姿态控制

挠性航天器泛指本体为挠性体、中心刚体带挠性附件，或者各体之间存在挠性连接的航天器。本体为挠性体的航天器，如美国哈勃太空望远镜、国际空间站、各国运载火箭等[1-4]；中心刚体带有挠性附件的航天器，如中国嫦娥一号卫星、日本工程试验卫星-Ⅷ等；各体之间存在挠性连接的航天器，如美国“伽利略”(Gelileo)航天器等。

挠性航天器运动不仅包括刚体姿态运动而且包括挠性振动，两者互相耦合。从约束模态(悬臂模态)空间看，刚体模态与挠性模态互为激励，而运动测量和控制都可以独立作用于刚体运动模态或挠性模态；从非约束模态(整器模态)空间看，零频模态(对应刚性运动)与非零频模态(对应挠性运动)相互独立，但运动测量一般是两种模态组合，而控制作用一般必然同时施加到两种模态上。

挠性航天器姿态控制，本质上要求利用敏感部件(硬件和软件)测量航天器运动、利用控制器(硬件和软件)产生力矩指令(控制规律)、利用执行机构部件(硬件和软件)操纵航天器运动，使得航天器刚体运动具有期望品质，同时抑制航天器挠性振动。

挠性航天器姿态控制富有挑战性[5-7]。第一，控制对象甚为复杂。一方面，挠性振动与控制系统之间可能存在不稳定相互作用。就是说反馈控制系统对于挠性振动而言物理上可能是一个正反馈，使之不断增强导致系统失去稳定性。这种现象出现的情形有:敏感器与执行机构同位配置情况,当着回路中存在测量和控制延迟时可能导致速度反馈高频模态分量与低频模态分量的相位反相;敏感器与执行机构异位配置情况,模态形状函数在两者之间符号不同,可能直接导致速度反馈高频模态分量与低频模态分量相位相反;还有其他情况,如零点极点在复平面虚轴上排列情况使得利用刚体 PD 控制必然失去稳定性。另一方面,由于挠性体存在,系统运动的描述理论上需要无穷多个自由度,工程上也需要几十个自由度,控制对象的维数甚高。最后一方面,由于挠性体的存在和任务使命的变化,系统质量特性以及外部干扰参数要在地面精确确定一般是困难的,而且在轨运行也可能是变化的,因而具有不确定性。第二,控制品质要求甚高。一般而言,刚体航天器姿态控制基本问题所要求的姿态稳定、姿态跟踪、姿态机动在挠性航天器同样存在。同时一些大型复杂航天器在轨道上标称飞行时由于其使命要求,对姿态指向精度、姿态稳定度要求越来越高,例如一些对地详查卫星要求卫星的姿态控制稳定度优于$10^{-4}(°)/s$量级。这些控制品质的实现有时对于纯粹刚体航天器都是困难的。第三,控制规律和控制部件却要求尽可能简单:一方面,工程上可实现的控制律只能是阶数尽可能低的控制律(最好 PID 控制就能解决问题),这与对象维数甚高相矛盾,由此必然存在所谓控制和观测"溢出"问题;另一方面,控制部件也仍就是用于刚体控制的敏感器和执行机构(反作用推力器、动量交换装置等),而一些新型挠性振动敏感器和致动器尚处于研发、试验阶段。

本章抓住"挠性""耦合""不确定性"等挠性航天器姿态控制的困难问题,从控制理论结合工程实际角度出发推出挠性航天器低阶姿态控制架构,致力于从信息处理角度给出挠性航天器高品质姿态控制一些解决方法。

5.1 姿态控制与振动抑制问题

考虑挠性航天器运动学。设本体坐标系 $o_s x_s y_s z_s$ 位于未变形的航天器上。假设挠性航天器体坐标系原点位于未变形航天器质心,其质量特性包括一阶惯性矩、二阶惯性矩等,其表示符号如同第 2 章 2.7 节所述。

挠性航天器运动学可以采用刚体航天器运动学描述的四元数形式。但是为了突出挠性体控制特点,可以对四元数描述方式进行简化处理。本体坐标系、目标坐标系相对惯性坐标系的运动仍然利用四元数 $\boldsymbol{q}$、$\boldsymbol{q}_t$ 描述，而本体坐标系相对目标坐标系的运动采用旋转矢量描述：

$$\Delta\bar{\boldsymbol{\phi}} = [\Delta\bar{\phi}_1 \quad \Delta\bar{\phi}_2 \quad \Delta\bar{\phi}_3]^{\mathrm{T}} \tag{5-1}$$

并且假设旋转矢量在控制周期内旋转方向不变，于是由式(2－52)推出近似有：

$$\Delta\dot{\bar{\boldsymbol{\phi}}} = \Delta\bar{\boldsymbol{\omega}} \tag{5-2}$$

从工程角度看：对于姿态稳定与跟踪情况，挠性航天器控制一般面对目标姿态变化较慢，并且初始姿态偏差较小，因此式(5－2)可以成立；对于姿态快速机动情况，挠性挠性航天器控制一般面对单轴旋转情况，因此式(5－2)仍然可以成立。这样挠性航天器运动学得到简化。尽管本章结果能够推广到利用误差四元数描述运动学的非线性情况，但上述简化处理更容易突出“挠性”控制特点。

挠性航天器上配置的执行机构包括反作用喷气执行机构（推力器）和反作用飞轮，它们均直接作用于未变形挠性航天器上。

对于喷气执行机构情形，综合式(2－95)～式(2－97)和式(2－106)描述，挠性航天器角动量 $\bar{\boldsymbol{h}}$ 满足下列方程：

$$\bar{\boldsymbol{h}} = \boldsymbol{J}\bar{\boldsymbol{\omega}} + \boldsymbol{H}^{\mathrm{T}}\dot{\boldsymbol{\eta}} \tag{5-3}$$

式中：$\boldsymbol{J}$ 为整个航天器（包括飞轮）相对本体坐标系原点的二阶惯性矩；$\boldsymbol{H}^{\mathrm{T}}\dot{\boldsymbol{\eta}} = \sum_{i=1}^{n} H_i\dot{\eta}_i$ 为挠性振动角动量。不考虑系统线运动，考虑挠性振动结构阻尼，考虑干扰力矩，则类似方程式(2－106)可以导出：

$$\begin{cases} \boldsymbol{J}\dot{\bar{\boldsymbol{\omega}}} + [\bar{\boldsymbol{\omega}}\times]\bar{\boldsymbol{h}} + \boldsymbol{H}^{\mathrm{T}}\ddot{\boldsymbol{\eta}} = \bar{\boldsymbol{\tau}}_T + \bar{\boldsymbol{d}} & (5-4\mathrm{a}) \\ \ddot{\boldsymbol{\eta}} + 2\boldsymbol{\xi}\boldsymbol{\Lambda}\dot{\boldsymbol{\eta}} + \boldsymbol{\Lambda}^2\boldsymbol{\eta} + \boldsymbol{H}\dot{\bar{\boldsymbol{\omega}}} = 0 & (5-4\mathrm{b}) \end{cases}$$

式中：$\bar{\boldsymbol{\tau}}_T$ 为推力器产生控制力矩；$\boldsymbol{\eta} = [\eta_1 \quad \eta_2 \quad \cdots \quad \eta_n]^{\mathrm{T}}$ 为挠性模态坐标；$\boldsymbol{H}^{\mathrm{T}} = [\boldsymbol{H}_1 \quad \boldsymbol{H}_2 \quad \cdots \quad \boldsymbol{H}_n]$ 是挠性耦合系数矩阵；$\boldsymbol{\Lambda} = \mathrm{diag}[\Lambda_1 \quad \Lambda_2 \quad \cdots \quad \Lambda_n]$ 是挠性模态频率矩阵；$\boldsymbol{\xi} = \mathrm{diag}[\xi_1 \quad \xi_2 \quad \cdots \quad \xi_n]$ 是挠性模态阻尼系数矩阵。

对于飞轮执行机构，不失一般性，设分别沿本体坐标系三个坐标轴方向配置三个反作用飞轮。综合第2章式(2－75)、式(2－77)和式(2－106)描述，挠性航天器角动量 $\bar{\boldsymbol{h}}$ 满足下列方程：

$$\bar{\boldsymbol{h}} = \boldsymbol{J}\bar{\boldsymbol{\omega}} + \bar{\boldsymbol{h}}_W + \boldsymbol{H}^{\mathrm{T}}\dot{\boldsymbol{\eta}} \tag{5-5}$$

式中：$\boldsymbol{J}$ 为整个航天器（包括飞轮）相对本体坐标系原点的二阶惯性矩；$\bar{\boldsymbol{h}}_W = [J_{s1}\Omega_1 \quad J_{s2}\Omega_2 \quad J_{s3}\Omega_3]^{\mathrm{T}}$ 是三个反作用飞轮自转角动量；$\boldsymbol{H}^{\mathrm{T}}\dot{\boldsymbol{\eta}} = \sum_{i=1}^{n} \boldsymbol{H}_i\dot{\eta}_i$ 是挠性振动角动量。忽略线运动，考虑挠性振动结构阻尼，考虑干扰力矩，则类似方程式（2－106）可以导出：

$$\begin{cases} \boldsymbol{J}\dot{\bar{\boldsymbol{\omega}}} + [\bar{\boldsymbol{\omega}}\times]\bar{\boldsymbol{h}} + \boldsymbol{H}^{\mathrm{T}}\ddot{\boldsymbol{\eta}} = \bar{\boldsymbol{\tau}}_W + \bar{\boldsymbol{d}} & (5-6\mathrm{a}) \\ \ddot{\boldsymbol{\eta}} + 2\boldsymbol{\xi}\boldsymbol{\Lambda}\dot{\boldsymbol{\eta}} + \boldsymbol{\Lambda}^2\boldsymbol{\eta} + \boldsymbol{H}\dot{\bar{\boldsymbol{\omega}}} = 0 & (5-6\mathrm{b}) \\ \bar{\boldsymbol{\tau}}_W = [\tau_{W1} \quad \tau_{W2} \quad \tau_{W3}]^{\mathrm{T}} & \\ \quad = [-J_{s1}\dot{\Omega}_1 \quad -J_{s2}\dot{\Omega}_2 \quad -J_{s3}\dot{\Omega}_3]^{\mathrm{T}} & (5-6\mathrm{c}) \\ \quad = [-\bar{\tau}_{a1} - f_{a1} + J_{s1}\dot{\omega}_1 \quad -\bar{\tau}_{a2} - f_{a2} + J_{s2}\dot{\omega}_2 \quad -\bar{\tau}_{a3} - f_{a3} + J_{s3}\dot{\omega}_3]^{\mathrm{T}} & \end{cases}$$

式中：$\bar{\boldsymbol{\tau}}_W = [\tau_{W1} \quad \tau_{W2} \quad \tau_{W3}]^{\mathrm{T}}$ 为三个反作用飞轮自旋产生力矩；$\bar{\boldsymbol{\tau}}'_a = -\bar{\boldsymbol{\tau}}_a = [-\tau_{a1} \quad -\tau_{a2} \quad -\tau_{a3}]^{\mathrm{T}}$ 为三个反作用飞轮产生控制力矩；$\bar{\boldsymbol{f}}'_a = -\bar{\boldsymbol{f}}_a = -[f_{a1} \quad f_{a2} \quad f_{a3}]^{\mathrm{T}}$ 为三个反作用飞轮摩擦力矩。将式（5－6c）中角加速度相关项移到式（5－6c）右边，相应二阶惯性矩适当变形可得

$$\begin{cases} \boldsymbol{J}'\dot{\bar{\boldsymbol{\omega}}} + [\bar{\boldsymbol{\omega}}\times]\bar{\boldsymbol{h}} + \boldsymbol{H}^{\mathrm{T}}\ddot{\boldsymbol{\eta}} = \bar{\boldsymbol{\tau}}'_a + \bar{\boldsymbol{d}} + \bar{\boldsymbol{f}}'_a & (5-7\mathrm{a}) \\ \ddot{\boldsymbol{\eta}} + 2\boldsymbol{\xi}\boldsymbol{\Lambda}\dot{\boldsymbol{\eta}} + \boldsymbol{\Lambda}^2\boldsymbol{\eta} + \boldsymbol{H}\dot{\bar{\boldsymbol{\omega}}} = 0 & (5-7\mathrm{b}) \\ \bar{\boldsymbol{\tau}}'_a = -\bar{\boldsymbol{\tau}}_a = [-\tau_{a1} \quad -\tau_{a2} \quad -\tau_{a3}]^{\mathrm{T}} & \\ \quad = [-J_{s1}\dot{\Omega}_1 - J_{s1}\dot{\omega}_1 + f_{a1} - J_{s2}\dot{\Omega}_2 - J_{s2}\dot{\omega}_2 & (5-7\mathrm{c}) \\ \quad\quad + f_{a2} - J_{s3}\dot{\Omega}_3 - J_{s3}\dot{\omega}_3 + f_{a3}]^{\mathrm{T}} & \end{cases}$$

上述式（5－6）和式（5－7）各有用途：当用飞轮自转加速度作为控制量时，可以使用式（5－6）；当用飞轮控制力矩作为控制量时，可以使用式（5－7）。

挠性航天器姿态控制要求消除干扰力矩影响并使本体坐标系跟踪目标坐标系。当两者重合后应有：$\bar{\boldsymbol{\omega}} = \bar{\boldsymbol{\omega}}_t$，由于目标角速度 $\bar{\boldsymbol{\omega}}_t$ 可以为时变的，此时挠性振动模态 $\boldsymbol{\eta}_t$ 坐标应满足：

$$\ddot{\boldsymbol{\eta}}_t + 2\boldsymbol{\xi}\boldsymbol{\Lambda}\dot{\boldsymbol{\eta}}_t + \boldsymbol{\Lambda}^2\boldsymbol{\eta}_t + \boldsymbol{H}\dot{\bar{\boldsymbol{\omega}}}_t = 0 \tag{5-8}$$

式中：挠性模态坐标初值满足 $\boldsymbol{\eta}_t(0) = 0, \dot{\boldsymbol{\eta}}_t(0) = 0$。换言之，当本体坐标系严

格跟踪目标坐标系时：若 $\bar{\boldsymbol{\omega}}_t$ 为时变的，则航天器挠性附件振动 $\boldsymbol{\eta}_t \neq 0$、$\dot{\boldsymbol{\eta}}_t \neq 0$ 满足式(5-8)而不可能为零；若 $\bar{\boldsymbol{\omega}}_t$ 为常量，则航天器挠性附件振动可满足 $\boldsymbol{\eta}_t = 0$、$\dot{\boldsymbol{\eta}}_t = 0$。

至此，挠性航天器姿态控制问题可以描述为：依据数学模型式(5-2)，式(5-4)、式(5-6)或式(5-7)构造控制规律 $\boldsymbol{\tau}$，使得本体坐标系与目标坐标系趋于一致，即当 $t \to \infty$ 时有

$$\Delta\bar{\boldsymbol{\phi}} \to 0, \Delta\bar{\boldsymbol{\omega}}(t) \to 0 \tag{5-9}$$

同时抑制挠性振动即当 $t \to \infty$ 时，有

$$\Delta\boldsymbol{\eta} \to 0, \Delta\dot{\boldsymbol{\eta}} \to 0 \tag{5-10}$$

式中：$\Delta\boldsymbol{\eta} = \boldsymbol{\eta}_t - \boldsymbol{\eta}$；$\Delta\dot{\boldsymbol{\eta}} = \dot{\boldsymbol{\eta}}_t - \dot{\boldsymbol{\eta}}$。

5.2 姿态控制与振动抑制架构

挠性航天器控制基本架构示意图如图 5-1 所示。控制器由在轨辨识模块、状态确定模块、状态控制模块、控制执行模块组成。

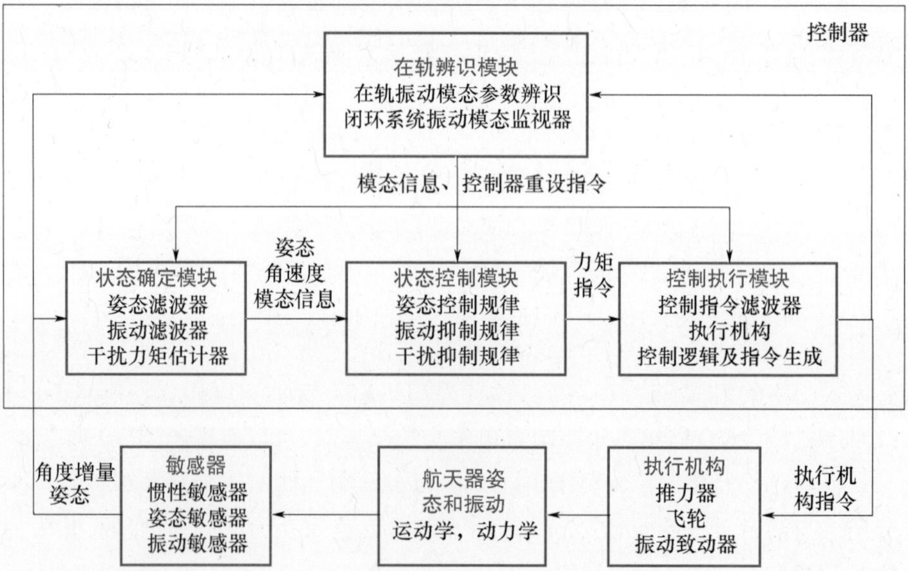

图 5-1 挠性航天器控制基本架构示意图

在轨辨识模块任务，就是依据航天器在轨飞行输入、输出数据确定模态参

数,包括模态频率、模态形状函数、阻尼特性等[8-9],由此可以为状态控制模块提供较为准确的数学模型。它有两类工况。其一,在轨开环辨识:就是切断航天器闭环控制回路、保留监视通道以便必要时的闭环恢复、通过设计持续激励获得输入、输出数据,数据下传地面或者算法上传航天器,由此根据系统辨识算法达到模型建立和模型验证目的,这样就为控制模块设计奠定了基础;这种情况一般只在特别需要在轨模型、必须修改控制规律时采用。其二,在轨闭环辨识:就是维持航天器闭环控制回路,利用航天器特殊工况系统暂态过程(如太阳帆板展开冲击效应过程、飞轮启动或卸载过程)输出数据,或者利用航天器受到外部干扰或者姿态控制与挠性不稳定相互作用造成的闭环系统稳态数据,确定模态频率和振动幅值;这样,当发现控制规律(控制结构、控制参数)必须在线调整时,可以给出相关模态信息;这种情况一般可在航天器上进行。

状态确定模块任务,包括刚体运动姿态和角速度确定以及挠性振动相关信息确定。刚体运动姿态和角速度状态确定,原理上可以采用第3章所述算法;然而,这里姿态和角速度实际上是约束模态刚体运动状态;而其中包括振动的非约束模态相关信息。因此,挠性航天器状态确定,首要的是确定刚体模态坐标、模态坐标变化率,其次还应尽可能实现系统输出中的刚体模态、挠性振动模态的分离。例如,低通振动滤波器其实就是剔除了输出中的高频分量、高通振动滤波器其实就是剔除了输出中的低频分量、陷波振动滤波器就是剔除了输出中特定频率分量。值得注意的是,目前振动模态分量分离和估计仍是研究难点。此外,开发新型振动敏感器(与致动器)也在研发过程中。

姿态控制模块任务,包括姿态稳定和/或机动控制和振动抑制两方面。由于本质上的“耦合”特性,同时工程上限定了低阶控制、缺少振动模态测量信息,这一看似简明命题解决起来十分复杂。一般而言,姿态控制规律一般就是要求采用PID控制规律,其控制参数和相应带宽选择、精度要求等控制品质满足就好像没有挠性振动一样的控制任务要求。而振动控制规律通常在姿态控制规律基础上串联振动滤波器,利用主动稳定(相位稳定)和被动稳定(增益稳定)使得所有模态具有稳定性。对于接近控制系统带宽的低频模态,要获得增益衰减特性使其增益小于1可能较困难,因此可以采用相位稳定:就是通过(滞后或超前)滤波器获得在相应频率处的适当相位特性,主动增加模态阻尼,由此获得整个控制系统稳定性;相位稳定保证了整个控制系统阻尼,即使回路增益变化也不改变系统阻尼特性，因此它与增益不确定性大小无关，但具有有限相位裕度。对于远离控制系统带宽的高频模态，由于其不确定性要获得相位稳定、主动增加阻尼可能很难；而只要它有自然阻尼（任何结构都存在）通过低通滤波器就可以使增益衰减，获得在相应频率处增益小于1，这样不会破坏整个系统稳定性，进而获得整个控制系统稳定性；增益稳定与回路相位不确定性无关，但自然阻尼变化或回路增益变化，可能使之失去稳定性，因此它具有有限增益裕度。上述是目前挠性航天器经典控制基本思想，其难点在于滤波器的设计。而当着状态确定模块能够给出分离模态信息时，上述经典控制方法就可以获得进一步发展。

控制执行模块任务，包括通过指令滤波器对控制指令滤波消除控制和挠性振动不稳定相互作用，最终给出针对适合驱动执行机构指令，如喷气执行机构的控制宽度，飞轮的控制电压等；对于喷气执行机构而言，其输出具有一定幅值的脉冲宽度；对于飞轮执行机构而言，其输出可以是连续形式，但现代控制器一般采用计算机控制并且按照均匀控制周期给出力矩控制指令，这样只能给出控制周期起始点上的力矩指令；为此需要将连续力矩形式转换为一个控制周期内适合驱动执行机构的指令，并且要求这种采样控制效果与连续控制效果在平均意义上等价。值得注意的是：指令滤波器一般可与振动滤波器合并考虑设计。

5.3 挠性航天器在轨辨识

5.3.1 状态空间方程

在轨辨识过程中，假设挠性航天器相对目标坐标系航天器具有小转动，并且目标坐标系的角加速度可以忽略。这个假设在开环辨识和闭环辨识情况通过任务规划可以成立。挠性航天器运动学和动力学方程式(5－2)、式(5－4)、式(5－6)、式(5－7)可以简化为

$$\begin{cases} \boldsymbol{J}\Delta\ddot{\boldsymbol{\phi}} + \boldsymbol{H}^{\mathrm{T}}\ddot{\boldsymbol{\eta}} = \bar{\boldsymbol{\tau}} + \bar{\boldsymbol{d}} & (5-11\mathrm{a}) \\ \ddot{\boldsymbol{\eta}} + 2\boldsymbol{\xi}\boldsymbol{\Lambda}\dot{\boldsymbol{\eta}} + \boldsymbol{\Lambda}^2\boldsymbol{\eta} + \boldsymbol{H}\Delta\ddot{\boldsymbol{\phi}} = 0 & (5-11\mathrm{b}) \end{cases}$$

式中：$\bar{\boldsymbol{\tau}}$为控制力矩。式(5－11)就是约束模态下挠性航天器运动方程。

引入变换：

$$\begin{cases}\begin{bmatrix}\Delta\bar{\boldsymbol{\phi}}\\ \boldsymbol{\eta}\end{bmatrix}=\begin{bmatrix}\boldsymbol{\varphi}_{00} & \boldsymbol{\varphi}_{0e}\\ \boldsymbol{\varphi}_{e0} & \boldsymbol{\varphi}_{ee}\end{bmatrix}\begin{bmatrix}\bar{\boldsymbol{\eta}}_0\\ \boldsymbol{\eta}_e\end{bmatrix} & (5-12\text{a})\\ \begin{bmatrix}\boldsymbol{\varphi}_{00} & \boldsymbol{\varphi}_{0e}\\ \boldsymbol{\varphi}_{e0} & \boldsymbol{\varphi}_{ee}\end{bmatrix}^{\mathrm{T}}\begin{bmatrix}\boldsymbol{J} & \boldsymbol{H}^{\mathrm{T}}\\ \boldsymbol{H} & \boldsymbol{I}\end{bmatrix}\begin{bmatrix}\boldsymbol{\varphi}_{00} & \boldsymbol{\varphi}_{0e}\\ \boldsymbol{\varphi}_{e0} & \boldsymbol{\varphi}_{ee}\end{bmatrix}=\begin{bmatrix}\boldsymbol{I}_{3\times3} & 0\\ 0 & \boldsymbol{I}\end{bmatrix} & (5-12\text{b})\\ \begin{bmatrix}\boldsymbol{\varphi}_{00} & \boldsymbol{\varphi}_{0e}\\ \boldsymbol{\varphi}_{e0} & \boldsymbol{\varphi}_{ee}\end{bmatrix}^{\mathrm{T}}\begin{bmatrix}0 & 0\\ 0 & \boldsymbol{\Lambda}^2\end{bmatrix}\begin{bmatrix}\boldsymbol{\varphi}_{00} & \boldsymbol{\varphi}_{0e}\\ \boldsymbol{\varphi}_{e0} & \boldsymbol{\varphi}_{ee}\end{bmatrix}=\begin{bmatrix}0 & 0\\ 0 & \boldsymbol{\sigma}^2\end{bmatrix} & (5-12\text{c})\end{cases}$$

可导出非约束模态下挠性航天器运动方程：

$$\begin{cases}\ddot{\bar{\boldsymbol{\eta}}}_0=\boldsymbol{\varphi}_{00}^{\mathrm{T}}\bar{\boldsymbol{\tau}}+\boldsymbol{\varphi}_{00}^{\mathrm{T}}\bar{\boldsymbol{d}} & (5-13\text{a})\\ \ddot{\boldsymbol{\eta}}_e+2\boldsymbol{\zeta}\boldsymbol{\sigma}\boldsymbol{\eta}_e+\boldsymbol{\sigma}^2\boldsymbol{\eta}_e=\boldsymbol{\varphi}_{0e}^{\mathrm{T}}\bar{\boldsymbol{\tau}}+\boldsymbol{\varphi}_{0e}^{\mathrm{T}}\bar{\boldsymbol{d}} & (5-13\text{b})\end{cases}$$

式中：$\bar{\boldsymbol{\eta}}_0\in\boldsymbol{R}^3$ 为刚体模态坐标；$\boldsymbol{\eta}_e\in\boldsymbol{R}^n$ 为挠性模态坐标；$\boldsymbol{\sigma}=\mathrm{diag}\{\sigma_1,\sigma_2,\cdots,\sigma_n\}$ 为挠性模态频率矩阵；$\boldsymbol{\zeta}=\mathrm{diag}\{\zeta_1,\zeta_2,\cdots,\zeta_n\}$ 为挠性模态阻尼比矩阵（这里假设了非约束模态阻尼比系数一致）。这里 $\boldsymbol{R}^3$、$\boldsymbol{R}^n$ 是元素为实数的3维、n 维向量集合；其他章节使用的类似符号具有类同意义。

引入状态变量 $\boldsymbol{x}_F$、控制输入变量 $\boldsymbol{u}_F$、测量输出变量 $\boldsymbol{y}_F$：

$$\begin{cases}\boldsymbol{x}_F=[\bar{\boldsymbol{\eta}}_0^{\mathrm{T}}\quad \dot{\bar{\boldsymbol{\eta}}}_0^{\mathrm{T}}\quad \boldsymbol{\eta}_e^{\mathrm{T}}\quad \dot{\boldsymbol{\eta}}_e^{\mathrm{T}}]^{\mathrm{T}} & (5-14\text{a})\\ \boldsymbol{u}_F=\bar{\boldsymbol{\tau}} & (5-14\text{b})\\ \boldsymbol{y}_F=[\Delta\bar{\boldsymbol{\phi}}^{\mathrm{T}}\quad \Delta\bar{\boldsymbol{\omega}}^{\mathrm{T}}]^{\mathrm{T}} & (5-14\text{c})\end{cases}$$

则由式(5-13)可以写出系统状态空间方程：

$$\begin{cases}\dot{\boldsymbol{x}}_F=\boldsymbol{A}_F\boldsymbol{x}_F+\boldsymbol{B}_F\boldsymbol{u}_F+\boldsymbol{B}_F\bar{\boldsymbol{d}} & (5-15\text{a})\\ \boldsymbol{y}_F=\boldsymbol{C}_F\boldsymbol{x}_F & (5-15\text{b})\end{cases}$$

$$\begin{cases}\boldsymbol{A}_F=\begin{bmatrix}\boldsymbol{A}_0 & 0\\ 0 & \boldsymbol{A}_e\end{bmatrix},\boldsymbol{A}_0=\begin{bmatrix}0 & \boldsymbol{I}_{3\times3}\\ 0 & 0\end{bmatrix},\boldsymbol{A}_e=\begin{bmatrix}0 & \boldsymbol{I}_{n\times n}\\ -2\boldsymbol{\zeta}\boldsymbol{\sigma} & -\boldsymbol{\sigma}^2\end{bmatrix} & (5-16\text{a})\\ \boldsymbol{B}_F=\begin{bmatrix}\boldsymbol{B}_0\\ \boldsymbol{B}_e\end{bmatrix},\boldsymbol{B}_0=\begin{bmatrix}0\\ \boldsymbol{\varphi}_{00}^{\mathrm{T}}\end{bmatrix},\boldsymbol{B}_e=\begin{bmatrix}0\\ \boldsymbol{\varphi}_{0e}^{\mathrm{T}}\end{bmatrix} & (5-16\text{b})\\ \boldsymbol{C}_F=[\boldsymbol{C}_0\quad \boldsymbol{C}_e],\boldsymbol{C}_0=\mathrm{diag}[\boldsymbol{\varphi}_{00},\boldsymbol{\varphi}_{00}]^{\mathrm{T}},\boldsymbol{C}_e=\mathrm{diag}[\boldsymbol{\varphi}_{0e},\boldsymbol{\varphi}_{0e}]^{\mathrm{T}} & (5-16\text{c})\end{cases}$$

5.3.2 时域辨识方法

时域模型辨识的基本任务就是根据系统的输入、输出确定其状态空间模型。它特别适合于复杂的多变量系统。时域模型辨识可分为两类:间接子空间方法和直接子空间方法。间接子空间通常要首先确定系统的马尔科夫(Markov)参数,然后利用系统实现理论确定系统的可观阵的值域空间,由此确定系统的状态空间描述;而直接子空间方法通常直接根据系统输入、输出数据确定系统的可观阵的值域空间,由此确定系统的状态空间描述。

1. 时域模型

系统的时域模型是以时间变量为自变量的模型,其基本形式是状态空间方程:

$$\begin{cases} \dot{\boldsymbol{x}} = \boldsymbol{A}\boldsymbol{x} + \boldsymbol{B}\boldsymbol{u} & (5-17\text{a}) \\ \boldsymbol{y}(t) = \boldsymbol{C}\boldsymbol{x} & (5-17\text{b}) \end{cases}$$

式中:$\boldsymbol{x}(t) \in \mathbf{R}^N$ 为系统状态向量;$\boldsymbol{y}(t) \in \mathbf{R}^M$ 和 $\boldsymbol{u}(t) \in \mathbf{R}^U$ 分别是系统输出向量和输入向量;$\boldsymbol{A}$、$\boldsymbol{B}$ 和 $\boldsymbol{C}$ 是具有适当维数的矩阵。对状态向量进行线性变换

$$\bar{\boldsymbol{x}} = \boldsymbol{T}\boldsymbol{x} \tag{5-18}$$

式中:$\boldsymbol{T}$ 为非奇异变换矩阵;$\bar{\boldsymbol{x}}(t)$ 为新的状态向量,则方程式(5-17)变换为

$$\begin{cases} \dot{\bar{\boldsymbol{x}}} = \bar{\boldsymbol{A}}\bar{\boldsymbol{x}} + \bar{\boldsymbol{B}}\boldsymbol{u} & (5-19\text{a}) \\ \boldsymbol{y} = \bar{\boldsymbol{C}}\boldsymbol{x} & (5-19\text{b}) \\ \bar{\boldsymbol{A}} = \boldsymbol{T}\boldsymbol{A}\boldsymbol{T}^{-1}, \bar{\boldsymbol{B}} = \boldsymbol{T}\boldsymbol{B}, \bar{\boldsymbol{C}} = \boldsymbol{C}\boldsymbol{T}^{-1} & (5-19\text{c}) \end{cases}$$

显然,系统的状态空间方程不是唯一的。方程式(5-19)与方程式(5-17)的输入、输出相同,状态向量维数相同,只是状态向量不同。即使状态向量的维数不同,也可以通过适当选取状态向量构造出与方程式(5-17)具有同样输入、输出的状态空间方程。然而,存在能够完整描述系统输入、输出的状态向量的最小维数,此时的状态空间方程必然是能控能观的。方程式(5-17)状态向量具有最小维数的充要条件:

$$\begin{cases} \text{rank}(\boldsymbol{T}_c) = N, \text{rank}(\boldsymbol{T}_o) = N & (5-20\text{a}) \\ \boldsymbol{T}_c = [\boldsymbol{B} \quad \boldsymbol{A}\boldsymbol{B} \quad \cdots \quad \boldsymbol{A}^{N-1}\boldsymbol{B}] & (5-20\text{b}) \\ \boldsymbol{T}_o = [\boldsymbol{C}^{\mathrm{T}} \quad \boldsymbol{A}^{\mathrm{T}}\boldsymbol{C}^{\mathrm{T}} \quad \cdots \quad (\boldsymbol{A}^{\mathrm{T}})^{N-1}\boldsymbol{C}^{\mathrm{T}}]^{\mathrm{T}} & (5-20\text{c}) \end{cases}$$

式中:rank 为相应矩阵秩。$\boldsymbol{T}_c$、$\boldsymbol{T}_o$ 分别为能控性矩阵,能观性矩阵。

尽管实际系统可能是连续时间系统，但其测量和控制信号通常是在离散的时间点上，因此有必要对连续型状态空间模型进行离散化得到等效的离散型状态空间方程。对控制信号阶梯化，则容易导出与式(5-17)在离散时间点有相同输出的时间离散状态空间方程：

$$\begin{cases} \boldsymbol{x}(t_{k+1}) = \boldsymbol{F}\boldsymbol{x}(t_k) + \boldsymbol{G}\boldsymbol{u}(t_k) & (5-21\text{a}) \\ \boldsymbol{y}(t_k) = \boldsymbol{C}\boldsymbol{x}(t_k) & (5-21\text{b}) \\ \boldsymbol{F} = \mathrm{e}^{\boldsymbol{A}\mathrm{T}} & (5-21\text{c}) \\ \boldsymbol{G} = \left(\int_0^{\mathrm{T}} \mathrm{e}^{\boldsymbol{A}t}\mathrm{d}t\right)\boldsymbol{B} & (5-21\text{d}) \end{cases}$$

式中：$\boldsymbol{x}$、$\boldsymbol{u}$、$\boldsymbol{y}$ 的意义同时间连续状态空间方程；T 为采样周期。同样道理，可以证明系统的离散型状态模型不是唯一的。

2. 间接子空间算法

引入状态空间方程式(5-21)的马尔科夫参数：

$$\{\boldsymbol{h}(t_k):\boldsymbol{h}(t_0)=0;\boldsymbol{h}(t_k)=\boldsymbol{C}\boldsymbol{F}^{k-1}\boldsymbol{G},k\geqslant 1\} \tag{5-22}$$

容易导出零初始条件下，系统式(5-21)输入输出关系：

$$\boldsymbol{y}(t_k) = \sum_{i=0}^{k} \boldsymbol{h}(t_{k-i})\boldsymbol{u}(t_i) \tag{5-23}$$

显然马尔科夫参数就是系统脉冲响应。

定义汉克尔(Hankel)矩阵：

$$\boldsymbol{H}_{\text{hankel}}(t_k) = \begin{bmatrix} \boldsymbol{h}(t_{k+1}) & \boldsymbol{h}(t_{k+2}) & \cdots & \boldsymbol{h}(t_{k+\alpha}) \\ \boldsymbol{h}(t_{k+2}) & \boldsymbol{h}(t_{k+3}) & \cdots & \boldsymbol{h}(t_{k+\alpha+1}) \\ \vdots & \vdots & & \vdots \\ \boldsymbol{h}(t_{k+\beta}) & \boldsymbol{h}(t_{k+\beta+1}) & \cdots & \boldsymbol{h}(t_{k+\alpha+\beta-1}) \end{bmatrix} \tag{5-24}$$

式中：α、β 是大于状态空间最小维数 N 的正整数。对于能控性矩阵，能观性矩阵：

$$\begin{cases} \boldsymbol{\Omega}_\alpha = [\boldsymbol{G} \quad \boldsymbol{F}\boldsymbol{G} \quad \cdots \quad \boldsymbol{F}^{\alpha-1}\boldsymbol{G}] & (5-25\text{a}) \\ \boldsymbol{\Gamma}_\beta = [\boldsymbol{C}^{\mathrm{T}} \quad \boldsymbol{F}^{\mathrm{T}}\boldsymbol{C}^{\mathrm{T}} \quad \cdots \quad (\boldsymbol{F}^{\mathrm{T}})^{\beta-1}\boldsymbol{C}^{\mathrm{T}}]^{\mathrm{T}} & (5-25\text{b}) \end{cases}$$

显然有：

$$\boldsymbol{H}_{\text{hankel}}(t_0) = \boldsymbol{\Gamma}_\beta\boldsymbol{\Omega}_\alpha \tag{5-26}$$

根据卡尔曼系统实现理论表明,若$(\bar{\boldsymbol{F}},\bar{\boldsymbol{G}},\bar{\boldsymbol{C}})$是系统的任意实现,则对能控性矩阵,能观性矩阵:

$$\begin{cases}\bar{\boldsymbol{\Omega}}_{\alpha}=[\bar{\boldsymbol{G}}\quad \bar{\boldsymbol{F}}\bar{\boldsymbol{G}}\quad\cdots\quad \bar{\boldsymbol{F}}^{\alpha-1}\bar{\boldsymbol{G}}] & (5-27\text{a})\\ \bar{\boldsymbol{\Gamma}}_{\beta}=[\bar{\boldsymbol{C}}^{\mathrm{T}}\quad \bar{\boldsymbol{F}}^{\mathrm{T}}\bar{\boldsymbol{C}}^{\mathrm{T}}\quad\cdots\quad(\bar{\boldsymbol{F}}^{\mathrm{T}})^{\beta-1}\bar{\boldsymbol{C}}^{\mathrm{T}}]^{\mathrm{T}} & (5-27\text{b})\end{cases}$$

必有$\boldsymbol{H}_{\text{hankel}}(t_0)=\bar{\boldsymbol{\Gamma}}_{\beta}\bar{\boldsymbol{\Omega}}_{\alpha}$。反之,若

$$\boldsymbol{H}_{\text{hankel}}(t_0)=\breve{\boldsymbol{\Gamma}}_{\beta}\breve{\boldsymbol{\Omega}}_{\alpha}\tag{5-28}$$

是汉克尔矩阵的全秩分解,即有

$$\text{rank}[\boldsymbol{H}_{\text{hankel}}(t_0)]=\text{rank}(\breve{\boldsymbol{\Omega}}_{\alpha})=\text{rank}(\breve{\boldsymbol{\Gamma}}_{\beta})=N\tag{5-29}$$

则$\breve{\boldsymbol{\Omega}}_{\alpha}$、$\breve{\boldsymbol{\Gamma}}_{\beta}$必是系统某一最小实现的能控性矩阵,能观性矩阵,进而相应实现$(\breve{\boldsymbol{F}},\breve{\boldsymbol{G}},\breve{\boldsymbol{C}})$的$\breve{\boldsymbol{G}}$、$\breve{\boldsymbol{C}}$矩阵就是$\breve{\boldsymbol{\Omega}}_{\alpha}$的前$U$列组成的矩阵、$\breve{\boldsymbol{\Gamma}}_{\beta}$的前$M$行组成的矩阵,而$\breve{\boldsymbol{F}}$的确定可由下列关系式求得

$$\begin{cases}\breve{\boldsymbol{\Gamma}}_{\beta-1}\breve{\boldsymbol{F}}=(\breve{\boldsymbol{\Gamma}}_{\beta})_{2:\beta-1} & (5-30\text{a})\\ (\breve{\boldsymbol{\Gamma}}_{\beta})_{2:\beta-1}=[\breve{\boldsymbol{F}}^{\mathrm{T}}\breve{\boldsymbol{C}}^{\mathrm{T}}\quad(\breve{\boldsymbol{F}}^{\mathrm{T}})^{2}\breve{\boldsymbol{C}}^{\mathrm{T}}\quad\cdots\quad(\breve{\boldsymbol{F}}^{\mathrm{T}})^{\beta-1}\breve{\boldsymbol{C}}^{\mathrm{T}}]^{\mathrm{T}} & (5-30\text{b})\end{cases}$$

可以发现汉克尔矩阵$\boldsymbol{H}_{\text{hankel}}(t_0)$的全秩分解方法多种多样,由此得到的系统实现也是多种多样。这里给出其中一种方法,称为特征系统实现(ERA)方法。对汉克尔矩阵$\boldsymbol{H}_{\text{hankel}}(t_0)$进行奇异值分解:

$$\boldsymbol{H}_{\text{hankel}}(t_0)=\boldsymbol{W}\boldsymbol{\Sigma}\boldsymbol{V}^{\mathrm{T}}\tag{5-31}$$

式中:$\boldsymbol{\Sigma}$为奇异值矩阵; $\boldsymbol{W}$ 、$\boldsymbol{V}$分别为左、右奇异向量。它们满足:

$$\begin{cases}\boldsymbol{\Sigma}=\text{diag}\{\Sigma_i,i=1,2,\cdots,N\},(\Sigma_1\geqslant\Sigma_2\geqslant\cdots\geqslant\Sigma_N>0) & (5-32\text{a})\\ \boldsymbol{W}^{\mathrm{T}}\boldsymbol{W}=\boldsymbol{I}_{N\times N} & (5-32\text{b})\\ \boldsymbol{V}^{\mathrm{T}}\boldsymbol{V}=\boldsymbol{I}_{N\times N} & (5-32\text{c})\end{cases}$$

式中:$\boldsymbol{I}_{N\times N}$为$N\times N$单位矩阵;其他章节使用的类似符号具有类同意义。将式(5-31)写成全秩分解形式:

$$\boldsymbol{H}_{\text{hankel}}(t_0)=(\boldsymbol{W}\boldsymbol{\Sigma}^{1/2})(\boldsymbol{\Sigma}^{1/2}\boldsymbol{V}^{\mathrm{T}})\tag{5-33}$$

则$\boldsymbol{\Sigma}^{1/2}\boldsymbol{V}^{\mathrm{T}}$、$\boldsymbol{W}\boldsymbol{\Sigma}^{1/2}$分别是系统的能控性矩阵,能观性矩阵。进而可导出系统实现$(\breve{\boldsymbol{F}},\breve{\boldsymbol{G}},\breve{\boldsymbol{C}})$的$\breve{\boldsymbol{G}}$、$\breve{\boldsymbol{C}}$矩阵:

$$\begin{cases}\breve{G}=\Sigma^{1/2}V^{\mathrm{T}}E_U,\breve{C}=E_MW\Sigma^{1/2} & (5-34\mathrm{a})\\ \boldsymbol{E}_U=[\boldsymbol{I}_{U\times U}\quad 0\quad\cdots\quad 0]^{\mathrm{T}} & (5-34\mathrm{b})\\ \boldsymbol{E}_M=[\boldsymbol{I}_{M\times M}\quad 0\quad\cdots\quad 0] & (5-34\mathrm{c})\end{cases}$$

此外由式(5－24)和式(5－31)可导得

$$(\boldsymbol{W\Sigma}^{1/2})\breve{\boldsymbol{F}}(\boldsymbol{\Sigma}^{1/2}\boldsymbol{V}^{\mathrm{T}})=\boldsymbol{H}_{\mathrm{hankel}}(t_1)$$

于是有

$$\breve{\boldsymbol{F}}=\boldsymbol{\Sigma}^{-1/2}\boldsymbol{W}^{\mathrm{T}}\boldsymbol{H}_{\mathrm{hankel}}(t_1)\boldsymbol{V\Sigma}^{-1/2} \tag{5-35}$$

事实上，系统汉克尔矩阵中的马尔科夫参数一般均有误差，而且对于理论上甚多模态构成系统其高阶模态可能对系统输出贡献可以忽略，这样$\boldsymbol{H}_{\mathrm{hankel}}(t_0)$的奇异值分解中$\boldsymbol{\Sigma}$的阶数可能很高。因此，可以按$\boldsymbol{\Sigma}$中奇异值的大小将其写为

$$\boldsymbol{H}_{\mathrm{hankel}}(t_0)=\boldsymbol{W}_{\mathrm{signal}}\boldsymbol{\Sigma}_{\mathrm{signal}}\boldsymbol{V}_{\mathrm{signal}}^{\mathrm{T}}+\boldsymbol{W}_{\mathrm{noise}}\boldsymbol{\Sigma}_{\mathrm{noise}}\boldsymbol{V}_{\mathrm{noise}}^{\mathrm{T}} \tag{5-36}$$

式中：$\boldsymbol{\Sigma}_{\mathrm{signal}}$中的奇异值远大于$\boldsymbol{\Sigma}_{\mathrm{noise}}$中的奇异值。这样，可将$\boldsymbol{\Sigma}_{\mathrm{signal}}^{1/2}\boldsymbol{V}_{\mathrm{signal}}^{\mathrm{T}}$、$\boldsymbol{W}_{\mathrm{signal}}\boldsymbol{\Sigma}_{\mathrm{signal}}^{1/2}$取为能控性矩阵，能观性矩阵，进而可同上确定系统实现。

3.直接子空间方法

设方程式(5－21)是系统的一个最小实现(阶数待定、三元组$(\boldsymbol{F},\boldsymbol{G},\boldsymbol{C})$待定)，则其输入、输出满足方程：

$$\begin{cases}\bar{\boldsymbol{y}}(t_k)=\boldsymbol{\Gamma}_\beta\boldsymbol{x}(t_k)+\boldsymbol{\Phi}_\beta\bar{\boldsymbol{u}}(t_k) & (5-37\mathrm{a})\\ \bar{\boldsymbol{y}}(t_k)=[\boldsymbol{y}^{\mathrm{T}}(t_k)\quad \boldsymbol{y}^{\mathrm{T}}(t_{k+1})\quad\cdots\quad \boldsymbol{y}^{\mathrm{T}}(t_{k+\beta-1})]^{\mathrm{T}} & (5-37\mathrm{b})\\ \bar{\boldsymbol{u}}(t_k)=[\boldsymbol{u}^{\mathrm{T}}(t_k)\quad \boldsymbol{u}^{\mathrm{T}}(t_{k+1})\quad\cdots\quad \boldsymbol{u}^{\mathrm{T}}(t_{k+\beta-2})]^{\mathrm{T}} & (5-37\mathrm{c})\\ \boldsymbol{\Gamma}_\beta=[\boldsymbol{C}^{\mathrm{T}}\quad \boldsymbol{F}^{\mathrm{T}}\boldsymbol{C}^{\mathrm{T}}\quad\cdots\quad (\boldsymbol{F}^{\mathrm{T}})^{\beta-1}\boldsymbol{C}^{\mathrm{T}}]^{\mathrm{T}} & (5-37\mathrm{d})\\ \boldsymbol{\Phi}_\beta=\begin{bmatrix}0 & 0 & \cdots & 0\\ \boldsymbol{CG} & 0 & \cdots & 0\\ \vdots & \vdots & \vdots & \vdots\\ \boldsymbol{CF}^{\beta-2}\boldsymbol{G} & \boldsymbol{CF}^{\beta-3}\boldsymbol{G} & \cdots & \boldsymbol{CG}\end{bmatrix} & (5-37\mathrm{e})\end{cases}$$

设现在已有关于系统的输入测量$\boldsymbol{u}(t_i)(i=1,2,\cdots,\bar{N}+\beta-2)$，及其对应的输出测量$\boldsymbol{y}(t_i)(i=1,2,\cdots,\bar{N}+\beta-1)$。引入关于输入、输出的汉克尔矩阵：

$$\begin{cases} \boldsymbol{Y}_{\text{hankel}} = [\bar{\boldsymbol{y}}(t_1) \quad \cdots \quad \bar{\boldsymbol{y}}(t_{\bar{N}})] & (5-38\text{a}) \\ \boldsymbol{U}_{\text{hankel}} = [\bar{\boldsymbol{u}}(t_1) \quad \cdots \quad \bar{\boldsymbol{u}}(t_{\bar{N}})] & (5-38\text{b}) \end{cases}$$

利用式(5-37)可得

$$\boldsymbol{Y}_{\text{hankel}} = \boldsymbol{\Gamma}_\beta \boldsymbol{X} + \boldsymbol{\Phi}_\beta \boldsymbol{U}_{\text{hankel}} \tag{5-39a}$$

式中：

$$\boldsymbol{X} = [\boldsymbol{x}_1 \quad \cdots \quad \boldsymbol{x}_N] \tag{5-39b}$$

现在考虑怎样从 $\boldsymbol{Y}_{\text{hankel}}$ 和 $\boldsymbol{U}_{\text{hankel}}$ 确定可观阵 $\boldsymbol{\Gamma}_\beta$。设输入为持续激励并且 $\bar{N} > MN$，则可引入矩阵：

$$\boldsymbol{\Pi}^{\perp}_{U^{\text{T}}_{\text{hankel}}} = \boldsymbol{I} - \boldsymbol{U}^{\text{T}}_{\text{hankel}} (\boldsymbol{U}_{\text{hankel}} \boldsymbol{U}^{\text{T}}_{\text{hankel}})^{-1} \boldsymbol{U}_{\text{hankel}} \tag{5-40}$$

并用它右乘式(5-39a)可得

$$\boldsymbol{Y}_{\text{hankel}} \boldsymbol{\Pi}^{\perp}_{U^{\text{T}}_{\text{hankel}}} = \boldsymbol{\Gamma}_\beta \boldsymbol{X} \boldsymbol{\Pi}^{\perp}_{U^{\text{T}}_{\text{hankel}}} \tag{5-41}$$

对适当输入可有 $\boldsymbol{X}\boldsymbol{\Pi}^{\perp}_{U^{\text{T}}_{\text{hankel}}}$ 具有全秩 N（即状态向量的最小维数），由此可定出系统的阶数。进而，由式(5-41)推知 $\boldsymbol{Y}_{\text{hankel}}\boldsymbol{\Pi}^{\perp}_{U^{\text{T}}_{\text{hankel}}}$ 的值域空间就是系统可观阵 $\boldsymbol{\Gamma}_\beta$ 的值域子空间。对 $\boldsymbol{Y}_{\text{hankel}}\boldsymbol{\Pi}^{\perp}_{U^{\text{T}}_{\text{hankel}}}$ 进行奇异值分解得

$$\boldsymbol{Y}_{\text{hankel}} \boldsymbol{\Pi}^{\perp}_{U^{\text{T}}_{\text{hankel}}} = \boldsymbol{W} \boldsymbol{\Sigma} \boldsymbol{V}^{\text{T}} \tag{5-42}$$

由此可取：

$$\boldsymbol{\Gamma}_\beta = \boldsymbol{W} \tag{5-43}$$

因此，系统实现$(\boldsymbol{F},\boldsymbol{G},\boldsymbol{C})$中，$\boldsymbol{C}$ 可取为 $\boldsymbol{\Gamma}_\beta$ 的前 M 行构成的矩阵，$\boldsymbol{F}$ 可由关系 $\boldsymbol{\Gamma}_{\beta-1}\boldsymbol{F} = (\boldsymbol{\Gamma}_\beta)_{2:\beta-1}$ 推出。而 $\boldsymbol{G}$ 的解法有多种，一种方法是：首先构造 $\boldsymbol{\Gamma}_\beta^{\perp}$，使得 $\boldsymbol{\Gamma}_\beta^{\perp}\boldsymbol{\Gamma}_\beta = 0$，注意到 β 越大，$\boldsymbol{\Gamma}_\beta^{\perp}$ 的行数越大。然后用 $\boldsymbol{\Gamma}_\beta^{\perp}$ 左乘、同时用 $\boldsymbol{U}^{+}_{\text{hankel}} = \boldsymbol{U}^{\text{T}}_{\text{hankel}}(\boldsymbol{U}_{\text{hankel}}\boldsymbol{U}^{\text{T}}_{\text{hankel}})^{-1}$ 右乘式(5-39a)得

$$\boldsymbol{\Gamma}_\beta^{\perp} \boldsymbol{Y} \boldsymbol{U}^{+} = \boldsymbol{\Gamma}_\beta^{\perp} \boldsymbol{\Phi}_\beta \tag{5-44}$$

式中：$\boldsymbol{\Phi}_\beta$ 包含 $\boldsymbol{G}$。它是关于 $\boldsymbol{G}$ 的线性方程，只要测量数据足够多，就可用最小二乘法确定 $\boldsymbol{G}$。

5.3.3 在轨辨识应用

挠性航天器在轨辨识的核心是在轨辨识算法，已有前述。此外还应考虑下列基本问题。

第一，关于敏感器和执行机构的配置。执行机构一般可以选为航天器控制所使用的反作用喷气推进器和反作用飞轮等，敏感器一般可以选为一些姿态测量敏感器和配置于挠性航天器部件处的加速度计或振动敏感器等。这里

要注意的问题是,敏感器和执行机构的配置位置要保证航天器模型的可辨识性,其选型要满足精度要求。

第二,关于开环辨识与闭环辨识。开环辨识是指航天器进入轨道的粗定向模式后,切断航天器正常控制回路,利用执行机构(喷气、飞轮、振动致动器等)产生输入信号,敏感器测量航天器姿态的输出信号,由此进行系统辨识。这里要适当规划输入信号的大小,并设定安全控制监控机制,保证辨识过程中,航天器姿态运行在一定范围内。闭环辨识是指不切断航天器控制回路进行的系统辨识,又有两种方法:其一,直接利用姿态输出数据进行系统辨识,可以确定航天器所受干扰或者控制系统未能抑制模态的信息;其二,利用执行机构产生附加的激励信号,通过输入、输出数据进行系统辨识,可以确定航天器及其干扰的数学模型。开环辨识与闭环辨识在工程上都是可以实现的,要根据任务需求来确定采取何种方法。

第三,关于在线辨识与离线辨识。对于必须在航天器上实时进行辨识问题,如利用自由响应确定模态信息,或者利用系统输出确定未能抑制模态信息,可以利用航天器上计算机完成在线辨识任务;对于全面模型辨识等复杂的问题,并且航天器上计算机存储量和计算量受限情形,可以将系统辨识所需要的数据传送到地面站,进行所谓的离线辨识。

1. 基于自由响应的模态参数辨识

挠性航天器在展开太阳帆板以后的一段时间内,姿态控制系统一般处于关闭状态,以免消耗过多的推进剂;在利用喷气进行飞轮卸载期间,也可以认为挠性航天器有一段时间处于开环状态。上述情形相当于航天器在初始时刻受到了一种输入扰动,然后输入扰动消除;而航天器姿态输出可以认为是开环自由响应,它包含了挠性模态参数信息。利用这种自由响应可以进行模态参数辨识。

根据式(5－17),挠性航天器姿态自由响应可以写为

$$\begin{cases} \dot{\boldsymbol{x}}(t) = \boldsymbol{A}\boldsymbol{x}(t),\boldsymbol{x}(t_0) = \boldsymbol{x}_0 & (5-45\text{a}) \\ \boldsymbol{y}(t) = \boldsymbol{C}\boldsymbol{x}(t) & (5-45\text{b}) \end{cases}$$

或者

$$\begin{cases} \dot{\boldsymbol{x}}(t) = \boldsymbol{A}\boldsymbol{x}(t) + \boldsymbol{x}_0\boldsymbol{u}'(t),\boldsymbol{x}(t_0) = 0 & (5-46\text{a}) \\ \boldsymbol{y}(t) = \boldsymbol{C}\boldsymbol{x}(t) & (5-46\text{b}) \end{cases}$$

式中：$u(t)=\delta(t)$（狄拉克 δ 函数）。于是，航天器的自由响应可以认为是一个线性系统的脉冲响应。于是，可利用特征系统实现算法确定其离散时间状态空间模型$(\boldsymbol{F},\boldsymbol{G},\boldsymbol{C})$。注意到式(5－21a)，可以导出模态频率 $\hat{\sigma}$ 和模态阻尼 ζ 计算公式：

$$\begin{cases} \hat{\sigma} = \sqrt{\mathrm{Im}^2\{\ln[\mathrm{eig}(\boldsymbol{F})]/T\} + Re^2\{\ln[\mathrm{eig}(\boldsymbol{F})]/T\}} & (5-47\mathrm{a}) \\ \zeta = \mathrm{Re}\{\ln[\mathrm{eig}(\boldsymbol{F})]/T\}/\hat{\sigma} & (5-47\mathrm{b}) \end{cases}$$

式中：eig 为矩阵特征值；Re 为复数实部；Im 为复数虚部。

2. 基于稳态输出的干扰模型辨识

在轨大型航天器所受干扰力矩可以区分为两类：一种航天器的环境干扰力矩，如大气阻力矩等，这种干扰具有长周期、小幅值，一般可以忽略不计；还有一种是大型航天器的挠性附件诱导的干扰力矩，如在美国哈勃太空望远镜上发现了所谓"拍打"运动干扰，它可能是航天器挠性附件热胀冷缩与附件机械机构的摩擦效应诱导引起，也可能是由于挠性附件铰链及其驱动机构的间隙等非线性引起。这种运动的出现事先难以预测，其幅值对姿态运动有不可忽略的影响。因此，非常有必要通过在轨辨识确定其数学模型（特别是干扰频率），从而为修正控制器、消除其影响奠定基础。

不失一般性，考虑航天器俯仰轴的干扰模型辨识问题。不妨设干扰模型为

$$d(t) = \sum_k A_k \sin(\omega_{dk} t) \tag{5-48}$$

式中：A_k 为干扰幅值；ω_{dk} 为干扰频率。注意到当航天器姿态控制系统稳定时，航天器姿态的稳态输出必含相应干扰的频率分量，于是，不妨设俯仰轴姿态的稳态输出为

$$\theta(t) = \sum_k a_k \sin(\omega_{dk} t + \varphi_{dk}) \tag{5-49}$$

式中：a_k、ω_{dk}、φ_{dk} 是与干扰有关的参数。姿态角 $\theta(t)$ 在离散时间点上可测量。

容易验证，$\theta(t)$ 可表示为下列系统的输出：

$$\begin{cases} \dot{\boldsymbol{x}}(t) = \boldsymbol{A}\boldsymbol{x}(t), \boldsymbol{x}(t_0) = \boldsymbol{x}_0 & (5-50\mathrm{a}) \\ y(t) = \boldsymbol{C}\boldsymbol{x}(t) & (5-50\mathrm{b}) \end{cases}$$

并且 ω_d 是 $\boldsymbol{A}$ 的特征频率。因此，式(5－50)输出可认为是一个线性系统的脉冲响应。于是可以利用与前述相同方法采用特征系统实现算法确定其离散时间状态空间模型以及相关模态频率和阻尼。

3. 基于持续激励输入的完整模型辨识

上面介绍的模型辨识方法并没有利用系统的持续激励输入，获得的模型只是模态参数和干扰模型。要完整确定系统模型和干扰模型，航天器输入应当为持续激励形式。

1）扰动力矩可以忽略情形

这时在式(5-15)中 $\bar{\boldsymbol{d}}=0$。可以直接利用前述时域模型辨识方法，可以给出航天器系统的状态空间方程描述。只是系统输入要利用执行机构(喷气或反作用飞轮)给出持续激励，以使激活感兴趣频段所有模态，保证系统模型可辨识，从而保证相应模型辨识方法有解。输入信号的形式可以是伪随机输入信号和脉冲输入信号。具体算法已有详细论述，这里不再讨论。

2）扰动力矩不可忽略情形

这时不能直接引用前述辨识方法，必须进行预处理。注意到航天器所受扰动力矩可以写成状态空间方程形式：

$$\begin{aligned}\dot{\boldsymbol{x}}_d &= \boldsymbol{A}_d\boldsymbol{x}_d\\ \bar{\boldsymbol{d}} &= \boldsymbol{C}_d\boldsymbol{x}_d\end{aligned} \tag{5-51}$$

引入扩展状态变量 $\boldsymbol{x}_e=[\boldsymbol{x}^{\mathrm{T}}\quad \boldsymbol{x}_d^{\mathrm{T}}]^{\mathrm{T}}$，导得

$$\begin{cases}\dot{\boldsymbol{x}}_e(t)=\boldsymbol{A}_e\boldsymbol{x}_e(t)+\boldsymbol{B}_e\bar{\boldsymbol{\tau}}(t) & (5-52\mathrm{a})\\ \boldsymbol{y}(t)=\boldsymbol{C}_e\bar{\boldsymbol{x}}(t) & (5-52\mathrm{b})\\ \boldsymbol{A}_e=\begin{bmatrix}\boldsymbol{A} & \boldsymbol{B}\boldsymbol{C}_d\\ 0 & \boldsymbol{A}_d\end{bmatrix},\boldsymbol{B}_e=\begin{bmatrix}\boldsymbol{B}\\ 0\end{bmatrix},\boldsymbol{C}_e=[\boldsymbol{C}\quad 0] & (5-52\mathrm{c})\end{cases}$$

这样系统式(5-52)具有一般状态空间方程形式，仍然可以应用子空间辨识方法。注意到系统式(5-52)不再具有能控性，但仍然具有能观性。于是，系统的完整数学模型辨识可以分为下列步骤：

第一步，利用喷气器或飞轮给系统施加持续激励激活系统模态，以一定频率采集航天器的姿态数据。

第二步，利用子空间方法，确定离散时间状态空间方程的三元组($\boldsymbol{F}_e$，$\boldsymbol{G}_e$，$\boldsymbol{C}_e$)。

第三步，利用状态空间的结构分解，将不可控的干扰分离：能控能观子空间对应航天器数学模型，能观不能控部分对应干扰数学模型。由此给出航天器系统的完整动力学模型。

5.4 挠性航天器控制规律设计:经典频域控制方法

5.4.1 挠性航天器传递函数

假设挠性航天器相对目标坐标系航天器具有小转动,并且目标坐标系的角加速度可以忽略。假设本体坐标系坐标轴为未变形航天器惯量主轴,并且挠性变形可以分解为沿本体坐标系三轴变形,并且各轴之间挠性变形相互解耦。

记:

$$\begin{cases} \bar{\boldsymbol{\eta}}_0 = [\eta_{0,1} \quad \eta_{0,2} \quad \eta_{0,3}]^{\mathrm{T}} & (5-53\mathrm{a}) \\ \boldsymbol{\eta}_e = [\boldsymbol{\eta}_{e,1}^{\mathrm{T}} \quad \boldsymbol{\eta}_{e,2}^{\mathrm{T}} \quad \boldsymbol{\eta}_{e,3}^{\mathrm{T}}]^{\mathrm{T}} & (5-53\mathrm{b}) \\ \boldsymbol{\varphi}_{00}^{\mathrm{T}} = \mathrm{diag}\{\varphi_{00,1}, \varphi_{00,2}, \varphi_{00,3}\} & (5-53\mathrm{c}) \\ \boldsymbol{\varphi}_{0e}^{\mathrm{T}} = \mathrm{diag}\{\boldsymbol{\varphi}_{0e,1}^{\mathrm{T}} \quad \boldsymbol{\varphi}_{0e,2}^{\mathrm{T}} \quad \boldsymbol{\varphi}_{0e,3}^{\mathrm{T}}\} & (5-53\mathrm{d}) \end{cases}$$

非约束模态方程式(5-13)可以写为

$$\begin{cases} \ddot{\bar{\eta}}_{0,1} = \varphi_{00,1}\tau_1 + \varphi_{00,1}d_1 & (5-54\mathrm{a}) \\ \ddot{\bar{\eta}}_{0,2} = \varphi_{00,2}\tau_2 + \varphi_{00,2}d_2 & (5-54\mathrm{b}) \\ \ddot{\bar{\eta}}_{0,3} = \varphi_{00,3}\tau_3 + \varphi_{00,3}d_3 & (5-54\mathrm{c}) \\ \ddot{\boldsymbol{\eta}}_{e,1} + 2\boldsymbol{\zeta}_{e,1}\boldsymbol{\sigma}_{e,1}\dot{\boldsymbol{\eta}}_{e,1} + \boldsymbol{\sigma}_{e,1}^2\boldsymbol{\eta}_{e,1} = \boldsymbol{\varphi}_{0e,1}^{\mathrm{T}}\tau_1 + \boldsymbol{\varphi}_{0e,1}^{\mathrm{T}}d_1 & (5-54\mathrm{d}) \\ \ddot{\boldsymbol{\eta}}_{e,2} + 2\boldsymbol{\zeta}_{e,2}\boldsymbol{\sigma}_{e,2}\dot{\boldsymbol{\eta}}_{e,2} + \boldsymbol{\sigma}_{e,2}^2\boldsymbol{\eta}_{e,2} = \boldsymbol{\varphi}_{0e,2}^{\mathrm{T}}\tau_2 + \boldsymbol{\varphi}_{0e,1}^{\mathrm{T}}d_2 & (5-54\mathrm{e}) \\ \ddot{\boldsymbol{\eta}}_{e,3} + 2\boldsymbol{\zeta}_{e,3}\boldsymbol{\sigma}_{e,3}\dot{\eta}_{e,3} + \boldsymbol{\sigma}_{e,3}^2\eta_{e,3} = \boldsymbol{\varphi}_{0e,3}^{\mathrm{T}}\tau_3 + \boldsymbol{\varphi}_{0e,3}^{\mathrm{T}}d_3 & (5-54\mathrm{f}) \end{cases}$$

式中:$\bar{\eta}_{0,1}$、$\bar{\eta}_{0,2}$、$\bar{\eta}_{0,3}$分别为三轴刚体模态坐标;$\boldsymbol{\eta}_{e,1} \in R^{n_1}$、$\boldsymbol{\eta}_{e,2} \in \boldsymbol{R}^{n_2}$、$\boldsymbol{\eta}_{e,3} \in \boldsymbol{R}^{n_3}$ $(n_1+n_2+n_3=n)$分别为三轴挠性模态坐标;τ_1、τ_2、τ_3 分别是三轴控制力矩;d_1、d_2、d_3 分别是三轴干扰力矩。

再设输出测量为

$$\begin{cases} \Delta\bar{\boldsymbol{\phi}} = [\Delta\phi_1 \quad \Delta\phi_2 \quad \Delta\phi_3]^{\mathrm{T}} & (5-55\mathrm{a}) \\ \Delta\bar{\omega} = [\Delta\dot{\phi}_1 \quad \Delta\dot{\phi}_2 \quad \Delta\dot{\phi}_3]^{\mathrm{T}} & (5-55\mathrm{b}) \end{cases}$$

输出方程可以写为

$$\begin{cases}\Delta\phi_1 = \varphi_{00,1}\eta_{0,1} + \boldsymbol{\varphi}_{0e,1}\boldsymbol{\eta}_{e,1} & (5-56\text{a})\\ \Delta\phi_2 = \varphi_{00,2}\eta_{0,2} + \boldsymbol{\varphi}_{0e,2}\boldsymbol{\eta}_{e,2} & (5-56\text{b})\\ \Delta\phi_3 = \varphi_{00,3}\eta_{0,3} + \boldsymbol{\varphi}_{0e,3}\boldsymbol{\eta}_{e,3} & (5-56\text{c})\end{cases}$$

$$\begin{cases}\Delta\omega_1 = \varphi_{00,1}\dot{\eta}_{0,1} + \boldsymbol{\varphi}_{0e,1}\dot{\boldsymbol{\eta}}_{e,1} & (5-57\text{a})\\ \Delta\omega_2 = \varphi_{00,2}\dot{\eta}_{0,2} + \boldsymbol{\varphi}_{0e,2}\dot{\boldsymbol{\eta}}_{e,2} & (5-57\text{b})\\ \Delta\omega_3 = \varphi_{00,3}\dot{\eta}_{0,3} + \boldsymbol{\varphi}_{0e,3}\dot{\boldsymbol{\eta}}_{e,3} & (5-57\text{c})\end{cases}$$

引入传递函数:

$$\begin{cases}G_1(s) = \dfrac{\Delta\phi_1(s)}{\tau_1(s)}\\ G_2(s) = \dfrac{\Delta\phi_2(s)}{\tau_2(s)}\\ G_3(s) = \dfrac{\Delta\phi_3(s)}{\tau_3(s)}\end{cases} \tag{5-58}$$

则可以导得

$$\begin{cases}G_1(s) = \dfrac{\varphi_{00,1}^2}{s^2} + \sum\limits_{i=1}^{n_1}\dfrac{\varphi_{0e,1,i}^2}{s^2 + 2\zeta_{e,1,i}\sigma_{e,1,i}s + \sigma_{e,1,i}^2} & (5-59\text{a})\\ G_2(s) = \dfrac{\varphi_{00,2}^2}{s^2} + \sum\limits_{i=1}^{n_2}\dfrac{\varphi_{0e,2,i}^2}{s^2 + 2\zeta_{e,2,i}\sigma_{e,2,i}s + \sigma_{e,2,i}^2} & (5-59\text{b})\\ G_3(s) = \dfrac{\varphi_{00,3}^2}{s^2} + \sum\limits_{i=1}^{n_3}\dfrac{\varphi_{0e,3,i}^2}{s^2 + 2\zeta_{e,3,i}\sigma_{e,3,i}s + \sigma_{e,3,i}^2} & (5-59\text{c})\end{cases}$$

可以发现传递函数类同。

为了讨论方便,可以统一考虑单轴传递函数:

$$G(s) = \frac{a_0}{s^2} + \sum_{i=1}^{n}\frac{a_i}{s^2 + 2\zeta_i\sigma_i s + \sigma_i^2} \tag{5-60}$$

式中:$a_0 > 0$;在敏感器与执行机构同位配置情况,如同截至目前讨论的陀螺与飞轮(或姿态控制推力器)安装在未变形本体上,则对所有 i,恒有 $a_i > 0$;在敏感器与执行机构异位配置情况,如陀螺与飞轮安装在挠性体不同位置,则可能有某个 i,$a_i < 0$。

传递函数 $G(s)$ 零极点分布有其规律,但要给出多个模态一般描述也是困难的。下列几个结论对于控制规律设计具有启发性。

第一,同位配置情况,$G(s)$零极点分布交叉出现,而且与极点对应零点要更小一些。这意味着:在复平面上看,零点在极点之下。这可以称为“零极正置”。

第二,异位配置情况,$G(s)$零极点分布复杂多变,取决于敏感器、执行机构处模态形状,以及其他结构特征。至少有三种情形:一是同上讨论“零极正置”;二是“零极倒置”,就是在复平面上看,零点在极点之上;三是非最小相位零点,就是说零点位于复平面上右半平面。

上述传递函数$G(s)$零极点复杂性,为挠性航天器控制带来诸多困难。

5.4.2 控制系统与挠性振动相互作用

挠性航天器姿态控制经典控制方法的一个基本思想是“频带隔离”[10-14]。这意味着:控制系统频带作用于刚体模态,挠性模态频带远离控制系统频带。这个思想简单美妙,工程上极具吸引力。然而,这要求深入探究控制与挠性相互作用。

以美国“战神”-I(Ares-I)运载火箭为例,一级(First-stage)频率分布(包括控制系统频带、弯曲模态频率、液体晃动模态频率)如图5-2所示。一级利用PID控制(未用滤波器)的开环传递函数尼克尔斯图如图5-3表示。上面级(Upper-stage)频率分布(包括控制系统频带、弯曲模态频率、液体晃动模态频率)如图5-4所示。上面级利用PID控制(未用滤波器)的开环传递函数尼克尔斯图如图5-5表示。

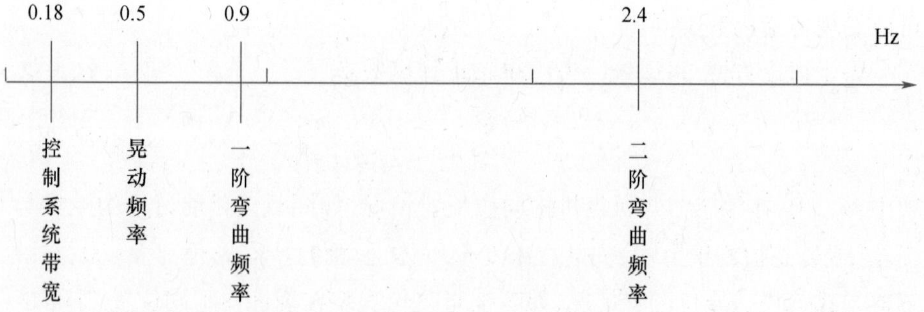

图5-2 “战神”-I一级频率分布

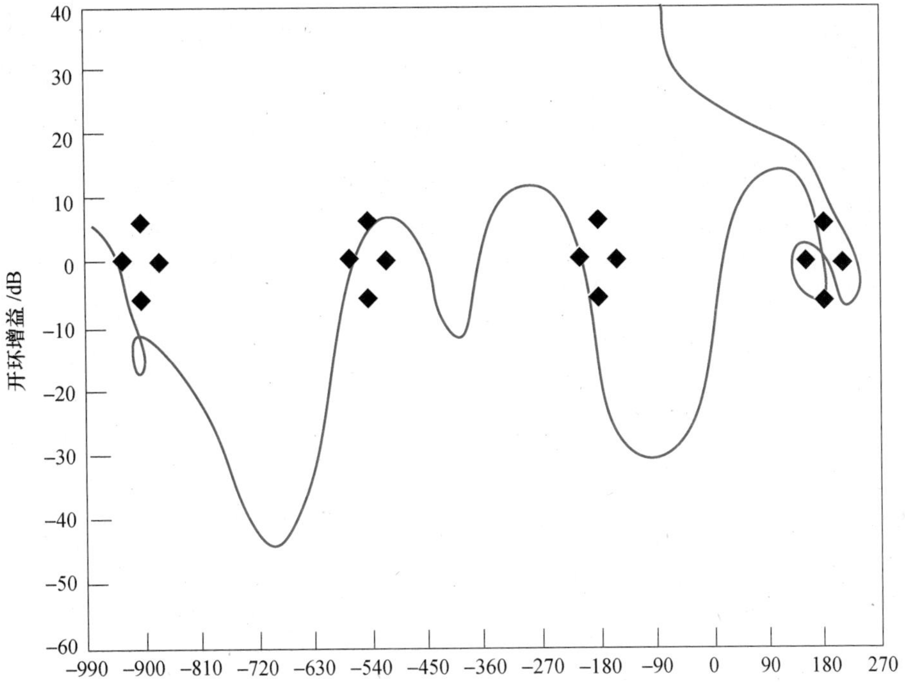

图5-3　“战神”-I一级PID控制尼克尔斯图

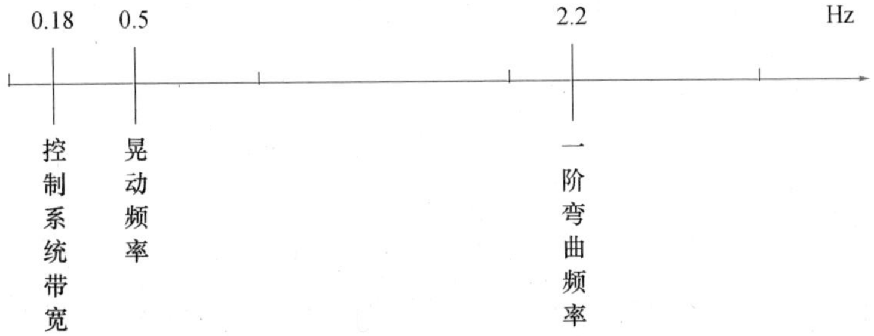

图5-4　“战神”-I上面级频率分布

图5-2和图5-3表明:上面级运载的一阶弯曲频率距离控制系统频带很近,控制系统具有潜能激起该阶弯曲引起动力学不稳定,而一阶弯曲模态在与其接近的低频段引起相位延迟、因而具有潜能引起控制系统相位不稳定。一级运载的主敏感器(陀螺)位于上面级,因而与推力矢量控制的执行机构异位配置,并且由于一阶弯曲模态形状使得测量的角速度和执行机构处的实际

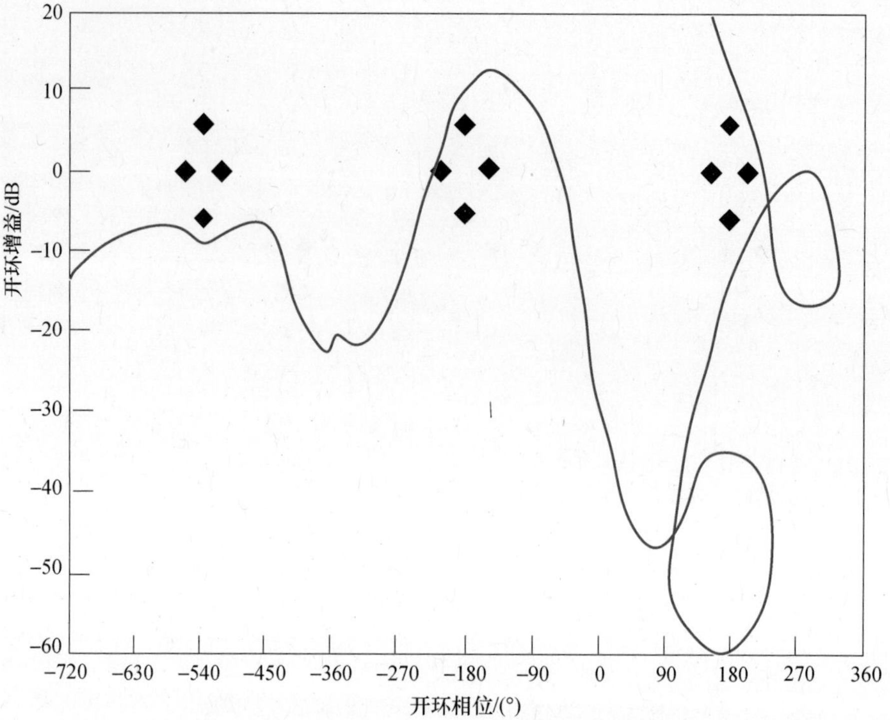

图 5－5 “战神”－I 上面级 PID 控制尼克尔斯图

角速度不是同相位，更增加了控制系统与结构不稳定相互作用的可能性。从尼克尔斯图上也能够发现这种不稳定相互作用。因此，增益稳定对于一阶弯曲来说很难实现，必须考虑相位稳定手段。

图 5－4 和图 5－5 表明：上面级运载的一阶弯曲频率距离控制系统频带要远得多，而晃动模态频率却依然离之很近。这样控制系统与弯曲之间相互作用相对较弱，这样只需设法压低弯曲频率处增益特性就可。从尼克尔斯图上也能够发现要实现增益稳定需要额外增加 13dB 增益衰减。

再考察著名的国际空间站（ISS）在轨维修航天飞机的 CMG 姿态稳定控制。在轨操作过程中，航天飞机机械臂首先将航天飞机解锁、操纵到过夜停泊位置，然后将航天飞机运送到空间站能够实施修复航天飞机热防护系统既定位置，而后再次回到过夜停泊位置，最后返回航天飞机起始位置并与空间站对接。整个过程中，国际空间站姿态控制系统要稳定其姿态并规避航天飞机与空间站之间大的相对运动。

在轨维修航天飞机的 CMG 姿态稳定控制,对于空间站姿态控制是一个前所未有的挑战,这是因为航天飞机质量、机械臂、空间站三体构成了一个低频密集、阻尼微小的严重挠性航天器。原来的高带宽控制已经证明将导致空间站姿态振荡,并且与航天飞机之间相对运动过大。为了保证系统高品质,对低于 0.04Hz 挠性模态采用相位稳定,对高于 0.04Hz 挠性模态采用增益稳定,同时对低于 0.02Hz 挠性模态尽可能衰减增益。

上述两个著名实例表明:一方面,控制系统与挠性模态之间不可避免存在相互作用,这个相互作用有时导致动力学失去稳定性。另一方面,适当设计刚体模态控制频带、适当采取增益稳定或相位稳定措施(设计相应滤波器),就有可能实现“频带隔离”,从而保证控制系统控制品质。事实上,关于控制系统与挠性模态相互作用,已有一些具有参考性结论。

第一,对于“零极正置”情形,当控制回路中不存在低通滤波器(包括敏感器动态和执行机构动态)时,PD 控制能够稳定挠性航天器所有刚体模态和挠性模态。当控制回路中存在低通滤波器时,PD 控制有可能在接近滤波器转折频率处的挠性模态失去稳定性。这个结论已经利用根轨迹法和单个挠性模态情况的劳斯判据得到预示和说明。

第二,对于“零极倒置”情形,当控制回路中不存在低通滤波器(包括敏感器动态和执行机构动态)时,PD 控制一般将使接近控制频带的挠性模态失去稳定性(取决于回路增益)。当控制回路中存在低通滤波器时,PD 控制有可能使低于滤波器转折频率的挠性模态失去稳定性,但容易使得高于滤波器转折频率的挠性模态获得稳定性。这个结论已经利用根轨迹法和单个挠性模态情况的劳斯判据得到预示和说明。

第三,对于存在“非最小相位零点”情形,当控制回路中不存在低通滤波器(包括敏感器动态和执行机构动态)时,PD 控制甚至有可能使高于控制频带两个数量级的挠性模态失去稳定性(取决于回路增益)。当控制回路中存在低通滤波器时,PD 控制有可能使低于滤波器转折频率的挠性模态失去稳定性,但容易使得高于滤波器转折频率的挠性模态获得稳定性。这个结论已经利用根轨迹法和单个挠性模态情况的劳斯判据得到预示和说明。

上述结论表明:回路中加入滤波器一般将是实现“频带隔离”的重要途径。

5.4.3 增益相位稳定化的滤波器设计

控制系统框图如图5-6所示。其中$G(s)$、$G_{sensor}(s)$、$G_{actuator}(s)$分别是航天器、敏感器、执行机构传递函数，$G_{PID}(s)$、$G_{VF}(s)$、$G_{DF}(s)$分别是PID控制器、振动滤波器、干扰抑制滤波器传递函数。

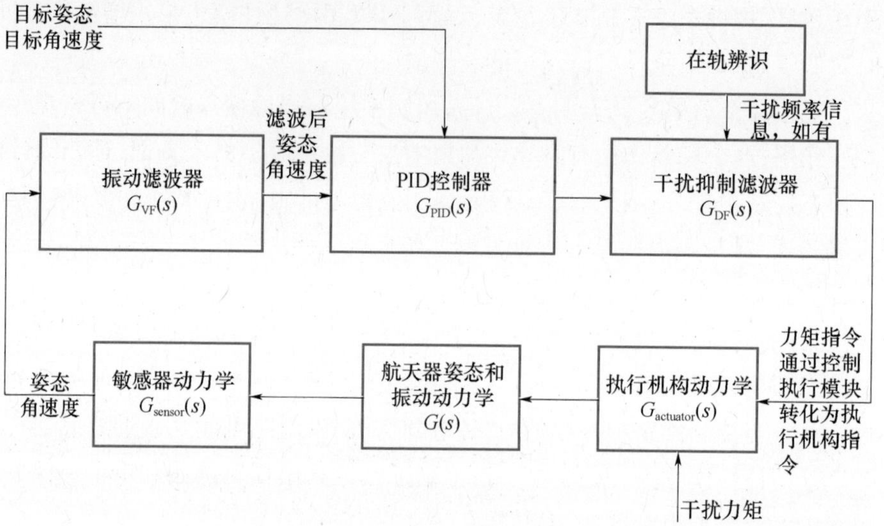

图5-6 滤波器设计框图

$G(s)$包括刚体模态和挠性模态，如同式(5-60)。$G_{sensor}(s)$、$G_{actuator}(s)$一般为二阶低通滤波器，转折频率取决于敏感器、执行机构，带宽远大于PID控制器带宽。

PID控制器($G_{PID}(s)$)针对刚体模态设计，即当不考虑挠性时，选取PID参数使受控刚体模态具有期望的控制品质，其带宽称为控制系统带宽。

$G_{VF}(s)$是若干个(这里设为4个)二阶滤波器的乘积，见式(5-61)。它用来相位稳定接近控制系统带宽的低频挠性模态、增益稳定远离控制系统带宽的高频挠性模态。

$$G_{VF}(s) = \prod_{i=1}^{4} \frac{x_{i3}^2}{x_{i1}^2} \prod_{i=1}^{4} \frac{s^2 + 2x_{i1}x_{i2}s + x_{i1}^2}{s^2 + 2x_{i3}x_{i4}s + x_{i3}^2} \tag{5-61}$$

式中：系数均为正数。

$G_{DF}(s)$是若干个(这里设为1个)二阶滤波器的乘积[15],见式(5-62)。它用来抑制可能出现的某个频段的外部干扰。这里首先通过在轨辨识确定是否存在干扰,然后根据干扰频段及其影响确定干扰滤波器增益和相位特性,而后可以综合设计控制规律以保证系统控制品质。

$$G_{DF}(s)=\frac{x_{53}^2}{x_{51}^2}\frac{s^2+2x_{51}x_{52}s+x_{51}^2}{s^2+2x_{53}x_{54}s+x_{53}^2} \tag{5-62}$$

式中:系数均为正数。

控制系统设计现在转化为:给定挠性航天器及其敏感器和执行机构动力学、设定PID控制器,确定振动滤波器$G_{\mathrm{VF}}(s)$和干扰滤波器$G_{\mathrm{DF}}(s)$,使得闭环控制系统具有稳定性和期望品质及鲁棒稳定性和抗干扰性。

将图5-6所示控制系统按照已知部分、未知部分划分,如图5-7所示。

$$\begin{cases} G_{\mathrm{known}}(s)=G_{\mathrm{sensor}}(s)G(s)G_{\mathrm{actuator}}(s) & (5-63\mathrm{a}) \\ G_{\mathrm{unknown}}(s)=G_{\mathrm{VF}}(s)G_{\mathrm{DF}}(s)G_{\mathrm{PID}}(s) & (5-63\mathrm{b}) \end{cases}$$

于是回路传递函数可以写为

$$G_{\mathrm{Nominal}}(s)=G_{\mathrm{known}}(s)G_{\mathrm{unknown}}(s) \tag{5-64}$$

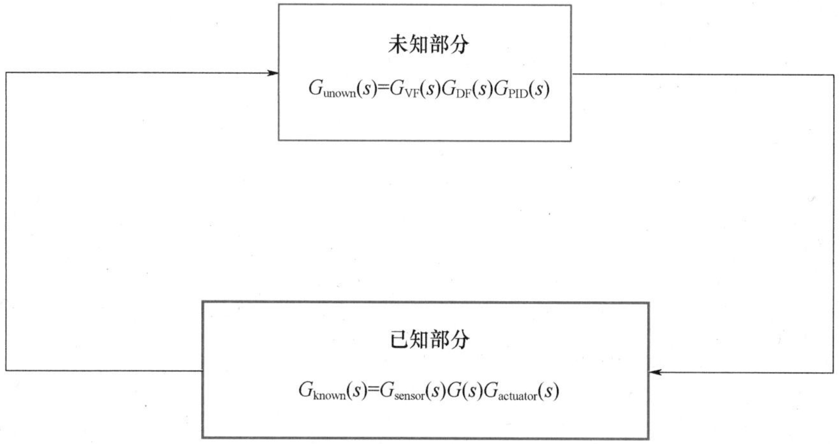

图5-7　控制系统回路示意图

根据经典控制理论频率响应设计方法,按照闭环控制系统期望品质需求,考虑挠性航天器动力学特性,可以反推出回路传递函数 $G_{\mathrm{Nominal}}(s)$ 增益相位特性曲线。该曲线走向及所在区域如图 5-8 所示。

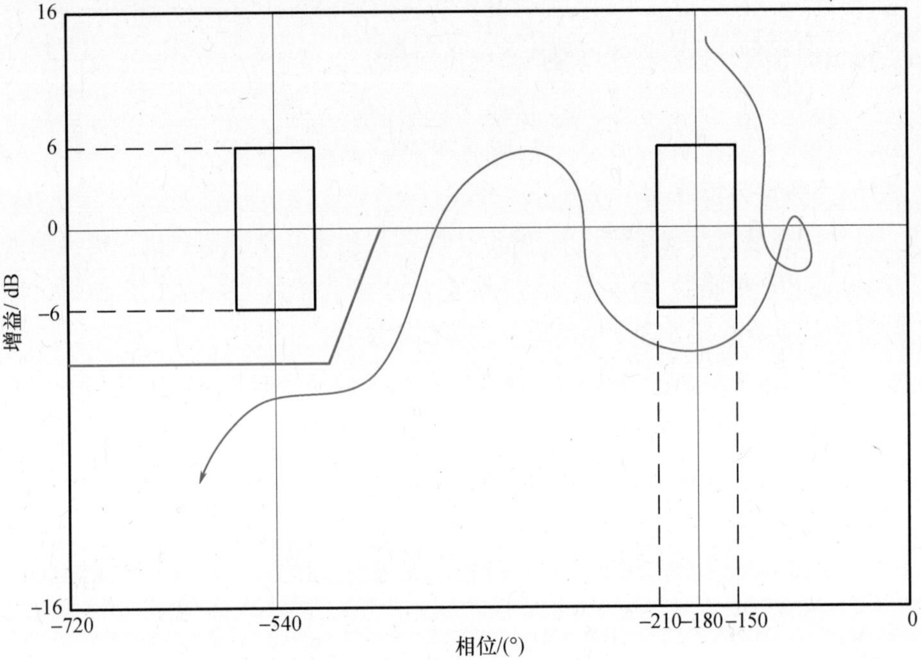

图 5-8 期望回路尼克尔斯图

在图 5-8 中,两个矩形方框由稳定裕度决定;右边方框右侧是相位超前稳定区域;两个方框之间是相位滞后稳定区域;横线和斜线正下方是增益稳定区域;曲线是一条期望增益相位曲线,其箭头方向是频率增加方向。

根据上述期望回路增益相位特性以及已知部分传递函数 $G_{\mathrm{known}}(s)$ 增益相位特性,可以导出未知部分传递函数 $G_{\mathrm{unknown}}(s)$ 如下设计原则。

原则 1:选取 PID 参数,稳定刚体模态,并使得刚体模态闭环控制系统具有期望带宽特性和阻尼特性。

原则 2:选取滤波器系数,维持控制系统带宽。这就要求:

$$|G_{\mathrm{VF}}(s)G_{\mathrm{DF}}(s)| = 1-\varepsilon, 0 \leqslant \sigma < \sigma_{\mathrm{PIDband}} \tag{5-65}$$

式中:ε 为小正数;$\sigma_{\mathrm{PIDband}}$ 为控制系统带宽。

原则3:选取滤波器系数,超前相位稳定接近控制系统带宽挠性(或晃动)模态。对于相位大于 -180°,而增益相位曲线穿越图5-8右边矩形方框模态,利用相位超前使其转移到相位超前稳定区域。这就要求:

$$\angle G_{\text{nominal}}(\mathrm{j}\sigma) \in [\text{phase1}^-, \text{phase1}^+), \text{当 } \sigma \in [\sigma_{\text{vib1}}^-, \sigma_{\text{vib1}}^+) \tag{5-66}$$

式中:$[\text{phase1}^-, \text{phase1}^+)$是超前稳定相位区间;$[\sigma_{\text{vib1}}^-, \sigma_{\text{vib1}}^+)$是包含接近系统带宽,并且需要超前转移的振动(晃动)模态频率的区间。

原则4:选取滤波器系数,滞后相位稳定接近控制系统带宽挠性(或晃动)模态。对于相位小于 -180°,而增益相位曲线穿越图5-8右边矩形方框模态,利用相位滞后使其转移到相位滞后稳定区域。这就要求:

$$\angle G_{\text{nominal}}(\mathrm{j}\sigma) \in [\text{phase2}^-, \text{phase2}^+), \text{当 } \sigma \in [\sigma_{\text{vib2}}^-, \sigma_{\text{vib2}}^+) \tag{5-67}$$

式中:$[\text{phase2}^-, \text{phase2}^+)$为滞后稳定相位区间;$[\sigma_{\text{vib2}}^-, \sigma_{\text{vib2}}^+)$为包含接近系统带宽,并且需要滞后转移的振动模态频率的区间。

原则5:选取滤波器系数,增益稳定远离控制系统带宽挠性模态。这就要求:

$$|G_{\text{nominal}}(\mathrm{j}\sigma)| < -(\text{vibgain})\,\text{dB}, \text{当 } \sigma_{\text{vib2}}^+ < \sigma < \sigma_{\text{vibband}} \tag{5-68}$$

式中:σ_{vibband}为实际考虑的挠性模态频率上限;vibgain 为需求增益上限。

原则6:选取滤波器系数,增益稳定干扰频率。这就要求:

$$|G_{\text{nominal}}(\mathrm{j}\sigma)| < -(\text{disgain})\,\text{db}, \text{当 } \sigma \in [\sigma_{\text{dis}}^-, \sigma_{\text{dis}}^+) \tag{5-69}$$

式中:$[\sigma_{\text{dis}}^-, \sigma_{\text{dis}}^+)$为包含干扰频率的区间;disgain 为需求增益上限。

一般而言,结合具体航天器动力学特性和滤波器特性,按照上述原则进行试凑和迭代,能够获得期望滤波器以及相应控制规律。这个方法是经典的“人在回路”方法。它需要人的设计经验和人的直觉。为了减少设计过程中对人的依赖,可以进一步将上述原则转化为一个优化问题。这就需要考虑鲁棒稳定性问题,并将稳定裕度需求公式化。

引入混合不确定模型如图5-9所示,其中$G_{\Delta}(s)$是不确定部分传递函数,$G_{\text{Nominal}}(s)$是回路传递函数。

从$G_{\Delta}(s)$输入输出看该模型回路传递函数为:

$$M_{\text{Nominal}}(s) = [I + G_{\text{Nominal}}(s)][I - G_{\text{Nominal}}(s)]^{-1} \tag{5-70}$$

同样,从$G_{\text{Nominal}}(s)$输入输出看该模型回路传递函数为$[I + G_{\Delta}(s)]$

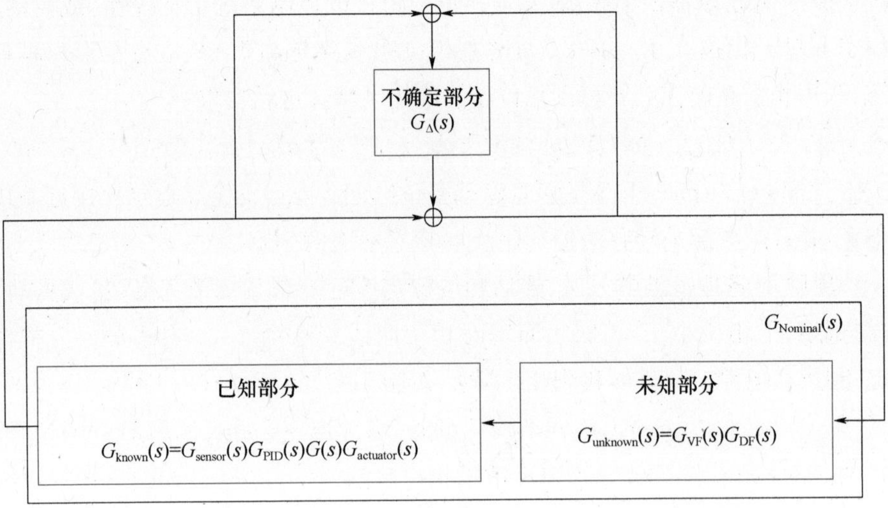

图 5-9 控制系统回路示意图

$[I-G_\Delta(s)]^{-1}$。根据小增益定理[16]，在 $M_{\text{nominal}}(s)$ 和 $G_\Delta(s)$ 均为稳定前提下，系统闭环稳定的条件是：

$$\bar{\sigma}[M_{\text{nominal}}(\mathrm{j}\sigma)]<\bar{\sigma}^{-1}[G_\Delta(\mathrm{j}\sigma)] \tag{5-71}$$

式中：$\bar{\sigma}$ 为传递函数最大奇异值。现在设 $\bar{\sigma}[M_{\text{nominal}}(\mathrm{j}\sigma)]<1/r_{\min}$，于是只要 $|G_\Delta(\mathrm{j}\sigma)|=r_{\min}$ 系统就是稳定的。令 $G_\Delta(\mathrm{j}\sigma)$ 在复数环 $r_{\min}\mathrm{e}^{j\theta}$，$\theta\in[0,2\pi]$ 内变化。则容易导出 $[I+G_\Delta(\mathrm{j}\sigma)][I-G_\Delta(\mathrm{j}\sigma)]^{-1}$ 的增益和相位变化范围为

$$\begin{cases}GM\in\left[\dfrac{1-r_{\min}}{1+r_{\min}},\dfrac{1+r_{\min}}{1-r_{\min}}\right],\\PM\in[-2\arctan(r_{\min}),2\arctan(r_{\min})]\end{cases} \tag{5-72}$$

可以算出只要 $r_{\min}=1/3$，就有 $GM>6\text{dB}$、$PM>30°$。由此可知，只要 $\bar{\sigma}[M_{\text{nominal}}(\mathrm{j}\sigma)]<3$，就能保证控制系统典型稳定裕度指标：增益裕度 6db、相位裕度 30°。于是导得闭环系统如下鲁棒稳定原则。

原则 7：设计滤波器系数使闭环控制系统稳定裕度为：增益裕度 6dB、相位裕度 30°。这就要求：

$$\bar{\sigma}[M_{\text{nominal}}(\mathrm{j}\sigma)]<3 \tag{5-73}$$

综上所述，滤波器设计以及控制系统设计可以转化为下列优化问题：

$$\min_x \bar{\sigma}[M_{\text{nominal}}(j\sigma)]$$

约束为：原则 1 ~ 原则 7 成立。

关于上述滤波器设计，值得注意的两点归纳如下。第一，为了叙述方便，上述讨论将滤波器同时作用在姿态和角速度上了。对于两者分开情况，即姿态滤波器和角速度滤波器分开设计情况，可以同理讨论。这个并不存在本质困难。第二，上述优化问题是一个多目标优化问题。目前已有算法将多目标优化转化为单目标优化，从而开辟了解决这一困难问题有效途径[17]。应当指出：对于具体问题而言，开发有效优化算法仍是具有吸引力的研究课题。

仍以美国"战神" - I 运载火箭为例，按照上述优化方法设计的一级滤波器和某时刻冻结参数的尼克尔斯图如图 5 - 10 和图 5 - 11 所示，按照上述优化方法设计的上面级滤波器和某时刻冻结参数的尼克尔斯图如图 5 - 12 和图 5 - 13所示[18 - 21]。

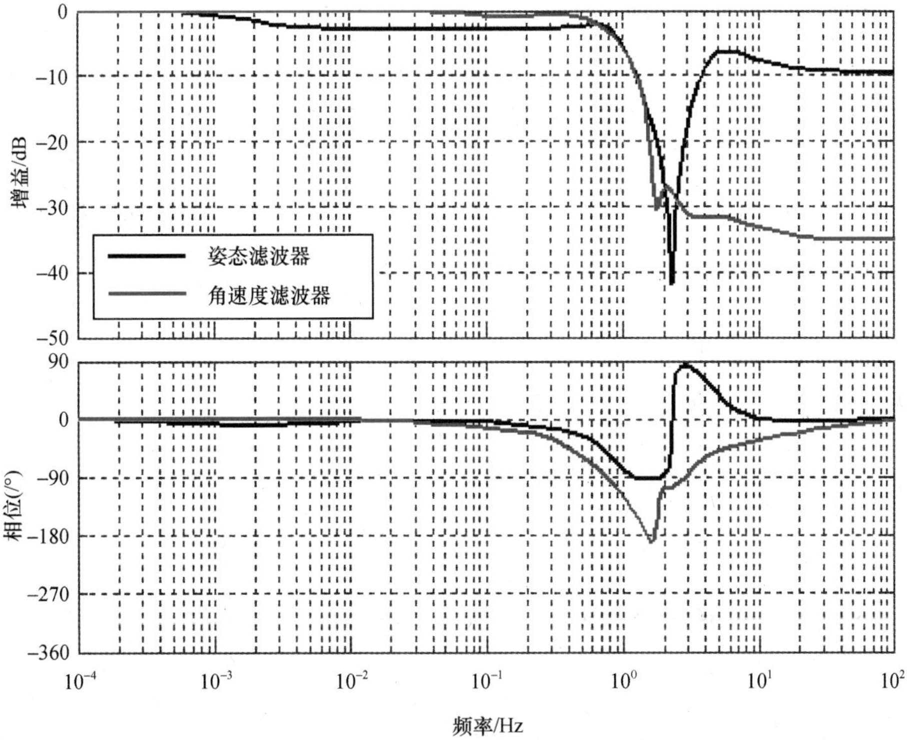

图 5 - 10　一级滤波器

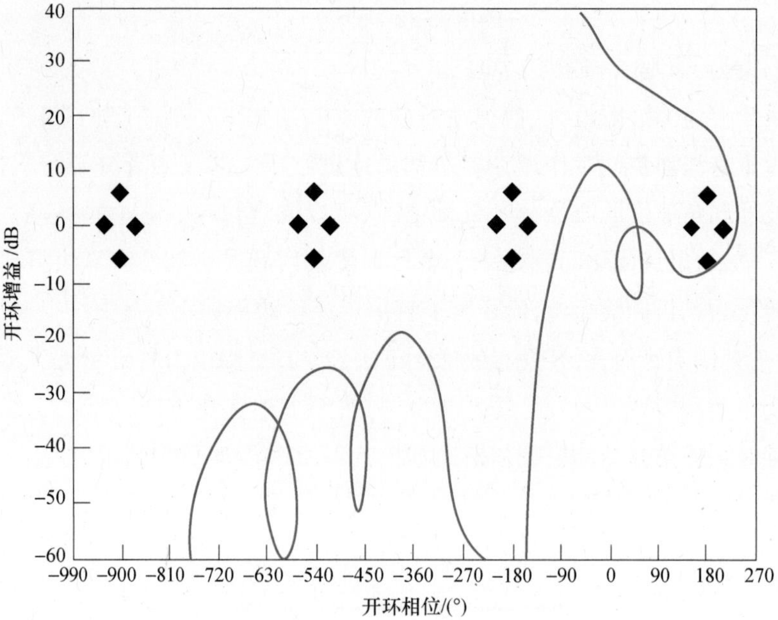

图 5-11　一级控制系统尼克尔斯图

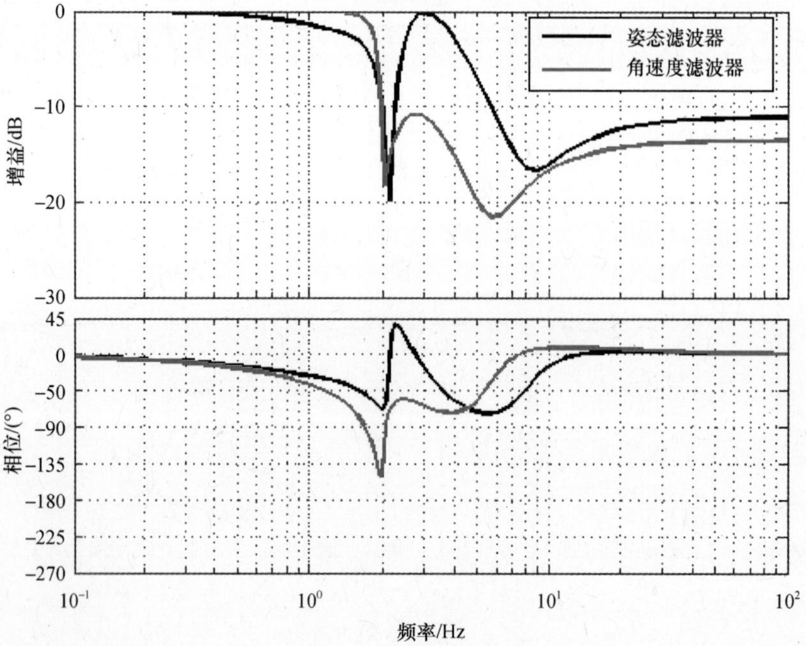

图 5-12　上面级滤波器

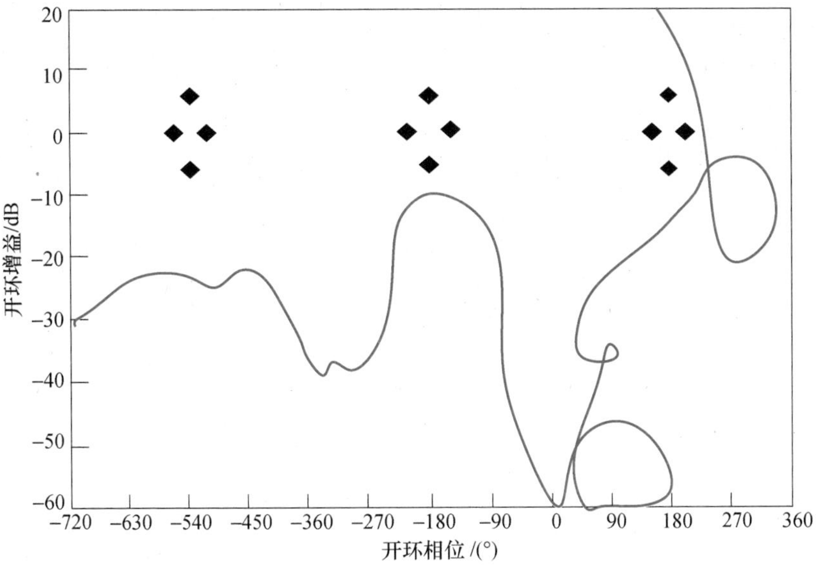

图5-13 上面级控制系统尼克尔斯图

5.5 挠性航天器控制规律设计:模态分离方法

5.5.1 基于模态分离的姿态控制

经典控制方法是目前挠性航天器姿态控制工程上主流方法。一方面是继承传统,例如运载火箭、航天器等从初创阶段就使用PID+滤波器方法;另一方面是现代控制方法在鲁棒性、控制器阶次等方面未能显示出优势,航天工程师不太愿意冒险尝试。然而,经典控制方法常用的"试凑"、优化等方法一定程度上需要设计师经验,因而在设计上是复杂的。尽管我们已经提出在轨辨识与经典控制有机结合方法,提高了传统方法自主性,但仍然希望能够深刻挖掘现有控制方法本质,发挥一些现代控制方法潜力,由此可能降低控制规律设计方法复杂度并提高控制规律在轨(修正)自主性。

基于模态分离控制方法如图5-14所示,包括模态分离器、刚体控制器、挠性模态控制器等。

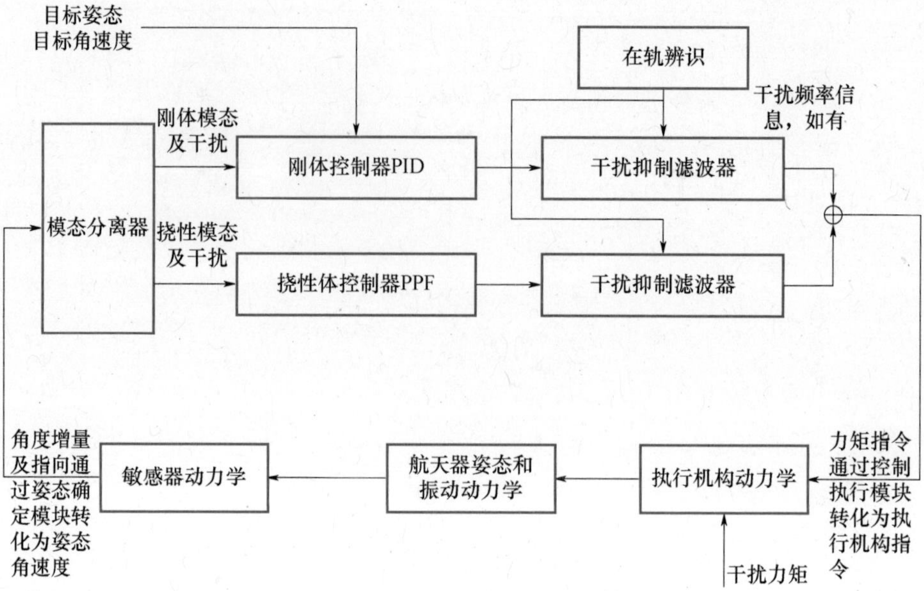

图 5 – 14　模态分离控制方框图

5.5.2　模态分离基本思想

与在轨辨识不同，这里的模态分离不是在开环或者闭环稳态情况，而是要求在闭环控制过程中实现模态分离。

模态分离最直接方法，是利用系统状态空间方程，通过构造观测器得到各个模态估计；这种方法一般要求系统精确数学模型，而挠性模态参数的确定，特别是高频模态参数的确定，即使使用在轨辨识方法也是困难的。模态分离另一种方法就是采用各种低通、高通、带通滤波器方法，它能够提取输出中某一频段模态贡献量，但要确定某个频率的模态贡献量显得分辨率不够。

本章提出基于奇异值分解的模态分离方法，它是对在轨辨识子空间方法的拓展。根据挠性航天器非约束模态运动方程式(5 – 13)及其状态空间方程式(5 – 14)和式(5 – 15)，可以有下列观察。

观察 1： 系统测量输出（姿态、角速度）是各个模态（刚体模态、挠性模态）分量的组合。

观察 2： 在系统开环情形，各个模态分量对应不同频率；而这些频率分布可以通过地面分析或者在轨辨识基本确定。

观察 3:在系统闭环情形,各个模态分量对应不同频率,并且不管采用何种控制方法,闭环控制目的一般要求刚体模态获得适当带宽,挠性模态获得增益消减或者增加阻尼。因此闭环系统模态,其频率相对开环情况变化一般很小。

观察 4:不管是开环情况还是闭环情况,只要按照频率实现系统测量输出的分离,不同模态在输出中的贡献就基本相应确定。

这些观察表明,如果充分利用测量输出中各个模态贡献"频率不同"特征,那么就有可能实现模态分离。注意到对于闭环系统而言,可能由于没有持续激励而存在"可辨识性"问题,因而不能确定各个模态参数。但是此时要实现模态分离却是可能的,这是因为系统依然具有能观性。

5.5.3 模态分离算法

考虑挠性航天器状态空间方程式(5-15)。系统从敏感器获得航天器输出测量,通过既定控制规律形成控制指令,然后利用执行机构输出控制力矩作用到挠性航天器上形成闭环系统。系统输出满足:

$$\boldsymbol{y}_F(t_k)=\boldsymbol{C}_F\boldsymbol{x}_F(t_k) \tag{5-74}$$

式中:$\boldsymbol{y}_F(t_k)\in\boldsymbol{R}^{\mathrm{M}}$。由此引入时间序列:

$$\{\boldsymbol{y}_F(t_k),k\geqslant 0\} \tag{5-75}$$

依据时间序列式(5-75)的模态分离算法如图 5-15 所示,示意图中模态分离的输出 $\boldsymbol{\varphi}_{00}\hat{\bar{\boldsymbol{\eta}}}_0$、$\boldsymbol{\varphi}_{0e}\hat{\bar{\boldsymbol{\eta}}}_e$、$\boldsymbol{\varphi}_{00}\hat{\dot{\bar{\boldsymbol{\eta}}}}_0$、$\boldsymbol{\varphi}_{0e}\hat{\dot{\bar{\boldsymbol{\eta}}}}_e$ 是指单个模态贡献都可以通过分离确定而不仅仅是它们的组合;求逆是指逐个对模态贡献乘以其相关系数的逆。模态分离包括嵌入、分解、分组、重构四个部分[22]。

1. 嵌入

设当前时刻为 $t_{k+\alpha+\beta-1}$,截取时间序列形成子序列:

$$\{\boldsymbol{y}_F(t_i),k+1\leqslant i\leqslant k+\alpha+\beta-1\} \tag{5-76}$$

构造汉克尔矩阵:

$$\boldsymbol{Y}_{\mathrm{hankel}}(t_{k+\alpha+\beta-1})=\begin{bmatrix}\boldsymbol{y}_F(t_{k+1}) & \boldsymbol{y}_F(t_{k+2}) & \cdots & \boldsymbol{y}_F(t_{k+\alpha})\\ \boldsymbol{y}_F(t_{k+2}) & \boldsymbol{y}_F(t_{k+3}) & \cdots & \boldsymbol{y}_F(t_{k+\alpha+1})\\ \vdots & \vdots & \ddots & \vdots\\ \boldsymbol{y}_F(t_{k+\beta}) & \boldsymbol{y}_F(t_{k+\beta+1}) & \cdots & \boldsymbol{y}_F(t_{k+\alpha+\beta-1})\end{bmatrix} \tag{5-77}$$

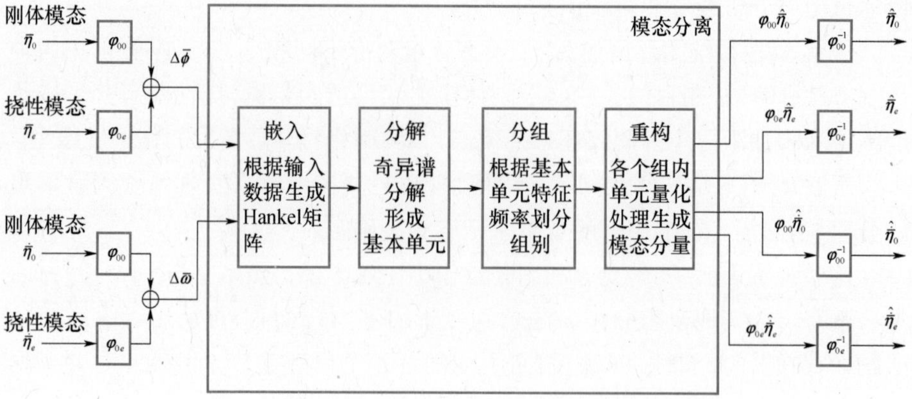

图 5-15 模态分离示意图

式中：α、β 为大于状态空间（或者包括了输出中有重要贡献模态的近似状态空间）最小维数 N 的正整数。

当 $t_0 \leqslant t < t_{\alpha+\beta-1}$ 时，尚未获得上述汉克尔矩阵足够测量数据，模态尚未实现分离，此时系统控制所需姿态 $\Delta\bar{\phi}$ 和角速度 $\Delta\bar{\omega}$ 或者使用未分离的直接测量输出，或者利用不足数据填 0 来近似处理。而当 $t \geqslant t_{\alpha+\beta-1}$ 时，上述汉克尔矩阵只使用截取的最新数据，由此可以保证对实际系统动态跟踪又不至于需要太大数据量。

2. 分解

对汉克尔矩阵 $\boldsymbol{Y}_{\text{hankel}}(t_{k+\alpha+\beta-1})$ 进行奇异值分解：

$$\boldsymbol{Y}_{\text{hankel}}(t_{k+\alpha+\beta-1}) = \boldsymbol{W}\boldsymbol{\Sigma}\boldsymbol{V}^{\mathrm{T}} \tag{5-78}$$

式中：$\boldsymbol{\Sigma}$ 为奇异值矩阵；$\boldsymbol{W}$、$\boldsymbol{V}$ 分别为左、右奇异向量。它们满足：

$$\begin{cases} \boldsymbol{\Sigma} = \mathrm{diag}\{\Sigma_i, i = 1,2,\cdots,N\} & (5-79\mathrm{a}) \\ \boldsymbol{W}^{\mathrm{T}}\boldsymbol{W} = \boldsymbol{I}_{N\times N} & (5-79\mathrm{b}) \\ \boldsymbol{V}^{\mathrm{T}}\boldsymbol{V} = \boldsymbol{I}_{N\times N} & (5-79\mathrm{c}) \\ \Sigma_1 \geqslant \Sigma_2 \geqslant \cdots \geqslant \Sigma_N > 0 & (5-79\mathrm{d}) \end{cases}$$

记 $\boldsymbol{W} = [W_1 \quad W_2 \quad \cdots \quad W_N]$，$V = [V_1 \quad V_2 \quad \cdots \quad V_N]$，继续式（5-78）推导可得

$$\begin{cases} \boldsymbol{Y}_{\text{hankel}}(t_{k+\alpha+\beta-1}) = \sum_{\bar{k}=1}^{N} \boldsymbol{Y}_{\bar{k}} & (5-80\mathrm{a}) \\ \boldsymbol{Y}_{\bar{k}} = \Sigma_{\bar{k}}\boldsymbol{W}_{\bar{k}}\boldsymbol{V}_{\bar{k}}^{\mathrm{T}}, \bar{k} = 1,2,\cdots,N & (5-80\mathrm{b}) \end{cases}$$

式中：$\boldsymbol{Y}_{\bar{k}}$ 为 $(M\beta)\times\alpha$ 矩阵，称为单元矩阵 $\boldsymbol{Y}_{\bar{k}}$。

3. 分组

1）时间序列分析方法

第一步：汉克尔化

根据奇异谱分解理论对矩阵 $\boldsymbol{Y}_{\bar{k}}(\bar{k}=1,2,\cdots,N)$ 进行汉克尔化，即找到一个汉克尔矩阵 $\boldsymbol{HANY}_{\bar{k}}$ 使之与 $\boldsymbol{Y}_{\bar{k}}$ 最接近。令：

$$\boldsymbol{Y}_{\bar{k}}=\begin{bmatrix} \boldsymbol{y}_{\bar{k},1,1} & \boldsymbol{y}_{\bar{k},1,2} & \cdots & \boldsymbol{y}_{\bar{k},1,\alpha} \\ \boldsymbol{y}_{\bar{k},2,1} & \boldsymbol{y}_{\bar{k},2,1} & \cdots & \boldsymbol{y}_{\bar{k},2,\alpha} \\ \vdots & \vdots & & \vdots \\ \boldsymbol{y}_{\bar{k},\beta,1} & \boldsymbol{y}_{\bar{k},\beta,2} & \cdots & \boldsymbol{y}_{\bar{k},\beta,\alpha} \end{bmatrix} \tag{5-81}$$

当 $\alpha\leqslant\beta$ 时，构造汉克尔矩阵 $\boldsymbol{HANY}_{\bar{k}}$：

$$\boldsymbol{HANY}_{\bar{k}}=\begin{bmatrix} \boldsymbol{hany}_{\bar{k},1} & \boldsymbol{hany}_{\bar{k},2} & \cdots & \boldsymbol{hany}_{\bar{k},\alpha} \\ \boldsymbol{hany}_{\bar{k},2} & \boldsymbol{hany}_{\bar{k},3} & \cdots & \boldsymbol{hany}_{\bar{k},\alpha+1} \\ \vdots & \vdots & & \vdots \\ \boldsymbol{hany}_{\bar{k},\beta} & \boldsymbol{hany}_{\bar{k},\beta+1} & \cdots & \boldsymbol{hany}_{\bar{k},\alpha+\beta-1} \end{bmatrix} \tag{5-82}$$

$$\begin{cases} \boldsymbol{hany}_{\bar{k},l}=\dfrac{1}{l}\sum\limits_{m=1}^{l}\boldsymbol{y}_{\bar{k},m,l-m+1}, 1\leqslant l<\alpha & (5-83\text{a}) \\ \boldsymbol{hany}_{\bar{k},l}=\dfrac{1}{\alpha}\sum\limits_{m=1}^{\alpha}\boldsymbol{y}_{\bar{k},m,l-m+1}, \alpha\leqslant l<\beta+1 & (5-83\text{b}) \\ \boldsymbol{hany}_{\bar{k},l}=\dfrac{1}{\alpha+\beta-l}\sum\limits_{m=l-\beta+1}^{\alpha}\boldsymbol{y}_{\bar{k},m,l-m+1}, \beta+1\leqslant l\leqslant\alpha+\beta-1 & (5-83\text{c}) \end{cases}$$

显然，汉克尔矩阵 $\boldsymbol{HANY}_{\bar{k}}$ 中包含的 $\alpha+\beta-1$ 个元素（向量或矩阵）是 $\boldsymbol{Y}_{\bar{k}}$ 中 $\alpha+\beta-1$ 个对角线上元素（向量或矩阵）的平均。当 $\alpha>\beta$ 时，可以首先将矩阵 $\boldsymbol{Y}_{\bar{k}}$ 转置，然后同上可以写出矩阵 $\boldsymbol{HANY}_{\bar{k}}$。至此可以写出单元矩阵 $\boldsymbol{Y}_{\bar{k}}$ 对应时间序列：

$$\{\boldsymbol{hany}_{\bar{k},l}, 1\leqslant l\leqslant\alpha+\beta-1\} \tag{5-84}$$

第二步:频率分析

引入时间序列式(5-84)的两个汉克尔矩阵:

$$\begin{cases} \boldsymbol{HANY}_{\bar{k}}(0) = \begin{bmatrix} \boldsymbol{hany}_{\bar{k},1} & \boldsymbol{hany}_{\bar{k},2} & \cdots & \boldsymbol{hany}_{\bar{k},\alpha} \\ \boldsymbol{hany}_{\bar{k},2} & \boldsymbol{hany}_{\bar{k},3} & \cdots & \boldsymbol{hany}_{\bar{k},\alpha+1} \\ \vdots & \vdots & & \vdots \\ \boldsymbol{hany}_{\bar{k},\beta-1} & \boldsymbol{hany}_{\bar{k},\beta} & \cdots & \boldsymbol{hany}_{\bar{k},\alpha+\beta-2} \end{bmatrix} & \text{(5-85a)} \\ \boldsymbol{HANY}_{\bar{k}}(1) = \begin{bmatrix} \boldsymbol{hany}_{\bar{k},2} & \boldsymbol{hany}_{\bar{k},3} & \cdots & \boldsymbol{hany}_{\bar{k},\alpha+1} \\ \boldsymbol{hany}_{\bar{k},3} & \boldsymbol{hany}_{\bar{k},4} & \cdots & \boldsymbol{hany}_{\bar{k},\alpha+2} \\ \vdots & \vdots & & \vdots \\ \boldsymbol{hany}_{\bar{k},\beta} & \boldsymbol{hany}_{\bar{k},\beta}+1 & \cdots & \boldsymbol{hany}_{\bar{k},\alpha+\beta-1} \end{bmatrix} & \text{(5-85b)} \end{cases}$$

对 $\boldsymbol{HANY}_{\bar{k}}(0)$ 进行奇异值分解:

$$\boldsymbol{HANY}_{\bar{k}}(0) = \boldsymbol{W}_{\bar{k}}\boldsymbol{\Sigma}_{\bar{k}}\boldsymbol{V}_{\bar{k}}^{\mathrm{T}} \tag{5-86}$$

式中:$\boldsymbol{\Sigma}_{\bar{k}}$ 为奇异值矩阵; $\boldsymbol{W}_{\bar{k}}$、$\boldsymbol{V}_{\bar{k}}$ 分别为左、右奇异向量。根据特征系统实现理论,可以写出系统实现状态空间方程三元组($\boldsymbol{F}_{\bar{k}},\boldsymbol{G}_{\bar{k}},\boldsymbol{C}_{\bar{k}}$):

$$\begin{cases} \boldsymbol{F}_{\bar{k}} = \boldsymbol{\Sigma}_{\bar{k}}^{-1/2}\boldsymbol{W}_{\bar{k}}^{\mathrm{T}}\boldsymbol{HANY}_{\bar{k}}(1)\boldsymbol{V}_{\bar{k}}\boldsymbol{\Sigma}_{\bar{k}}^{-1/2} & \text{(5-87a)} \\ \boldsymbol{G}_{\bar{k}} = \boldsymbol{\Sigma}_{\bar{k}}^{1/2}\boldsymbol{V}_{\bar{k}}^{\mathrm{T}}\boldsymbol{E} & \text{(5-87b)} \\ \boldsymbol{C}_{\bar{k}} = \boldsymbol{E}_M\boldsymbol{W}\boldsymbol{\Sigma}^{1/2} & \text{(5-87c)} \\ \boldsymbol{E} = [\boldsymbol{I} \quad 0 \quad \cdots \quad 0]^{\mathrm{T}} & \text{(5-87d)} \\ \boldsymbol{E}_M = [\boldsymbol{I}_{M\times M} \quad 0 \quad \cdots \quad 0] & \text{(5-87e)} \end{cases}$$

于是,计算单元矩阵 $Y_{\bar{k}}$ 所包含模态频率为

$$\hat{\sigma}_{\bar{k}} = \sqrt{\mathrm{Im}^2\{\ln[\mathrm{eig}(\boldsymbol{F}_{\bar{k}})]/T\} + Re^2\{\ln[\mathrm{eig}(\boldsymbol{F}_{\bar{k}})]/T\}} \tag{5-88}$$

式中:eig 为矩阵特征值;Re 为复数实部;Im 为复数虚部。

第三步:分组的形成

一方面,对于 $\bar{k}=1,2,\cdots,N$,时间序列$\{\boldsymbol{hany}_{\bar{k},l},1\leqslant l\leqslant\alpha+\beta-1\}$在当前时刻的输出为 $\boldsymbol{hany}_{\bar{k},\alpha+\beta-1}$,对应频率为 $\hat{\sigma}_{\bar{k}}$。

二方面,根据式(5-13),挠性航天器模态频率集合为$\{\sigma_0,\sigma_1,\sigma_2,\cdots,\sigma_n\}$。这

里 σ_0 可以取为刚体模态闭环控制系统带宽。

一种按照频率归类的简单方法是测量 $\hat{\sigma}_{\bar{k}}$ 与 $\{\sigma_0,\sigma_1,\sigma_2,\cdots,\sigma_n\}$ 中各个元素距离,距离最近者就归到该频率输出。这样可以得到 $n+1$ 个组别:

$$\sigma_0\text{ 组}:\{(\hat{\sigma}_{01},\boldsymbol{hany}_{01,\alpha+\beta-1}),(\hat{\sigma}_{02},\boldsymbol{hany}_{02,\alpha+\beta-1}),\cdots,(\hat{\sigma}_{0N_0},\boldsymbol{hany}_{0N_0,\alpha+\beta-1})\}$$

$$\sigma_1\text{ 组}:\{(\hat{\sigma}_{11},\boldsymbol{hany}_{11,\alpha+\beta-1}),(\hat{\sigma}_{12},\boldsymbol{hany}_{12,\alpha+\beta-1}),\cdots,(\hat{\sigma}_{1N_1},\boldsymbol{hany}_{1N_1,\alpha+\beta-1})\}$$

$$\vdots$$

$$\sigma_n\text{ 组}:\{(\hat{\sigma}_{n1},\boldsymbol{hany}_{n1,\alpha+\beta-1}),(\hat{\sigma}_{n2},\boldsymbol{hany}_{n2,\alpha+\beta-1}),\cdots,(\hat{\sigma}_{nN_n},\boldsymbol{hany}_{nN_n,\alpha+\beta-1})\}$$

式中:$\hat{\sigma}$ 的下脚标在集合 $\{1,2,\cdots,N\}$ 中取值。

2)特征系统实现方法

第一步:利用与在轨辨识稳态输入求解系统实现相同方法,求解系统实现三元组($\boldsymbol{F},\boldsymbol{G},\boldsymbol{C}$);

第二步:对三元组($\boldsymbol{F},\boldsymbol{G},\boldsymbol{C}$)进行模态分解,写出各个模态状态子空间方程;

第三步:根据状态子空间方程,解算模态频率以及子空间输出,得到相当于上述时间序列分析后结果。

4. 重构

展开式(5-12a)可得

$$\left\{\begin{aligned}
\Delta\bar{\boldsymbol{\phi}} &= \boldsymbol{\varphi}_{00}\bar{\boldsymbol{\eta}}_0+\boldsymbol{\varphi}_{0e}\boldsymbol{\eta}_e\\
&=\begin{bmatrix}\varphi_{00,1}\eta_{01}\\ \varphi_{00,2}\eta_{02}\\ \varphi_{00,3}\eta_{03}\end{bmatrix}+\begin{bmatrix}\varphi_{0e,11}\eta_{e1}\\ \varphi_{0e,21}\eta_{e1}\\ \varphi_{0e,31}\eta_{e1}\end{bmatrix}+\begin{bmatrix}\varphi_{0e,12}\eta_{e2}\\ \varphi_{0e,22}\eta_{e2}\\ \varphi_{0e,32}\eta_{e2}\end{bmatrix}+\cdots+\begin{bmatrix}\varphi_{0e,1n}\eta_{en}\\ \varphi_{0e,2n}\eta_{en}\\ \varphi_{0e,3n}\eta_{en}\end{bmatrix} &&(5-89\text{a})\\
\Delta\dot{\bar{\boldsymbol{\phi}}} &= \boldsymbol{\varphi}_{00}\dot{\bar{\boldsymbol{\eta}}}_0+\boldsymbol{\varphi}_{0e}\dot{\boldsymbol{\eta}}_e\\
&=\begin{bmatrix}\varphi_{00,1}\dot{\eta}_{01}\\ \varphi_{00,2}\dot{\eta}_{02}\\ \varphi_{00,3}\dot{\eta}_{03}\end{bmatrix}+\begin{bmatrix}\varphi_{0e,11}\dot{\eta}_{e1}\\ \varphi_{0e,21}\dot{\eta}_{e1}\\ \varphi_{0e,31}\dot{\eta}_{e1}\end{bmatrix}+\begin{bmatrix}\varphi_{0e,12}\dot{\eta}_{e2}\\ \varphi_{0e,22}\dot{\eta}_{e2}\\ \varphi_{0e,32}\dot{\eta}_{e2}\end{bmatrix}+\cdots+\begin{bmatrix}\varphi_{0e,1n}\dot{\eta}_{en}\\ \varphi_{0e,2n}\dot{\eta}_{en}\\ \varphi_{0e,3n}\dot{\eta}_{en}\end{bmatrix} &&(5-89\text{b})
\end{aligned}\right.$$

根据上述分组结果,可以进行重构如下:

$$
\begin{cases}
\begin{bmatrix} \varphi_{00,1}\hat{\eta}_{01} \\ \varphi_{00,2}\hat{\eta}_{02} \\ \varphi_{00,3}\hat{\eta}_{03} \end{bmatrix} = \sum_{l=1}^{N_0} (\boldsymbol{hany}_{0l,\alpha+\beta-1})_{1:3} & \text{(5 - 90a)} \\
\begin{bmatrix} \varphi_{0e,11}\hat{\eta}_{e1} \\ \varphi_{0e,21}\hat{\eta}_{e1} \\ \varphi_{0e,31}\hat{\eta}_{e1} \end{bmatrix} = \sum_{l=1}^{N_1} (\boldsymbol{hany}_{1l,\alpha+\beta-1})_{1:3} & \text{(5 - 90b)} \\
\vdots \\
\begin{bmatrix} \varphi_{0e,1n}\hat{\eta}_{en} \\ \varphi_{0e,2n}\hat{\eta}_{en} \\ \varphi_{0e,3n}\hat{\eta}_{en} \end{bmatrix} = \sum_{l=1}^{N_n} (\boldsymbol{hany}_{nl,\alpha+\beta-1})_{1:3} & \text{(5 - 90c)} \\
\begin{bmatrix} \varphi_{00,1}\hat{\dot{\eta}}_{01} \\ \varphi_{00,2}\hat{\dot{\eta}}_{02} \\ \varphi_{00,3}\hat{\dot{\eta}}_{03} \end{bmatrix} = \sum_{l=1}^{N_0} (\boldsymbol{hany}_{0l,\alpha+\beta-1})_{4:6} & \text{(5 - 90d)} \\
\begin{bmatrix} \varphi_{0e,11}\hat{\dot{\eta}}_{e1} \\ \varphi_{0e,21}\hat{\dot{\eta}}_{e1} \\ \varphi_{0e,31}\hat{\dot{\eta}}_{e1} \end{bmatrix} = \sum_{l=1}^{N_1} (\boldsymbol{hany}_{1l,\alpha+\beta-1})_{4:6} & \text{(5 - 90e)} \\
\vdots \\
\begin{bmatrix} \varphi_{0e,1n}\hat{\dot{\eta}}_{en} \\ \varphi_{0e,2n}\hat{\dot{\eta}}_{en} \\ \varphi_{0e,3n}\hat{\dot{\eta}}_{en} \end{bmatrix} = \sum_{l=1}^{N_n} (\boldsymbol{hany}_{nl,\alpha+\beta-1})_{4:6} & \text{(5 - 90f)}
\end{cases}
$$

式中：$(\quad)_{1:3}$、$(\quad)_{4:6}$分别为 6 维列向量前 3 行、后 3 行。

式(5 - 90)表明输出向量中各个模态分量已经确定，至此模态分离算法已经得到充分描述。

在上述分离算法中应当注意下列几点。第一，频率集合$\{\sigma_0,\sigma_1,\sigma_2,\cdots,\sigma_n\}$

中各个频率之间的距离不应太小，这样才能保证按照频率实现分组。第二，低通滤波器、高通滤波器、带通滤波器的实现可以利用取舍相应范围频率对应的输出，自然实现。第三，上述讨论并没有特别考虑存在外来干扰，但可以推广到存在常值外来干扰情况：对于常值干扰，其频率为0，通过增加频率为0的分组可以得到它在输出分量。一般认为，常值干扰对刚体模态影响最大，因而可以与刚体模态归于一起，而对其他挠性模态影响最小因而可以忽略。第四，对于外来正弦型干扰，可以认为其对于与其频率接近的挠性模态影响最大，因而可以与该挠性模态归于一起。

5.5.4 基于非约束模态的控制规律设计

不失一般性，仍然考虑式(5-60)所示单轴控制情况。此时非约束模态运动方程可以写为：

$$\begin{cases} \ddot{\eta}_0 = \varphi_0 \tau & (5-91a) \\ \ddot{\eta}_{ei} + 2\zeta_{ei}\sigma_{ei}\dot{\eta}_{ei} + \sigma_{ei}^2\eta_{ei} = \varphi_i \tau, i = 1, \cdots, n & (5-91b) \\ \Delta\phi = \varphi'_0\eta_0 + \varphi'_1\eta_{e1} + \cdots + \varphi'_n\eta_{en} & (5-91c) \\ \Delta\dot{\phi} = \varphi'_0\dot{\eta}_0 + \varphi'_1\dot{\eta}_{e1} + \cdots + \varphi'_n\dot{\eta}_{en} & (5-91d) \end{cases}$$

式中：η_0 为单轴刚体模态坐标，η_{ei} 为单轴挠性模态坐标，$i=1,\cdots,n$；τ 为单轴控制力矩；$\Delta\phi$、$\Delta\dot{\phi}$ 为单轴误差姿态、误差角速度。为了一般化，假设 φ'_0 与 φ_0、φ'_i 与 $\varphi_i(i=1,\cdots,n)$ 并不一定相等。

控制力矩只针对刚体模态（使之稳定且获得期望带宽），需要提高阻尼挠性模态（使之稳定且提高阻尼），受外部正弦型扰动模态设计（使之稳定且消除干扰），其余剩余挠性模态不予考虑（靠其自然阻尼稳定）。由于相关模态信息能够从模态分离器中获得，这种设计能够实现；由于反馈信息中不含剩余模态信息，整个控制系统不存在对剩余模态的过度激励，因而可望获得整个控制系统稳定性。由此构造控制规律：

$$\tau = \tau_0 + \tau_1 + \tau_{\text{reson}} \tag{5-92}$$

式中：τ_0 为刚体模态控制力矩；τ_1 是与刚体模态控制频带最接近、需要提高阻尼的挠性模态；$\tau_{\text{reson}}(\text{reson} \in \{2,\cdots,n\})$ 是与外部正弦型干扰频率接近的挠性模态。

1. 刚体模态 PID 控制

构造刚体模态控制力矩：

$$\begin{cases} \tau_0 = -k_p(\varphi'_0\eta_0) - k_i\int(\varphi'_0\eta_0)\mathrm{d}t - k_d(\varphi'_0\dot{\eta}_0) & (5-93\text{a}) \\ k_p = (\varphi_0\varphi'_0)^{-1}\omega_{c0}^2 & (5-93\text{b}) \\ k_d = (\varphi_0\varphi'_0)^{-1}2\xi_{c0}\omega_{c0} & (5-93\text{c}) \\ k_i < (\varphi_0\varphi'_0)k_pk_d & (5-93\text{d}) \end{cases}$$

式中：$\xi_{c0}>0$、$\omega_{c0}>0$ 由期望刚体控制品质决定。容易验证系统 $\ddot{\eta}_0=\varphi_0\tau_0$ 对应的状态方程可以写为

$$\dot{\boldsymbol{X}}_0=\boldsymbol{A}_0\boldsymbol{X}_0 \tag{5-94}$$

式中：$\boldsymbol{X}_0$ 为刚体模态闭环控制系统状态；$\boldsymbol{A}_0$ 为稳定矩阵。

2. 挠性模态正位置反馈(PPF)控制

构造挠性模态控制力矩：

$$\begin{cases} \tau_1 = k_{\text{vib}}(\sigma_1^2/\varphi_1)\alpha_{\text{vib}} & (5-95\text{a}) \\ \ddot{\alpha}_{\text{vib}} + 2\xi_{\text{vib}}\sigma_1\dot{\alpha}_{\text{vib}} + \sigma_1^2\alpha_{\text{vib}} = (\sigma_1^2/\varphi'_1)(\varphi'_1\eta_{e1}) & (5-95\text{b}) \end{cases}$$

式中：$\xi_{\text{vib}}>0$。则闭环控制系统：

$$\begin{cases} \ddot{\eta}_{e1} + 2\zeta_1\sigma_1\dot{\eta}_{e1} + \sigma_1^2\eta_{e1} = \varphi_1\tau_1 & (5-96\text{a}) \\ \ddot{\alpha}_{\text{vib}} + 2\xi_{\text{vib}}\sigma_1\dot{\alpha}_{\text{vib}} + \sigma_1^2\alpha_{\text{vib}} = (\sigma_1^2/\varphi'_1)(\varphi'_1\eta_{e1}) & (5-96\text{b}) \end{cases}$$

就是广为所知的正位置反馈系统。容易验证，只要

$$0\leqslant k_{\text{vib}}<1 \tag{5-97}$$

系统就是渐近稳定的，并且此时挠性模态阻尼得到增强。于是式(5-96)对应的状态方程可以写为

$$\dot{\boldsymbol{X}}_1=\boldsymbol{A}_1\boldsymbol{X}_1 \tag{5-98}$$

式中：$\boldsymbol{X}_1$ 为闭环系统状态；$\boldsymbol{A}_1$ 为稳定矩阵。

3. 接近正弦型外部干扰挠性模态控制

设外部干扰为正弦型干扰 $d_{\text{reson}}=A_d\sin(\sigma_dt+\varphi_{\text{d}})$，于是有

$$\ddot{d}_{\text{reson}}+\sigma_d^2d_{\text{reson}}=0 \tag{5-99}$$

相应挠性模态满足：

$$\ddot{\eta}_{e,\text{reson}}+2\zeta_{\text{reson}}\sigma_{\text{reson}}\dot{\eta}_{e,\text{reson}}+\sigma_{\text{reson}}^2\eta_{e,\text{reson}}=\varphi_{\text{reson}}\tau+\varphi_{\text{reson}}d_{\text{reson}} \tag{5-100}$$

构造相应挠性模态控制力矩：

$$\begin{cases} \tau_{\text{reson}} = -k_{\text{dis}}\alpha_d/\varphi_{\text{reson}} & (5-101\text{a}) \\ \ddot{\alpha}_d + \sigma_d^2\alpha_d = (\sigma_d^2/\varphi'_{\text{reson}})(\varphi'_{\text{reson}}\eta_{e,\text{reson}}) & (5-101\text{b}) \end{cases}$$

式中：$k_{\text{dis}}>0$。则闭环控制系统可以写为

$$\begin{cases} \ddot{\eta}_{e,\text{reson}} + 2\zeta_{\text{reson}}\sigma_{\text{reson}}\dot{\eta}_{e,\text{reson}} + \sigma_{\text{reson}}^2\eta_{e,\text{reson}} = \varphi_{\text{reson}}\tau_{\text{reson}} + \varphi_{\text{reson}}d_{\text{reson}} & (5-102\text{a}) \\ \ddot{\alpha}_d + \sigma_d^2\alpha_d = (\sigma_d^2/\varphi'_{\text{reson}})(\varphi'_{\text{reson}}\eta_{e,\text{reson}}) & (5-102\text{b}) \end{cases}$$

容易验证，只要 k_{dis} 适当小，闭环控制系统式(5-102)就是渐近稳定的。于是系统式(5-102)对应的状态方程可以写为

$$\dot{\boldsymbol{X}}_d = \boldsymbol{A}_d\boldsymbol{X}_d \tag{5-103}$$

式中：$\boldsymbol{X}_d$ 为闭环系统状态；$\boldsymbol{A}_d$ 为稳定矩阵。

4. 剩余模态稳定性

对于剩余模态，当控制力矩 $\tau=0$，$d_i=0$ 时，相应系统状态方程也可以写为

$$\dot{\boldsymbol{X}}_{\text{res}} = \boldsymbol{A}_{\text{res}}\boldsymbol{X}_{\text{res}} \tag{5-104}$$

式中：$\boldsymbol{X}_{\text{res}}$ 为闭环系统状态；$\boldsymbol{A}_{\text{res}}$ 为稳定矩阵。

5.5.5　闭环控制系统稳定性

综合上述讨论，仍取状态 $\boldsymbol{X}_0$、$\boldsymbol{X}_1$、$\boldsymbol{X}_d$、$\boldsymbol{X}_{\text{res}}$ 为系统状态，则航天器运动方程式(5-91)在控制规律式(5-92)作用之下，闭环系统可以写成下列形式：

$$\begin{cases} \dot{\boldsymbol{X}}_0 = \boldsymbol{A}_0\boldsymbol{X}_0 + k_{\text{vib}}\boldsymbol{A}_{01}\boldsymbol{X}_1 + k_{\text{dis}}\boldsymbol{A}_{0d}\boldsymbol{X}_d & (5-105\text{a}) \\ \dot{\boldsymbol{X}}_1 = \boldsymbol{A}_1\boldsymbol{X}_1 + \boldsymbol{A}_{10}\boldsymbol{X}_0 + k_{\text{dis}}\boldsymbol{A}_{1d}\boldsymbol{X}_d & (5-105\text{b}) \\ \dot{\boldsymbol{X}}_d = \boldsymbol{A}_d\boldsymbol{X}_d + \boldsymbol{A}_{d0}\boldsymbol{X}_0 + k_{\text{vib}}\boldsymbol{A}_{d1}\boldsymbol{X}_1 & (5-105\text{c}) \\ \dot{\boldsymbol{X}}_{\text{res}} = \boldsymbol{A}_{\text{res}}\boldsymbol{X}_{\text{res}} + \boldsymbol{A}_{\text{res},0}\boldsymbol{X}_0 + k_{\text{vib}}\boldsymbol{A}_{\text{res},1}\boldsymbol{X}_1 + k_{\text{dis}}\boldsymbol{A}_{\text{res}d}\boldsymbol{X}_d & (5-105\text{d}) \end{cases}$$

式中：系数矩阵都是有界的。注意到 $\boldsymbol{A}_0$、$\boldsymbol{A}_1$、$\boldsymbol{A}_d$、$\boldsymbol{A}_{\text{res}}$ 均为稳定矩阵，因此下列系统也是渐近稳定的。

$$\begin{cases} \dot{\boldsymbol{X}}_0 = \boldsymbol{A}_0\boldsymbol{X}_0 & (5-106\text{a}) \\ \dot{\boldsymbol{X}}_1 = \boldsymbol{A}_1\boldsymbol{X}_1 + \boldsymbol{A}_{10}\boldsymbol{X}_0 & (5-106\text{b}) \\ \dot{\boldsymbol{X}}_d = \boldsymbol{A}_d\boldsymbol{X}_d + \boldsymbol{A}_{d0}\boldsymbol{X}_0 & (5-106\text{c}) \\ \dot{\boldsymbol{X}}_{\text{res}} = \boldsymbol{A}_{\text{res}}\boldsymbol{X}_{\text{res}} + \boldsymbol{A}_{\text{res},0}\boldsymbol{X}_0 & (5-106\text{d}) \end{cases}$$

由此得到结论，只要 k_{dis}、k_{vib} 适当小，闭环控制系统就是渐近稳定的。

5.5.6 模态分离器与控制规律结合

在控制规律式(5-92)中，用 $\boldsymbol{\varphi}_0'\hat{\boldsymbol{\eta}}_0$ 替代 $\boldsymbol{\varphi}_0'\boldsymbol{\eta}_0$，用 $\boldsymbol{\varphi}_1'\hat{\boldsymbol{\eta}}_{e1}$ 替代 $\boldsymbol{\varphi}_1'\boldsymbol{\eta}_{e1}$，用 $\boldsymbol{\varphi}_{\mathrm{reson}}'\hat{\boldsymbol{\eta}}_{e,\mathrm{reson}}$ 替代 $\boldsymbol{\varphi}_{\mathrm{reson}}'\boldsymbol{\eta}_{e,\mathrm{reson}}$ 就形成了基于模态分离的控制规律。模态分离的收敛特性与 5.5.5 节讨论的控制系统稳定性共同作用，可以推出姿态控制系统的稳定性、姿态控制品质、干扰抑制特性。

5.6 挠性航天器稳态高精度和高稳定度姿态控制

挠性航天器稳态高精度和高稳定度姿态控制主要用于航天器惯性定向或对目标天体定向的观测模式。它要求姿态控制误差和角速度控制误差甚小，例如典型对地定向情况，姿态控制误差要优于 0.01°，角速度误差要优于 0.0001(°)/s[23-24]。

前面几个章节已经完整描述了挠性航天器控制规律设计内容和方法。本节内容遵循了前面几章内容的技术路线，同时又结合具体工程实际问题进行了理论深化和方法细化。

考虑一般情况，挠性航天器控制系统敏感器配置包括陀螺+星敏感器，执行机构配置包括飞轮+推力器，并且敏感器和执行机构同位配置。区别于前面章节，本章控制规律不是采用角速度反馈，而是采用角动量反馈。所谓角速度反馈，就是利用陀螺输出角速度信息作为 PID 控制中微分项反馈，而角动量反馈是指利用飞轮角动量信息替代 PID 控制中微分反馈项。角动量反馈控制在高稳定度控制以及对于回路延迟鲁棒性方面有其独特优势。

5.6.1 角动量反馈

在稳态阶段，挠性航天器本体坐标系相对目标坐标系航天器运动为小转动，并且目标坐标系的角加速度可以忽略。考虑单轴运动、忽略小运动耦合项以及模态阻尼，则对于配置飞轮执行机构的挠性航天器，在式(5-6)中忽略二次项可导出约束模态运动方程：

$$\begin{cases} J\Delta\ddot{\phi} + \boldsymbol{H}^{\mathrm{T}}\ddot{\boldsymbol{\eta}} = \tau_W & (5-107\mathrm{a}) \\ \ddot{\boldsymbol{\eta}} + \boldsymbol{\Lambda}^2\boldsymbol{\eta} + \boldsymbol{H}\Delta\ddot{\phi} = 0 & (5-107\mathrm{b}) \\ \tau_W = -\dot{H}_W & (5-107\mathrm{c}) \\ \dot{H}_W = J_s\dot{\Omega} & (5-107\mathrm{d}) \end{cases}$$

式中:符号含义都局限于单轴运动情况。

积分式(5－107a)和式(5－107c)得到角动量守恒公式:

$$J\Delta\dot{\phi} + \boldsymbol{H}^{\mathrm{T}}\dot{\boldsymbol{\eta}} + H_W = c \tag{5-108}$$

式中:c 是整星存储的角动量常数。由此看出:飞轮自旋角动量 H 中包含了反映了挠性航天器角速度和挠性模态信息。因此,通过对飞轮自旋角动量的测量和反馈实现姿态稳定控制目的是可能的。

引入角动量反馈控制:

$$\begin{cases} \tau_W(t) = -[k_pJ\Delta\phi(t) - k_dH_W(t) + k_iJ\alpha(t)] & (5-109\mathrm{a}) \\ \dot{\alpha}(t) = \Delta\phi(t),\alpha(t_0) = 0 & (5-109\mathrm{b}) \end{cases}$$

式中:控制器参数 k_p、k_d、k_i 均为正数。显然控制器式(5－109)具有类似 PID 控制器形式,只是速度反馈项被角动量反馈项替代了。

以下论证角动量反馈控制器中参数选法。记 $\beta(t) = \alpha(t) - k_dc/k_i/J$,将式(5－109)代入式(5－107)可写出闭环控制系统方程:

$$\begin{cases} J\Delta\ddot{\phi} + k_dJ\Delta\dot{\phi} + k_pJ\Delta\phi + k_iJ\beta + k_d\boldsymbol{H}^{\mathrm{T}}\dot{\boldsymbol{\eta}} + \boldsymbol{H}^{\mathrm{T}}\ddot{\boldsymbol{\eta}} = 0 & (5-110\mathrm{a}) \\ \ddot{\boldsymbol{\eta}} + \boldsymbol{\Lambda}^2\eta + \boldsymbol{H}\Delta\ddot{\phi} = 0 & (5-110\mathrm{b}) \\ \dot{\beta} = \Delta\phi & (5-110\mathrm{c}) \end{cases}$$

注意到,很多稳定性分析结果,都是针对系统式(5－110)的特殊情形,即一般设在式中 $k_i = 0$ 和没有 $k_dH^{\mathrm{T}}\dot{\eta}$ 项情形,这就是一般挠性航天器 PD 控制情形,此时用李亚普诺夫稳定性定理可证只要控制参数 $k_p > 0$,$k_d > 0$ 就能保证系统渐近稳定性。

将式(5－110)写成矩阵形式:

$$\begin{bmatrix} J & \boldsymbol{H}^{\mathrm{T}} & 0 \\ \boldsymbol{H} & I & 0 \\ 0 & 0 & 0 \end{bmatrix}\begin{bmatrix} \Delta\ddot{\phi} \\ \ddot{\boldsymbol{\eta}} \\ \ddot{\beta} \end{bmatrix} + \begin{bmatrix} k_dJ & k_d\boldsymbol{H}^{\mathrm{T}} & 0 \\ 0 & 0 & 0 \\ 0 & 0 & 1 \end{bmatrix}\begin{bmatrix} \Delta\dot{\phi} \\ \dot{\boldsymbol{\eta}} \\ \dot{\beta} \end{bmatrix} + \begin{bmatrix} k_pJ & 0 & k_iJ \\ 0 & \boldsymbol{\Lambda}^2 & 0 \\ -1 & 0 & 0 \end{bmatrix}\begin{bmatrix} \Delta\phi(t) \\ \boldsymbol{\eta} \\ \beta \end{bmatrix} = 0 \tag{5-111}$$

可以导得闭环系统的特征方程为

$$\det\left\{\begin{bmatrix} J & \boldsymbol{H}^{\mathrm{T}} & 0 \\ H & I & 0 \\ 0 & 0 & 0 \end{bmatrix}\lambda^2 + \begin{bmatrix} k_d J & k_d \boldsymbol{H}^{\mathrm{T}} & 0 \\ 0 & 0 & 0 \\ 0 & 0 & 1 \end{bmatrix}\lambda + \begin{bmatrix} k_p J & 0 & k_i J \\ 0 & \Lambda^2 & 0 \\ -1 & 0 & 0 \end{bmatrix}\right\} = 0 \tag{5-112}$$

式中:det 为行列式;λ 为闭环系统特征值。由此导出闭环系统稳定的充要条件为

$$\mathrm{Re}\lambda_i < 0, i = 1, \cdots, 2n+3 \tag{5-113}$$

式中:$\lambda_i(i=1,\cdots,2n+3)$为特征方程式(5－112)的所有解;Re 为复数的实部。对于给定挠性航天器,根据式(5－113)可以选择控制器参数 k_p、k_d、k_i 使得系统稳定。以下就几个典型情形说明之。

情形 1:$n=0$,纯刚体航天器情形

由式(5－112)导出闭环系统特征方程为

$$J\lambda^3 + k_d J\lambda^2 + k_p J\lambda + k_i J = 0$$

由劳斯判据可导得参数取法:

$$k_p > 0, k_d > 0, k_i > 0, k_d k_p > k_i \tag{5-114}$$

事实上,条件式(5－114)也就是一般 PID 控制器参数应当满足条件。

情形 2:$n=1$,即只考虑单个挠性模态情形

此时,由式(5－112)导出闭环系统特征方程为

$$(J-H^2)\lambda^5 + k_d(J-H^2)\lambda^4 + (k_p J + \Lambda^2 J)\lambda^3 + (k_i J + k_d \Lambda^2 J)\lambda^2 + k_p J\Lambda^2\lambda + k_i J\Lambda^2 = 0$$

经过详细推导,可得劳斯表格的第一列如表 5－1 所列。

表 5－1　劳斯表格第一列

阶次	第一列
λ^5	$J-H^2$
λ^4	$k_d(J-H^2)$
λ^3	$(k_d k_p J - k_i J)/k_d$
λ^2	$k_d \Lambda^2 H^2 + k_i J$
λ^1	$(k_d k_p J - k_i J)\Lambda^4 H^2/(k_d \Lambda^2 H^2 + k_i J)$
λ^0	$k_i J \Lambda^2$

由此可导出闭环系统稳定的充要条件为

$$
\begin{cases} J > H^2 & (5-115\text{a}) \\ k_p > 0, k_d > 0, k_i > 0, k_d k_p > k_i & (5-115\text{b}) \end{cases}
$$

注意到,条件式(5－115a)可由挠性航天器的质量特性自动满足。而令人惊异和十分巧合的是条件式(5－115b)与刚体航天器条件式(5－114)完全一致！这意味着,在选择控制器参数时,并不需要知道挠性体模态参数,就能使系统稳定。因此,角动量反馈控制具有很强的鲁棒性。此外,飞轮角动量反馈是从飞轮转速测量,测量量通过飞轮转速测量环节,无需像陀螺测量那样需要通过陀螺动力学的滤波环节,因而滤波引起的延迟问题可以得到大大缓解。而对于一般的 n 阶挠性模态情形,可以仿照上述情形选定控制器参数。

5.6.2　姿态控制精度和稳定度分析

观察式(5－107)和式(5－109)可以发现,挠性模态频率一般高于控制系统带宽,在稳态闭环控制系统中挠性模态被衰减,因而可以忽略不计。因此只要考察刚体情况就能近似说明挠性航天器姿态控制精度和姿态控制稳定度。

为此,令$\ddot{\eta}=0$。选取工程上常用参数 $k_p=3\lambda^2$、$k_i=\lambda^3$、$k_d=3\lambda$。记 $\Delta\omega=\Delta\dot{\phi}$。此时,闭环控制系统可以写为

$$J\Delta\dot{\omega} = 3\lambda H_W - 3\lambda^2 J\int\Delta\omega \mathrm{d}t - \lambda^3 J\iint\Delta\omega \mathrm{d}t \tag{5-116}$$

令 $\Delta\omega^s$ 为角速度误差测量;H_W^s 为角动量测量。于是受控角速度满足:

$$J\Delta\dot{\omega} = 3\lambda H_W^s - 3\lambda^2 J\int\Delta\omega^s \mathrm{d}t - \lambda^3 J\iint\Delta\omega^s \mathrm{d}t \tag{5-117}$$

在理想测量情形,角速度测量无误差,角动量测量无误差,即:

$$\Delta\omega^s = \Delta\omega, H_W^s = H_W \tag{5-118}$$

于是受控角速度 $\Delta\omega$ 在稳态必有 $\Delta\omega=0$。而实际上,测量总有误差,于是有

$$\Delta\omega^s = \Delta\omega' + \Delta\tilde{\omega}^s, H_W^s = H_W' + \tilde{H}_W^s \tag{5-119}$$

此时受控角速度 $\Delta\omega'$满足:

$$J\Delta\dot{\omega}' = 3\lambda(H_W' + \tilde{H}_W^s) - 3\lambda^2 J\int(\Delta\omega' + \Delta\tilde{\omega}^s)\mathrm{d}t - \lambda^3 J\iint(\Delta\omega' + \Delta\tilde{\omega}^s)\mathrm{d}t \tag{5-120}$$

引入角速度控制误差 $\Delta\tilde{\omega}=\Delta\omega'-\Delta\omega$,并注意到 $H_W'-H_W=J\Delta\tilde{\omega}$ 可以推出:

$$J\Delta\dot{\tilde{\omega}} = 3\lambda(H'_W - H_W) - 3\lambda^2 J\int(\Delta\omega' - \Delta\omega)\mathrm{d}t - \lambda^3 J\iint(\Delta\omega' - \Delta\omega)\mathrm{d}t + 3\lambda\tilde{H}_W^s - 3\lambda^2\int J\Delta\tilde{\omega}^s\mathrm{d}t - \lambda^3 J\iint\Delta\tilde{\omega}^s\mathrm{d}t \tag{5-121a}$$

或

$$J\Delta\dot{\tilde{\omega}} = -3\lambda J\Delta\tilde{\omega} - 3\lambda^2 J\int\Delta\tilde{\omega}\mathrm{d}t - \lambda^3 J\iint\Delta\tilde{\omega}\mathrm{d}t + 3\lambda\tilde{H}_W^s - 3\lambda^2\int J\Delta\tilde{\omega}^s\mathrm{d}t - \lambda^3 J\iint\Delta\tilde{\omega}^s\mathrm{d}t \tag{5-121b}$$

将式(5-121)写成频域表示:

$$\Delta\tilde{\omega} = \frac{3\lambda s^2}{s^3+3\lambda s^2+3\lambda^2 s+\lambda^3}\frac{\tilde{H}_W^s}{J} - \frac{3\lambda^2 s+\lambda^3}{s^3+3\lambda s^2+3\lambda^2 s+\lambda^3}\Delta\tilde{\omega}^s \tag{5-122}$$

引入角度控制误差(实际受控角度与理想受控角度差)$\Delta\tilde{\phi} = \Delta\phi' - \Delta\phi$,同样可以导得

$$\Delta\tilde{\phi} = \frac{3\lambda s}{s^3+3\lambda s^2+3\lambda^2 s+\lambda^3}\frac{\tilde{H}_W^s}{J} - \frac{3\lambda^2+\lambda^3/s}{s^3+3\lambda s^2+3\lambda^2 s+\lambda^3}\Delta\tilde{\omega}^s \tag{5-123}$$

由式(5-122)看出$\tilde{H}_W^s$和$\Delta\tilde{\omega}^s$的常值分量对$\Delta\tilde{\omega}$没有影响,只有$\tilde{H}_W^s$和$\Delta\tilde{\omega}^s$的时变分量才影响$\Delta\tilde{\omega}$。注意到:

$$\max_{\sigma}\left\|\frac{3\lambda s}{s^3+3\lambda s^2+3\lambda^2 s+\lambda^3}\right\|_{s=\mathrm{j}\sigma} = \left\|\frac{3\lambda s}{s^3+3\lambda s^2+3\lambda^2 s+\lambda^3}\right\|_{s=j\lambda} = \frac{3}{2\sqrt{2}}\approx 1 \tag{5-124}$$

式中:$\| \quad \|$为模。于是当$\tilde{H}_W^s$分量具有频率λ时对控制角速度误差影响最大,它们幅值之间关系满足:

$$\|\Delta\tilde{\omega}\| = \frac{3}{2\sqrt{2}}\|\tilde{H}_W^s\|/J \approx \|\tilde{H}_W^s\|/J \tag{5-125}$$

$\Delta\tilde{\omega}^s$对$\Delta\tilde{\omega}$的影响与陀螺工作频率f_{gyro}相关,由于$\lambda \ll f_{\mathrm{gyro}}$,于是陀螺误差幅值与角速度控制误差之间满足关系:

$$\|\Delta\tilde{\omega}\| = \frac{3\lambda^2}{f_{\mathrm{gyro}}^2}\|\Delta\tilde{\omega}^s\| \tag{5-126}$$

显然,适当选择参数$\frac{3\lambda^2}{f_{\text{gyro}}^2}$可以缩小陀螺测量误差对角速度控制误差影响。

由式(5-123)看出$\widetilde{H}_W^s$的常值分量对$\Delta\widetilde{\phi}$没有影响,当$\widetilde{H}_W^s$分量具有频率λ时对姿态控制误差影响最大,它们幅值之间关系满足:

$$\left\| \Delta\widetilde{\phi} \right\| = \frac{3}{2\sqrt{2}} \left\| \widetilde{H}_W^s \right\| /(\lambda J) \approx \left\| \widetilde{H}_W^s \right\| /(\lambda J) \tag{5-127}$$

而$\Delta\widetilde{\omega}^s$的常值分量将使得$\Delta\widetilde{\phi}$随时间增加而增加,因此该常值分量必须消除(可以利用星敏感器在轨修正)。$\Delta\widetilde{\omega}^s$周期变化部分对$\Delta\widetilde{\phi}$的影响与陀螺工作频率$f_{\text{gyro}}$相关,由于$\lambda \ll f_{\text{gyro}}$,于是陀螺误差幅值与姿态角控制误差之间满足关系:

$$\left\| \Delta\widetilde{\phi} \right\| = \frac{3\lambda^2}{f_{\text{gyro}}^3} \left\| \Delta\widetilde{\omega}^s \right\| \tag{5-128}$$

显然,适当选择参数$\frac{3\lambda^2}{f_{\text{gyro}}^3}$可以缩小陀螺测量误差对姿态角控制误差影响。

式(5-125)~式(5-128)就是角速度控制误差、姿态角控制误差基本公式。在角速度反馈情形,姿态稳定度与角速度测量误差大体相当;而在角动量反馈情形,姿态稳定度取决于$\left\| \widetilde{H}_W^s \right\| /J$。只要$\left\| \widetilde{H}_W^s \right\| /J$足够小,角动量测量误差引起的角速度控制误差、姿态角控制误差可以很小。因此利用角动量反馈可以大大提高姿态稳定度。

注意飞轮角动量测量偏差取决于轮子自旋角速度的测量偏差,即$\widetilde{H}_W = J_s\Delta\Omega$,于是有:

$$\left\| \widetilde{H}_W^s \right\| /J = (J_s/J) \left\| \Delta\Omega \right\| \tag{5-129}$$

由于通常$J_s/J \ll 1$,因此只要飞轮转速测量误差$\left\| \Delta\Omega \right\|$适当就可能获得很高控制精度。这样,有可能无需很高测量精度就能实现高稳定度和高指向精度,由此减缓了对高精度惯性敏感器需求压力,并开辟了一条高精度控制新途径。

角动量反馈控制很有意义。第一,由于航天器的转动惯量一般远大于动量交换装置的转动惯量,因此,适当的角动量测量精度就能保证航天器姿态控制的高稳定度。第二,为了保证系统稳定性,一般 PID 控制器的参数严格依赖于挠性模态参数,而角动量控制器参数则较少或不依赖于挠性模态参数,因而它有更强的鲁棒性。第三,它可以作为一种容错控制,当航天器陀螺信息有缺失时,可以将 PID 控制切换到角动量反馈控制模式,维持航天器的正常运行。

5.7 挠性航天器姿态快速机动控制

挠性航天器姿态快速机动模式主要用来实现对地面不同目标观测、对地面同一目标的立体观测和对空间目标的跟踪。在姿态快速机动模式,耦合效应使得挠性附件容易由此产生振动,振动反过来又影响姿态运动。因此,考虑机动模式姿态控制和振动抑制很有意义。

挠性航天器快速姿态机动控制,要求在尽可能短时间内,完成从一个姿态向另外一个姿态的变化控制,同时要尽可能抑制挠性振动。纵观有关控制规律,可以发现有两类方法。其一,在进行姿态控制的同时,尽可能不激活挠性振动模态,这是许多反馈控制的基本思想。其二,在实现姿态控制以后,挠性振动互相抵消,而在姿态控制过程中,挠性振动可以是存在的。第一类方法的典型代表就是利用"频带隔离"思想,用尽可能窄的控制频带的反馈控制,从而不必激活挠性模态。这种方法在 5.4 节和 5.5 节已有详细论述。第二类方法的典型代表是所谓"输入成形"("Input Shaping")控制方法。它不必要求控制过程中是否激振,而只要求控制之后振动消除。可以证明特定脉冲序列作用于航天器可有此效果,将该脉冲序列与任意输入信号的卷积作为输入信号,作用后的模态输出仍无振动,这就是所谓的"输入成形"基本思想。两类方法各有适用范围,本节将详细论述第二类控制方法,结合挠性航天器特点提出方波序列控制方法。

方波序列控制方法从脉冲序列控制方法发展而来,但它有自己特点。其一,控制输出是方波(有限力矩)而非脉冲,这在工程上是可以实现的。其二,方波序列特别适合于航天器上的喷气推力器控制模式,同时也适合于飞轮控制模式。其三,利用了挠性航天器非约束模态而不是约束模态,这样才保证了控制器的输出为方波序列形式,而不是连续控制形式[25]。

5.7.1 方波序列姿态控制基础

考虑单个模态运动方程:

$$\ddot{\eta}+\Lambda^2\eta=u \tag{5-130}$$

式中:η 为模态坐标;u 为模态控制输入;Λ 为模态频率。

在式(5-130)令输入为宽度为 w,幅值为 A 的方波信号,如图 5-16 所示。则相应的方波响应为

$$\begin{cases} -A\cos[\Lambda(t-t_0)]+A\cos\{\Lambda[t-(t_0+w)]\} \\ \quad =\bar{A}\cos(\Lambda t-\vartheta) & (5-131\text{a}) \\ \bar{A}=\sqrt{2}\sqrt{1-\cos(\Lambda w)}A & (5-131\text{b}) \\ \vartheta=\arctan\left\{\dfrac{A\sin[\Lambda(t_0+w)]-\sin(\Lambda t_0)}{A\cos[\Lambda(t_0+w)]-\cos(\Lambda t_0)}\right\} & (5-131\text{c}) \end{cases}$$

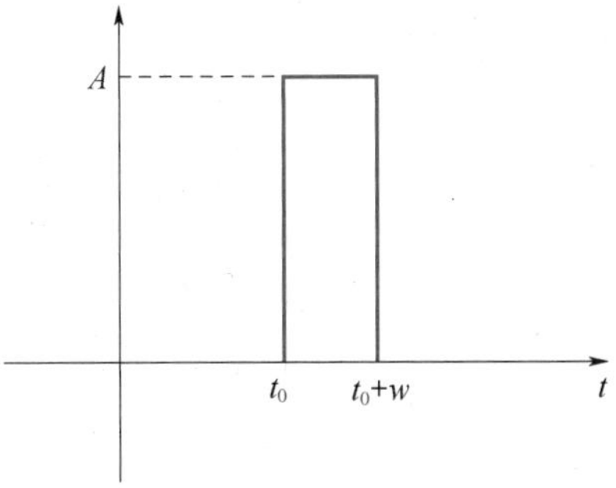

图 5-16　方波输入

由此可推出,在 $t_1,t_2,\cdots,t_N$ 时刻加入宽度为 w、幅值分别为 $A_1,A_2,\cdots,A_N$ 的方波,其对应的在 t_N 时刻后的模态响应为

$$\begin{cases} \bar{A}_1\cos(\Lambda t-\vartheta_1)+\cdots+\bar{A}_N\cos(\Lambda t-\vartheta_N)=A_{\text{amp}}\cos(\Lambda t-\Theta) & (5-132\text{a}) \\ A_{\text{amp}}=\sqrt{\left(\sum_{i=1}^{N}\bar{A}_i\cos\vartheta_i\right)^2+\left(\sum_{i=1}^{N}\bar{A}_i\sin\vartheta_i\right)^2} & (5-132\text{b}) \end{cases}$$

为使 N 个方波作用后消除振动,必需有 $A_{\text{amp}}=0$,或者

$$\begin{cases} \sum_{i=1}^{N}\bar{A}_i\cos\vartheta_i=0 & (5-133\text{a}) \\ \sum_{i=1}^{N}\bar{A}_i\sin\vartheta_i=0 & (5-133\text{b}) \end{cases}$$

对于双方波控制模式,令 $N=2$,式(5-133)可进一步写为

$$
\begin{cases}
A_1\{-\cos(\Lambda t_1)+\cos[\Lambda(t_1+w)]\} \\
\quad +A_2\{-\cos(\Lambda t_2)+\cos[\Lambda(t_2+w)]\}=0 & (5-134\text{a}) \\
A_1\{-\sin(\Lambda t_1)+\sin[\Lambda(t_1+w)]\} \\
\quad +A_2\{-\sin(\Lambda t_2)+\sin[\Lambda(t_2+w)]\}=0 & (5-134\text{b})
\end{cases}
$$

设 $t_1=0, A_1=1/2$,则在式(5-134)中有两个未知数(t_2、A_2)、两个方程,解之得

$$
\begin{cases}
t_2=kT+T/2 \\
A_2=1/2
\end{cases} \tag{5-135}
$$

式中:$T=2\pi/\Lambda$;k 为 0 或任意正整数。由此形成双方波控制序列式(5-136),如图 5-17 所示。作为特例,当方波的宽度为 T 的正整数倍时,这样的方波可以看做是宽度为 $T/2$ 的方波的组合,因而一个这样的方波作用后即可消除振动。

$$
\begin{bmatrix} t_1 & t_2 \\ A_1 & A_2 \end{bmatrix}=\begin{bmatrix} 0 & kT+T/2 \\ \frac{1}{2} & \frac{1}{2} \end{bmatrix} \tag{5-136}
$$

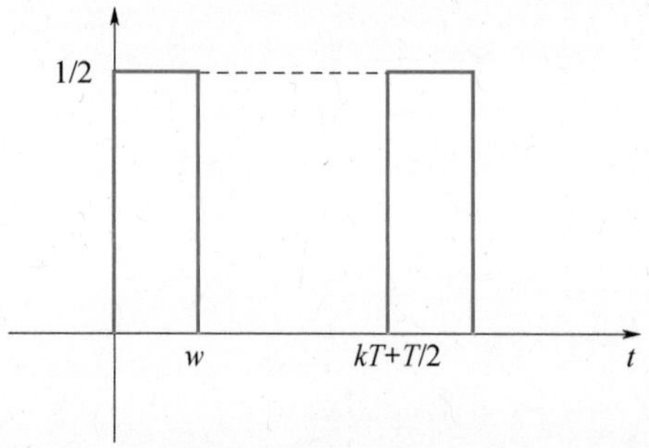

图 5-17　双方波序列

对于三方波和四方波控制模式,同样可导出三方波控制序列和四方波控制序列为式(5-137)和式(5-138),如图 5-18 和图 5-19 所示。

$$
\begin{bmatrix} t_1 & t_2 & t_3 \\ A_1 & A_2 & A_3 \end{bmatrix}=\begin{bmatrix} 0 & kT+T/2 & 2kT+T \\ \frac{1}{4} & \frac{1}{2} & \frac{1}{4} \end{bmatrix} \tag{5-137}
$$

$$\begin{bmatrix} t_1 & t_2 & t_3 & t_4 \\ A_1 & A_2 & A_3 & A_4 \end{bmatrix} = \begin{bmatrix} 0 & kT+T/2 & 2kT+T & 3kT+3T/2 \\ \dfrac{1}{8} & \dfrac{3}{8} & \dfrac{3}{8} & \dfrac{1}{8} \end{bmatrix} \quad (5-138)$$

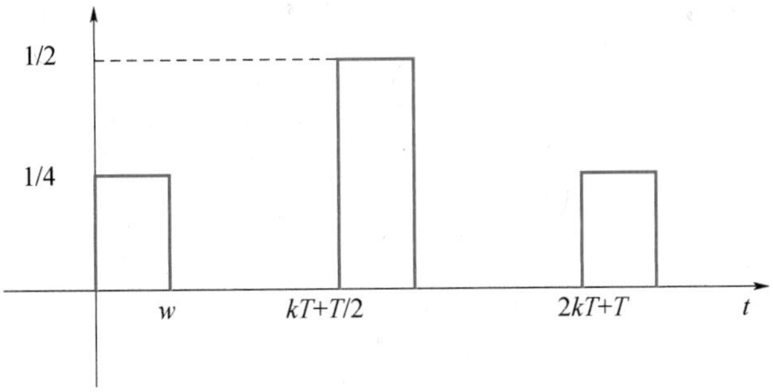

图 5－18　三方波序列

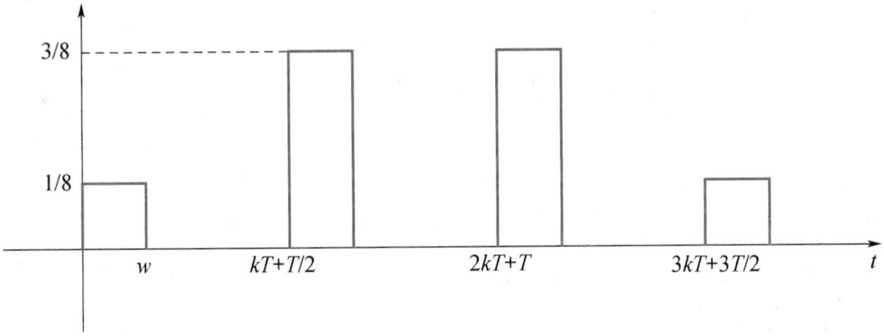

图 5－19　四方波序列

5.7.2　方波序列姿态控制算法

在姿态角、姿态角速度均为小量假设下，挠性航天器三轴姿态机动控制可以分解为三个单轴机动控制。由式（5 －107）可以写出单轴约束模态运动方程：

$$\begin{cases} J\ddot{\theta} + \boldsymbol{H}^{\mathrm{T}}\ddot{\boldsymbol{\eta}} = \tau & (5-139\mathrm{a}) \\ \ddot{\boldsymbol{\eta}} + \boldsymbol{\Lambda}^2\boldsymbol{\eta} + \boldsymbol{H}\ddot{\theta} = 0 & (5-139\mathrm{b}) \end{cases}$$

注意到，约束模态运动方程式（5 －139b）具有方程式（5 －130）形式，结合上节的论述，当 $\ddot{\theta}$ 具有方波形式时，可以在机动后消除挠性振动，然而 $\ddot{\theta}$ 一般不具有方波形式。即使提前规划 $\ddot{\theta}$ 使之具有方波的形式，但由方程式(5－139a)可以看出，当由 $\ddot{\theta}$ 推算控制力矩 τ 时需要模态 $\ddot{q}$ 的信息，这样导出的控制力矩 τ 也不具有方波形式。因此需对模型式(5－139)进行必要的解耦处理。

引入变换：

$$\begin{bmatrix}\theta\\ \boldsymbol{\eta}\end{bmatrix}=\begin{bmatrix}\varphi_1 & \boldsymbol{\varphi}_2\\ \boldsymbol{\varphi}_3 & \boldsymbol{\varphi}_4\end{bmatrix}\begin{bmatrix}\eta_0\\ \boldsymbol{\eta}_e\end{bmatrix} \tag{5－140}$$

可导出非约束模态下的运动方程：

$$\begin{cases}\ddot{\eta}_0 = \varphi_1\tau & (5－141\text{a})\\ \ddot{\boldsymbol{\eta}}_e+\boldsymbol{\sigma}^2\boldsymbol{\eta}_e=\boldsymbol{\varphi}_2^{\mathrm{T}}\tau & (5－141\text{b})\end{cases}$$

式中：$\boldsymbol{\sigma}=\mathrm{diag}(\sigma_1,\cdots,\sigma_n)$。这里 $\varphi_1,\boldsymbol{\varphi}_2$ 满足以下条件：

$$\begin{cases}\begin{bmatrix}\varphi_1 & \boldsymbol{\varphi}_2\\ \boldsymbol{\varphi}_3 & \boldsymbol{\varphi}_4\end{bmatrix}^{\mathrm{T}}\begin{bmatrix}J & \boldsymbol{H}^{\mathrm{T}}\\ \boldsymbol{H} & \boldsymbol{I}\end{bmatrix}\begin{bmatrix}\varphi_1 & \boldsymbol{\varphi}_2\\ \boldsymbol{\varphi}_3 & \boldsymbol{\varphi}_4\end{bmatrix}=\begin{bmatrix}1 & 0\\ 0 & \boldsymbol{I}\end{bmatrix} & (5－142\text{a})\\ \begin{bmatrix}\varphi_1 & \boldsymbol{\varphi}_2\\ \boldsymbol{\varphi}_3 & \boldsymbol{\varphi}_4\end{bmatrix}^{\mathrm{T}}\begin{bmatrix}0 & 0\\ 0 & \boldsymbol{\Lambda}^2\end{bmatrix}\begin{bmatrix}\varphi_1 & \boldsymbol{\varphi}_2\\ \boldsymbol{\varphi}_3 & \boldsymbol{\varphi}_4\end{bmatrix}=\begin{bmatrix}0 & 0\\ 0 & \boldsymbol{\sigma}^2\end{bmatrix} & (5－142\text{b})\end{cases}$$

注意到，η_0 和 $\boldsymbol{\eta}_e$ 解耦，其各自仅受 τ 的控制，并且方程式(5－141b)具有模态运动方程式(5－130)形式，由此可以利用方波序列控制使得机动完毕后 $\boldsymbol{\eta}_e(t_f)=0$。于是有

$$\theta(t_f)=\varphi_1\eta_0(t_f)+\boldsymbol{\varphi}_2\boldsymbol{\eta}_e(t_f)=\varphi_1\eta_0(t_f) \tag{5－143}$$

即最终的角位移完全由 η_0 贡献。因此，可以以方波力矩 τ 为控制基本元素，进行合理的控制序列规划，达到姿态机动和振动抑制的最终目的。

考虑单模态挠性航天器从静止到静止机动控制。理论上单模态结果可以推广到多模态情况。而工程上通常考虑一个低频模态可以有足够近似效果，这是因为高频模态的能控度能观度要差一些，因而可以将高频模态当作干扰来处理。

假设初始姿态为 θ_0，初始角速度、模态坐标、模态坐标速度均为0，现在规划双方波序列使航天器能快速机动到终端姿态 $\theta_0+\theta_{\mathrm{T}}$，终端角速度、模态坐标、模态坐标速度均为0。

为此，提出采用对称反方向施加方波的方式，即第一个双方波序列使航天器产生 $\theta_T/2$ 角位移，而后对称但反方向施加第二个双方波序列使角速度归零。根据对称性，只需论述姿态角从 $0°\sim\theta_T/2$ 段的方波规划，从 $\theta_T/2\sim\theta_T$ 角的方波规划问题可类比求得。具体步骤如下：

第一步：根据式(5-143)，在采用方波序列控制时，最终的机动幅度完全由 $\eta_0(t)$ 所贡献，故可根据式(5-141a)得到在不考虑挠性模态时的最快机动时间 t。

第二步：设 $t=kT_m+\varepsilon$，其中 k 为正整数，$0\leqslant\varepsilon<T_m$，$T_m$ 为模态周期。

第三步：若 $\varepsilon\leqslant T_m/2$，采用宽度为 kT_m 的方波即可，方波作用结束后，航天器匀速平滑运动到 $\theta_T/2$ 幅度；

第四步：若 $\varepsilon>T_m/2$，则仍有余地再采用双方波控制以缩短机动时间。首先，根据方程式(5-141a)，计算在控制力矩 τ 持续激励 kT_m 时间后的角速度 $\dot{\theta}_k$ 和角位移 θ_k。其次，设还需施加的方波宽度为 y，则第一个方波作用后对应的角位移 $s_1=\dot{\theta}_k y+0.5ay^2$，中间平滑段的角位移为 $s_2=(\dot{\theta}_k+ay)(0.5T_m-y)$，第二个方波对应的角位移 $s_3=(\dot{\theta}_k+ay)y+0.5ay^2$，其中 $a=\varphi_1^2\tau$ 为角加速度，那么方波宽度 y 可由下式解出

$$s_1+s_2+s_3=\theta_T/2-\theta_k \tag{5-144}$$

最后，方波规划方法归结为第一个控制方波从机动开始时刻 t_0 开始激励，持续时间为 kT_m+y，第二个方波从 $t_0+(k+0.5)T_m$ 开始激励，持续时间为 y。

第五步：对于从 $\theta_T/2$ 幅度到 θ_T 幅度的机动控制，是上述过程的逆过程，不再赘述。

5.7.3 方波序列姿态控制仿真验证

仿真模型为某航天器，相关参数有：转动惯量 $J=77076\text{kg}\cdot\text{m}^2$，模态频率 $\sigma=0.11\text{Hz}$，模态形状参数 $\varphi_1=3.6\times10^{-3}$，$\varphi_2=4.8\times10^{-4}$。喷气控制最大力矩 $\tau=5\text{N}\cdot\text{m}$，飞轮控制最大力矩 $\tau=0.82\text{N}\cdot\text{m}$。在初始俯仰角和俯仰角速度为0的情况下，完成俯仰角位移30°，并且机动结束后的俯仰角速度为0。

在喷气推力器控制模式下，采用第5.7.2节所述方法进行控制序列规划，所得仿真结果如图5-20所示，完成该机动的时间是179.78s(刚体时的机动时间为179.68s)；在飞轮控制模式下所得的结果如图5-21所示，完成该机动

的时间是444.00s(刚体时的机动时间为443.69s)。从数值上对比可知该规划方法所得的机动时间和刚体时最快机动所耗时间已相差无几。此外,图5-20(a)说明采用两个方波进行半幅机动,两个方波一大一小,对应规划步骤中的第四步的情况,其中第二个方波的作用点位于 $t_0+(k+0.5)\cdot T_m$ 点(其中 $k=9$);图5-21(a)说明航天器采用单方波进行半幅机动,方波宽为模态周期的整数倍,对应规划步骤中的第三步的情况。

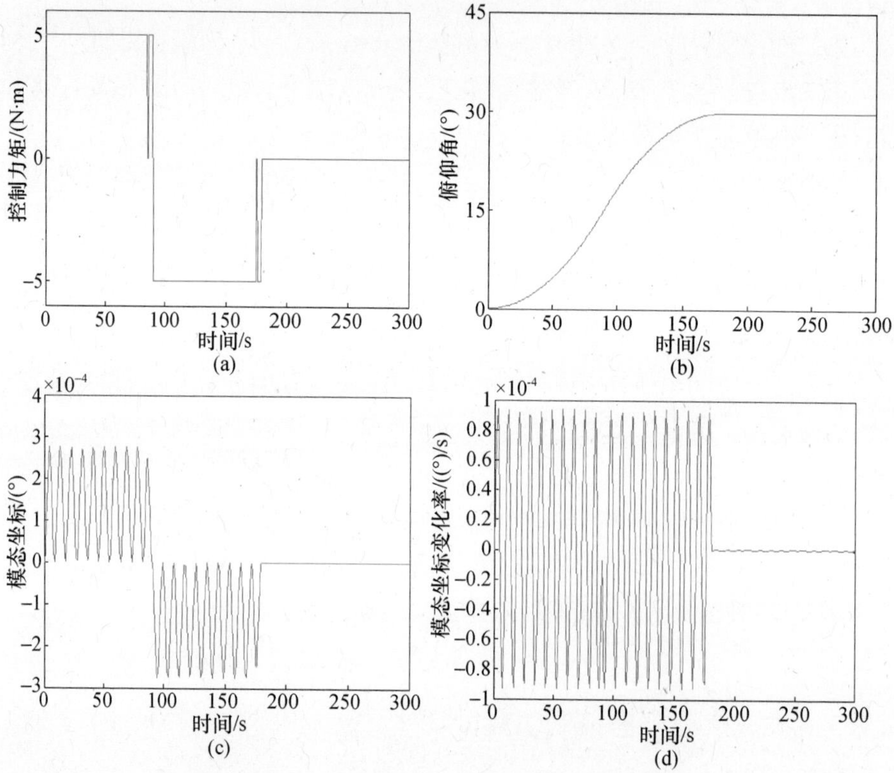

图5-20　方波序列控制(喷气推力器控制模式)

(a)控制力矩;(b)俯仰角;(c)模态坐标;(d)模态坐标变化率。

对于有阻尼的模态振动,可以证明有类似的方波控制序列,只是方波幅值的选取还取决于阻尼的大小。方波控制序列的幅值成倍增加或减小,控制的效果不变。对于多模态振动,可类似于脉冲序列情况,进行方波序列卷积推得最终控制序列。方波控制序列不影响系统初值,换言之,若初始时刻存在振

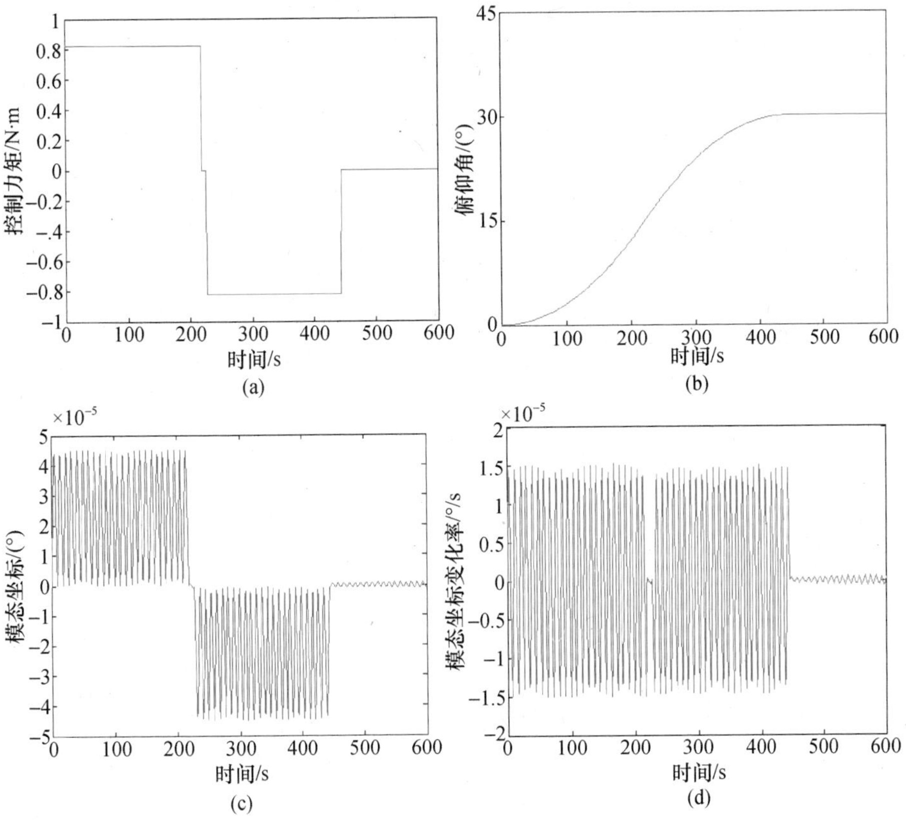

图 5－21　方波序列控制（飞轮控制模式）

（a）控制力矩；（b）俯仰角；（c）模态坐标；（d）模态坐标变化率。

动，则控制序列结束后存在同样振动。此外方波序列控制本质上是一种前馈控制方法，如果再结合反馈控制，不仅可以提高系统的性能指标，而且在达到相同性能指标的情况下使反馈控制器设计得到简化。

5.8　挠性航天器双通道姿态控制

挠性航天器双通道姿态控制包括刚体姿态控制通道和挠性振动抑制通道。刚体控制通道配置的敏感器和执行机构传统上都是针对刚体航天器，例如陀螺、星敏感器、飞轮等；它主要用来实现姿态控制目的。挠性振动抑制通道配置的敏感器和执行机构却是近来开发的针对挠性航天器,例如基于压电陶瓷片振动敏感器和致动器;它主要用来实现振动抑制目的。

挠性航天器双通道控制方法在国内很早以前作者就已经提出,在国外也有相应研究。与前面几节论述的单通道控制相比,双通道控制硬件复杂,但控制规律设计相对简单。目前振动抑制敏感器、致动器及其空间环境适用性研究日益深入,在工程上正在显示应用潜力。

仍然考虑挠性航天器单轴非约束模态运动,并假设:在航天器刚性本体配置了飞轮、推力器等执行机构和陀螺、星敏感器等敏感器;在挠性体部分(如挠性附件)配置了基于压电陶瓷片振动敏感器和振动致动器、并且同位配置,用来敏感振动应变信号和提供振动控制力矩。其运动方程可由式(5-141)推出:

$$
\begin{cases}
\ddot{\eta}_0 = \varphi_1 \tau & (5-145\text{a}) \\
\ddot{\boldsymbol{\eta}}_e + \boldsymbol{\sigma}^2 \boldsymbol{\eta}_e = \boldsymbol{\varphi}_2^{\mathrm{T}} \tau + \boldsymbol{b}_e^{\mathrm{T}} V_c & (5-145\text{b}) \\
\theta = \varphi_1 \eta_0 + \boldsymbol{\varphi}_2 \boldsymbol{\eta}_e & (5-145\text{c}) \\
V_s = \boldsymbol{c}_s \boldsymbol{\eta}_e & (5-145\text{d})
\end{cases}
$$

式中:V_c 为致动器控制电压;V_s 为敏感器测量电压;$\boldsymbol{b}_e^{\mathrm{T}} \in \mathbf{R}^n$ 为致动器对模态影响系数;$\boldsymbol{c}_s^{\mathrm{T}} \in \mathbf{R}^n$ 为电荷放大系数。为讨论简单,这里只考虑、单个振动致动器、单个振动敏感器。

姿态控制(τ)将主要由姿态执行机构来实现,其测量信息(θ、$\dot{\theta}$)由姿态敏感器给出;振动抑制(V_c)则主要由振动致动器压电陶瓷片来实现,而其测量信息(V_s)由振动敏感器压电陶瓷片给出。双通道控制的基本思想,将姿态和振动解耦处理,首先分别考虑刚体运动和挠性振动,利用 τ 和 V_c 设计相应的控制律,构造两个稳定的子系统,由此获得完整受控系统的稳定性。

5.8.1 姿态控制通道

令 $\boldsymbol{\eta}_e = 0$,由式(5-145)可以写出刚体姿态运动方程:

$$\ddot{\theta} = \varphi_1^2 \tau \tag{5-146}$$

为使姿态稳定,可利用带有角速度反馈的内模控制器:

$$\begin{cases} \ddot{\alpha}(t) + \Lambda_d^2\alpha(t) = \theta(t) & (5-147\text{a}) \\ \tau(t) = -k_p\theta(t) - k_d\dot{\theta}(t) - k_i\int\theta(t)\mathrm{d}t + k_{in}\alpha(t) & (5-147\text{b}) \end{cases}$$

也可利用带有角动量反馈的内模控制器：

$$\begin{cases} \ddot{\alpha}(t) + \Lambda_d^2\alpha(t) = \theta(t) & (5-148\text{a}) \\ \tau(t) = -k_p\theta(t) + k_dH_W - k_i\int\theta(t)\mathrm{d}t + k_{in}\alpha(t) & (5-148\text{b}) \end{cases}$$

式中：H_W 为飞轮角动量。只要选择合适的控制参数 k_p、k_d、k_i、k_{in}，当 $t\to\infty$时，就有：

$$\theta(t)\to 0 \text{ 和 } \dot{\theta}(t)\to 0 \qquad (5-149)$$

5.8.2 振动抑制通道

令 $\eta_0=0$，由式(5-145)可以写出挠性模态运动方程：

$$\begin{cases} \ddot{\boldsymbol{\eta}}_e + \sigma^2\boldsymbol{\eta}_e = \boldsymbol{b}_e^{\mathrm{T}}V_c & (5-150\text{a}) \\ V_s = \boldsymbol{c}_s\boldsymbol{\eta}_e & (5-150\text{b}) \end{cases}$$

为了有效抑制振动，可以采用多种控制规律。

情形1：PID 控制

一种直观的控制方法是利用常规的 PID 控制，即：

$$\left\{ V_c(t) = k_pV_s(t) + k_i\int V_s\mathrm{d}t + k_d\dot{V}_s(t) \right. \qquad (5-151)$$

只要参数选取适当，控制规律式(5-151)能够保证振动抑制的稳定性。以单模态模型为例，此时受控系统记为

$$\begin{cases} \ddot{\eta}_e + \sigma^2\eta_e = b_eV_c & (5-152\text{a}) \\ V_s(t) = c_s\eta_e(t) & (5-152\text{b}) \\ V_c(t) = k_pV_s(t) + k_i\int V_s(t)\mathrm{d}t + k_d\dot{V}_s(t) & (5-152\text{c}) \end{cases}$$

容易选择 PID 参数使之稳定。但应当指出控制律中要用到速度信号，即应变率 $\dot{V}_s$，而压电陶瓷片通常只能提供应变信号。当然可以用差分方法产生应变率 $\dot{V}_s$，但实验表明这时的应变率并不真实，还需要设计滤波器进行补偿。

情形2:延迟控制

考虑单模态模型。为了解决应变率不准的问题,引入了速度符号反馈方法。即在控制律式(5-152b)中,即使不能获取准确的速度信号,如果能够获取准确的速度符号,就有可能实现类似的控制效果。为此,考虑单模态控制的延迟控制律:

$$\left\{ V_c(t) = k_p V_s(t) + k_i \int V_s \mathrm{d}t - k_d V_s\left(t - \frac{\pi}{2\sigma}\right) \right. \tag{5-153}$$

注意到在单模态情形 $V_s\left(t-\dfrac{\pi}{2\sigma}\right)$ 与 $\dot{V}_s$ 总能保持异号,因此控制律式(5-153)控制效果等价于式(5-152)。

情形3:正位置反馈控制

考虑单模态模型。构造挠性模态控制力矩:

$$\begin{cases} V_c = k_{\text{vib}}(\sigma^2/b_e)\alpha_{\text{vib}} & (5-154\text{a}) \\ \ddot{\alpha}_{\text{vib}} + 2\xi_{\text{vib}}\sigma\dot{\alpha}_{\text{vib}} + \sigma^2\alpha_{\text{vib}} = (\sigma^2/c_s)V_s & (5-154\text{b}) \end{cases}$$

式中:$\xi_{\text{vib}}>0$。则容易验证,只要有

$$0<k_{\text{vib}}<1 \tag{5-155}$$

系统就是渐近稳定的。

5.8.3 双通道姿态控制稳定性

利用李亚普诺夫稳定性理论,可以证明:若姿态控制子系统和振动控制子系统稳定,则只要姿态控制子系统参数选择使其静态增益适当小,就能保证耦合系统的稳定性。

为了验证双通道控制的有效性,进行了单轴气浮台上刚体带挠性梁系统的数学仿真。刚体的转动惯量为 76kgm^2,挠性梁约束模态一阶频率为0.7559Hz,耦合系数为1.7658。取姿态控制通道为PD控制,振动抑制通道也为PD控制。

仿真有两种情况:其一,两个通道同时开通,结果表明控制系统对初始偏差迅速稳定,只需8s左右时间;其二,只开通姿态控制通道,结果表明控制系统对同样初始偏差稳定时间大幅增加,到50s还没有到达稳态。

参考文献

[1] Frosch J, Vallely D. Saturn AS – 501/S – IC flight control system design[J]. Journal of Spacecraft, 1967, 4(8): 1003 – 1009.

[2] Jang J, Bedrossian N. Initial ares – I bending filter design[C]. Breckenridge, Colorado: 30th AAS Guidance and Control Conference, February 3 – 7, 2007.

[3] Jang J, Hall R, Bedrossian N. Ares – I bending filter design using a constrained optimization approach[C]. Honolulu, Hawaii. AIAA Guidance, Navigation, and Control Conference, August 18 – 21, 2008, Reston: AIAA, 2008 – 6289.

[4] VanZwieten T, Gilligan E. Adaptive augmenting control flight characterization experiment on an F/A – 18[C]. Breckenridge, Colorado: AAS Guidance, Navigation, and Control Conference, January 1 – February 5, 2014.

[5] 张洪华,吴宏鑫. 挠性空间结构的低维控制[J]. 宇航学报,1995,16(3):8 – 17.

[6] 张洪华,吴宏鑫. 挠性空间结构的 H_∞ 辨识[J]. 中国空间科学技术,1994,14(5):1 – 9.

[7] Zhang Honghua. Finite – dimensional control of a flexible space structure: A new view based on input – output space[J]. International Journal of Systems Science, 1999, 30(30): 675 – 688.

[8] Li Kang, Zhang Honghua. On – orbit identification of flexible spacecraft and periodic disturbance based on subspace algorithm[C]. Providence, Rhode Island. AIAA Guidance, Navigation, and Control Conference and Exhibit, August 16 – 19, 2004. Reston: AIAA, 2004 – 5116.

[9] 张洪华,张国锋. 带有挠性附件卫星的自适应内模控制[J]. 中国空间科学技术,2002,22(1):4 – 9.

[10] Orr J, VanZwieten T. Robust, practical adaptive control for launch vehicles[C]. Minneapolis, Minnesota: AIAA Guidance, Navigation, and Control Conference, August 13 – 16, 2012, Reston: AIAA, 2012 – 4549.

[11] Wall J, Orr J, VanZwieten T. Space launch system implementation of adaptive augmenting control[C]. Breckenridge, Colorado: AAS Guidance, Navigation, and Control Conference, January 1 – February 5, 2014.

[12] Hall C, Lee C. Ares I flight control system overview[C]. Honolulu, Hawaii: AIAA Guidance, Navigation, and Control Conference, August 18 – 21, 2008, Reston: AIAA, 2008 – 6621.

[13] Bedrossian N, Jang J. International space station US GN&C attitude hold controller design for orbiter repair maneuver[C]. San Francisco, California: AIAA Guidance, Navigation, and Control Conference, August 15 – 28, 2005, Reston: AIAA, 2005 – 5853.

[14] Postma B. Robust constrained optimization approach to control design for international space station centrifuge rotor auto – Balancing control system [D]. Houston: Rice University, 2005.

[15] Wie B, Liu Q. Classical and robust H_∞ control redesign for the Hubble space telescope[J]. AIAA Journal of Guidance, Control, and Dynamics, 1993, 16(6): 1069 – 1077.

[16] Khalil H K. Nonlinear system[M]. New Jersey: Prentice Hall,2002.
[17] Rao S. Game theory approach for multi – objective structural Optimization[J]. Computers & Structures,1987,24(1): 119 – 127.
[18] Orr J. Optimal Recursive digital filters for active bending stabilization[C]. Breckenridge, Colorado. AAS Guidance, Navigation, and Control Conference, February 2 – 8,2013.
[19] Orr J. A flight dynamics model for a multi – actuated flexible rocket vehicle[C]. AIAA Atmospheric Flight Mechanics Conference, August 8 – 11, 2011, Portland, Oregon. Reston: AIAA,2011 –6563.
[20] Jang J, Bedrossian N. A constrained optimization approach for CMG robust flex filter design [C]. AIAA Guidance, Navigation, and Control Conference, August 5 – 8, 2002, Monterey, California. Reston: AIAA,2002 –4577.
[21] Jang J, Lee A. Design of robust nash game theoretic controllers with time domain constraints [C]. Proceedings of the 2003 American Control Conference, June 4 – 6, 2003, Denver, Colorado, USA.
[22] Elsner J. Singular spectrum analysis: A new tool in time series analysis[M]. New York: Springer Science Business Media,1996.
[23] 张洪华,吴宏鑫,陈义庆. 挠性卫星姿态的角动量反馈控制[J]. 宇航学报,2002, 23(3):8 – 12.
[24] 王芳,战毅,张洪华. 有扰情况下航天器全局稳定姿态跟踪控制[J]. 宇航学报,2007, 28(2):470 – 474.
[25] 张洪华,黎康,赵宇. 挠性卫星姿态快速机动控制[J]. 中国空间科学技术,2005, 25(1):53 – 59.

第 6 章
充液航天器高品质姿态控制

充液航天器意指其贮箱中存储了液体推进剂的航天器。有隔膜贮箱将液体和供压气体隔离,液体运动等效于一个质量变化的刚体运动,相对简单。无隔膜贮箱中液体在表面张力、推力加速度、贮箱管理装置的作用下运动,呈现复杂运动形态[1-2]。

邦德数 Bo 是液体所受惯性力和表面张力比值测度。当邦德数 $Bo \ll 1$ 时,液体运动主要取决于液体表面张力,此时对应航天器小推力或飞轮作用下的运动情况,在稳态的液体运动一般利用贮箱管理装置维持原来形态,而在机动过程中的液体运动反映在其形态的重新定向过程,一般具有很低的运动频率以至于在机动过程中不必考虑其影响。当邦德数 $Bo \gg 1$ 时,液体运动主要取决于航天器所受推力,对应航天器在动力作用下的运动情况(如着陆器动力下降、上升器动力上升、月球卫星在近月点制动等),此时液体运动的一个重要特征是其自由表面沿侧向(垂直于发动机推力轴向)晃动。这种液体晃动与航天器侧向平动或俯仰、偏航转动相互耦合,有时诱发系统的不稳定性。

本章主要以月球着陆器动力下降过程为背景考虑充液航天器平动、转动和液体晃动控制。以刚体运动与液体晃动为对象的控制系统是一个复杂控制系统。20 世纪 60 年代末美国阿波罗 - 11 着陆器在动力下降过程中就发现了液体晃动重要影响[3]:在 102:36:57 星上时(Mission Elapsed Time,

MET)主发动机点火后,俯仰角速度峰峰值是0.6(°)/s;在102:39:00MET左右阿波罗执行窗口向上姿态机动,开始出现姿态发散,俯仰角速度峰峰值达到3.0(°)/s;在102:39:30MET开始俯仰机动并调节发动机节流阀降低主发动机推力,此时姿态控制死区由±1°加严到±0.3°,这些动作压制了俯仰角速度发散,俯仰角速度峰峰值从3.0(°)/s降到2.2(°)/s。事后分析,液体晃动是这一现象重要原因。2010年2月19日美国太阳动力学观察者(Solar Dynamics Observatory,SDO)在执行第二次远地点发动机点火时,首先执行了20s推进剂沉底以消除"喷泉"模态(推进剂从贮箱内壁向底部运动激起中心推进剂向上喷涌),然后发动机点火37s时角动量发散触发了航天器故障诊断与重构逻辑,SDO自主中断了这次变轨机动[4];经事后分析,故障定位在0.1Hz频率液体晃动与姿态控制发生了不稳定相互作用,姿态控制逻辑中结构滤波器增加了回路延迟使得晃动模态不稳定。1997年发射的美国土星探测器卡西尼于2004年完成近土星点制动,其中姿态控制采用了PD+相位超前滤波器,控制系统带宽达到0.2Hz,而其一阶晃动模态频率为0.1Hz;其中控制系统有效地提供了模态晃动阻尼同时实现了宽带宽控制[5-6]。

充液航天器姿态控制富有挑战性。第一,贮箱在整个航天器的安装可能引出被动不稳定问题,就是说针对刚体设计的PD控制器原理上必然使晃动模态不稳定。第二,即使是对于被动稳定的晃动模态,由于其频率较低,回路中传输延迟以及敏感器执行机构动力学固有延迟也可能造成姿态控制系统与晃动模态的不稳定相互作用。第三,如何保证控制系统带宽,又能够提供给晃动模态足够阻尼是控制规律设计的一个难点,特别是当晃动模态频率落在控制频带之内时更是如此。第四,对于月球着陆器而言,侧向线运动与俯仰和偏航转动一样与液体晃动存在耦合;当线运动、角运动、液体晃动搅合出现时,问题变得更为复杂。

本章抓住上述挑战性问题,结合月球着陆器动力下降控制[7-8],论述多约束、强实时、高自主的高品质线运动和角运动控制方法。

6.1 充液航天器姿态控制复杂性

考虑图6-1充液航天器模型。选取体坐标系$o_sx_sy_sz_s$的原点o_s与刚体质

心 c_b 重合，三轴沿未晃动部分航天器惯量主轴方向。贮箱等效单摆悬挂点（球形贮箱中心）p 位于 $o_s x_s y_s$ 平面内、在体坐标系表示为 $(p_x \quad p_y \quad 0)$。单摆点端质量远小于航天器质量，进而可认为系统质心 c 与除去晃动质量的其余质量的质心 c_b 重合。主发动机标称推力方向 $\boldsymbol{F}$ 与 x_s 轴方向一致，线运动控制的推力器标称推力为 $\boldsymbol{f}_L$，方向过航天器质心，角运动控制的推力器标称推力为 $\boldsymbol{f}_S$，其力臂矢量为 $\boldsymbol{h}$。

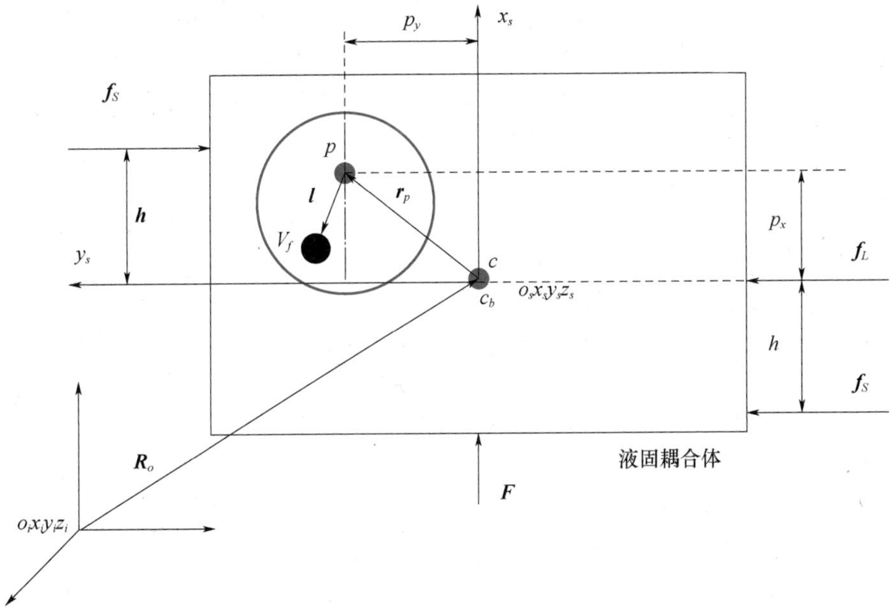

图 6－1　充液航天器模型示意图

在上述约定和第 2.8.4 节讨论基础上，考察式(2－146)～式(2－149)。注意到 $\boldsymbol{a}_f$ 基本过质心（姿态控制力矩对应力包含在 $\boldsymbol{\tau}_0$ 中），且质心变化基本不受 $(\boldsymbol{r}_p + \boldsymbol{l})$ 影响，故近似有 $m_f(\boldsymbol{r}_p + \boldsymbol{l}) \times \boldsymbol{a}_f = 0$；矢量 $\boldsymbol{r}_p$ 与 $\boldsymbol{a}_F$ 之间夹角可以认为是小角度，接近平行，故近似有 $m_f \boldsymbol{r}_p \times \boldsymbol{a}_F = 0$；质心基本不受 $m_f(\boldsymbol{r}_p + \boldsymbol{l})$ 影响意味着它是小量且角速度为小量，故近似有 $\boldsymbol{\omega} \times m_f(\boldsymbol{r}_p + \boldsymbol{l}) = 0$，$(\boldsymbol{\omega}_f \times \boldsymbol{c}_f) \times \boldsymbol{v}_0 = 0$。于是，为了抓住问题本质，上述方程可以继续简化得

$$
\begin{cases}
m(\dot{\bar{\boldsymbol{v}}}_0 - \bar{\boldsymbol{g}}) + \boldsymbol{C}^{\mathrm{T}}[\bar{\boldsymbol{c}}_f^{\times}]\ddot{\bar{\boldsymbol{\theta}}}_f = \boldsymbol{C}^{\mathrm{T}}(\bar{\boldsymbol{F}} + \bar{\boldsymbol{f}}_L) & (6-1\mathrm{a}) \\
\bar{\boldsymbol{J}}_c\dot{\bar{\omega}} - \dfrac{m_b}{m}\bar{\boldsymbol{J}}_{fb}\ddot{\bar{\boldsymbol{\theta}}}_f - \dfrac{a_F}{l}\bar{\boldsymbol{J}}_f\bar{\boldsymbol{\theta}}_f = \bar{\boldsymbol{\tau}}_0 & (6-1\mathrm{b}) \\
\ddot{\theta}_{fy} + \dfrac{ma_F}{m_b l}\theta_{fy} - \dfrac{m}{m_f m_b l^2}\{[\bar{\boldsymbol{c}}_f^{\times}]\bar{\boldsymbol{a}}_f\}_{fy} - \dfrac{1}{m_f l^2}\{\bar{\boldsymbol{J}}_{bf}\dot{\bar{\boldsymbol{\omega}}}\}_{fy} = 0 & (6-1\mathrm{c}) \\
\ddot{\theta}_{fz} + \dfrac{ma_F}{m_b l}\theta_{fz} - \dfrac{m}{m_f m_b l^2}\{[\bar{\boldsymbol{c}}_f^{\times}]\bar{\boldsymbol{a}}_f\}_{fz} - \dfrac{1}{m_f l^2}\{\bar{\boldsymbol{J}}_{bf}\dot{\bar{\boldsymbol{\omega}}}\}_{fz} = 0 & (6-1\mathrm{d})
\end{cases}
$$

式中：$\bar{\boldsymbol{\tau}}_0 = 2[\bar{\boldsymbol{h}}^{\times}]\bar{\boldsymbol{f}}_S$ 是姿态控制力矩；$\bar{\boldsymbol{a}}_f = \bar{\boldsymbol{f}}_L/m$ 是侧向（垂直于 x_s 轴方向）控制加速度。式(6－1)中相关矩阵计算如下列各式：

$$
\begin{cases}
\bar{\boldsymbol{J}}_c = \begin{bmatrix} J_{c1} & J_{c12} & 0 \\ J_{c21} & J_{c2} & 0 \\ 0 & 0 & J_{c3} \end{bmatrix} & (6-2\mathrm{a}) \\
\bar{\boldsymbol{J}}_{fb} = \begin{bmatrix} 0 & 0 & 0 \\ m_f r_{py} l & m_f(l^2 - r_{px} l) & 0 \\ 0 & 0 & m_f(l^2 - r_{px} l) \end{bmatrix} & (6-2\mathrm{b}) \\
\bar{\boldsymbol{J}}_{bf} = \begin{bmatrix} 0 & m_f r_{py} l & 0 \\ 0 & m_f(l^2 - r_{px} l) & 0 \\ 0 & 0 & m_f(l^2 - r_{px} l) \end{bmatrix} & (6-2\mathrm{c}) \\
\bar{\boldsymbol{J}}_f = \begin{bmatrix} 0 & 0 & 0 \\ 0 & m_f l^2 & 0 \\ 0 & 0 & m_f l^2 \end{bmatrix} & (6-2\mathrm{d}) \\
J_{c1} = J_{bx} + \dfrac{m_b m_f}{m}\boldsymbol{r}_{py}^2 & (6-2\mathrm{e}) \\
J_{c2} = J_{by} + \dfrac{m_b m_f}{m}(r_{px} - l)^2 & (6-2\mathrm{f}) \\
J_{c3} = J_{bz} + \dfrac{m_b m_f}{m}[(r_{px} - l)^2 + r_{py}^2] & (6-2\mathrm{g}) \\
J_{c12} = J_{c21} = -\dfrac{m_b m_f}{m}(r_{px} - l) r_{py} & (6-2\mathrm{h})
\end{cases}
$$

6.1.1　角运动与液体晃动相互作用

忽略线运动，只考虑方程式(6－1)中绕 z_s 轴转动和绕 z_s 轴晃动，记 $\overline{\boldsymbol{\omega}} = [\dot{\theta}_x \quad \dot{\theta}_y \quad \dot{\theta}_z]^{\mathrm{T}}$，记控制力矩在本体坐标系表示为 $\overline{\boldsymbol{\tau}}_0 = [\tau_x \quad \tau_y \quad \tau_z]^{\mathrm{T}}$。则运动方程为

$$\begin{cases} A_1\ddot{\theta}_z + A_2\ddot{\theta}_{fz} + A_4\theta_{fz} = \tau_z & (6-3\mathrm{a}) \\ \ddot{\theta}_{fz} + \Omega_Z^2\theta_{fz} + A_3\ddot{\theta}_z = 0 & (6-3\mathrm{b}) \\ A_1 = J_{bz} + \dfrac{m_b m_f}{m}[(l - r_{px})^2 + r_{py}^2] & (6-3\mathrm{c}) \\ A_2 = -\dfrac{m_b m_f}{m}(l^2 - r_{px}l) & (6-3\mathrm{d}) \\ A_3 = -\dfrac{l - r_{px}}{l} & (6-3\mathrm{e}) \\ A_4 = -m_f l a_F & (6-3\mathrm{f}) \\ \Omega_Z^2 = \dfrac{m a_F}{m_b l} & (6-3\mathrm{g}) \end{cases}$$

写成矩阵形式：

$$\begin{bmatrix} A_1 & A_2 \\ A_3 & 1 \end{bmatrix}\begin{bmatrix} \ddot{\theta}_z \\ \ddot{\theta}_{fz} \end{bmatrix} + \begin{bmatrix} 0 & A_4 \\ 0 & \Omega_Z^2 \end{bmatrix}\begin{bmatrix} \theta_z \\ \theta_{fz} \end{bmatrix} = \begin{bmatrix} \tau_z \\ 0 \end{bmatrix} \tag{6-4}$$

进行拉普拉斯变换，导得

$$\begin{aligned} \begin{bmatrix} \theta_z(s) \\ \theta_{fz}(s) \end{bmatrix} &= \begin{bmatrix} A_1 s^2 & A_2 s^2 + A_4 \\ A_3 s^2 & s^2 + \Omega_Z^2 \end{bmatrix}^{-1}\begin{bmatrix} \tau_z(s) \\ 0 \end{bmatrix} \\ &= \begin{bmatrix} s^2 + \Omega_Z^2 & -(A_2 s^2 + A_4) \\ -A_3 s^2 & A_1 s^2 \end{bmatrix}\begin{bmatrix} \tau_z(s) \\ 0 \end{bmatrix} \Big/ \det\begin{bmatrix} A_1 s^2 & A_2 s^2 + A_4 \\ A_3 s^2 & s^2 + \Omega_Z^2 \end{bmatrix} \end{aligned} \tag{6-5}$$

注意到：

$$\begin{aligned} \det\begin{bmatrix} A_1 s^2 & A_2 s^2 + A_4 \\ A_3 s^2 & s^2 + \Omega_Z^2 \end{bmatrix} &= A_1 s^2(s^2 + \Omega_Z^2) - (A_2 s^2 + A_4)Cs^2 \\ &= s^2[(A_1 - A_2A_3)s^2 + (A_1\Omega_Z^2 - A_3A_4)] \end{aligned} \tag{6-6}$$

由此得到传递函数：

$$\frac{\theta_z(s)}{\tau_z(s)} = \frac{s^2 + \Omega_Z^2}{s^2[(A_1 - A_2A_3)s^2 + (A_1\Omega_Z^2 - A_3A_4)]} \tag{6-7}$$

写成零极点形式：

$$\begin{cases}\dfrac{\theta_z(s)}{\tau_z(s)} = \dfrac{K}{s^2}\dfrac{1 + s^2/\Omega_Z^2}{1 + s^2/\Omega_P^2} & (6-8a)\\[2ex] K = \dfrac{1}{J_{bz} + \dfrac{m_b m_f}{m}(r_{px}^2 + r_{py}^2 - l r_{px})} & (6-8b)\\[2ex] \Omega_Z^2 = \dfrac{F}{m_b l} & (6-8c)\\[2ex] \Omega_P^2 = \dfrac{F}{m_b l}\dfrac{J_{bz} + \dfrac{m_b m_f}{m}(r_{px}^2 + r_{py}^2 - l r_{px})}{J_{bz} + \dfrac{m_b m_f}{m} r_{py}^2} & (6-8d)\end{cases}$$

观察式(6－8)得到下列结论：

（1）当 $r_{px} < 0$ 时，即单摆悬挂点在刚体质心之下时，必有 $\Omega_P^2 > \Omega_Z^2$，称为零极点正置。此时刚体 PD 控制也能够提供晃动阻尼，使系统稳定。当然前提是：不考虑敏感器、执行机构动力学造成的延迟。

（2）当 $r_{px} \geqslant 0$ 时，即单摆悬挂点在刚体质心之上时，可能有 $\Omega_Z^2 > \Omega_P^2$，称为零极点倒置。此时刚体 PD 控制将导致晃动不稳定，产生姿态控制与液体晃动不稳定相互作用。当然前提依然是：不考虑敏感器、执行机构动力学造成的延迟。

6.1.2　线运动与液体晃动相互作用

忽略角运动，不考虑引力项，只考虑方程式(6－1)中侧向线运动和晃动，记 $\bar{\boldsymbol{v}}_0$ 在本体坐标系表示为 $\boldsymbol{C}\bar{\boldsymbol{v}}_0 = [v_x \quad v_y \quad v_z]^{\mathrm{T}}$、并记 $v_y = \dot{r}_y$、$v_z = \dot{r}_z$，记控制力 $\bar{\boldsymbol{f}}_L$ 产生的控制加速度 $\bar{\boldsymbol{f}}_L/m$ 在本体坐标系表示为 $\boldsymbol{a}_f = [0 \quad a_{fy} \quad a_{fz}]^{\mathrm{T}}$，则运动方程为

$$\begin{cases}\ddot{r}_y + \dfrac{m_f l}{m}\ddot{\theta}_{fz} = a_{fy} & (6-9\text{a})\\ \ddot{r}_z - \dfrac{m_f l}{m}\ddot{\theta}_{fy} = a_{fz} & (6-9\text{b})\\ \ddot{\theta}_{fy} + \dfrac{ma_F}{m_b l}\theta_{fy} = \dfrac{m}{m_b l}a_{fz} & (6-9\text{c})\\ \ddot{\theta}_{fz} + \dfrac{ma_F}{m_b l}\theta_{fz} = -\dfrac{m}{m_b l}a_{fy} & (6-9\text{d})\end{cases}$$

进行拉普拉斯变换，导得

$$\begin{cases}s^2 r_y(s) + \dfrac{m_f l}{m}s^2\theta_{fz}(s) = a_{fy}(s) & (6-10\text{a})\\ s^2 r_z(s) - \dfrac{m_f l}{m}s^2\theta_{fy}(s) = a_{fz}(s) & (6-10\text{b})\\ s^2\theta_{fy}(s) + \dfrac{ma_F}{m_b l}\theta_{fy}(s) = \dfrac{m}{m_b l}a_{fz}(s) & (6-10\text{c})\\ s^2\theta_{fz}(s) + \dfrac{ma_F}{m_b l}\theta_{fz}(s) = -\dfrac{m}{m_b l}a_{fy}(s) & (6-10\text{d})\end{cases}$$

由式(6－10c)和式(6－10d)导得

$$\begin{cases}\theta_{fy}(s) = \dfrac{m}{m_b l}\Big/\left(s^2 + \dfrac{ma_F}{m_b l}\right)a_{fz}(s) & (6-11\text{a})\\ \theta_{fz}(s) = -\dfrac{m}{m_b l}\Big/\left(s^2 + \dfrac{ma_F}{m_b l}\right)a_{fy}(s) & (6-11\text{b})\end{cases}$$

上式分别代入式(6－10a)和式(6－10b)并整理，可以得到传递函数：

$$\begin{cases}\dfrac{r_y(s)}{a_{fy}(s)} = \dfrac{1}{s^2}\dfrac{s^2/\Omega_{LZ}^2 + 1}{s^2/\Omega_{LP}^2 + 1} & (6-12\text{a})\\ \dfrac{r_z(s)}{a_{fz}(s)} = \dfrac{1}{s^2}\dfrac{s^2/\Omega_{LZ}^2 + 1}{s^2/\Omega_{LP}^2 + 1} & (6-12\text{b})\end{cases}$$

$$\Omega_{LZ}^2 = \frac{F}{ml} \tag{6-13}$$

$$\Omega_{LP}^2 = \frac{F}{m_b l} \tag{6-14}$$

注意到 $\Omega_{LP}^2 > \Omega_{LZ}^2$，此时零极点正置。此时刚体线运动 PD 控制也能够提供晃动阻尼,使线运动系统稳定。当然前提是:不考虑敏感器、执行机构动力学造成的延迟。因此,在一定意义上侧向线运动控制与姿态控制相比较,它与晃动相互作用较易处理一些。值得注意的是,线运动控制假设了控制力方向过质心,实际控制力方向难免有偏差、由此可能引起姿态控制干扰力矩,这又为姿态控制增加了难度。

6.1.3 线运动和角运动的能控能观性

考虑局限于 $o_s x_s y_s$ 平面内的线运动和角运动。记 $\overline{\boldsymbol{\omega}} = [\dot{\theta}_x \quad \dot{\theta}_y \quad \dot{\theta}_z]^{\mathrm{T}}$,记 $\bar{v}_0$ 在本体坐标系表示为 $\boldsymbol{C}\bar{\boldsymbol{v}}_0 = [v_x \quad v_y \quad v_z]^{\mathrm{T}}$,记 $\bar{\boldsymbol{g}}_0$ 在本体坐标系表示为 $\boldsymbol{C}\bar{\boldsymbol{g}}_0 = [g_x \quad g_y \quad g_z]^{\mathrm{T}}$,记控制力 $\bar{\boldsymbol{f}}_L$ 产生的控制加速度 $\bar{\boldsymbol{f}}_L/m$ 在本体坐标系表示为 $\boldsymbol{a}_f = [0 \quad a_{fy} \quad a_{fz}]^{\mathrm{T}}$,记控制力矩在本体坐标系表示为 $\bar{\boldsymbol{\tau}}_0 = [\tau_x \quad \tau_y \quad \tau_z]^{\mathrm{T}}$。则运动方程为

$$
\begin{cases}
\dot{v}_y + B_1\dot{\theta}_z + B_2\ddot{\theta}_{fz} = a_{fy} + g_y & (6-15\mathrm{a})\\
B_3\ddot{\theta}_z + B_4\ddot{\theta}_{fz} + B_5\theta_{fz} = \tau_z & (6-15\mathrm{b})\\
\ddot{\theta}_{fz} + B_7\theta_{fz} + B_6\ddot{\theta}_z = B_8 a_{fy} & (6-15\mathrm{c})
\end{cases}
$$

$$
\begin{cases}
B_1 = v_x & (6-16\mathrm{a})\\
B_2 = \dfrac{m_f l}{m} & (6-16\mathrm{b})\\
B_3 = J_{bz} + \dfrac{m_b m_f}{m}[(l - r_{px})^2 + r_{py}^2] & (6-16\mathrm{c})\\
B_4 = -\dfrac{m_b m_f}{m}(l^2 - r_{px} l) & (6-16\mathrm{d})\\
B_5 = -m_f l a_F & (6-16\mathrm{e})\\
B_6 = -\dfrac{l - r_{px}}{l} & (6-16\mathrm{f})\\
B_7 = \dfrac{m a_F}{m_b l} & (6-16\mathrm{g})\\
B_8 = -\dfrac{m}{m_b l} & (6-16\mathrm{h})
\end{cases}
$$

式中：将轴向速度 v_x 当作输入参数。进行拉普拉斯变换，导得

$$\begin{bmatrix} s & B_1 s & B_2 s^2 \\ 0 & B_3 s^2 & B_4 s^2 + B_5 \\ 0 & B_6 s^2 & s^2 + B_7 \end{bmatrix}\begin{bmatrix} v_y(s) \\ \theta_z(s) \\ \theta_{fz}(s) \end{bmatrix} = \begin{bmatrix} 0 \\ 1 \\ 0 \end{bmatrix}\tau_z(s) + \begin{bmatrix} 1 \\ 0 \\ B_8 \end{bmatrix}a_{fy}(s) + \begin{bmatrix} g_y(s) \\ 0 \\ 0 \end{bmatrix} \tag{6-17}$$

注意到：

$$\det\left(\begin{bmatrix} s & B_1 s & B_2 s^2 \\ 0 & B_3 s^2 & B_4 s^2 + B_5 \\ 0 & B_6 s^2 & s^2 + B_7 \end{bmatrix}\right) = s^3[(B_3 - B_4B_6)s^2 + (B_3B_7 - B_5B_6)] \tag{6-18}$$

由此导出传递函数：

$$\begin{cases} \dfrac{v_y(s)}{\tau_z(s)} = \dfrac{B_2B_5s^3 - B_1(s^2 + B_7)}{s^2[(B_3 - B_4B_6)s^2 + (B_3B_7 - B_5B_6)]} & (6-19\text{a}) \\ \dfrac{\theta_z(s)}{\tau_z(s)} = \dfrac{s^2 + B_7}{s^2[(B_3 - B_4B_6)s^2 + (B_3B_7 - B_5B_6)]} & (6-19\text{b}) \\ \dfrac{\theta_{fz}(s)}{\tau_z(s)} = \dfrac{B_6}{[(B_3 - B_4B_6)s^2 + (B_3B_7 - B_5B_6)]} & (6-19\text{c}) \end{cases}$$

$$\begin{cases} \dfrac{v_y(s)}{a_{fy}(s)} = \dfrac{B_3s(s^2 - B_8B_2s^2 + B_7) - (B_6s - B_8B_1)(B_4s^2 + B_5)}{s^2[(B_3 - B_4B_6)s^2 + (B_3B_7 - B_5B_6)]} & (6-20\text{a}) \\ \dfrac{\theta_z(s)}{a_{fy}(s)} = \dfrac{-B_8(B_4s^2 + B_5)}{s^2[(B_3 - B_4B_6)s^2 + (B_3B_7 - B_5B_6)]} & (6-20\text{b}) \\ \dfrac{\theta_{fz}(s)}{a_{fy}(s)} = \dfrac{B_8B_3s^2}{s^2[(B_3 - B_4B_6)s^2 + (B_3B_7 - B_5B_6)]} & (6-20\text{c}) \end{cases}$$

观察式(6-19)发现：第一，当输入仅为控制力矩 $\tau_z(s)$ 时，传递函数分母阶次为4，而方程式(6-15)对应的状态空间维数为5；这说明方程式(6-15)不是传递函数最小实现；而且即使将 $v_y(s)$ 、$\theta_z(s)$ 、$\theta_{fz}(s)$ 同时作为输出，阶次情况仍如此，此时系统当然可观；由此推论方程式(6-15)不是能控的。第二，同样道理，可以推知当输入仅为控制加速度 $a_{fy}(s)$ 时，系统也是不可控的。第三，当仅使用控制力矩或控制力作为输入时，液体晃动模态都是可控的，因此可以得到广为所知结果：单独使用一个控制输入不可能使线运动和角运动同时具有能控性。

上述结论意味着：当姿态和侧向速度需要同时控制时最好同时使用控制力矩和控制力，例如在嫦娥三号着陆器悬停避障阶段就使用了两种执行机构。当姿态和侧向速度无须同时控制时，如近月点制动重要的是维持或跟踪点火姿态以便消减轴向速度，此时只要配置控制力矩就可以达到目的。还有一种情况，就是月球着陆器动力下降过程要求获得着陆月面的相对速度和相对当地天东北坐标系姿态，此时通过退步法设计，根据要求推定目标姿态，再利用控制力矩使着陆器跟踪目标姿态，这样目标姿态和目标速度是相容的，于是也可在一定意义上获得线运动和角运动控制目的；例如阿波罗动力下降过程基本上就是以姿态控制力矩作为控制输入、并没有特别强调使用侧向控制力作为控制输入。

6.2 姿态控制与液体晃动抑制架构

为了讨论方便又不失一般性，本章选择月球着陆器动力下降过程作为背景讨论充液航天器姿态控制。月球着陆器动力下降过程各阶段任务已在4.7.1节论述，它可以划分为6个阶段，如图6-2所示。

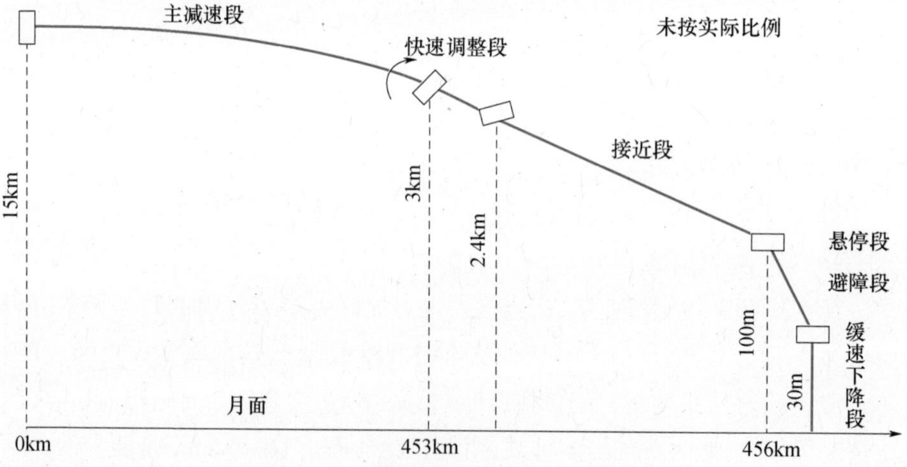

图6-2 月球着陆器动力下降过程示意图

月球着陆器动力下降过程是线运动、角运动从一个状态转移到另一个状态复杂过程，同时受到诸多约束。第一：主减速阶段为使推进剂最优采用最大推力控制,而不强调使用侧向推力器。正如前述这在理论上全状态是不可控的。这就需要设法权衡角运动和线运动控制使之相容。第二:悬停避障阶段,线运动和角运动必须同时满足要求,此时最好使用侧向推力器。注意到当线运动目标变化较远时,只用侧向推力可能不足以在预定时间约束内到达目标点,因而仍然需要权衡线运动和角运动使之相容。第三,着陆器控制首要目标是线运动和角运动满足性能要求,但是充液航天器的液体晃动始终是影响飞行成败重要因素,因此全过程应当充分考虑液体晃动抑制。

月球着陆器动力下降的姿态控制与液体晃动抑制架构如图 6 - 3 所示。它共有三个模块,包括了制导、导航与控制全部内容。三个模块在相应硬件和软件支撑下,构成闭环系统完成既定控制任务。

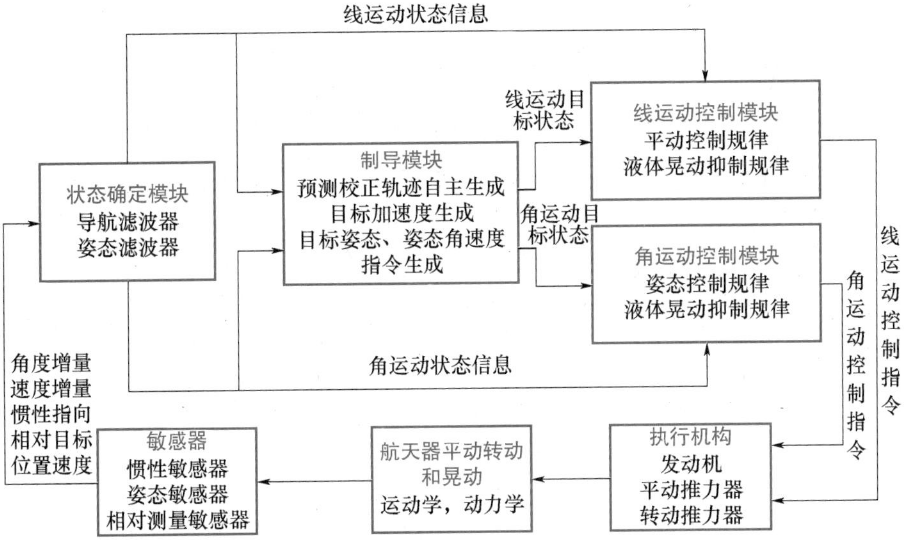

图 6 - 3　姿态控制与液体晃动抑制架构

导航模块已在第 3 章进行了详细论述,它最终输出必要的线运动、角运动状态信息。制导模块依据导航给出的线运动、角运动状态信息,根据控制任务要求,生成从当前时刻到目标时刻期望运行轨迹,给出当前时刻目标加速度信息,进而确定当前时刻目标姿态、目标角速度和发动机目标推力。线运动控制模块依据导航给出的线运动状态信息,根据制导给出的目标线运动状态,按照设计的线运动和液体晃动控制逻辑生成控制力指令;角运动控制模块依据导航给出的角运动状态信息,根据制导给出的目标角运动状态,按照设计的姿态控制规律和液体晃动抑制规律,生成角运动控制力矩指令。

6.3 月球着陆器在主减速阶段的制导和控制

6.3.1 动力显式制导

在着陆器(充液航天器)运动方程式(6-1a)中,液体晃动对着陆器影响项 $\boldsymbol{C}^{\mathrm{T}}[\bar{\boldsymbol{c}}_f^{\times}]\ddot{\boldsymbol{\theta}}_f$ 相比于发动机推力 $\bar{\boldsymbol{F}}$ 而言可以忽略。在惯性坐标系重写该方程可有:

$$\begin{cases}\ddot{\bar{\boldsymbol{R}}}=\bar{\boldsymbol{a}}+\bar{\boldsymbol{g}} & (6-21\mathrm{a})\\ \bar{\boldsymbol{a}}=\dfrac{\bar{\boldsymbol{F}}}{m}=\dfrac{F}{m}\bar{\boldsymbol{u}}_F & (6-21\mathrm{b})\end{cases}$$

式中:$\bar{\boldsymbol{F}}$ 为发动机推力,其大小 F 固定、其单位矢量 $\bar{\boldsymbol{u}}_F$ 可变。制导面临的任务就是设计推力方向 $\bar{\boldsymbol{u}}_F$ 变化规律,使得着陆器从初始时刻 $t=0$ 线运动状态 $[\bar{\boldsymbol{R}}^{\mathrm{T}}\quad\bar{\boldsymbol{V}}^{\mathrm{T}}]^{\mathrm{T}}(t=0)$ 转移到终端时刻 $t=t_{\mathrm{go}}$ 线运动状态 $[\bar{\boldsymbol{R}}^{\mathrm{T}}\quad\bar{\boldsymbol{V}}^{\mathrm{T}}]^{\mathrm{T}}(t=t_{\mathrm{go}})$。

根据最优控制理论可以导出结论:在平月球、均匀力场假设下,最小转移时间解呈现双线性正切形式[9-11];而当终端约束不包含航向位置约束时,最小转移时间解简化为线性正切形式,如图6-4所示。

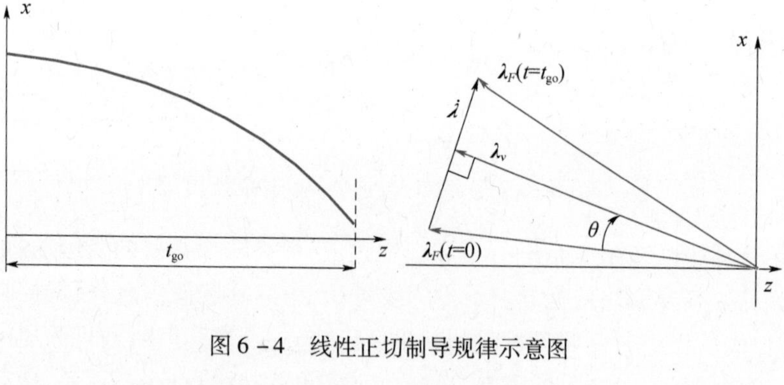

图6-4 线性正切制导规律示意图

线性正切制导规律,可以写为

$$\bar{\boldsymbol{u}}_F=\bar{\boldsymbol{\lambda}}_F/\|\bar{\boldsymbol{\lambda}}_F\| \tag{6-22}$$

$$\bar{\boldsymbol{\lambda}}_F=\bar{\boldsymbol{\lambda}}_v+\dot{\bar{\boldsymbol{\lambda}}}(t-t_\lambda) \tag{6-23}$$

$$\bar{\boldsymbol{\lambda}}_v^{\mathrm{T}}\dot{\bar{\boldsymbol{\lambda}}} = 0 \tag{6-24}$$

$$\|\bar{\boldsymbol{\lambda}}_v\| = 1 \tag{6-25}$$

式中：$\bar{\boldsymbol{\lambda}}_v$ 为推力产生期望速度方向单位矢量；$\dot{\bar{\boldsymbol{\lambda}}}$ 为推力方向变化速度；$\bar{\boldsymbol{\lambda}}_v$ 与 $\dot{\bar{\boldsymbol{\lambda}}}$ 相互垂直；t_λ 是参考时间，当 $t = t_\lambda$ 时推力方向与推力产生期望速度方向一致。注意到 $\dot{\bar{\boldsymbol{\lambda}}}$ 是小量，可以导得

$$\begin{aligned}\bar{\boldsymbol{u}}_F &= \frac{\bar{\boldsymbol{\lambda}}_v + \dot{\bar{\boldsymbol{\lambda}}}(t-t_\lambda)}{\|\bar{\boldsymbol{\lambda}}_v + \dot{\bar{\boldsymbol{\lambda}}}(t-t_\lambda)\|} = \frac{\bar{\boldsymbol{\lambda}}_v + \dot{\bar{\boldsymbol{\lambda}}}(t-t_\lambda)}{\sqrt{1+\dot{\lambda}^2(t-t_\lambda)^2}} \\ &\approx [\bar{\boldsymbol{\lambda}}_v + \dot{\bar{\boldsymbol{\lambda}}}(t-t_\lambda)][1-\dot{\lambda}^2(t-t_\lambda)^2] = \bar{\boldsymbol{\lambda}}_v[1-\dot{\lambda}^2(t-t_\lambda)^2] + \dot{\bar{\boldsymbol{\lambda}}}(t-t_\lambda)\end{aligned} \tag{6-26}$$

联立式(6-21)和式(6-26)导得

$$\ddot{\bar{\boldsymbol{R}}} = (F/m)\{\bar{\boldsymbol{\lambda}}_v[1-\dot{\lambda}^2(t-t_\lambda)^2] + \dot{\bar{\boldsymbol{\lambda}}}(t-t_\lambda)\} + \bar{\boldsymbol{g}} \tag{6-27}$$

引入推力积分：

$$\begin{cases} L = \int_0^{t_{go}} (F/m)\mathrm{d}t & (6-28\mathrm{a}) \\ S = \int_0^{t_{go}}\int_0^t (F/m)\mathrm{d}s\mathrm{d}t & (6-28\mathrm{b}) \\ J = \int_0^{t_{go}} (F/m)t\mathrm{d}t & (6-28\mathrm{c}) \\ Q = \int_0^{t_{go}}\int_0^t (F/m)s\mathrm{d}s\mathrm{d}t & (6-28\mathrm{d}) \\ H = \int_0^{t_{go}} (F/m)t^2\mathrm{d}t & (6-28\mathrm{e}) \\ P = \int_0^{t_{go}}\int_0^t (F/m)s^2\mathrm{d}s\mathrm{d}t & (6-28\mathrm{f}) \end{cases}$$

引入引力积分：

$$\begin{cases} \bar{\boldsymbol{V}}_{\mathrm{grav}} = \int_0^{t_{go}} \bar{g}\mathrm{d}t & (6-29\mathrm{a}) \\ \bar{\boldsymbol{R}}_{\mathrm{grav}} = \int_0^{t_{go}}\int_0^t \bar{g}\mathrm{d}s\mathrm{d}t & (6-29\mathrm{b}) \end{cases}$$

它们分别为制导过程中重力作用引起的速度变化和位置变化。一种工程上的

近似计算方法是构造一条和真实动力下降轨迹很接近的滑行轨迹,并以沿着该滑行轨迹的重力积分来近似代替在真实动力上升轨迹上的重力积分。此外还有一种方法,就是通过和制导方程一起积分的数值计算方法可以精确确定引力积分。进而,积分式(6-27)两次,导得

$$\begin{cases}\bar{\boldsymbol{V}}_d-\bar{\boldsymbol{V}}-\bar{\boldsymbol{V}}_{\text{grav}}=\bar{\boldsymbol{\lambda}}_v\left[L-\frac{1}{2}\dot{\lambda}^2(H-2t_\lambda J+t_\lambda^2L)\right]+\dot{\bar{\boldsymbol{\lambda}}}(J-Lt_\lambda) & (6-30\text{a})\\ \bar{\boldsymbol{R}}_d-\bar{\boldsymbol{R}}-\bar{\boldsymbol{V}}t_{\text{go}}-\bar{\boldsymbol{R}}_{\text{grav}}=\bar{\boldsymbol{\lambda}}_v\left[S-\frac{1}{2}\dot{\lambda}^2(P-2Qt_\lambda+St_\lambda^2)\right]+(Q-St_\lambda)\dot{\bar{\boldsymbol{\lambda}}} & (6-30\text{b})\end{cases}$$

式中:$\bar{\boldsymbol{R}}$ 、$\bar{\boldsymbol{V}}$ 为当前时刻位置、速度;$\bar{\boldsymbol{R}}_d$ 、$\bar{\boldsymbol{V}}_d$ 为终端时刻位置、速度。

定义 $\bar{\boldsymbol{V}}_{go}$ 、$\bar{\boldsymbol{R}}_{go}$ 为推力产生的速度和位置,亦即式(6-30)左边相应项,则有

$$\begin{cases}\bar{\boldsymbol{V}}_{\text{go}}=\bar{\boldsymbol{\lambda}}_v\left[L-\frac{1}{2}\dot{\lambda}^2(H-2t_\lambda J+t_\lambda^2L)\right]+\dot{\bar{\boldsymbol{\lambda}}}(J-Lt_\lambda) & (6-31\text{a})\\ \bar{\boldsymbol{R}}_{\text{go}}=\bar{\boldsymbol{\lambda}}_v\left[S-\frac{1}{2}\dot{\lambda}^2(P-2Qt_\lambda+St_\lambda^2)\right]+(Q-St_\lambda)\dot{\bar{\boldsymbol{\lambda}}} & (6-31\text{b})\end{cases}$$

方程式(6-30)中有7个未知数 $\bar{\boldsymbol{\lambda}}_v$ 、$\dot{\bar{\boldsymbol{\lambda}}}$ 、t_λ ,但只有5个独立方程(因为沿航向方程无约束,$\bar{\boldsymbol{R}}_d$ 不能提供第6个终端位置量),因而该方程为不定方程。但考虑到约束方程式(6-24)和式(6-25),此时就有7个约束方程了。而 t_{go} 可以按照火箭方程算出:

$$t_{\text{go}}=\frac{v_{ex}m}{F}(1-\mathrm{e}^{-V_{go}/v_{ex}}) \tag{6-32}$$

式中:v_{ex} 为发动机比冲。

忽略(6-31a)中 $\dot{\lambda}^2$ 相关项,利用式(6-24)和式(6-25)可得

$$\bar{\boldsymbol{\lambda}}_v=\frac{\bar{\boldsymbol{V}}_{\text{go}}}{V_{\text{go}}} \tag{6-33}$$

忽略(6-31b)中 $\dot{\lambda}^2$ 相关项,利用式(6-24)导得

$$\bar{\boldsymbol{\lambda}}_v^{\mathrm{T}}\bar{\boldsymbol{R}}_{\text{go}}=S \tag{6-34}$$

注意到沿航向分量无约束,这就需要利用式(6-34)补充相关信息才能完整确定 $\bar{\boldsymbol{R}}_{\text{go}}$ 。设下降轨迹轨道面法线方向单位矢量为 $\boldsymbol{i}_\eta$,终端时刻着陆器径向单位矢量为 $\boldsymbol{i}_\zeta$,则终端时刻沿航向单位矢量为 $\boldsymbol{i}_\xi=\boldsymbol{i}_\zeta\times\boldsymbol{i}_\eta$,于是有

$$
\begin{cases}
\boldsymbol{R}_{\mathrm{go}_{\xi\eta}} = \widetilde{\boldsymbol{R}}_{\mathrm{go}} - (\widetilde{\boldsymbol{R}}_{\mathrm{go}_{\xi\eta}} \cdot \boldsymbol{i}_{\mathrm{go}_\zeta})\boldsymbol{i}_{\mathrm{go}_\zeta} & (6-35\mathrm{a}) \\
\boldsymbol{R}_{\mathrm{go}_\zeta} = \dfrac{S - \boldsymbol{\lambda}_v \cdot \widetilde{\boldsymbol{R}}_{\mathrm{go}_{\xi\eta}}}{\boldsymbol{\lambda}_v \cdot \boldsymbol{i}_{\mathrm{go}_\zeta}} & (6-35\mathrm{b}) \\
\boldsymbol{R}_{\mathrm{go}} = \boldsymbol{R}_{\mathrm{go}_{\xi\eta}} + R_{\mathrm{go}_\zeta}\boldsymbol{i}_{\mathrm{go}_\zeta} & (6-35\mathrm{c})
\end{cases}
$$

式中：$\widetilde{\boldsymbol{R}}_{\mathrm{go}}$ 为未定的 $\boldsymbol{R}_{\mathrm{go}}$ 。一旦确定 $\boldsymbol{R}_{\mathrm{go}}$ ，则由式(6－31b)可以导得

$$
\dot{\boldsymbol{\lambda}} = \frac{\overline{\boldsymbol{R}}_{\mathrm{go}} - \overline{\boldsymbol{\lambda}}_v S}{Q - St_\lambda} \tag{6-36}
$$

式中：选取

$$
t_\lambda = J/L \tag{6-37}
$$

至此，给定 $\overline{\boldsymbol{V}}_{\mathrm{go}}$ 、$\overline{\boldsymbol{R}}_{\mathrm{go}}$ 可以解析算出 $\overline{\boldsymbol{\lambda}}_v$ 、$\dot{\boldsymbol{\lambda}}$ 、t_λ 。

动力显式制导以速度增量 $\overline{\boldsymbol{V}}_{\mathrm{go}}$ 作为独立的变量，使用预测校正的迭代方法产生满足终端要求的 $\overline{\boldsymbol{V}}_{\mathrm{go}}$ ，在此基础上得到三个制导参数 $\overline{\boldsymbol{\lambda}}_v$ ，$\dot{\boldsymbol{\lambda}}$ ，t_λ 的显式表达，其流程见图6－5。具体来说，分为以下几个步骤：

第一步：给定 $\overline{\boldsymbol{V}}_{\mathrm{go}}$ 。程序初始化时，$\overline{\boldsymbol{V}}_{\mathrm{go}}$ 为预先设定的一个矢量。制导开始后，$\overline{\boldsymbol{V}}_{\mathrm{go}}$ 由上一步的 $\overline{V}_{\mathrm{go}}$ 值减去惯性敏感器测得的速度变化 $\Delta\overline{\boldsymbol{V}}_s$ 得到：

$$
\overline{\boldsymbol{V}}_{\mathrm{go}}(n) = \overline{\boldsymbol{V}}_{\mathrm{go}}(n-1) - \Delta\overline{\boldsymbol{V}}_s
$$

式中：$\overline{\boldsymbol{V}}_{\mathrm{go}}(n)$ 为第 n 步的 $\overline{\boldsymbol{V}}_{\mathrm{go}}$ 值。

第二步：求制导参数。$\overline{\boldsymbol{V}}_{\mathrm{go}}$ 确定后，首先计算制导剩余时间 t_{go} 。得到 t_{go} 后，可进一步计算参数 L,H,J,S,Q,P 。而后可以求得动力显式制导参数 $\overline{\boldsymbol{\lambda}}_v$ 和 t_λ ，$\overline{\boldsymbol{R}}_{\mathrm{go}}$ 可由如下两式共同决定：

$$
\overline{\boldsymbol{R}}_{\mathrm{go}}(n) = \overline{\boldsymbol{R}}_d(n-1) - \overline{\boldsymbol{R}} - \overline{\boldsymbol{V}}t_{\mathrm{go}} - \overline{\boldsymbol{R}}_{\mathrm{grav}}(n)\ ,\ S = \overline{\boldsymbol{\lambda}}_v^{\mathrm{T}}\overline{\boldsymbol{R}}_{\mathrm{go}}
$$

式中：$\overline{\boldsymbol{R}}_{\mathrm{go}}(n)$ 为第 n 步、即当前的 $\overline{\boldsymbol{R}}_{\mathrm{go}}$ ；$\overline{\boldsymbol{R}}_d(n-1)$ 为上一步的 $\overline{\boldsymbol{R}}_d$ ；第 n 步的 $\overline{\boldsymbol{R}}_{\mathrm{grav}}(n)$ 近似表达为 $\overline{\boldsymbol{R}}_{\mathrm{grav}}(n) = \overline{\boldsymbol{R}}_{\mathrm{grav}}(n-1)\,[t_{\mathrm{go}}(n)/t_{\mathrm{go}}(n-1)]^2$ ；得到 $\overline{\boldsymbol{R}}_{\mathrm{go}}$ 后，可以得到第三个制导参数 $\dot{\boldsymbol{\lambda}}$ ；最终求得推力方向矢量 $\overline{\boldsymbol{u}}_f$ ，由此可以实时计算推力的指向。

第三步：预测终端状态。根据 $\overline{u}_f$ 可以预测终端状态的速度矢量 $\overline{\boldsymbol{V}}_p$ 和终端的位置矢量 $\overline{\boldsymbol{R}}_p$ ：

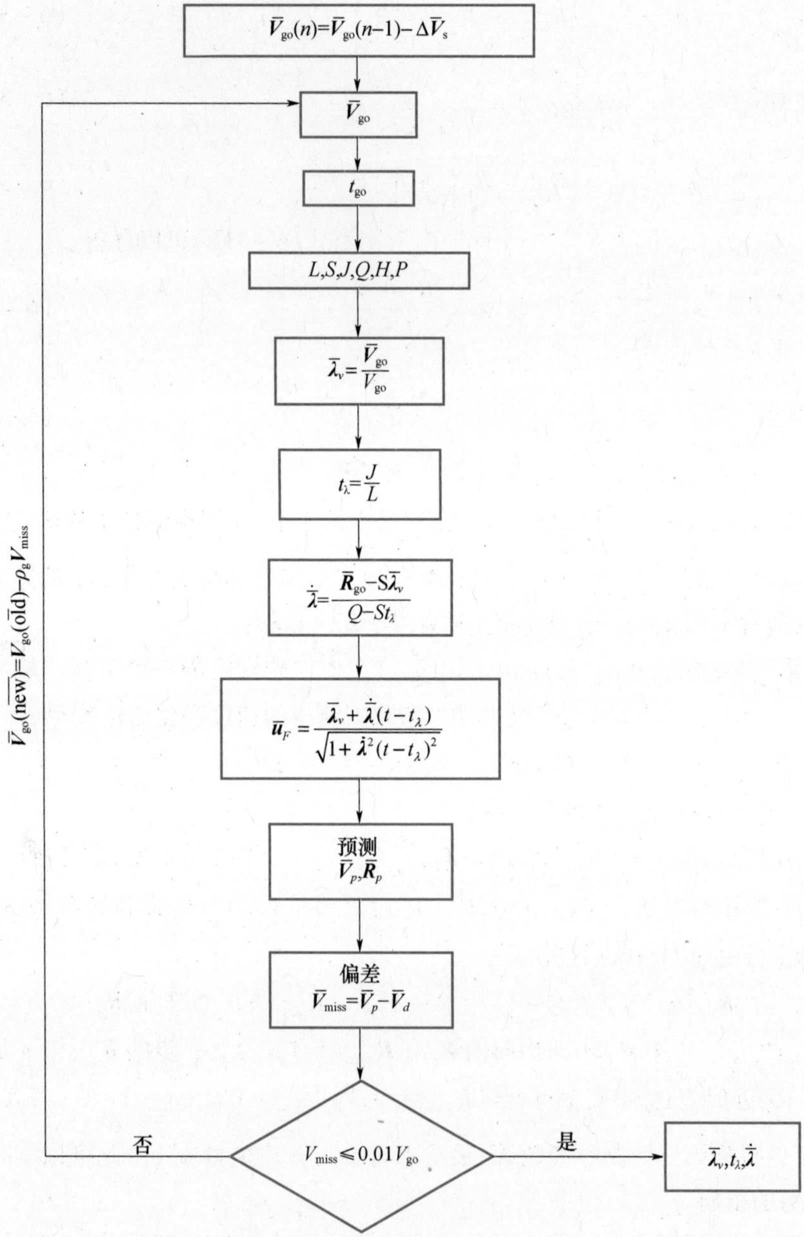

图 6-5　动力下降制导算法流程图

$$\overline{\boldsymbol{V}}_p = \overline{\boldsymbol{V}} + \overline{\boldsymbol{V}}_{\text{thrust}} + \overline{\boldsymbol{V}}_{\text{grav}}$$

$$\overline{\boldsymbol{R}}_{\text{p}} = \overline{\boldsymbol{R}} + \overline{\boldsymbol{V}}t_{\text{go}} + \overline{\boldsymbol{R}}_{\text{thrust}} + \overline{\boldsymbol{R}}_{\text{grav}}$$

第四步:校正。期望的位置矢量 $\overline{\boldsymbol{R}}_d$ 和速度矢量 $\overline{\boldsymbol{V}}_d$ 如下所示:

$$\begin{cases} \overline{\boldsymbol{R}}_d = R_d \text{unit}[\overline{\boldsymbol{R}}_p - (\overline{\boldsymbol{R}}_p^{\text{T}} \boldsymbol{i}_{yd}) \boldsymbol{i}_{yd}] \\ \overline{\boldsymbol{V}}_d = V_d [\boldsymbol{i}_x \sin\gamma_d + \text{unit}(\boldsymbol{i}_x \times \boldsymbol{i}_{yd}) \cos\gamma_d] \end{cases}$$

式中:R_d 为期望的终端矢量 $\overline{\boldsymbol{R}}_d$ 的大小;unit( )为单位矢量;$\boldsymbol{i}_{yd}$ 为轨道平面法线单位矢量;V_d 为期望的终端速度 $\overline{\boldsymbol{V}}_d$ 的大小;$i_x = \text{unit}(\overline{\boldsymbol{R}}_d)$;$\gamma_d$ 为期望的飞行路径角。在此基础上,定义速度偏差:

$$\overline{\boldsymbol{V}}_{\text{miss}} = \overline{\boldsymbol{V}}_p - \overline{\boldsymbol{V}}_d$$

并将速度偏差 $\overline{\boldsymbol{V}}_{\text{miss}}$ 反馈到 $\overline{\boldsymbol{V}}_{\text{go}}$:

$$\overline{\boldsymbol{V}}_{\text{go}}(\text{new}) = \overline{\boldsymbol{V}}_{\text{go}}(\text{old}) - \rho_g \overline{\boldsymbol{V}}_{\text{miss}}$$

式中:ρ_g 为阻尼系数,常取为1.0。

第五步:判断。如果满足 $\|\overline{\boldsymbol{V}}_{\text{miss}}\| \leqslant 0.01 \|\overline{\boldsymbol{V}}_{\text{go}}\|$,则认为收敛;否则继续从第二步开始循环,直到得到收敛的结果。

6.3.2 自适应动力显式制导

国内外多次在轨飞行已经证明,动力显式制导能够保证从给定初始状态转移到预定终端状态,且对于平地(月)球、均匀力场具有最优性,对于椭圆地(月)球距离平方倒数引力场具有接近最优性。值得注意的是动力显式制导存在两个问题。第一:终端状态约束只局限于线运动状态约束,而角运动状态特别是终端姿态并不固定。动力显式制导是通过推力方向变化而得到控制的,这样终端姿态一般不可能满足任意指向要求。仿真和飞行结果表明,对于月球着陆器动力下降过程而言,主减速结束后的终端姿态一般是相对于初始姿态绕俯仰轴机动了30°左右。正是由于终端姿态不能满足任意指向,着陆器在主减速之后紧跟一个俯仰机动模式,以便使得着陆器姿态和位置速度满足随后的接近模式入口条件。然而,由于主减速末端姿态不确定性,直接通过俯仰机动模式捕获该入口条件是困难的。为此,嫦娥三号提出了目标自适应动力显式制导方法,使得在主减速阶段通过自动调整主减速目标适应接近段入口条件。第二,动力显式制导依赖于发动机推重比、比冲发动机和着陆器质量特性等参数。由于在轨飞行过程变化和飞行环境不同,这些参数可能具有不确定性,而这种不确定性有可能影响动力显式制导算法中预测部分的准确性,因此有必要通过在轨辨识实时确定相关制导参数,由此达到提高着陆器制导品质目的。

嫦娥三号创造使用了自适应动力显式制导,其基本原理如图 6-6 所示。图中包含参数自适应和目标自适应两个组成部分。

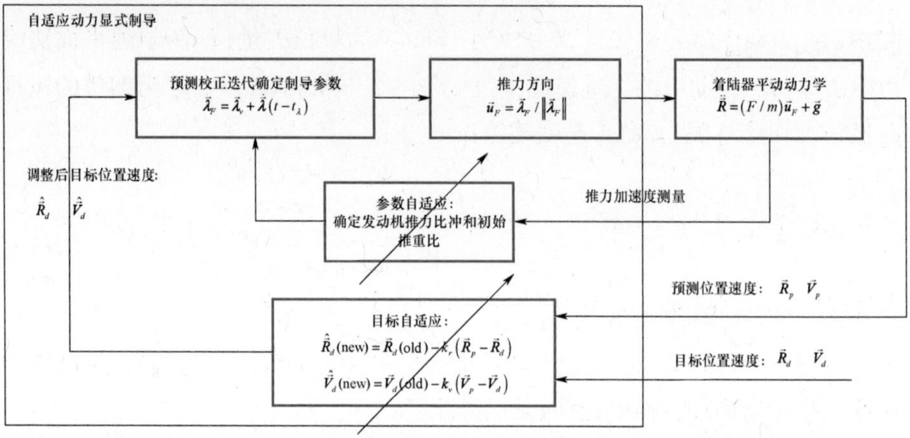

图 6-6　自适应动力下降制导示意图

1. 目标自适应

目标自适应是通过目标偏置方法得到实现的,如图 6-7 所示。下面分步叙述算法流程。

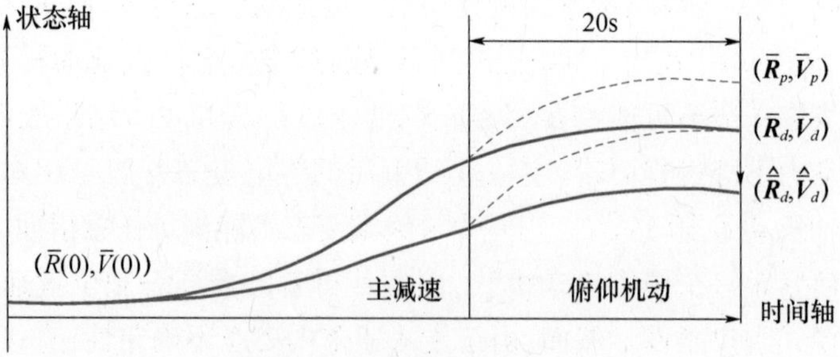

图 6-7　目标偏置示意图

第一步:设定初始目标。

设接近段初始时刻线运动状态为 $[\overline{\boldsymbol{R}}^{\mathrm{T}}_{\text{approach}} \quad \overline{\boldsymbol{V}}^{\mathrm{T}}_{\text{approach}}]^{\mathrm{T}}$,这里 $\overline{\boldsymbol{R}}_{\text{approach}}$ 中确

定了不包含航程方向的另外两个位置分量，包括着陆器高度和表征轨道面的位置分量。选取主减速阶段动力显式制导末端状态 $[\bar{\boldsymbol{R}}_d^{\mathrm{T}} \quad \bar{\boldsymbol{V}}_d^{\mathrm{T}}]^{\mathrm{T}}$ 满足：

$$\begin{cases} \bar{\boldsymbol{R}}_d = \bar{\boldsymbol{R}}_{\text{approach}} & (6-38\text{a}) \\ \bar{\boldsymbol{V}}_d = \bar{\boldsymbol{V}}_{\text{approach}} & (6-38\text{b}) \end{cases}$$

式中：$\bar{\boldsymbol{V}}_d$ 方向确定取决于 $\bar{\boldsymbol{R}}_d$ 。

第二步：运行动力显式制导算法，求取制导参数 $(\bar{\boldsymbol{\lambda}}_v, \dot{\boldsymbol{\lambda}}, t_\lambda)$ 。

这里终端状态如式(6－38)，而算法就是动力显式制导算法中的第一步、第二步。

第三步：预测终端状态。

这里又分两个步骤：首先利用制导参数和动力学方程预测到 $t_{\text{go}} - 20$（这里 20s 是建议值）时刻，获得相应位置、速度；然后以此时刻状态为起始点，再调用俯仰机动模式制导算法（绕俯仰轴匀速机动 20s），获得 t_{go} 时刻位置、速度。记此预测位置、速度为 $[\bar{\boldsymbol{R}}_p^{\mathrm{T}} \quad \bar{\boldsymbol{V}}_p^{\mathrm{T}}]^{\mathrm{T}}$ 。

由于预测过程插入了后 20s 的俯仰机动模式，因此一般而言预测状态必然偏离目标状态。

第四步：校正。

根据预测的位置 $\bar{\boldsymbol{R}}_p$ 、结合目标状态位置 $\bar{\boldsymbol{R}}_d$ 已知信息，可以完全确定目标位置 $\bar{\boldsymbol{R}}_d$ ，进而完全确定目标速度 $\bar{\boldsymbol{V}}_d$ 。

然后开始关键一步，即目标自适应调整，自适应律公式如下：

$$\begin{cases} \hat{\bar{\boldsymbol{R}}}_d(\text{new}) = \hat{\bar{\boldsymbol{R}}}_d(\text{old}) - k_r(\bar{\boldsymbol{R}}_p - \bar{\boldsymbol{R}}_d) & (6-39\text{a}) \\ \hat{\bar{\boldsymbol{V}}}_d(\text{new}) = \hat{\bar{\boldsymbol{V}}}_d(\text{old}) - k_v(\bar{\boldsymbol{V}}_p - \bar{\boldsymbol{V}}_d) & (6-39\text{b}) \end{cases}$$

式中：k_r 、k_v 为小于 1 参数，又称为自适应参数；$\hat{\bar{\boldsymbol{R}}}_d(\text{old})$ 、$\hat{\bar{\boldsymbol{V}}}_d(\text{old})$ 是上一步动力显式制导使用的目标位置速度。在自适应律作用下，下一个目标位置、目标速度在原来基础上做微小调整，使得下次的预测位置、速度离最终目标位置、速度更接近一些。

第五步：判断。

根据公式 $\bar{\boldsymbol{V}}_{\text{miss}} = \bar{\boldsymbol{V}}_p - \bar{\boldsymbol{V}}_d$ ，判断是否满足 $\|\bar{\boldsymbol{V}}_{\text{miss}}\| \leqslant 0.01\|\bar{\boldsymbol{V}}_{\text{go}}\|$ 。若是，则认为收敛，否则令 $\bar{\boldsymbol{V}}_{\text{go}}(\text{new}) = \bar{\boldsymbol{V}}_{\text{go}}(\text{old}) - (\bar{\boldsymbol{V}}_p - \hat{\bar{\boldsymbol{V}}}_d(\text{new}))$ 继续第二步，

直到收敛。

上述算法收敛后，预测位置 $\overline{\boldsymbol{R}}_p$ 、速度 $\overline{\boldsymbol{V}}_p$ 将与目标位置 $\overline{\boldsymbol{R}}_d$ 、速度 $\overline{\boldsymbol{V}}_d$ 接近一致，而过程中使用的目标位置 $\hat{\overline{\boldsymbol{R}}}_d$ 、速度 $\hat{\overline{\boldsymbol{V}}}_d$ 将偏离开目标位置 $\overline{\boldsymbol{R}}_d$ 、速度 $\overline{\boldsymbol{V}}_d$ ，因而称为目标偏置方法。

2. 参数自适应

动力显式制导中使用的参数包括推重比 F/m 和发动机比冲 v_{ex} ，由于飞行过程和环境变化和地面标定偏差，这些参数难免带有不确定性。如果直接使用加速度测量替代 F/m ，加速度计测量噪声将引入制导参数计算过程，使得制导参数变化较为剧烈，制导过程也因此失去平滑性质。为了消除不确定性，同时又维持制导平滑性，嫦娥三号创造性地使用了在轨参数辨识方法，即通过加速度测量利用最小二乘方法获得上述参数估计、同时尽可能消除加速度计测量噪声。

引入参数：

$$\tau_{F0} = \frac{v_{ex}}{(F/m_0)} \tag{6-40}$$

$$\tau_F(t) = \frac{v_{ex}}{[F/m(t)]} \tag{6-41}$$

式中：m_0 为点火初始时刻着陆器质量；τ_{F0} 为全部推进剂质量耗费完毕所花点火时间。容易求得

$$\tau_F(t) = \tau_{F0} - t \tag{6-42}$$

根据火箭方程可以写出：

$$m(t)a(t) = \dot{m}v_{ex} \tag{6-43}$$

由此利用式(6-40)~式(6-42)导出：

$$a(t) = \frac{\dot{m}v_{ex}}{m(t)} = \frac{v_{ex}}{m(t)/\dot{m}} = \frac{v_{ex}}{m(t)/(F/v_{ex})} = \frac{v_{ex}}{\tau_F(t)} = \frac{v_{ex}}{\tau_{F0} - t} \tag{6-44}$$

于是，考虑加速度测量噪声，可以有

$$\begin{cases} y_F(t_k) = \boldsymbol{\varphi}_F^{\mathrm{T}}(t_k)\boldsymbol{\theta}_F + n_F(t_k) & (6-45\mathrm{a}) \\ y_F(t_k) = 1/a(t_k) & (6-45\mathrm{b}) \\ \boldsymbol{\varphi}_F(t) = [1 \quad -t_k]^{\mathrm{T}} & (6-45\mathrm{c}) \\ \boldsymbol{\theta}_F = [\tau_{F0}/v_{ex} \quad 1/v_{ex}]^{\mathrm{T}} & (6-45\mathrm{d}) \end{cases}$$

式中：$k = 1,2,\cdots,N$；$n_F(t_k)$ 是测量噪声。方程式(6-45)的最小二乘解可以写为

$$\hat{\boldsymbol{\theta}}_F = \left[\sum_{k=0}^{N}\boldsymbol{\varphi}_F(t_k)\boldsymbol{\varphi}_F^{\mathrm{T}}(t_k)\right]^{-1}\sum_{k=0}^{N}\left[\boldsymbol{\varphi}_F(t_k)\boldsymbol{y}_F(t_k)\right] \tag{6-46}$$

只要时间足够长，矩阵 $\sum_{k=0}^{N}\boldsymbol{\varphi}_F(t_k)\boldsymbol{\varphi}_F^{\mathrm{T}}(t_k)$ 就满秩，上述解就存在。随着制导过程进展，参数估计收敛到真值。上述参数辨识与动力显式制导结合形成了自适应参数制导规律。

综合上述讨论可以看出：制导参数自适应部分，保证发动机推力比冲和初始推重比的估计值，随着加速度测量数据的积累而收敛到真值，提高了制导对质量、推力和比冲等不确定量的适应性。目标自适应部分，设计了预测校正制导，通过调整目标位置速度，使得主减速末期嵌入了快速调整过程，这样预测的终端位置速度不断接近目标位置和速度。两部分相结合，保证了在快速调整后的位置速度逐步收敛到目标值，保证了接近段入口对姿态、高度、速度和加速度的需求，满足了着陆器从主减速段平缓过渡到接近段的要求。

6.3.3 姿态控制和液体晃动抑制：经典频域控制方法

1. 传递函数

展开式(6-1b)~式(6-1d)，忽略 J_{c12} 相关耦合项，方程适当排序，可以导得

$$J_{c1}\dot{\omega}_1 = \tau_x \tag{6-47}$$

$$\begin{cases} J_{c2}\dot{\omega}_2 - \dfrac{m_b m_f}{m}(l^2 - r_{px}l)\dot{\theta}_{fy} - m_f l a_F \theta_{fy} = \tau_y & (6-48a) \\ \ddot{\theta}_{fy} + \dfrac{m a_F}{m_b l}\theta_{fy} - \dfrac{l - r_{px}}{l}\dot{\omega}_2 = \dfrac{m}{m_b l}a_z & (6-48b) \end{cases}$$

$$\begin{cases} J_{c3}\dot{\omega}_3 - \dfrac{m_b m_f}{m}(l^2 - r_{px}l)\ddot{\theta}_{fz} - m_f l a_F \theta_{fz} = \tau_z & (6-49a) \\ \ddot{\theta}_{fz} + \dfrac{m a_F}{m_b l}\theta_{fz} - \dfrac{l - r_{px}}{l}\dot{\omega}_3 = -\dfrac{m}{m_b l}a_y & (6-49b) \end{cases}$$

式(6-47)~式(6-49)中：τ_x、τ_y、τ_z 为三轴控制力矩；a_y、a_z 为 y_s 轴、z_s

轴上控制加速度。式(6-47)是关于 x_s 轴转动动力学方程;式(6-48)是关于 y_s 轴转动和晃动动力学方程;式(6-49)是关于 z_s 轴转动和晃动动力学方程。

根据制导规律可以确定目标坐标系,进而可以确定目标姿态和目标角速度。工程上目标角速度变化缓慢,可以近似为0。如同挠性航天器误差姿态和误差角速度描述式(5-55)一样,从目标坐标系到本体坐标系旋转的误差姿态角和误差角速度可以写为

$$\begin{cases} \Delta\bar{\boldsymbol{\phi}} = [\Delta\phi_x \quad \Delta\phi_y \quad \Delta\phi_z]^{\mathrm{T}} & (6-50\mathrm{a}) \\ \Delta\bar{\boldsymbol{\omega}} = [\Delta\dot{\phi}_x \quad \Delta\dot{\phi}_y \quad \Delta\dot{\phi}_z]^{\mathrm{T}} & (6-50\mathrm{b}) \end{cases}$$

于是式(6-47)~式(6-49)可以写为

$$J_{c1}\Delta\ddot{\phi}_x = \tau_x \tag{6-51}$$

$$\begin{cases} J_{c2}\Delta\ddot{\phi}_y - \dfrac{m_b m_f}{m}(l^2 - r_{px}l)\ddot{\theta}_{fy} - m_f l a_F \theta_{fy} = \tau_y & (6-52\mathrm{a}) \\ \ddot{\theta}_{fy} + \dfrac{m a_F}{m_b l}\theta_{fy} - \dfrac{l - r_{px}}{l}\Delta\ddot{\phi}_y = \dfrac{m}{m_b l}a_z & (6-52\mathrm{b}) \end{cases}$$

$$\begin{cases} J_{c3}\Delta\ddot{\phi}_z - \dfrac{m_b m_f}{m}(l^2 - r_{px}l)\ddot{\theta}_{fz} - m_f l a_F \theta_{fz} = \tau_z & (6-53\mathrm{a}) \\ \ddot{\theta}_{fz} + \dfrac{m a_F}{m_b l}\theta_{fz} - \dfrac{l - r_{px}}{l}\Delta\ddot{\phi}_z = -\dfrac{m}{m_b l}a_y & (6-53\mathrm{b}) \end{cases}$$

式(6-51)~式(6-53)就是适合于动力下降过程姿态跟踪控制的动力学方程。类似于挠性航天器情况,这套方程称为约束模态动力学方程。

观察式(6-51)~式(6-53)发现:关于 x_s 轴转动与纯刚体航天器类似,沿用刚体航天器控制规律设计即可。关于 y_s 轴和关于 z_s 轴转动和晃动动力学方程类似,只需讨论其中一轴运动即可。为此,以下讨论只考虑关于 z_s 轴转动和晃动。

利用与6.1.2节相同方法,可以导出误差角 $\Delta\phi_z$ 拉普拉斯变换与控制力矩 τ_z 拉普拉斯变换和控制加速度 a_z 拉普拉斯变换之间关系如下:

$$\Delta\phi_z(s) = \frac{K_\tau}{s^2}\frac{1 + s^2/\Omega_{Z\tau}^2}{1 + s^2/\Omega_P^2}\tau_z(s) + \frac{K_a}{s^2}\frac{1 + s^2/\Omega_{Za}^2}{1 + s^2/\Omega_P^2}a_z(s) \tag{6-54}$$

$$
\begin{cases}
K_\tau = \dfrac{1}{J_{bz} + \dfrac{m_b m_f}{m}(r_{px}^2 + r_{py}^2 - l r_{px})} & (6-55\text{a}) \\
\Omega_{Z\tau}^2 = \dfrac{F}{m_b l} & (6-55\text{b}) \\
\Omega_P^2 = \dfrac{F}{m_b l} \dfrac{J_{bz} + \dfrac{m_b m_f}{m}(r_{px}^2 + r_{py}^2 - l r_{px})}{J_{bz} + \dfrac{m_b m_f}{m} r_{py}^2} & (6-55\text{c}) \\
\Omega_{Za}^2 = \dfrac{F}{m_b (l - r_{px})} & (6-55\text{d}) \\
K_a = -\dfrac{m_b m_f l^2}{m} \dfrac{1}{J_{bz} + \dfrac{m_b m_f}{m}(r_{px}^2 + r_{py}^2 - l r_{px})} & (6-55\text{e})
\end{cases}
$$

利用因式分解,式(6-54)串联形式为

$$
\Delta\phi_z(s) = \frac{1}{s^2}[K_{\tau 0}\tau_z(s) + K_{a0}a_z(s)] + \frac{1}{s^2 + \Omega_P^2}[K_{\tau 1}\tau_z(s) + K_{a1}a_z(s)] \quad (6-56)
$$

进而可以写出式(6-56)在时域另一种实现:

$$
\begin{cases}
\ddot{\eta}_0 = K_{\tau 0}\tau_z + K_{a0}a_z & (6-57\text{a}) \\
\ddot{\eta}_1 + \Omega_P^2\eta_1 = K_{\tau 1}\tau_z + K_{a1}a_z & (6-57\text{b}) \\
\Delta\phi_z = \eta_0 + \eta_1 & (6-57\text{c})
\end{cases}
$$

其中参数满足:

$$
\begin{cases}
K_{\tau 0} = K_\tau & (6-58\text{a}) \\
K_{a0} = K_a & (6-58\text{b}) \\
K_{\tau 1} = \dfrac{K_\tau(\Omega_P^2 - \Omega_{Z\tau}^2)}{\Omega_{Z\tau}^2} & (6-58\text{c}) \\
K_{a1} = \dfrac{K_a(\Omega_P^2 - \Omega_{Za}^2)}{\Omega_{Za}^2} & (6-58\text{d})
\end{cases}
$$

方程式(6-57)使得刚体运动模态与晃动模态得到分离。仿照挠性航天器习惯,可以称方程式(6-57)为非约束模态运动方程。

考虑到工程上晃动模态必有模态阻尼,并且理论上晃动模态可能有多个,

可以将方程式(6-57)转写为下列一般化形式:

$$\begin{cases}\ddot{\eta}_0 = K_{\tau 0}\tau_z + K_{a0}a_z & (6-59\text{a})\\ \ddot{\eta}_i + 2\zeta_i\Omega_i\dot{\eta}_i + \Omega_i^2\eta_i = K_{\tau i}\tau_z + K_{ai}a_z & (6-59\text{b})\\ \Delta\phi_z = \eta_0 + \eta_1 + \cdots + \eta_n & (6-59\text{c})\\ \Delta\dot{\phi}_z = \dot{\eta}_0 + \dot{\eta}_1 + \cdots + \dot{\eta}_n & (6-59\text{d})\end{cases}$$

式中:$i = 1,2,\cdots,n$;ζ_i 为模态阻尼比;Ω_i 为模态频率。相应拉普拉斯变换形式串联和并联形式可以写为

$$\begin{cases}\Delta\phi_z(s) = \dfrac{K_\tau}{s^2}\prod_{i=1}^{n}\dfrac{1 + s^2/\Omega_{\tau i}^2}{1 + s^2/\Omega_i^2}\tau_z(s) + \dfrac{K_a}{s^2}\prod_{i=1}^{n}\dfrac{1 + s^2/\Omega_{ai}^2}{1 + s^2/\Omega_i^2}a_z(s) & (6-60\text{a})\\ \Delta\phi_z(s) = \left(\dfrac{K_{\tau 0}}{s^2} + \sum_{i=1}^{n}\dfrac{K_{\tau i}}{s^2 + \Omega_i^2}\right)\tau_z(s) + \left(\dfrac{K_{a0}}{s^2} + \sum_{i=1}^{n}\dfrac{K_{ai}}{s^2 + \Omega_i^2}\right)a_z(s) & (6-60\text{b})\end{cases}$$

对于着陆器动力下降过程的主减速阶段而言,侧向推力恒为0,因而在式(6-59)~式(6-60)中控制加速度 $a_z = 0$。于是有下列运动方程及其传递函数:

$$\begin{cases}\ddot{\eta}_0 = K_{\tau 0}\tau_z & (6-61\text{a})\\ \ddot{\eta}_i + 2\zeta_i\Omega_i\dot{\eta}_i + \Omega_i^2\eta_i = K_{\tau i}\tau_z & (6-61\text{b})\\ \Delta\phi_z = \eta_0 + \eta_1 + \cdots + \eta_n & (6-61\text{c})\\ \Delta\dot{\phi}_z = \dot{\eta}_0 + \dot{\eta}_1 + \cdots + \dot{\eta}_n & (6-61\text{d})\end{cases}$$

$$\begin{cases}\dfrac{\Delta\phi_z(s)}{\tau_z(s)} = \dfrac{K_\tau}{s^2}\prod_{i=1}^{n}\dfrac{1 + 2\zeta_{\tau i}s/\Omega_{\tau i} + s^2/\Omega_{\tau i}^2}{1 + 2\zeta_i s/\Omega_i + s^2/\Omega_i^2} & (6-62\text{a})\\ \dfrac{\Delta\phi_z(s)}{\tau_z(s)} = \dfrac{K_{\tau 0}}{s^2} + \sum_{i=1}^{n}\dfrac{K_{\tau i}}{s^2 + 2\zeta_i\Omega_i s + \Omega_i^2} & (6-62\text{b})\end{cases}$$

2. 频域控制方法

以美国重返月球计划牵牛星为例[3],其着陆器频率分布如图6-8所示。其中,控制系统带宽约为0.12Hz;液体晃动频率位于0.2~0.4Hz范围内;而结构振动频率、执行机构带宽、敏感器带宽均高于2Hz;采样频率达到20Hz。显然,液体晃动频率较低,与控制系统带宽较为接近。

如同挠性航天器控制部分论述,利用经典频域控制方法的着陆器控制策略一般主要考虑两方面。第一:相位稳定接近控制系统带宽晃动模态;这里利用相位超前还是利用相位滞后需要针对液体晃动频率具体情况而选择;如果

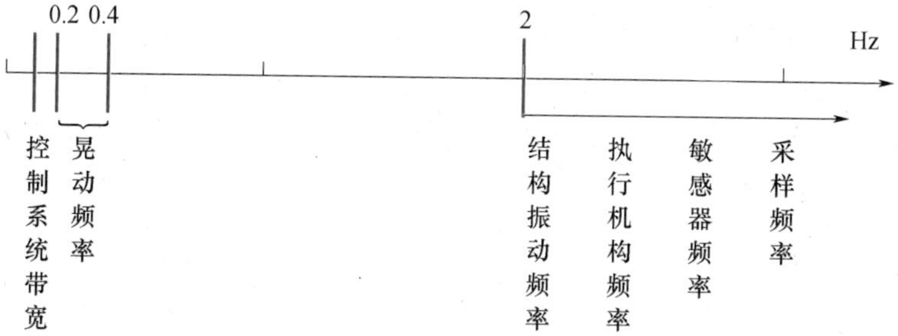

图6-8　牵牛星着陆器频率分布

晃动频率落入控制系统带宽内，如同卡西尼航天器在变轨期间液体晃动抑制一样，一般采用相位超前（使晃动模态相位落入-180°之前稳定区域）提供主动阻尼使晃动模态稳定；如果晃动频率在控制带宽之外，如同战神-Ⅰ运载火箭的一阶弯曲振动抑制一样，可以采用相位滞后（使晃动模态相位落入-180°之后稳定区域）提供主动阻尼使晃动模态稳定。无论何者，应当特别注意尽可能不影响控制带宽、同时应尽可能为高频增益稳定留出可实现空间。第二：增益稳定远离控制系统带宽晃动模态以及结构振动模态等。

经典频域控制方法最终归结为晃动滤波器设计[12-16]。晃动滤波器原理上与振动滤波器一脉相承，可以参见第5章论述，不再赘述。这里特别说明本章提到的零极倒置问题，原理上也是可以利用分子分母均为拉普拉斯算子s的二阶多项式的晃动滤波器（也称为偶极子）来加以解决。如图6-9所示，左侧是零极正置根轨迹示意图，可以看出使得位于复平面0点的两个极点（刚体模态）稳定的PD控制器同样使得晃动偶极子得到稳定；右侧是零极倒置根轨迹示意图，可以看出只要适当加入跨越晃动偶极子的滤波器偶极子，将使得原本不稳定晃动模态获得阻尼、保证了系统稳定性。

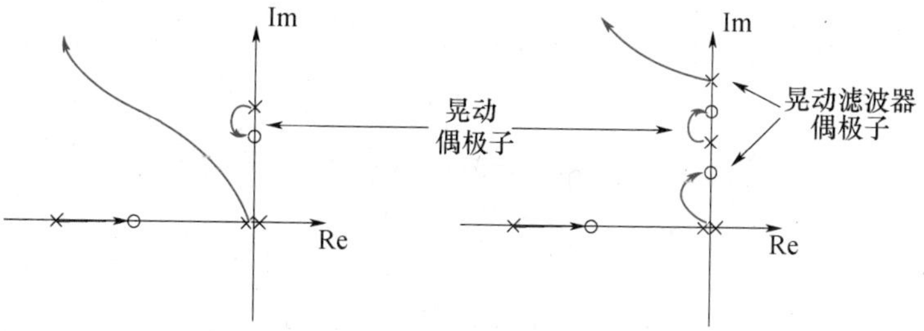

图6-9　零极正置、零极正置根轨迹示意图

应当指出，通过约束优化获得的振动滤波器或晃动滤波器是在传统的滤波器基础上发展而来的。两类滤波器区别在于：传统的低通滤波器、陷波滤波器、带通滤波器特别照顾一个频段，即接近被稳定模态频率所在范围；而约束优化滤波器则能够既特别关注特定频段又照顾到不影响低频段控制带宽和提供高频段模态增益衰减。

6.3.4 姿态控制和液体晃动抑制：模态分离方法

模态分离方法已在第5.5节有较为详细论述。这里结合一个液体晃动控制仿真实例，验证相关算法有效性。着陆器偏航轴相关质量特性参数：转动惯量 $J_{bz} = 2000\text{kgm}^2$；干重 $m_b = 1500\text{kg}$；晃动质量 $m_f = 200\text{kg}$；液体晃动单摆摆长 $l = 0.4\text{m}$；液体晃动单摆悬挂点位置 $r_{px} = 0.3\text{m}$，$r_{py} = 0\text{m}$，$r_{pz} = 0\text{m}$。

根据上述参数算得系统零点、极点、增益等相关参数为：$\Omega_P^2 = 12.4$；$\Omega_{Z\tau}^2 = 12.5$；$K_\tau = 5.0 \times 10^{-4}$；$K_{\tau 0} = 5.0 \times 10^{-4}$；$K_{\tau 1} = -1.3 \times 10^{-6}$。控制规律分两种情形。

情形1：常规输出反馈PD控制规律：

$$\tau_z = k_p \Delta\phi_z + k_d \Delta\dot{\phi}_z \tag{6-63}$$

式中：$\Delta\phi_z$、$\Delta\dot{\phi}_z$ 为误差姿态角、误差角速度。

情形2：模态分离控制规律：

$$\tau_z = k_p \hat{\eta}_0 + k_d \hat{\dot{\eta}}_0 \tag{6-64}$$

式中：$\hat{\eta}_0$、$\hat{\dot{\eta}}_0$ 为按照模态分离算法得到的刚体模态坐标和刚体模态坐标变化率。

仿真结果如图6-10~图6-14所示。由此可以得到一些验证结论。第一：输出反馈PD控制看似使得刚体模态稳定，其实随着时间增加而显示出发散趋势，而晃动模态显然呈现发散趋势。这是因为晃动模态零极倒置，使用PD控制系统必不稳定。系统发散速度较慢的原因是晃动模态能控度或能观度很小；原因是 $K_{\tau 1}$ 比 $K_{\tau 0}$ 要小一个数量级。第二：模态分离控制使得系统刚体模态稳定，并且不会使晃动模态不稳定。模态分离过程中各个分量频率变化图也表明，控制开始时，主要是刚体模态反映在第一分量、第二分量上，随着时间增加，挠性模态主要反映在第一分量、第二分量上；分量频率变化图说明，通过模态分离算法从输出分解得到各个模态分量，并进一步重构各个模态贡献是可行的。

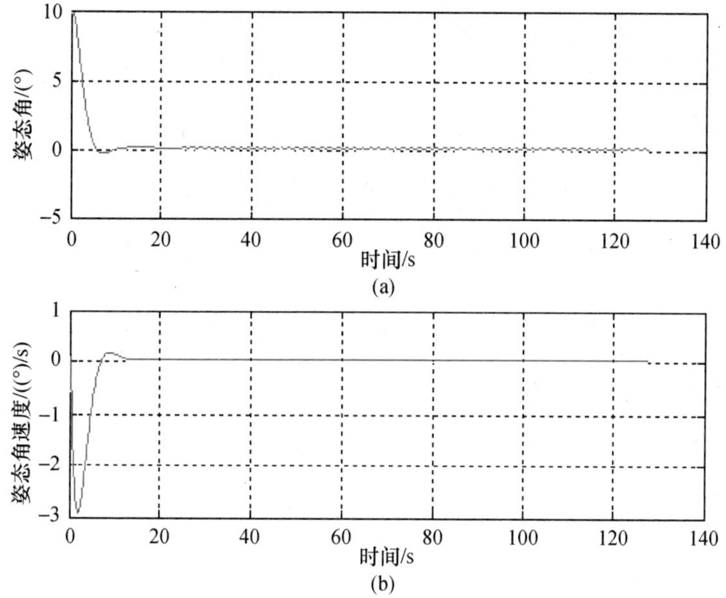

图 6 - 10　输出反馈刚体模态姿态角、角速度

(a)刚体模态姿态角;(b)刚体模态角速度。

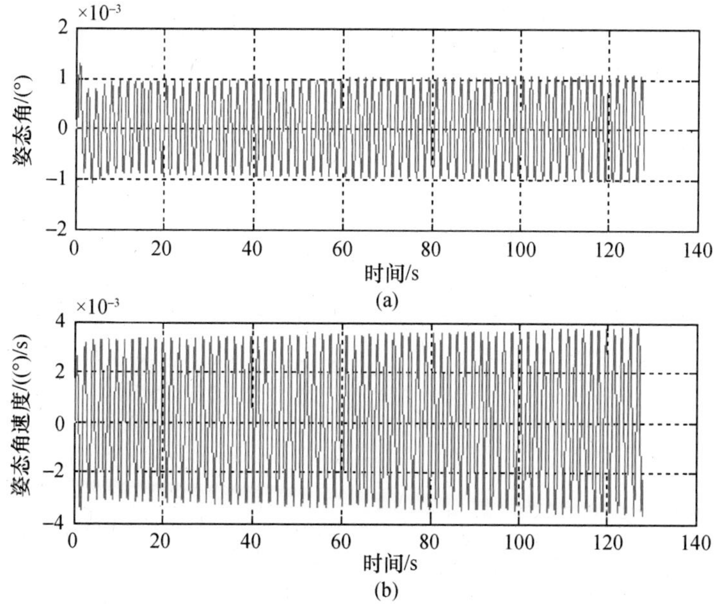

图 6 - 11　输出反馈晃动模态姿态角、角速度

(a)晃动模态姿态角;(b)晃动模态角速度。

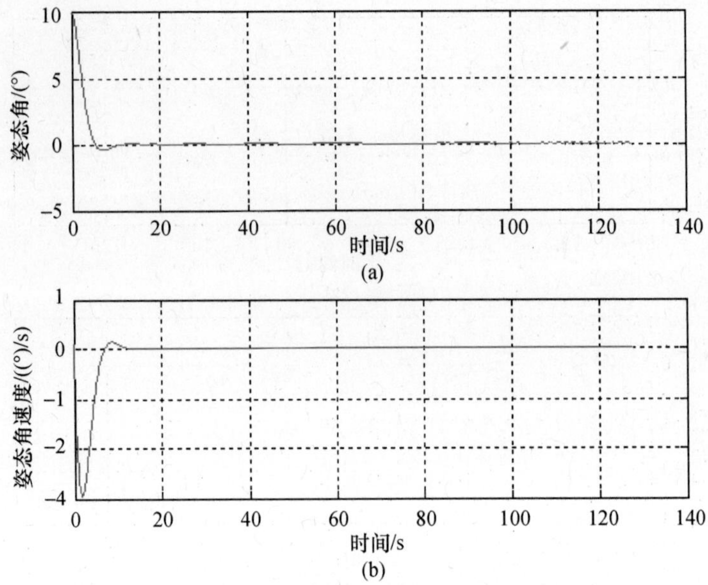

图 6－12　模态分离刚体模态姿态角、角速度

（a）刚体模态姿态角；（b）刚体模态角速度。

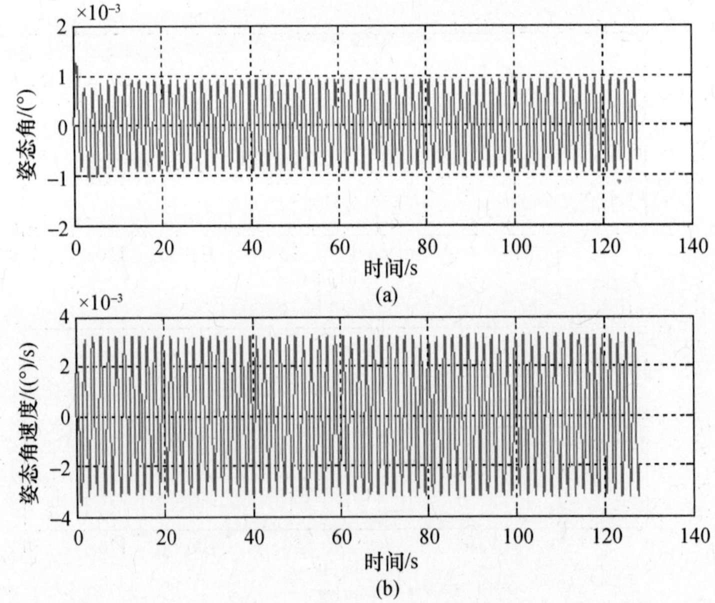

图 6－13　模态分离晃动模态姿态角、角速度

（a）晃动模态姿态角；（b）晃动模态角速度。

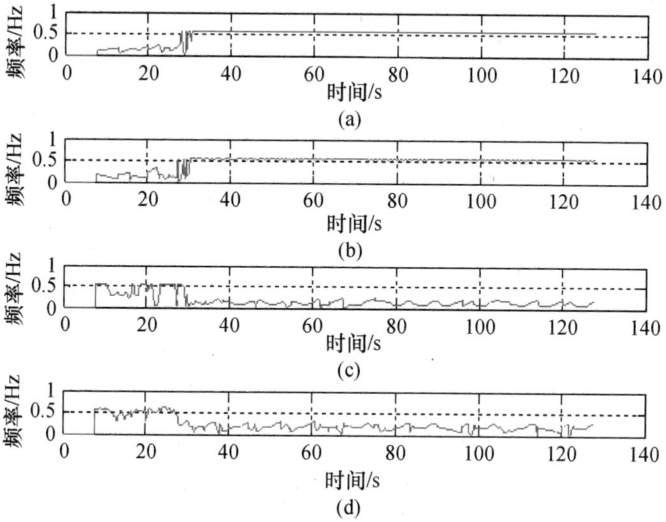

图 6-14　模态分离分量频率变化

(a)第一分量频率;(b)第二分量频率;(c)第三分量频率;(d)第四分量频率。

6.4　月球着陆器在悬停避障阶段的制导和控制

在悬停避障阶段,着陆器的制导和控制涉及线运动和角运动联合控制。系统配置的执行机构配置包括:轴向线运动控制使用的变推力发动机,侧向线运动控制使用的过质心推力器,姿态控制使用的(力偶)推力器。系统配置的敏感器则包括 IMU,相对运动测距测速敏感器等。如此系统构成完整能控能观系统。

在悬停避障阶段,着陆器与安全落点关系如图 6-15 所示。建立固联于月球制导坐标系 $o_p x_p y_p z_p$:其原点位于落点,三轴方向平行于当地天东北方向。设 $\boldsymbol{r}$ 在制导坐标系表示,$\boldsymbol{R}_{\text{safe}}$ 在惯性坐标系表示,$\boldsymbol{R}$ 在惯性坐标系表示。容易写出:

$$\begin{cases} \bar{\boldsymbol{r}} = \boldsymbol{C}_{pi}\{\bar{\boldsymbol{R}} - \bar{\boldsymbol{R}}_{\text{safe}}\} & (6-65\text{a}) \\ \dot{\bar{\boldsymbol{r}}} = \boldsymbol{C}_{pi}\{\dot{\bar{\boldsymbol{R}}} - [\bar{\boldsymbol{\omega}}_m^{\times}]\bar{\boldsymbol{R}}\} & (6-65\text{b}) \\ \ddot{\bar{\boldsymbol{r}}} = \boldsymbol{C}_{pi}\{\ddot{\bar{\boldsymbol{R}}} - 2[\bar{\boldsymbol{\omega}}_m^{\times}]\dot{\bar{\boldsymbol{R}}} - [\bar{\boldsymbol{\omega}}_m^{\times}][\bar{\boldsymbol{\omega}}_m^{\times}]\bar{\boldsymbol{R}}\} & (6-65\text{c}) \end{cases}$$

式中:$\boldsymbol{C}_{pi}$ 是从惯性坐标系到制导坐标系旋转矩阵;$\bar{\boldsymbol{\omega}}_m$ 为月球自转角速度。

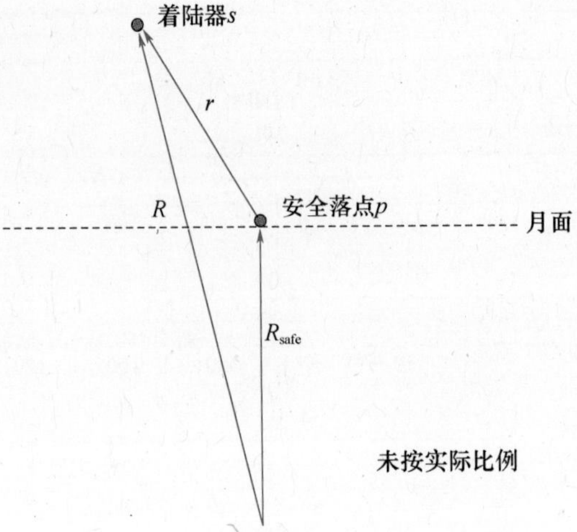

图 6-15　月心、着陆器、安全落点示意图

展开式(6-1),将式(6-1a)在制导坐标系表示,忽略晃动与旋转角相关二次项,并且注意到引力加速度基本沿垂线方向,可以导出:

$$
\begin{cases}
\ddot{r}_x = a_x - g & (6-66\text{a})\\
\ddot{r}_y + \dfrac{m_f l}{m}\ddot{\theta}_{fz} = a_y & (6-66\text{b})\\
\ddot{r}_z - \dfrac{m_f l}{m}\ddot{\theta}_{fy} = a_z & (6-66\text{c})\\
J_{c1}\dot{\omega}_1 = \tau_x & (6-66\text{d})\\
J_{c2}\dot{\omega}_2 - \dfrac{m_b m_f}{m}(l^2 - r_{px} l)\ddot{\theta}_{fy} - m_f l a_F \theta_{fy} = \tau_y & (6-66\text{e})\\
\ddot{\theta}_{fy} + \dfrac{m a_F}{m_b l}\theta_{fy} - \dfrac{l - r_{px}}{l}\dot{\omega}_2 = \dfrac{m}{m_b l}a_z & (6-66\text{f})\\
J_{c3}\dot{\omega}_3 - \dfrac{m_b m_f}{m}(l^2 - r_{px} l)\ddot{\theta}_{fz} - m_f l a_F \theta_{fz} = \tau_z & (6-66\text{g})\\
\ddot{\theta}_{fz} + \dfrac{m a_F}{m_b l}\theta_{fz} - \dfrac{l - r_{px}}{l}\dot{\omega}_3 = -\dfrac{m}{m_b l}a_y & (6-66\text{h})
\end{cases}
$$

式中:a_x、a_y、a_z 为控制加速度在制导坐标系分量;r_x、r_y、r_z 为从落点到着陆器位置矢量在制导坐标系分量;方程中舍弃了月球自转角速度相关项。

从制导坐标系到本体坐标系旋转的误差姿态角和误差角速度可以写为

$$
\begin{cases}
\Delta\bar{\boldsymbol{\phi}} = [\Delta\phi_x \quad \Delta\phi_y \quad \Delta\phi_z]^{\mathrm{T}} & (6-67\mathrm{a}) \\
\Delta\bar{\omega} = [\Delta\dot{\phi}_x \quad \Delta\dot{\phi}_y \quad \Delta\dot{\phi}_z]^{\mathrm{T}} & (6-67\mathrm{b})
\end{cases}
$$

可以写出约束模态下线运动、角运动方程：

$$
\begin{cases}
\ddot{r}_x = a_x - g & (6-68\mathrm{a}) \\
\ddot{r}_y + \dfrac{m_f l}{m}\ddot{\theta}_{fz} = a_y & (6-68\mathrm{b}) \\
\ddot{r}_z - \dfrac{m_f l}{m}\ddot{\theta}_{fy} = a_z & (6-68\mathrm{c}) \\
J_{c1}\Delta\ddot{\phi}_x = \tau_x & (6-68\mathrm{d}) \\
J_{c2}\Delta\ddot{\phi}_y - \dfrac{m_b m_f}{m}(l^2 - r_{px}l)\ddot{\theta}_{fy} - m_f l a_F \theta_{fy} = \tau_y & (6-68\mathrm{e}) \\
\ddot{\theta}_{fy} + \dfrac{m a_F}{m_b l}\theta_{fy} - \dfrac{l - r_{px}}{l}\Delta\ddot{\phi}_y = \dfrac{m}{m_b l}a_z & (6-68\mathrm{f}) \\
J_{c3}\Delta\ddot{\phi}_z - \dfrac{m_b m_f}{m}(l^2 - r_{px}l)\ddot{\theta}_{fz} - m_f l a_F \theta_{fz} = \tau_z & (6-68\mathrm{g}) \\
\ddot{\theta}_{fz} + \dfrac{m a_F}{m_b l}\theta_{fz} - \dfrac{l - r_{px}}{l}\Delta\ddot{\phi}_z = -\dfrac{m}{m_b l}a_y & (6-68\mathrm{h})
\end{cases}
$$

进一步类似于式(6－57)推导过程，可以写出非约束模态下运动方程：

$$
\begin{cases}
\ddot{r}_x = a_x - g & (6-69\mathrm{a}) \\
\ddot{r}_y + \dfrac{m_f l}{m}\ddot{\theta}_{fz} = a_y & (6-69\mathrm{b}) \\
\ddot{r}_z - \dfrac{m_f l}{m}\ddot{\theta}_{fy} = a_z & (6-69\mathrm{c}) \\
J_{c1}\Delta\ddot{\phi}_x = \tau_x & (6-69\mathrm{d}) \\
\ddot{\eta}_{y0} = K_{y\tau 0}\tau_y + K_{ya0}a_z & (6-69\mathrm{e}) \\
\ddot{\eta}_{y1} + \Omega_P^2\eta_{y1} = K_{y\tau 1}\tau_y + K_{ya1}a_z & (6-69\mathrm{f}) \\
\ddot{\eta}_{z0} = K_{z\tau 0}\tau_z + K_{za0}a_y & (6-69\mathrm{g}) \\
\ddot{\eta}_{z1} + \Omega_P^2\eta_{z1} = K_{z\tau 1}\tau_y + K_{za1}a_y & (6-69\mathrm{h})
\end{cases}
$$

式中：η_{y0}、η_{y1} 为 y 轴刚体模态和晃动模态；η_{z0}、η_{z1} 为 z 轴刚体模态和晃动模态。式(6-69)中相关参数满足类似式(6-58)关系，相关变量满足：

$$\begin{cases}\Delta\phi_y = \eta_{y0} + \eta_{y1} & (6-70a)\\ \Delta\phi_z = \eta_{z0} + \eta_{z1} & (6-70b)\end{cases}$$

于是，在悬停避障段，着陆器控制任务可以划分为线运动控制和角运动控制。第一：线运动控制要求设计控制加速度规律，使得着陆器位置、速度满足水平方向和垂直方向两方面要求。第二，角运动控制要求设计姿态控制规律，使得本体坐标系与制导坐标系一致。两部分各自独立设计，再综合起来满足控制任务要求。

6.4.1 制导规律：考虑了液体晃动抑制的水平向控制加速度设计

水平方向线运动包括 y 轴线运动和 z 轴线运动。两者具有类似性，不妨只考虑 z 轴情况。一般而言，控制加速度远大于晃动加速度，因此制导规律设计可以忽略晃动对线运动影响，而应当考虑线运动对晃动影响。

线运动控制使用的运动方程可以写为

$$\begin{cases}\ddot{r}_z = a_z & (6-71a)\\ \ddot{\eta}_{y1} + \Omega_P^2\eta_{y1} = K_{ya1}a_z & (6-71b)\end{cases}$$

式中：控制加速度 a_z 值域为 $\{U, -U, 0\}$，取决于推力器工作模式。现在问题转化为：给定初始状态 $[r_z(0) \quad \dot{r}_z(0)]$，设计 a_z 变化规律，使得着陆器尽快到达终端状态 $[0 \quad 0]^{\mathrm{T}}$ 附近并维持在其小邻域内，与此同时尽可能消除对 y 轴液体晃动影响。

制导规律设计如图 6-16 所示，它将相平面划分为两个区域，是调制最优控制与 PID 控制组合。

1. 调制最优控制

当相点位于 PID 控制区之外时，利用时间最优控制，将相轨迹推入最优控制误差盒。

基本切换控制规律为

$$a_z(t) = \begin{cases}+U, & \forall(r_z,\dot{r}_z)\in R_+\\ 0, & \forall(r_z,\dot{r}_z)\in \text{最优控制误差盒}\\ -U, & \forall(r_z,\dot{r}_z)\in R_-\end{cases} \qquad (6-72)$$

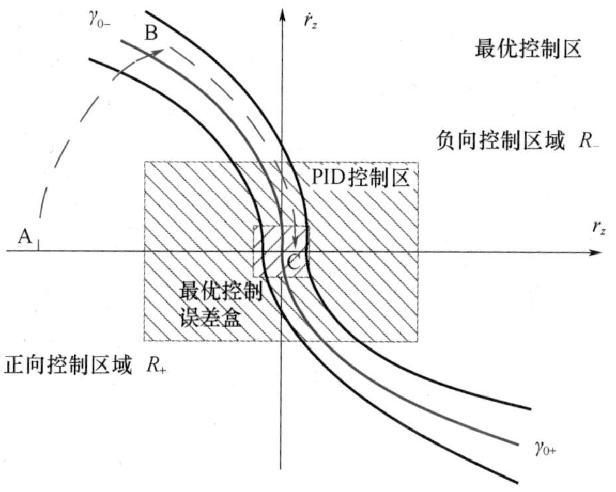

图6-16 最优控制+PID控制示意图

$$
\begin{cases}
R_- = \left\{(r_z,\dot{r}_z) \middle| r_z \geqslant -\dfrac{1}{2U}\dot{r}_z|\dot{r}_z|\right\} & (6-73a)\\
R_+ = \left\{(r_z,\dot{r}_z) \middle| r_z < -\dfrac{1}{2U}\dot{r}_z|\dot{r}_z|\right\} & (6-73b)\\
\gamma_{0+} = \left\{(r_z,\dot{r}_z) \middle| r_z = \dfrac{1}{2U}\dot{r}_z^2, \dot{r}_z < 0\right\} & (6-73c)\\
\gamma_{0-} = \left\{(r_z,\dot{r}_z) \middle| r_z = -\dfrac{1}{2U}\dot{r}_z^2, \dot{r}_z > 0\right\} & (6-73d)
\end{cases}
$$

式中：$\gamma_{0+} \cup \gamma_{0-}$ 是开关线；R_- 是负开区；R_+ 是正开区。调制切换规律按照下列原则进行。

（1）当相点位于PID控制区域之外时，按照调制切换规律进行推力器开关控制，直至进入最优控制误差盒。该相轨迹称为“调制最优控制轨迹”。

（2）当该相轨迹与开关线相交时，计算推力器单向（正向或负向）已经点火持续时间。当点火持续时间是液体晃动模态周期（$2\pi/\Omega_P$）整数倍时，则按时切换；否则延迟到模态周期整数倍时再切换。

（3）当该相轨迹进入最优控制误差盒时，计算推力器单向（正向或负向）已经点火持续时间：当点火持续时间是液体晃动模态周期（$2\pi/\Omega_P$）整数倍时，则按时切换到PID控制；否则延迟到模态周期整数倍时再切换。

（4）该相轨迹在负开区 R_- 与正开区 R_+ 之间的切换最多只进行一次。

上述原则中，“整数倍”原则保证了液体晃动在机动完毕后相互抵消，其原理与第5章快速姿态机动的方波序列控制原理相同。“只切换一次”原则保证了不会产生正开区负开区之间“抖动”问题。而由此造成的控制误差，可以靠随后的PID控制消除。

2. PID 控制

当相点位于PID控制区之内，并且不是由“调制最优控制轨迹”进入时，则采用PID控制。该控制律与姿态PID控制类似，其参数选取原则以尽可能实现“频带隔离”为准。一般线运动控制不建议考虑使用晃动滤波器，这是因为姿态控制部分已经考虑晃动问题，同时也是为了减少系统复杂度。

6.4.2 制导规律：垂向控制加速度设计

垂向控制加速度设计使用的动力学方程由式(6-69a)给出。为了叙述方便，引入高度和速度符号：$h = r_x$，$v = \dot{r}_x$。则该方程可以写为

$$\dot{v} = a_x - g \tag{6-74}$$

悬停段垂向制导只要维持固定高度即可，其目标高度、速度、加速度都是显然的，因而垂向控制加速度直接利用PID控制即可。而避障段垂向制导却要实现从一个高度、速度到另外一个高度、速度的状态转移，并且要求尽可能时间最优。

按照最优控制理论，规划轨迹按照匀加速、匀减速两段恒定加速度切换产生，如图6-17所示。

避障段起始点时刻为t_0，高度为h_0，垂直速度为v_0，避障段结束点时刻为t_f，高度为h_f，垂直速度为v_f，规划的目标就是找到合适加速度a_{t1}和a_{t2}以及切换时刻t_m，使得着陆器能够在给定的时刻$t_f = t_0 + t_{go}$到达终端的高度和速度。

设变推力发动机最小推力为F_{min}，为使着陆器最快下降，选取：

$$a_{t1} = F_{min}/m - g \tag{6-75}$$

则积分式(6-74)，可有

$$\begin{aligned} v_f &= v_0 + a_{t1}(t_m - t_0) + a_{t2}(t_f - t_m) \\ &= v_0 + a_{t1}t_{go} + (a_{t2} - a_{t1})(t_f - t_m) \end{aligned} \tag{6-76}$$

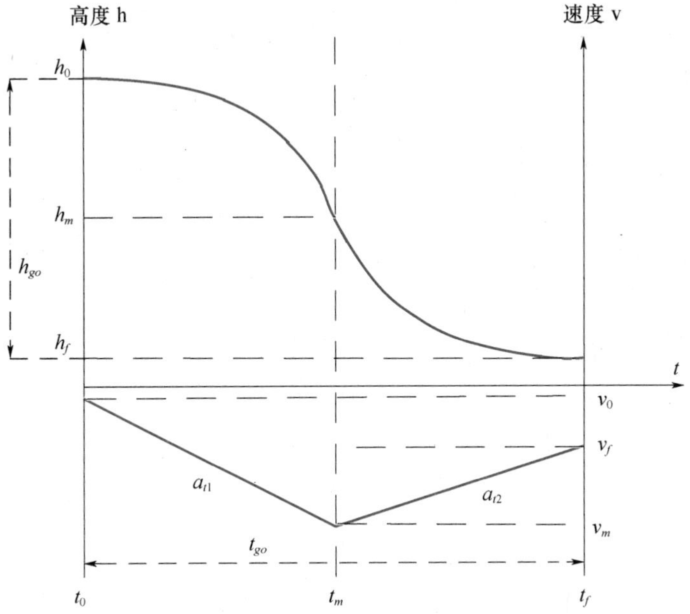

图 6-17 垂向轨迹规划示意图

$$\begin{aligned} h_f &= h_0 + v_0(t_m - t_0) + \frac{1}{2}a_{t1}(t_m - t_0)^2 \\ &\quad + [v_0 + a_{t1}(t_m - t_0)](t_f - t_m) + \frac{1}{2}a_{t2}(t_f - t_m)^2 \\ &= h_0 + v_0 t_{go} + \frac{1}{2}a_{t1}t_{go}^2 + \frac{1}{2}(a_{t2} - a_{t1})(t_f - t_m)^2 \end{aligned} \tag{6-77}$$

解方程式(6-76)和式(6-77),可得

$$a_{t2} = a_{t1} + \frac{(v_f - v_0 - a_{t1}t_{go})^2}{2h_{go} - 2v_0 t_{go} - a_{t1}t_{go}^2} \tag{6-78}$$

$$v_m = \frac{a_{t2}v_0 + a_{t1}a_{t2}t_{go} - a_{t1}v_f}{a_{t2} - a_{t1}} \tag{6-79}$$

$$t_m = t_0 + \frac{v_m - v_0}{a_{t1}} \tag{6-80}$$

根据 v_m 、a_{t1} 、a_{t2} 可以计算出下降参考轨迹:

当 $t \leqslant t_m$ 时:

$$
\begin{cases}
h_t = h_0 + v_0(t - t_0) + \frac{1}{2}a_{t1}(t - t_0)^2 & (6-81\text{a}) \\
\dot{h}_t = v_0 + a_{t1}(t - t_0) & (6-81\text{b}) \\
\ddot{h}_t = a_{t1} & (6-81\text{c})
\end{cases}
$$

当 $t > t_m$ 时，

$$
\begin{cases}
h_t = h_m + v_m(t - t_m) + \frac{1}{2}a_{t2}(t - t_m)^2 & (6-82\text{a}) \\
\dot{h}_t = v_m + a_{t2}(t - t_m) & (6-82\text{b}) \\
\ddot{h}_t = a_{t2} & (6-82\text{c}) \\
h_m = h_0 + v_0(t_m - t_0) + \frac{1}{2}a_{t1}(t_m - t_0)^2 & (6-82\text{d})
\end{cases}
$$

由此可以写出垂向加速度控制规律：

$$a_x = c_{x1}(h - h_t) + c_{x2}(\dot{h} - \dot{h}_t) + \ddot{h}_t + g \tag{6-83}$$

6.4.3 姿态控制规律

在悬停避障阶段着陆器姿态控制目的是使本体坐标系与制导坐标系一致。由此可以写出着陆器目标姿态和目标角速度，进而可以利用如同主减速段类似的控制规律，来实现姿态控制同时抑制液体晃动。

参考文献

[1] Abramson H N. Liquid sloshing in spherical tanks[J]. AIAA JOURNAL, 1963, 1(2): 384 - 389.

[2] Frosch J, Vallely D. Saturn AS - 501/S - IC flight control system design[J]. Journal of Spacecraft, 1967, 4(8): 1003 - 1009.

[3] Lee A. Preliminary characterization of the Altair lunar lander slosh dynamics and some implications for the thrust vector control design[C]. Toronto, Ontario: AIAA Guidance, Navigation, and Control Conference, August 2 - 5, 2010, Reston: AIAA, 2010 - 7721.

[4] Mason P, Starin R. The effects of propellant slosh dynamics on the solar dynamics observatory [C]. Portland, Oregon: AIAA Guidance, Navigation, and Control Conference, August 8 - 11, 2011, Reston: AIAA, 2011 - 6731.

[5] Enright P. Thrust vector control algorithm design for the Cassini spacecraft[C]. Irvine, Cali-

fornia: AIAA/AHS/ASEE Aerospace Design Conference, February 16 – 19, 1993, Reston: AIAA, 1993 – 1043.

[6] Enright P. Attitude control of the Cassini spacecraft during propulsive maneuvers[C]. Victoria, British Columbia: AAS/AIAA Astrodynamics Specialist Conference, August 16 – 19, 1993, Canada. San Diego: AAS, 1993 – 552.

[7] 张洪华,关铁峰,黄翔宇,等. 嫦娥三号着陆器动力下降的制导导航与控制[J]. 中国科学:技术科学,2014,44(5):377 – 384.

[8] 张洪华,梁俊,黄翔宇,等. 嫦娥三号自主避障软着陆控制技术[J]. 中国科学:技术科学,2014,44(6):559 – 568.

[9] Bryson A E, Ho Y C. Applied optimal control[M]. Chicago: Stallion Publishing, 1987.

[10] McHenry R L, Brand T J. Space shuttle ascent guidance, navigation, and control[J]. The Journal of the Astronautical Sciences, 1979, 27(1): 1 – 38.

[11] Thrasher S, Fill T. Orion's exoatmospheric burn guidance architecture and Algorithm[C]. Portland, Oregon: AIAA Guidance, Navigation, and Control Conference, August 8 – 11, 2011, Reston: AIAA, 2011 – 6262.

[12] Orr J, VanZwieten T. Robust, practical adaptive control for launch vehicles[C]. Minneapolis, Minnesota: AIAA Guidance, Navigation, and Control Conference, August 13 – 16, 2012, Reston: AIAA, 2012 – 4549.

[13] Jang J. Design and analysis of Morpheus lander flight control system[C]. San Diego, California: AIAA/AAS Astrodynamics Specialist Conference, August 4 – 7, 2014, Reston: AIAA, 2014 – 4115.

[14] Lee A, Stupik J. Inflight characterization of the Cassini spacecraft propellant slosh[C]. Kissimmee, Florida: AIAA Guidance, Navigation, and Control Conference, January 5 – 9, 2015, Reston: AIAA, 2015 – 0078.

[15] Lee A, Hanover G. Cassini spacecraft attitude control system flight performance[C]. San Francisco, California: AIAA Guidance, Navigation, and Control Conference and Exhibit, August 15 – 18, 2005, Reston: AIAA, 2005 – 6269.

[16] Johnson M. A parameterized approach to the design of lunar lander attitude controllers[C]. Keystone, Colorado: AIAA Guidance, Navigation, and Control Conference and Exhibit, August 21 – 24, 2006, Reston: AIAA, 2006 – 6564.

内 容 简 介

本书系统地总结了作者在复杂航天器高品质姿态控制领域的工程实践和研究成果。全书内容共分为6章,介绍了复杂航天器数学模型、航天器角运动和线运动状态确定、刚性航天器姿态控制、挠性航天器姿态控制和振动抑制、充液航天器姿态控制和液体晃动抑制等。全书重点论述了复杂航天器高品质控制所需要的一系列高精度姿态确定方法和高精度、高稳定度、快速机动姿态控制方法。

本书的读者对象主要为航天器制导导航与控制系统设计人员以及从事复杂运动体控制理论与控制工程研究的科技人员。本书也适合自动控制专业和相关专业的高校研究生阅读和参考。

This book summarizes systematically the author' s research work and engineering practices on the subject of the high performance attitude control for complex spacecraft. The book is organized into six chapters, which deal with spacecraft mathematical models, the state determination of spacecraft linear and angular motions, the attitude control for the rigid spacecraft, the attitude control with vibration suppression for the flexible spacecraft, and the attitude control with slosh suppression for the liquid – filled spacecraft. In this book the emphasis is placed on the design and analysis of a series of algorithms about high accuracy attitude determination, high accuracy attitude control, high stability attitude control, and rapid attitude maneuver.

This book is intended for the engineers engaged in design and analysis of spacecraft guidance, navigation, and control system, for researchers working in the field of control theory and control engineering of the complex moving bodies, and for the graduates with specialties related to automatic control.